"十二五"国家重点出版物出版规划项目
地域建筑文化遗产及城市与建筑可持续发展研究丛书
国家自然科学基金资助项目
中俄政府间科技合作项目
黑龙江省科技计划项目

文化线路视野下的中东铁路建筑文化解读
An Interpretation of the Architectural Culture of the Chinese Eastern Railway from the Cultural Perspective

刘大平　李国友　著

哈尔滨工业大学出版社

序

看到这本关于中东铁路建筑研究的书稿，我头脑里出现的第一个关键词就是"现代转型"。一部中国近现代建筑史，就是一部中国建筑的现代转型史。美国比较现代化学者布莱克把"现代转型"称为"人类历史第三次大转变"。他所说的人类历史第一次大转变指的是原始生命经过亿万年的进化出现了人类，第二次大转变指的是人类从原始状态进入文明社会。而"现代转型"说的是"世界不同的地域、不同的民族和不同的国家，从农业文明或游牧文明逐渐过渡到工业文明"。布莱克把它提到与人类的出现，与文明社会的出现并列的高度，让我们深感震撼，并使我们由此意识到现代转型的重大意义。近代化是现代化的序曲，是步入现代转型期的初始阶段。我们考察近代中国建筑，自然会提到现代转型的高度来审视，也理所当然地会关注推动现代转型的因子。在推动现代城市转型、建筑转型的诸多因子中，"铁路交通"是很重要的一项。对于我国东北地区来说，中东铁路的修筑，对于推动附属地沿线的城市转型、建筑转型，就不仅仅是重要的因子，而且是首屈一指的、影响全局的强因子。

1986年，我在"中国近代建筑总览·哈尔滨篇"的课题研究中，开始触碰中东铁路建筑；后来在指导有关哈尔滨建筑转型的博士学位论文中，一再触碰到中东铁路建筑。当时就深有感触，知道我们所触碰的哈尔滨，只是中东铁路的一个枢纽所在地，只是整个东北地区城市、建筑的一颗"转型明珠"，而中东铁路附属地全线的城镇、建筑，才是整个东北地区城市、建筑的"转型项链"。因此，虽然我自己的科研主攻方向不是中国近代建筑，没能投入中东铁路建筑的研究中，却一直期盼着有人能够把中东铁路建筑的课题提到研究日程上来。

很高兴哈尔滨工业大学建筑学院刘大平教授申请到中东铁路建筑研究的国家自然科学基金，并看到他指导多名博士生和硕士生对这一课题开展了多视角的研究工作，这部名为《文化线路视野下的中东铁路建筑文化解读》的学术专著就是其中的研究成果之一。他们为此付出了很大的艰辛。万余华里的驱车，对2 000余座建筑的调研，连续4年对200栋建筑进行测绘，无数次的大小站点考察，数以万计的照片拍摄，费尽心力的文献资料探寻，为课题研究积累了充实的珍贵史料和第一手资料。翻读这部厚实的、图像丰富的学术专著，我仿佛也跟随着浏览了一回中东铁路沿线的建筑景象。

这部研究中东铁路建筑的专著，选择了一个很新的、很重要的视角——"文化线路"。中东铁路的确与丝绸之路、茶马古道、京杭大运河等一样，是延绵线很长、涉及面很广、影响很深远的文化线路，它具

AN INTERPRETATION OF THE ARCHITECTURAL CULTURE OF THE CHINESE EASTERN RAILWAY FROM THE CULTURAL PERSPECTIVE

有文化线路的典型性、独特性。作者对中东铁路建筑进行了文化传播的考察，分析了它的跨文化传播的缘起、进程，为我们展示了俄国和日本的民族文化与工业文化，如何以强势的姿态成为中东铁路建筑的外来文化源地和主要原型；如何通过技术与资本的移入和文化与意识的同步传播，呈现移民文化的全景移植；最终形成中东铁路建筑文化传播的壮阔场面和丰盛遗产。作者把建筑视为中东铁路文化线路的直接文化载体，梳理出中东铁路的丰富建筑类型，它涵括铁路站舍与附属建筑、铁路工矿建筑与工程设施、护路军事警署建筑、铁路社区居住建筑、市街公共建筑与综合服务设施等几大类别，仅其中的公共建筑就几乎涉及现代城市的行政、金融、商业、文化、教育、宗教、卫生、通信、娱乐、体育等所有类型。本书对中东铁路如此纷繁的建筑，从空间形态到组合方式，从传统材料到现代材料，从低技术到高技术，都展开了深入细致的分析。作者还单列一章篇幅，论述中东铁路建筑蕴含的丰富文化现象，敏锐地抓住了中东铁路建筑文化中的三个突出现象：一是"模件"现象，揭示出中东铁路建筑"从单元砌块到建筑群体"的多层面定型化、模件化系列；二是"合成"现象，论析了中东铁路建筑的诸多合成现象，特别是俄罗斯传统建筑样式和中国传统建筑样式的合成方式、合成规则、合成效应；三是"流变"现象，深入阐释了中东铁路建筑的样式流变和风格流变，揭示其流变规则和流变机制。作者最后从文化特质上聚焦中东铁路建筑的现代转型，阐述了中东铁路建筑的转型基础、转型契机、转型方式、转型速度、转型规模、转型程度、转型特点，为我们描绘了中东铁路沿线城镇、建筑在复杂的历史背景、政治背景下显现的全方位转型和无时差对接的景象，并对转型中呈现的"包容、创新"的艺术特色，"俭省、因借"的技术理念和"有类、无界"的伦理意蕴做了深度诠释。可以说，这部专著对中东铁路建筑的文化线路分析，达到了淋漓尽致的程度。它对中东铁路建筑研究是一个奠基性的贡献，对东北地区城市、建筑的现代转型研究，也是一个奠基性的贡献，对中东铁路沿线城镇与建筑的文物遗产保护，对这些城镇规划设计的历史特色探索，都具有科学认知、价值评判、保护策略和文脉启迪的重要借鉴价值。

侯幼彬
2018.5

Preface

When I saw the manuscript of research on the architecture of the Chinese Eastern Railway, the first key phrase that came into my mind was "Transformation into Modernity". A history of modern architecture in China is one of her history of architecture in the transformation into modernity. Cyril E. Black, the American scholar of comparative modernity, addressed this transformation into modernity as "The Third Great Transformation". In his phrasing, the first transformation was the one in which the primitive humanity emerged after hundreds of millions of years of evolution; the second transformation was the one in which humanity evolved from the primitive condition into the civilized condition. And what he meant by "Transformation into Modernity" was the one in which "humanity of different locations, of different ethnic groups and of different states evolve from the agricultural or nomad civilizations into an industrial one", and in such a positioning Black surprised us by putting it at the same altitude of the emergences of humanity and civilization, highlighting the unusual significance of the transformation into modernity. Early modernity is the prelude to the modernity proper and the initial phase of the transformation into modernity. Our investigation of architecture in early modern China would naturally treat it at the altitude of the transformation into modernity and would equally have a focus on the study of factors that spurred the transformation into modernity. And among the many factors that propelled the urban and transport transformations into modernity was there a very important one: "railway transportation". As for the case of Northeast China, the Chinese Eastern Railway was not merely an important factor in the common sense, but the principal and cardinal one as well in spurring the transformation of cities and architecture in the areas along the railway.

In 1986, while working on the project of *An Overview of Modern China's Architecture, Harbin,* I made the acquaintance of the architecture of the Chinese Eastern Railway. Later on, while supervising doctorate dissertations, I had frequent contacts with the topic. I had the deep and lasting impression at that time that the city of Harbin as we know and meet was merely a hub and a "Star of Transformation" of the cities and architecture in Northeast China. From then on, I have retained the sincere expectation that the study on the architecture of the Chinese Eastern Railway would be put the academic agenda, though, regrettably, modern China's architecture has been beyond my research scope and thus fallen out of my academic reach.

I feel more than pleased to see that Professor Liu Daping has been granted the State Natural Science Fund for the research on the architecture of the Chinese Eastern Railway and that multi-perspective research efforts have been made by many PhD and Master candidates under his supervision, which has ended in, among other things, the production of the academic dissertation *An Interpretation of the Architectural Culture of the Chinese Eastern Railway from the Cultural Perspective*. They have done so much for this production. Driving for tens of thousands of miles to carry out investigations on over 2,000 buildings, surveys and map-drawings of over 200 buildings in four years, numerous field investigations on railway stations of various sizes, photographs taken by tens of thousands, and piles of files of documents for research, all these efforts have ended in a solid collection of precious historical materials and firsthand references. Laying hands on this academic monograph richly filled with facts, statistics and pictures, I seem to be having an enjoyable overview of the buildings along the Chinese Eastern Railway.

A new and unusual perspective has been employed in this academic monograph: "the Cultural Route". Indeed, the Chinese Eastern Railway, like the Silk Route, the Ancient Tea-Horse Route and the Peking-Hangzhou Grand Canal, is a cultural route extensive in length, coverage and influence, and both typical and unique as a cultural route. The author of the book has conducted an investigation of cultural transmission on the Chinese Eastern Railway and an analysis of its origin and process, and showed us how the Russian and Japanese national and industrial cultures became the sources of alien cultures and major forms of the architecture of the Chinese Eastern Railway; how the wholesale transplantation occurred through the moving-in of technology and capital as well as the synchronic transmission of culture and consciousness; all of these jointly produced the grandeur scene and the rich legacy of the architecture of the Chinese Eastern Railway. Taking architecture as the direct cultural carrier for the Chinese Eastern Railway's cultural route, the author has sorted out the rich catalogs of architecture of the Chinese Eastern Railway, which consist of such broad classes as railway stations and their affiliated buildings, buildings and engineering facilities for factories and mines, protective military and police facilities, railway community and residential buildings, and public buildings and comprehensive service facilities of municipal and district levels. Its buildings of public facilities alone, for example, covered almost every type and variety of modern urban life, including administration, finance, commerce, education, religion, medicine and hygiene, communication, entertainments, sports. The book has conducted an exhaustive analysis on such a complicated and sophisticated layout of the buildings of the Chinese Eastern Railway, from their spatial forms to its combinations, from traditional materials to modern materials, and from low technology to high technology. The author has even spared a special chapter for the rich cultural phenomena contained or implied in the architecture of the Chinese Eastern Railway, keenly discerning the three outstanding phenomena in the architectural culture of the Chinese Eastern Railway: The first is the phenomenon of "Pattern Plates", showing the multi-leveled stereotyping and plating series of the architecture of the Chinese Eastern Railway, "from the unit plates to the building composites; the second is the phenomenon of "Integration" probing the various integrating phenomena of the architecture of the Chinese Eastern Railway, particularly the integration of the traditional Russian models and the traditional Chinese models, listing its ways, rules and effects; the third is the phenomenon of "Evolution", interpreting the model and stylistic evolution of the architecture of the Chinese Eastern Railway, revealing its rules and mechanism. In the last part of the book, the author has shifted his focus from cultural features to the modernizing transformation of the architecture of the Chinese Eastern Railway, elaborating the foundation, opportunity, modes, dimension, process and characteristics of such a transformation, thus presenting us a scene of panoramic transformation and no-temporal-aperture integration in the cities and buildings along the Chinese Eastern Railway. In addition, he came up with a profound interpretation of the "Embracing and Innovation" of the artistic features, the "Thriftiness and Borrowing" of technical notions, and the "Distinctiveness but Boundlessness" of ethical implications. It is reasonable to say that this monograph has presented an exclusive analysis on the cultural routes of the architecture of the Chinese Eastern Railway. Its contributions to the studies on the architecture of the Chinese Eastern Railway and on the urban and architectural modernizing transformation of the architecture of the Chinese Eastern Railway are both fundamental and monumental. It also offers valuable references to the protection of cultural relics and buildings in the cities and towns along the Chinese Eastern Railway, and to the research on the historic features of the planning and designing of these cities and towns, in terms of scientific cognitions, value assessments, protection strategies, and enlightening of cultural veins.

HOU Youbin
May 2018

AN INTERPRETATION OF THE ARCHITECTURAL CULTURE OF THE CHINESE EASTERN RAILWAY FROM THE CULTURAL PERSPECTIVE

前　言

　　中东铁路是 19 世纪末至 20 世纪中叶在我国东北地区建设的重要交通线路，是国内现存铁路工业文明保存最完整、近代城镇建筑最丰富的建筑文化遗产。伴随筑路而形成的技术引进和大规模移民潮、城镇聚落的渐次形成、工商业的迅速发展等，促使其最终汇成一条工业文明传播和发展的链条，成为一条重要的文化线路，形成与传统建筑文化完全不同的独特地域建筑文化。

　　中东铁路历史建筑遗产具有"文化廊道"的属性，中东铁路全长 2 489.2 千米，沿途分布大量的城镇与站点等。沿线数以千计有百年历史的建筑和文化遗存构成一道文化景观线，见证了沙俄独占、日俄分据、中苏共管、日本独占和中长铁路、新中国铁路的百年历史风云，成为稀少珍贵的独具特色的近代工业遗产廊道。中东铁路历史建筑大多经过精心设计和建造，古典主义、浪漫主义、巴洛克风格、俄罗斯风格、新艺术风格的建筑都不乏精品，很多建筑形式甚至在俄罗斯境内都难以找寻。然而，正因如此，对其的研究很容易局限在分散的点上展开，这使得研究的视野狭窄，难以对铁路沿线附属地建筑文化的整体面貌和文化生态系统做客观准确的分析解读。目前学术界对此的研究较多地停留在哈尔滨、长春、大连等几个中心城市上，即使谈及中东铁路建设的部分历史，读者也难以窥其全貌。文化线路理论的引入使我们站在更广阔的区域视野和更连续的历史景深梳理中东铁路建筑文化的生成演化规律，真正揭开东北地区近代建筑与西方建筑文化交流互动，以及与中国本土建筑文化的交融所产生的独特历史及建筑形态特征，使其研究符合作为"文化廊道遗产"的特征，保证研究成果的科学性和可信度。

　　中东铁路沿线分布有大小火车站站舍 200 余座，中东铁路时期建筑 1 000 余幢，类型涉及不同等级和规模的站舍、工区、兵营、机车库、教堂、俱乐部、医院、学校、仓库、马厩、水塔、厂房以及大量各式住宅、公寓、办公楼等。另有大量桥梁、涵洞、隧道、标志物（如纪念碑）。全面梳理中东铁路建筑文化遗产廊道内的建筑类型，分析和解读这些历史建筑的形态语言与构成模式，是正确分析建筑遗产文化多样性的前提。此外，还原客观真实的建筑文化交流史，能够解决中东铁路近代建筑文化的生成与传播历史模糊问题。不同地域的建筑风格在传播过程中相互影响，会发生同化和变异，揭示其过程的内在规律，有助于廓清中东铁路建筑文化的整体关系及真实传播历史。只有将中东铁路建设的文化传播问题搞清楚，才能进一步厘清沿线建筑文化多样性产生的必然性，也有助于对建筑文化多样性本身形态表征进行深入解析。

　　由于经历了百年的历史及战争、移民、路权更替等诸多过程，中东铁路历史建筑遗产的原始资料已经严重缺失，这直接导致了对其认定的模糊性和困难性。百年间留下的一定数量的历史资料和研究成果，尤其是20世纪前半叶留下的文字、图像信息，都是极为珍贵的文化遗产，寻找这些珍稀的文献资料是十分艰难的；此外，历经数年对中东铁路沿线的历史城镇和大量历史建筑进行实地考察和测绘，付出无数的辛苦，克服众多的困难，本书才得以完成。正是这些扎实的前期工作，为整个中东铁路近代建筑遗产的研究提供了一个科学准确的研究基础，使其研究成果的学术价值和应用价值得以有更好的保障。

中东铁路铁路线漫长、沿线历史建筑被拆毁和自然老化破损情况也日益严重。随着经济的快速发展与岁月的侵蚀，现存的历史建筑保护状况也不容乐观。此外，由于移民文化传播的基本结束，移民及其后裔的逐渐减少，文化的清晰特点逐渐变得模糊，典型的文化现象也日趋消退，加之新的时代文化不停地冲击着历史文化，因此，对百年前建筑遗产的文化特质的解读将会变得更为艰难。同时，这也说明尽快进行针对该文化遗产的研究是十分必要和迫切的。

总之，中东铁路沿线近代建筑遗产数量大，包容的文化含量巨大。从历史、文化、技术、艺术等多视角，科学地揭示其建筑文化特质，是一件非常复杂和艰辛的工作，也不是一朝一夕就可以完成的，需要投入更多的精力和持续不断地努力，否则很难取得理想的研究成果。每一位对文化遗产保护有理想、有追求的学者都应该有义务和责任投身到这项有价值、有意义的研究工作中去。

刘大平 李国友
2018.3

Forewords

The Chinese Eastern Railway was an important transport route in Northeast China between the late 19th century and the mid-20th century; in China it is the architectural relics best reserved of the railway industry and richest of modern urban architectural culture. A number of factors related to it, including the technological imports and the massive immigration tides, the gradual formation of the urban packs, and the rapid growth of industrial and commercial businesses, eventually, forged an chain of transmission and progress for industrial civilization, thus a key route of culture; it laid the foundation for a unique regional architectural culture wholly different from the traditional one.

With a length of 2,489.3 km and a large number of cities or towns and stations along it, the Chinese Eastern Railway is credited with the relics of the historical architecture deserving the title of "a corridor of culture". The century-old buildings and other cultural relics by the thousand, which form a view of unique culture, have witnessed the variegated historical phases of the sole-Russian occupation, the Japanese-Russian joint-occupation, the Chinese-USSR co-administration, the sole-Japanese occupation, the Chinese Changchun Railway and the New China Railway, thus becoming a rare cultural gallery with unique features of modern industry. The historical buildings of the Chinese Eastern Railway are mostly based on elaborate designs and construction, covering a whole range of classicism, romanticism, Baroque style, Russian style and Art Nouveau style, some of which have wholly vanished even in Russia. However, such a feature or distribution makes it likely that studies on each of them are restricted within a few isolated spots, vision on their research are undesirably narrow, and it is very hard to obtain an extensive outlook of the architectural culture along the railway and an objective interpretation of the ecological system of culture. The academic studies in this area are mostly lingering in a few metropolitan cities like Harbin, Changchun and Dalian, and even in terms of regional architectural history of the Chinese Eastern Railway, readers are unlikely to catch an overview. The introduction of the Cultural Route Theory makes it possible for us to have a broader regional view and a more consistent historical depth, to sort out the principles and the regularities of the architectural culture of the Chinese Eastern Railway, to understand the relationship of the architecture in the early modern times with the Western architectural culture as well as the unique historical and architectural features through the integration with the native Chinese architectural culture, thus identifying the study with the features of "relics of cultural corridor" and ensuring its scientificalness and credibility.

There are over 200 stations of varied sizes and over 1,000 buildings along the Chinese Eastern Railway, among which there are former stations workshops, barracks, locomotive barns, churches, clubs, hospitals, schools, storehouses, stables, water towers, factories of different levels and sizes, as well as many residential, apartment and office buildings in various forms. Besides, there are a large number of bridges, culverts, tunnels and signs (such as monuments). An overall sort-out of the buildings and structures in the cultural corridor of the Chinese Eastern Railway, and an analysis and interpretation of the linguistic and formal designations of these are the prerequisite of a correct understanding of the cultural diversity of the architectural relics. Furthermore, a truthful restoration of the communication history of the architectural culture may help solve the problems of confusion on the production and transmission of the architectural culture of the Chinese Eastern Railway. Architectural styles of different regions do interact with one another and acculturations and variations occur as a consequence. A revelation of their internal regularities helps understand the relationship about the architectural culture of the Chinese Eastern Railway and its history of transmission. And only when the clarification on the history of cultural transmission of the Chinese Eastern Railway is achieved can the inevitability of the diversity of the architectural culture along the railway be understood and accepted, which will in turn aid the deep analysis of the morphological features of the diversified architectural culture.

Due to the eventful history of the region, in which wars, immigration and alteration of the railway ownership frequently or sometimes occurred, original files on the history of architectural relics have been severely damaged, which makes it difficult to clarify the confusions and solve the problems about it. The part of documents and research results surviving the disasters of the past century, especially those words or pictures surviving the early half of the 20th century, are precious cultural relics, the search of which has proved discouragingly difficult. Besides, years of field investigation and survey in the historical towns and historical buildings, in immeasurable hardships and difficulties, have resulted in the completion and publication of the book. It is these solid accomplishments of the initial stages that has provided a scientifically accurate foundation for further research work and a trustworthy guarantee for the academic and application values of the research results.

The Chinese Eastern Railway has a very extensive coverage, and the destruction and weathering of old building along the railways are increasingly challenging. With the old buildings involved being rapidly demolished for economic development and damaged for erosion, those buildings currently surviving are faced with growing threats. Furthermore, as the transmission of immigration has practically come to an end, and immigrants and their descendants conscious of their origins are shrinking rapidly, the distinctive features of historical cultures are turning more and more blurring, and some cultural phenomena representative of certain periods of history are vanishing, especially when they are in the face of some new and commercial cultures. The interpretation of the cultural characteristics of the century-old architectural relics will become even more difficult. This highlights, certainly, the necessity and urgency of studies on these cultural relics.

In summary, architectural relics along the Chinese Eastern Railway are large in number and great in cultural implication. And a scientific interpretation of their cultural characteristics, from the multi-perspectives of history, technology ,education and arts, being a complicated and sophisticated endeavor, calls for patience, long and continuous devotion, and diligence, achievement being otherwise hardly feasible. All scholars, students and others interested in it ought to recognize this valuable and significant research workload and shoulder it jointly conscientiously.

LIU Daping LI Guoyou
March 2018

目录
Contents

1 绪 论 /1
Introduction

    1.1 两个基本概念 /2
        1.1.1 文化线路 /2
        1.1.2 中东铁路建筑文化 /4
    1.2 研究内容界定 /7
        1.2.1 研究范围 /7
        1.2.2 研究内容 /9
    1.3 研究意义 /10
        1.3.1 廓清中东铁路建筑文化保护的背景 /10
        1.3.2 梳理中东铁路建筑文化的生成演化规律 /12

2 中东铁路建筑文化的传播考察 /15
An Investigation of the Culture Transmission of the Chinese Eastern Railway

    2.1 建筑文化传播的缘起 /16
        2.1.1 建筑文化传播的历史机缘 /16
        2.1.2 建筑文化传播的原型与源地 /23
    2.2 建筑文化传播的过程 /36
        2.2.1 初始建设期的一统格局 /36
        2.2.2 从南北分治到全线日控 /45

2.3 传播过程的双重线索 /51
  2.3.1 技术与资本的相继移入 /51
  2.3.2 文化与意识的同步传播 /59

2.4 建筑文化传播的影响 /64
  2.4.1 传播效应的总体表现 /64
  2.4.2 传播影响的时空分布 /74

2.5 本章小结 /80

3 中东铁路建筑的文化载体揭示 /83
Revelations of the Cultural Carriers of the Chinese Eastern Railway

3.1 建筑的功能形态 /84
  3.1.1 铁路交通站舍与附属建筑 /84
  3.1.2 铁路工业建筑及工程设施 /94
  3.1.3 护路军事及警署建筑 /101
  3.1.4 铁路社区居住建筑 /106
  3.1.5 市街公共建筑与综合服务 /110
  3.1.6 功能形态的文化特点 /128

3.2 建筑的空间形态 /129
  3.2.1 单体建筑的空间及其组合 /129
  3.2.2 建筑群体的空间及其组合 /139
  3.2.3 空间形态的文化特点 /152

3.3 建筑的材料形态 /153
  3.3.1 材料的物理性能与使用方式 /153
  3.3.2 材料的组合技巧与构成类型 /161
  3.3.3 材料形态的文化特点 /167

3.4 建筑的技术形态 /167

    3.4.1 结构形式与表现 /167

    3.4.2 构造类型与表现 /177

    3.4.3 技术形态的文化特点 /193

3.5 本章小结 /194

4 中东铁路建筑的文化现象辨析 /197
An Interpretation of the Cultural Phenomenon of the Chinese Eastern Railway's Architecture

4.1 模件现象 /198

    4.1.1 模件的构成与表现 /198

    4.1.2 模件的规则与理念 /214

4.2 "合成"现象 /228

    4.2.1 合成的生成与表现 /229

    4.2.2 合成的规则与效应 /244

4.3 "流变"现象 /258

    4.3.1 流变的生成与表现 /258

    4.3.2 流变的规则与意蕴 /267

4.4 本章小结 /276

5 中东铁路建筑的文化特质解读 /279
The Cultural Interpretation of the Buildings of the Chinese Eastern Railway's Architecture

5.1 涵化—转型——建筑文化的构成性质 /280

    5.1.1 一场突发的跨文化涵化实验 /280

    5.1.2 规模宏大的快速近现代转型 /294

5.2 包容—创新——建筑文化的艺术特色 /305

    5.2.1 包容——多元风格的品质 /305

        5.2.2　创新——艺术观念的特色 /325
    5.3　俭省－因借——建筑文化的技术理念 /338
        5.3.1　俭省——理性的工业设计思维 /338
        5.3.2　因借——成熟的环境设计观念 /346
    5.4　有类－无界——建筑文化的伦理意蕴 /354
        5.4.1　有类——阶层的设计思维 /354
        5.4.2　无界——自由的人文观念 /361
    5.5　本章小结 /370

6　结　论 /373
Conclusion

参考文献 / 376
References

图片来源 /379
Picture Credits

后记 / 384
Postscript

绪 论
Introduction

  This Chapter was the first part of the book. The research topic, background and all information related to this topic were introduced in this chapter. The contents were included in the following:

  The first part was the background and the significance of the research, including the history and culture; the objective and the significance of this research. The second part introduced the related concept of the "culture routing" and "architectural culture of the Chinese Eastern Railway". It also completely summarized these two topics which had been done by the researchers of China and the other countries. The third part introduced the scope, content, method and logical framework of the research. It defined the research period of time and the geographical scope of Chinese Eastern Railway. It included the spreading process of the Chinese Eastern Railway Architecture Culture, the typical culture phenomenon and the features of the Architecture Culture. The research methods used in this book included: the method of cultural geography and cultural and communication studies, the method of typology and semiotics, the method of field survey methods and historical darning. The book was followed by a whole to part, from outside to inside, outside and inside by the logical form of the overall structure with a clear hierarchy and logic.

1.1 两个基本概念

1.1.1 文化线路

"文化线路"是近年来出现在西方文化遗产保护领域的一个概念，是西方数百年文化遗产研究与保护历史积淀的新理念。文化线路概念的形成受益于世界遗产保护实践的推动。与此同时，学术界敏感地发现和不失时机地呼吁，促使文化线路保护最终成为文化遗产保护领域的共识和一种时代潮流。深入解读这个概念，熟练掌握文化线路保护理念的发展历程，对于做好中东铁路建筑文化的研究是一个重要的前提。

人类对文化遗产的研究和保护经历了一个从个体到集群、从局部到整体、从共时到历时的过程。人们越来越发现，任何有价值的建筑遗产都不是孤立产生和存在的，它们是人类整体文化生态系统中的有机组成部分。只有在连续的文化过程和完整的文化结构中，才能捕捉到研究对象更准确的历史和文化角色，才能发现更多个体间的内在文化联系。今天，世界文化遗产研究、保护领域的学者以及政府决策者们关注的不再只是单一的建筑本体，他们将视野扩展到了建筑所依存的自然及人文环境，进而扩展到了隐藏在建筑背后的文化过程。在探访那些被重点保护的建筑文化遗产时，体验者常常发现，建筑单体所置身的"场景"不仅具有生动的感情色彩，还具有层次丰富的时空结构，其中载满了让人感动的文化信息。可以说，"场景"的信息量远远超越了构成它的所有单元信息量的总和。显然，文化过程产生的文化遗产个体、个体上的历史印记、个体与个体之间的奇妙联系、所有历史印记串起来的"故事情节"等，这些信息会被体验者的感知和联想大大激活，从而形成一种更真切、更立体的"文化叙述"效果。

发现文化场景的整体效应并最早付诸实践（20世纪60年代）的是美国。美国是一个历史很短的国家，美国的学术界和政府部门非常珍视数量有限的历史文化遗产，一直致力于将历史建筑的文化表情放大到最强烈的效果。他们的办法是建立那些分散、孤立的文化遗产之间的视觉或空间联系，从而形成一种更大规模、更为连续的文化场景。美国又是一个热爱自然、酷爱自然体验的民族，他们将"国家公园"的完整环境理念引入建筑文化遗产保护实践中，为零散的历史建筑点阵"图"找到了一个绝好的"底"，即用优美的自然景观巧妙地将孤立的建筑单体串联起来，"文化遗产廊道"就此出现。美国甚至将废弃的铁路线改造成自行车道、步行道及运动跑道，早在1993年1月之前，这样的游览路径在美国已经达到500多条、超过6 000英里（1英里约合1.6千米）[1]。这既是美国人的文化意识、文化情趣和文化智慧的结晶，又是他们对国际建筑文化保护领域做出的一个突出贡献。

与此同时，一些有前瞻眼光的国家和学术团体也开始将世界上一些著名的线性文化遗产群推举至"世界遗产"行列。1993年，西班牙北部的圣地亚哥·德·孔波斯特拉（Santiago de Compostela）朝圣之路作为遗产线路类型被首次列入《世界遗产名录》，是这一时期线性遗产保护与利用的标志性事件。"文化线路"作为一个明确的概念被正式提出是在1994年11月,当时西班牙政府资助举办了马德里文化线路世界遗产专家会议,主题为"线路,文化遗产的组成部分"。1998年,国际文化线路科学委员会(International Scientific Committee on Cultural Routes,CIIC)成立,它是国际古迹遗址理事会(ICOMOS)的下属机构。文化线路研究与保护活动进入一个热烈传播、广泛认同、快速发展的阶段,多条散落在地球不同文化圈的文化线路被整体或部分地纳入《世界遗产名录》。可以说,"文化线路"已经成为现代社会文化遗产研究和保护领域的基本问题之一。

通过考察"文化线路"研究和保护意识的快速兴起过程,我们发现,"文化线路"理念的最终成型借助了众多基础文化理论研究的方法和成果,包括文化地理学、文化生态学、文化传播学等。在这些文化理论的研究领域,许多学者都强调不但要考量文化遗产本身,还要考量影响文化遗产形成的自然环境条件、社会环境条件、历史过程和历史事件,以及当时文化的整体面貌等因素。受此启发,学术界尝试将文化遗产保护的对象扩展到遗产个体所依存的整体环境。理论研究的深入和成熟最终结出了丰硕的果实,2008年10月,《文化线路宪章》在国际古迹遗址理事会第十六届大会上通过,这标志着"文化线路保护"的基本概念和普遍的文化意识正式被世界各国文化遗产保护界所认识和接受。可以说,"文化线路"已经成为当今文化遗产保护的基本理念。

2003年5月,国际文化线路科学委员会召开马德里会议,形成了《实施〈世界遗产公约〉操作指南》修订计划的讨论稿,提交给世界遗产委员会,其中提出文化线路的定义:"文化线路是一种陆路、水路或二者混合以及其他类型的通道,其形态的界定和特征是基于它自身特定的、历史的发展动力及功能;它展现了人类的相互迁移,以及在相当时间内国家和地区内部或其相互之间,在商品、思想、知识和价值等方面多维、持续和互惠地交流;由此在时间和空间上对文化产生了交互滋养,并通过物质和非物质遗产得到体现。"从这个定义中,我们看到了文化线路区别于其他文化遗产的显著特征:

其一,线性线路特征:总体呈线性结构,地理范围广、空间跨度大、覆盖时间长。

其二,文化过程特征:贯穿人类文明举动的主题线索,承载人类的迁移和交往活动。

其三,文化多样性特征:跨越不同文化区域或同一文化圈的不同子文化区域。

其四,多元价值构成特征:整体价值涵盖文化价值、生态环境价值、艺术价值、历史价值等。

文化线路的判别标准十分注重使用文化线路给所在地带来的文化影响及其对于跨文化传播所做的贡献。判别一条线路是否可以被称作具有文化遗产性质的"文化线路",要从空间特征、时间特征、文化特征、角色和目的四方面因素进行考察:

首先,空间距离是否足够长、空间类型是否足够多样,涵盖的地理区域及承载的文化交流是否广泛。

其次,时间跨度是否足够大,时间周期内是否对沿线人类区域的既有文化形成影响。

再次，线路上是否存在不同文化类型之间的传播与互动，是否推动了不同文化圈人群的交往。

最后，线路的功能是否包含宗教信念传播、经贸交流，是否推动或影响了沿线区域的社会发展。

1994年马德里文化线路世界遗产专家会议的《专家报告》中提出了文化线路的范围界定和登记方面的具体建议。由于文化线路具有线性空间形态特征，承载的主要是带有旅行行为模式的文化交往，因此文化线路的保护范围是由线路上文化行为载体的文化遗产节点的具体保护范围所决定的。在强调这些节点时，除了必须收集的文献资料及故事传说、文化习俗、历史线索等非物质文化信息外，1994年马德里文化线路世界遗产专家会议的附加文件中提出了一些基本内容，由此可以将文化线路的"线路"实物的构成内容概括为：线路出发点和到达点；驿站、旅舍；线路中的井和自然泉水等饮水处；线路经过的涉水处、桥梁、山路、港口等。

关于文化线路登记更明确的规定见诸2001年召开的西班牙潘普洛纳（Pamplona）会议。由于国际范围内许多文化线路跨越不同的国界，因此，组织倡议各国在登记申报工作上不仅要完善自己国内的相关法律法规，还要打破各国之间的界限积极合作。此外，CIIC还建议尽快采取措施展开文化线路测绘和资料建档工作。这些工作的开展为世界各国自行及合作开展文化线路的研究与保护工作起到了重要的推动作用。

1.1.2 中东铁路建筑文化

建筑文化是一个特定的文化类型。"文化"一词不是现代社会才有的，早在中国古代典籍中就出现了相关概念，如《易·贲卦》："观乎天文，以察时变；观乎人文，以化成天下。"文化最终凝结为无形与有形的文化遗产，前者包括社会秩序、道德理念、历史传统等内容；后者则呈现为书画典籍、城郭建筑、技术经验乃至服饰饮食。可见，建筑和城市所承载的文化是文化的一个重要组成部分，而中东铁路文化线路正是这样一个建筑和城市文化集成的完整载体。

1.1.2.1 关于中东铁路

中东铁路建筑文化是伴随着中东铁路的出现而形成和发展起来的，中东铁路是中国境内现存的一条重要的文化线路，具有典型性和独特性。在半个世纪跌宕起伏的历史过程中，铁路附属地内修建了数以千计的交通、工业、军事、公共、居住建筑和各种铁路工程及城市市政设施，各种体现不同民族建筑文化的建筑样式和当时世界上最流行的时尚风格流派通过各种途径传入铁路附属地。与此同时，铁路运营功能的调整完善、移民潮的出现和城市的兴起与扩展、政权变更与路权交替等因素，不断从风格和样貌上改写与丰富中东铁路原有建筑的表情；从流行时尚和设计理念上质疑中东铁路原有建筑文化的定位，驱动中东铁路建筑文化的演进和转型。可见，建筑文化是这条文化线路所形成的整体文化的一个有机组成部分，建筑文化与其他文化要素一起构成了整条文化线路。认识中东铁路建筑文化，首先需要对中东铁路这条文化线路有一个基本的认识。

中东铁路文化线路的发端始于19世纪末晚清行将就木之时，形成于20世纪初中国社会颠簸动荡的年代。当时，清王朝遭遇前所未有的内忧外患，渴望与西方强国结盟以应对危局。觊觎已久的俄国乘虚而入，答应清政府以"借地筑路"为交换条件签订"御敌互助"条约。所谓"借地筑路"，就是取道中国东北修筑一条铁路，来连接俄罗斯远东国土的外贝加尔铁路和南乌苏里铁路。从当时清朝覆灭在即的命运和沙俄"盟友"的侵略企图来看，中东铁路的出现可谓"应劫而生"。1898年6月，中东铁路全线开工，1903年7月全线正式通车。建成之初的中东铁路西起满洲里，东至绥芬河，并以哈尔滨为枢纽向南延伸支线至大连旅顺口，全长2 489.2千米。站在建筑文化发展的角度看，中东铁路的修筑正值中国近、现代化艰难转型的起始阶段，客观上是借助了外来力量的强势驱动得以快速酝酿、完成，也同时实现了多元建筑文化的传播和选择。因此，准确地说，中东铁路是应国家之"劫"而出现，而建筑文化则是应铁路之"运"而生长、扩展、成型。伴随中东铁路的修筑出现的建筑活动，最终汇集成一场近代建筑文化传播的特殊实践。

关于"中东铁路"这一称谓。最初，俄国给这条铁路定名为"满洲铁路"。李鸿章看出俄国想通过强调地名来模糊国家主权的归属，因此以"即须取消允给之应需地亩权"为警告，坚持"大清东省铁路"的冠名。最终这条铁路定名为"大清东省铁路"，又称中国东省铁路，简称东清铁路或东省铁路[2]，意为清朝东北境内的铁路。1912年中华民国成立之前，"这条铁路对外公示或在机关内部行文中，始终称东省铁路或东清铁路"[3]。1905年日俄战争后，俄国把东省铁路的南部支线，由长春到旅顺口一段铁路割让给日本。从此，这段铁路改称"南满铁路"[3]。辛亥革命以后，这条铁路改称中东铁路。在1921年到1930年的一段时间内，决心收回中东铁路的中国东北地方当局将中东铁路改称东省铁路。1929年，"中东路事件"后，中东铁路又恢复了原来的状态[3]。1931年底出版的《东北年鉴》记载："中东铁路为中俄合办之大铁路，初名东清，后改中东，又称东省铁路，至今复称中东铁路。"1933年5月，伪满交通部擅自将中东铁路改名为"北满铁路"，以区分于"南满铁路"。苏联与日本及伪满洲国完成铁路出售交易后一直沿用此名称，直到1945年日本投降后更名为"中国长春铁路"（简称"中长铁路"）。中东铁路俄文名称Китайско-Восточная железная дорога(简称КВЖД)，一直未变。

中东铁路虽然全线都在中国境内，但是，从最早的归属上看，它却"是沙皇俄国联结欧、亚两洲的西伯利亚大铁路的一部分"[2]。很明显，从一开始，这条铁路就注定把沿线近5 000华里（1华里合0.5千米）的土地都纳入跨文化传播、亚欧经济大循环的辐射范围。"中东铁路的历史内容是十分丰富和非常曲折、复杂的。从1896年签订《中俄密约》起，至1952年苏联将中东铁路完全交还我国止，它存在了56年的时间。"[2]

建成伊始的中东铁路具有标准的"文化线路"特征：

空间上，中东铁路拥有近2 500千米的地理跨度，沿线有山地、丘陵、湿地、平原、海岸等地貌环境，穿越内蒙古自治区东部、黑龙江省、吉林省、辽宁省行政区。中东铁路可谓典型的跨国性、跨地域性、跨文化性、大尺度线性工业遗产廊道。

时间上，中东铁路从1897年勘定线路，1898年开工，至1903年全线通车，再到20世纪30年代的持续扩建经营，跨越了漫长的岁月。这条铁路历经清王朝、中华民国至中华人民共和国成立，可谓饱尝战争破坏、主权更替的艰辛。中东铁路的大部分线路至今还在正常运行，对沿线区域的经济和社会发展起到重要的作用。

文化上，中东铁路以铁路工业文明为依托，以移民文化为表现形式，富含俄罗斯、日本等外来民族文化因素，对沿线地区的人、聚落形态、社会结构、生活模式、建筑样式等均产生了深远的影响。东西方不同文化类型之间的传播与互动，促使东北地区形成了有别于中国传统文化核心圈的边缘文化。

在角色考察上，中东铁路不仅起到了连接俄罗斯远东与中国东北地区、快速流通货物及集散人口的作用，而且对宗教信仰（包括东正教、犹太教、伊斯兰教、佛教、道教等）的传播普及、对区域与国际经济贸易的发展起到了不可替代的作用，根本影响了整个中国东北地区乃至俄罗斯远东地区的近代化和现代化进程。

1.1.2.2 关于中东铁路建筑文化

一直以来，"中东铁路建筑"并不是一个界定准确的专有学术名词。在此前的历史文献、学术研究和新闻媒体的描述中，我们可以看到类似的各种各样的描述方式：中东铁路附属建筑、中东铁路沿线建筑、中东铁路历史建筑、中东铁路近代建筑、中东铁路老建筑等。本书所研究的"中东铁路建筑"，是指在中东铁路建设和运营过程中设计、建造的，坐落于中东铁路附属地范围内的铁路交通建筑设施和配套生活、公共服务建筑设施。因此，从类型上看，本书在讨论中东铁路建筑文化的时候，描述的内容及引用的实例不仅包括铁路交通工业直接派生的火车站站舍、工厂、机车库、各类仓储建筑、水塔、桥梁等铁路工程设施和保护铁路的护路队兵营、工区建筑，还包括铁路管理局机关办公楼等各类公共建筑，铁路职员的住宅与铁路官员的官邸，为中东铁路相关人群服务的教堂、文化设施及医疗保健、休闲疗养设施，乃至培养技术人员的各类学校等教育机构。从建筑所从属的行政范围和用地区域上讲，中东铁路建筑指代那些坐落在中东铁路用地和铁路附属地范围内的各类建筑设施，尤其是那些建设责任和房产权、管理权归属中东铁路管理局及与铁路相关的行政部门的建筑设施和城镇街区。由于铁路附属地内快速的城市化进程，许多大型公共建筑已经属于铁路相关部门之外的力量投资建设的成果，但是，由于这些建筑的设计师大部分也服务于中东铁路工程局或管理局，以及这些建筑从酝酿到建成营业都已经融入整个中东铁路建筑文化的传播和演进的大系统，因此也属于本书讨论的内容。

"中东铁路建筑文化"，就是指凝结成中东铁路建筑及城镇聚落、呈现于中东铁路沿线建筑环境场所、隐含于建筑生成演变历史过程的各种与建筑相关的文化现象、文化过程、文化规律、文化内涵。中东铁路的建筑文化既是显性的，又是隐性的。人们可以从一栋富有浓郁俄罗斯民族风格的中东铁路建筑上看到这种文化，也可以从漫长的百年历史和丰富多变的文化传播过程中感受和理解这种文化。中东铁路建筑文化既是一种文化现象，又是一种文化类型。

1.2 研究内容界定

本书以"中东铁路建筑文化"为研究目标，以"文化线路"的研究方法对中东铁路建筑文化进行描述、分析、解读。由于中东铁路建筑文化历经了一个南北分治的传播发展过程，外来建筑文化主体之一——俄罗斯建筑文化在宽城子（现长春）以南的铁路附属地内只参与了短暂时间的形成和传播便迅速退出这一文化过程，因此，这段铁路附属地的建筑文化传播也因日本近现代建筑文化的全面注入而呈现出与中东铁路主线完全不同的文化风貌。本书的研究范围与内容必须考虑到这一重要因素。

1.2.1 研究范围

中东铁路建筑包括：在中东铁路建设和运营过程中设计、建造的，坐落于中东铁路附属地范围内的铁路交通建筑设施和配套生活、公共服务建筑设施。鉴于本书研究的切入点和线索是文化线路和承载于文化线路中的建筑文化传播，因此，那些位于铁路附属地内部，产权和投资者、建设者不属于铁路机构的，但在铁路附属地的建筑文化形成、传播、演进过程中发挥重要作用的各类建筑仅作为建筑文化表现的一部分内容简要提及，不作为研究重点。

中东铁路建筑文化现象是中国近代建筑发展历史中一个独特的现象。作为一种兼具近现代文明与外民族文化特征的文化类型，它代表了近代中国社会转型过程中特有的工业文明和移民文化交织的文化成果和独特风韵。同时，作为一种特殊而又具体的建筑文化，它包含了一般文化类型所具有的文化特征、文化结构、文化生态、文化伦理等要素。而这些独特的文化要素和文化特质都最终体现在多元风格的建筑上。

本书详细考察中东铁路沿线城镇及建筑的形成发展历史及文化形式，意在廓清本线路文化的传播过程及整体规律、传播成果的整体样貌、过程中产生的文化现象，最终揭示建筑文化的特有品质。由于这一切的工作都要建立在中东铁路建筑文化传播的真实过程和完整表现的基础上，因此，历史织补与重建成为关键的前期准备。为方便起见，本书研究的时间段确定在1896至1945年之间，涵盖了中东铁路建筑文化传播从借地筑路开始一直到参与跨文化传播的日本民族建筑文化势力撤出中国为止，前后共延续了半个世纪的时间。

由于日俄战争尽早地结束了俄罗斯民族建筑文化势力在宽城子以南铁路附属地内的传播发展，因此，日俄战争以后满铁附属地的建筑文化部分将不作为本书研究的重点，中东铁路建筑文化的主体范围以1905年以前的全线和1905年以后中东铁路主线及哈尔滨至宽城子之间的南支线范围为主。如此选择研究的侧重点是基于这样的考虑：

其一，日俄战争以后满铁附属地和中东铁路附属地的建筑文化走了不同的道路，并且都持续了很长时间、具有浩大的规模。尤其是满铁附属地与中东铁路附属地的建筑文化差异很大，平行研究会使力量十分分散。

其二，保留日俄战争之前长春至旅顺口的铁路附属地，是因为完整的中东铁路是由西部线（满洲里至哈尔滨）、东部线（哈尔滨至绥芬河）、南部线（又称支线、南线，哈尔滨至大连旅顺口）共同构成的，长春至旅顺口段是重要的组成部分。尤其俄国当年将大连、旅顺口作为重要的太平洋不冻港来规划和建设，因此在铁路站点等级、设施配置、建筑设计和建造水平、城市规划和建设水平等方面都有巨大投入和很高的标准，因此是研究中东铁路初始建筑文化的重要组成部分。

其三，中东铁路建筑文化的传播以俄罗斯民族建筑文化为重要原型之一。日俄战争后，俄罗斯民族建筑文化势力在满铁附属地已经终止传播，满铁附属地的建筑文化传播内容和参与类型都相对变得单一，这与满铁附属地外中东铁路大部分地区所具有的连续传播、多元构成的跨文化传播形式有很大不同。

即使如此，为了在连续的时间和全景的空间领域阐释这份独特而富有辐射力量的建筑文化，本书在解读文化的过程中仍然根据需要及时将观察视野扩展到满铁附属地，聚焦那些有对应关系的建筑类型或城市文化载体，力图从对比的视角更准确地捕捉建筑文化的本质特征和真实状态。

建立"文化线路"的视角，可以更好地将中东铁路建筑所依附的时代背景和地域环境整合起来。中东铁路扮演了19世纪末重要的交通线路和文化传播线路双重角色。伴随着中东铁路修建时期的房建工程、移民规模的剧增，铁路修筑的完成也实现了外来文化的同步移入，并在特定的历史时期、特定的地域范围，形成了与我国中原内核文化完全不同的独特的边缘文化，使整条中东铁路及沿线城镇共同构成了一条重要的文化线路。在这一过程中，建筑的设计和建造不是孤立的文明举动，而是当时整个大时代文化转型与社会变革的一部分。正是在此背景下，中东铁路建筑文化才显得如此丰富多样，才如此浪漫动人。只有置身这一完整的时间范围和广阔的空间领域里，我们对中东铁路建筑文化的把握才会更接近客观和真实。

任何一个与文化有关的事物都存在文化表现和文化内涵双重结构，文化线路也是这样。历经漫长周期、跨越漫长距离而得以保留下来的文化线路不仅仅呈现为数量众多的物质文化遗产和丰富多样的环境场所，还遗留下跌宕起伏的文化传播历史和无数记录着社会变迁和文化兴衰的历史典故、文化习俗和文化风情。一种更为本质的文化因素隐含在这些物质和非物质的文化现象和元素之后，这能够让任何文化线路足以展示出独特的文化特征、文化品质、文化规律。只有透过纷繁复杂的物质要素和文化表现继续考察,这些生成的文化意蕴才能显现。

1.2.2 研究内容

中东铁路建筑遗产是一种特殊的文化遗产类型,表现为文化传播过程、文化传播的载体、文化传播过程中呈现出的独特现象,以及充分体现其内在蕴含的文化特质。

(1)中东铁路建筑文化的传播过程　任何一份文化遗产的形成都会有一个过程,这个过程从促成这种文化现象出现的诱发因素开始,一步步走向发展、高潮,并最终进入收获成果和衰落消失的阶段。中东铁路建筑文化是在特定的历史机缘下形成的,促成这个历史机缘的条件主要来自当时的国际形势和社会政治因素,同时也受制于当时科学技术与参与文化作用的不同民族的文化艺术等多种因素。这些因素在相互作用、相互依托的形势下整体发展演变,最终集中反映在中东铁路建筑文化上。文化的形成和演变都包含着很多中间环节,通过对这些环节中各种影响因素的梳理,人们不但能更好地理解这种文化特有的现象及文化品质,也可以发现隐藏在建筑文化本体背后的历史规律。

(2)中东铁路建筑文化传播的载体　中东铁路建筑是中东铁路建筑文化传播的载体,因此,准确认识中东铁路建筑的基本构成形态就成为解读这一文化的基本前提和重要研究基础。中东铁路建筑的基本形态可以从四种类型的划分方式来进行阐述:建筑的功能形态、空间形态、材料形态、技术形态。

中东铁路建筑的功能形态极为丰富,为了便于梳理,可以将中东铁路的建筑分为五大类:铁路交通站舍与附属建筑、铁路工矿建筑及工程设施、护路军事及警署建筑、铁路社区居住建筑、铁路市街公共建筑等。空间形态的阐述包括"单体建筑的空间及其组合"和"群体建筑的空间及其组合",以及空间形态的外在表现形式所涉及的样式及风格问题。材料形态和技术形态的论述,侧重于建筑形象要素和技术因素的构成逻辑与具体表现。

(3)中东铁路建筑的典型文化现象　建筑案例的全面认知给我们提供了一个文化载体的总体面貌,而在这些建筑集群之上隐含的文化现象就成了整体性的文化表现。本书创造性地总结出中东铁路建筑文化现象中三个最突出、最富特点的文化现象——模件现象、合成现象、流变现象,并对这三种文化现象进行了深入的分析解读。

"模件"现象是中东铁路建筑文化中一个突出的文化现象。总览数以千计的中东铁路建筑,"符号"化建筑语言随处可见。本书总结了"模件"的内容构成与组合机制,同时阐述了"建筑模件"的形式法则与设计理念。"合成"现象也是中东铁路建筑文化中的一种典型现象,本书分别从"合成建筑"的生成与表现、规则与意蕴给予解读。"流变"现象是中东铁路建筑文化的又一大特点,这也是其文化多样性的总体表现及文化发展的主要走向。本书讨论了建筑文化的整体流变,同时也解读了流变背后的深层原因与内在意蕴。

（4）中东铁路建筑的文化特质　透过中东铁路建筑文化的具体形态和种类繁多的文化现象，我们可以洞悉这一文化的诸多品质，这也是本书研究的最终目标。中东铁路建筑的文化特质包含四个方面的内容：

① 建筑的文化构成性质，即中东铁路建筑文化到底是一种什么文化？
② 建筑的艺术特色，即中东铁路建筑文化展现了怎样的艺术品质？
③ 建筑的技术理念，即中东铁路建筑文化在技术运用上的特色是什么？
④ 建筑的伦理精神，即中东铁路建筑文化展现了什么样的伦理精神？

1.3　研究意义

"文化线路"概念的出现是人类文化保护意识走向成熟的表现之一，也是文化遗产研究与保护领域新的关注点。与此同时，人们也意识到众多文化线路遗产面临的严峻形势。因此，重视挖掘、研究与保护"文化线路"，越来越成为世界各地文化遗产研究学者、机构乃至相关政府机构的基本共识。本书所研究的课题是国际文化遗产保护的学术发展和中国东北地域建筑文化研究相结合的产物。由于关注的对象——中东铁路建筑文化既有强烈的跨文化地域色彩，又有完整的文化传播历史脉络，因此作者努力将整个研究根植在国际文化遗产研究的最新方法和发展水平的学术背景之下，同时积极关注东北外来建筑文化遗产的现实问题。运用当代最新方法探索历史文化命题具有多方面意义，对未来的地域文化传承和发展也会起到积极作用。

1.3.1　廓清中东铁路建筑文化保护的背景

中东铁路留给人们的是一段历经百年的建筑文化传播历史和一份珍贵的建筑文化遗产。这份遗产在19世纪末至20世纪初迅速生成，虽然之后经历了数次战争和政权更替的动荡历史过程，但最终大部分建筑仍然奇迹般地留存下来。

今天，中东铁路文化线路遗产研究与保护面临着双重危机。由于这条文化线路空间距离大、历史周期长、文化遗产个体数量多、文化价值良莠不齐、文化特征甄别复杂、文化遗产损毁严重、保护或修复的工作量大，加上铁路沿线城市化发展速度空前加快给文化遗产本身带来的威胁，因此，"中东铁路文化线路保护"完全成为一个需要审慎对待的巨大文化课题。今天，除了铁路沿线中心城市哈尔滨、长春、沈阳、大连的一些重要历史建筑被列为重点保护对象外，占绝大多数的历史建筑和城镇、站点并没有受到足够关注，有的甚至完全不为人所知，长年荒废，深陷困境。考察中东铁路建筑文化所处的时代环境，查找这份文化遗产濒危状态的原因，建立客观理性的研究与保护思路，已经势在必行。中东铁路建筑文化遗产濒危现状是由若干方面的因素导致的，如自然力侵蚀、经济活动的影响、铁路工业的发展、战争的破坏等。

其一是自然力侵蚀的作用。由于中东铁路现存老建筑大多已经有百岁高龄，因此自然力的侵蚀对建筑本身造成的破坏非常严重。对许多老建筑而言，一旦水浸入结构，它就很快冲刷石灰砂浆，白色的条纹状是许多砖石结构经常出现的症状。砖石建筑浸水之后，在冰冻反应下还会出现石材的胀裂和风化腐蚀的现象。除了铁路枢纽城市的部分重要历史建筑保存得相对完好外，散落在铁路沿线各地的历史建筑普遍出现了自然老化、破损的情况，许多建筑甚至成为危房。老化表现在：铁皮屋面锈蚀破损、墙体出现裂缝甚至倾斜、门窗变形、木质构件腐朽破损、墙砖风化粉蚀、基础下沉、屋架坍塌等。风雨侵蚀和霜雪冻胀等自然因素给建筑造成的损坏比比皆是。在长达一个世纪的历史进程中，那些曾经充满异族情调和大铁路工业文明气质的建筑大都已呈老态。

其二是经济活动的影响。城市化是经济活动中对中东铁路建筑文化影响最大的因素。除了历史上因城市发展出现的改造、功能转换和拆除之外，更大的影响来自近20年来快速的城市化步伐。新旧世纪交替的20年是中国城市化飞速发展的20年，同时也是中东铁路建筑文化遗产飞速消失的20年。这两个过程几乎是同步并同样呈现加速度的过程。伴随城市化而出现的大面积圈地开发使许多处于休眠状态的历史建筑被夷为平地。遭此劫难的历史建筑中同样有艺术价值、文化价值和历史价值都很高的建筑，有些建筑曾经见证过重要的历史事件。从数量上说，近20年城市化过程中损毁、消失的历史建筑超过了历史上的任何一个时期，堪称中东铁路历史建筑文化遗产的一个快速衰减期。另外，"文化大革命"的10年时间里，中东铁路历史建筑的破坏也十分严重。尤其是最具俄罗斯文化色彩的教堂建筑大量消失，其中不乏教堂建筑精品，如纯木质结构的哈尔滨圣·尼古拉大教堂。

其三是铁路工业发展带来的变化。随着铁路交通事业的发展，架设复线、站点升级、铁路机务段改制、线路调整等活动，使许多原有的站点发生重大变化，甚至有的被取消或废弃。由于无人管理、修缮，那些被废弃的铁路附属建筑及工程设施快速老化，许多都已经处于坍塌消失的临界点。更多的站点随着铁路运营能力和站点级别的提升而不断拆旧建新或扩建、改建，无论是站区的总体布局还是站舍建筑都已经面目全非。近些年高铁的建设对中东铁路老建筑的影响巨大，老建筑原有的生存空间受到普遍的威胁，有的由于没有经济条件移位保护而拆除，有的勉强生存下来却只能委身高铁大桥的阴影中。

其四是战争带来的破坏。中东铁路建筑文化遗产经历了不同范围和规模的战争。在铁路建成初期，日俄战争的爆发给中东铁路建筑文化传播发展带来了根本性的影响。除了战时辽东地区的铁路建筑所受的破坏之外，战后日本对中东铁路南支线的满铁部分建筑风格影响很大。尤其是在日本战败撤离的过程中，为了销毁证据，日本军队烧毁了大量曾居住过的住宅及办公建筑。如在中东铁路东线横道河子镇，百年老街上俄罗斯住宅的木屋架大部分都被当年日本侵略军烧毁，现存的铁皮坡屋顶是后来加建而成的。中东铁路沿线大量"简装版"铁路住宅都有过相似的遭遇。

经过上述若干因素的共同作用，中东铁路建筑文化遗产集群的总体数量大大减少，一些特殊的功能类型和风格类型出现不同程度的濒危局面甚至消失。保留下来的历史建筑有相当一部分或呈垂暮老态、伤痕累累；或被私乱搭建的棚户建筑所覆盖侵蚀；或不同程度地横遭野蛮"改造"甚至彻底改头换面；或被借"保护"之名错误复原至面目全非。上述现象几乎随处可见。正如单霁翔在中东铁路文化线路保护提案中所描述的："遗存百年的'文化项链'正处在线断珠散的边缘。"将中东铁路建筑文化作为研究题目，正是针对目前这种具体情况对中东铁路建筑遗产及整体文化线路保护所做的一种专业层面的努力。

1.3.2 梳理中东铁路建筑文化的生成演化规律

铁路文化风景线记录了建筑文化的诸多问题，因为文化线路的一个重要特征是它蕴含了文化迁移的过程。"迁移"是文化信息传播的线索和外在表现，而在整个迁移的时空领域里发生的具体文化现象、创造的文化价值才是实质意义所在。特别是在中东铁路跨越中俄两国、连接不同民族文化过程中形成的文化景观和文化情结，更使中东铁路整条文化线路格外浪漫动人。由于贯穿中国东北部封禁之地原生态自然环境，中东铁路当之无愧地成为中国东北地区近现代城市发展和文化转型的引擎，这一特点也强化了中东铁路建筑文化现象的鲜活、多元和复合性的特征。

中东铁路文化线路是一条展示建筑文化的交通风景线。铁路沿线曾经漫布着数量众多、类型多样、风格各异的历史建筑，即使百年间遭受了各种自然和人为因素的损毁和破坏，今天保留下来的历史建筑仍然能给体验者以强烈的印象。这些像珍珠一样散落在铁道线周边的建筑群以火车站点为代表渐次出现，不断地展现着质朴、恬静、优美的俄罗斯传统建筑风韵。人们置身其中，犹如走进一条浪漫的建筑画廊。在这一画廊中，铁路是绵延数千里的文化景观线的主线，而广阔深远、丰富多变的自然地貌则是画廊的整体背景和连接要素。由于中东铁路的整体设计集中了近现代交通工业革命的最高成果，加之俄国修筑铁路的同时暗含了未来长期殖民的扩张计划，因此无论是铁路工程设施还是附属建筑、城镇规划都被付诸最高水平的设计和建造。今天，许多曾经得到精心设计、建造的中东铁路历史建筑仍然在许多方面给人以启发，有的甚至堪称富含历史价值和艺术价值的精品。这些林林总总的建筑艺术品是如何形成的？它们曾经经历了怎样的文化过程？这些过程是否蕴含了具有启发意义的文化传播规律？在这些问题得到解答之后，中东铁路文化线路保护才算有了基本的认知基础。

中东铁路建筑文化的生成演化离不开铁路建设的宏观规划、时代背景、环境条件、政治气候、文化潮流，乃至参与其中的人类种群和相应的民族性格等因素。铁路建筑由俄国工程师设计和组织施工，早期建筑以俄罗斯传统建筑风格为主，兼有中国传统风格的部分符号语言。这种设计赋予中东铁路建筑文化以清晰的形象特点。此外，20世纪初的日俄战争、哈尔滨等中心城市的国际化文化和经贸崛起、伪满洲国建立、日本侵占整个东北等历史过程都以各种方式在建筑上留下印记，并不断修改着当初快速形成的中东铁路总体建筑风貌。所有的过程都交织在一个历史进程中，都集中展现在一条往复穿梭的铁道线上。

中东铁路的铺设直接驱动了中国东北地区的工业化和近代化进程。铁路铺设，居民点和城镇的出现，移民的涌入，城市化的快速兴起，国际政治、经贸、宗教、文化的全面跟进，这些变化使原本主要承担交通运输功能的铁路线承载了更丰富的功能内容，这是中东铁路成为文化线路的原因之一。尤其铁路附属建筑以俄罗斯传统建筑风格为原型，加之外族移民带来他们自己民族的文化习俗和生活模式，因此中东铁路展现出来的就不仅是一种工业文明，而是更多地展现了鲜活的外民族文化风情。这两种文明交相辉映，最终体现在中东铁路建筑上也是兼具了两种表情。可以说，中东铁路文化线路是一个充满故事情节的线索，这些情节刻满每一座历史建筑，尤其是那些具有折中、混搭乃至新艺术风格的建筑作品。深入研究、理解这些相关问题，无论是对洞悉中东铁路建筑文化生成演化规律，还是对中国东北地区过去、现在乃至未来的区域文化发展、社会经济发展、历史建筑保护，都具有深远的意义。

2 中东铁路建筑文化的传播考察
An Investigation of the Culture Transmission of the Chinese Eastern Railway

The Chinese Eastern Railway architectural culture spreading came from the end of the 19th century. The two foreign cultures of Russian and Japan played an important role in the architectural cultural spreading. The comparison was very strong among three sources in Chinese Eastern Railway architectural culture spreading at that time. Northeastern China, as the spreading origin, was the central architectural culture fringe. The local native culture was still backward during that time. While the culture and industry of Russian and Japan at that time dominated foreign source of Chinese Eastern Architectural Culture.

The Chinese Eastern Railway architectural culture spreading process possessed stage features. At its beginning of the original construction, the entire railway was constructed in the way of the unified control, including the project management, human resources, design and project control, as well as construction management. After the Japan-Russia war, it started the period of a respective control from North to South. The railway governed by Russian in their affiliated area was continued to be developed under the opening policy, while the affiliated area of Main-railway was developed under the control of Japanese government. The whole development process was associated with the cities development in the affiliated area respectively. The Chinese Eastern Railway affiliated area was not handed over to the government of the Republic of China temporally till the fall of tsarist Russia in 1917. Experiencing the co-governing of China and Russia, the Japanese completely controlled the area eventually. Looking back to the whole spreading process, two aspects could be seen clearly: First, the rising of the input of the technology, investment and industry/commercial; Second, the spreading of immigration culture and the formation of the modern consciousness.

The effect of the Chinese Eastern Architectural Culture Spreading could be summarized as "Spreading and Collision" "Selection and Acceptance". Based on this, Chinese Eastern Architectural Culture Spreading outcome showed the specific distribution pattern, e.g. vertical cultural structure specialized by a "Edge and Core" pattern and horizontal distribution structure specialized by a "Linear and Group" pattern. The first one indicated the architectural culture combination structure, and the second summarized the distribution difference of architecture settlement.

作为一条典型的文化线路，中东铁路承载了长达半个世纪中国、俄国、日本等众多国家和民族之间文化碰撞与交融的历史，其中，建筑文化是最直接、最广泛、最丰富的组成部分。铁路拉动着时代演进及社会变革的速度，滋养出类型丰富、形式多样的建筑文化，并随着人群的迁移和交往而不断扩展其影响。这个过程，正是中东铁路建筑文化的传播过程。

文化的传播功能是指文化活动所具有的传播能力及其对人和社会所起的作用或效能。任何现时的文化都有其出现、漫延、传承和发展的过程，这些过程在时间的纵轴和空间的横轴上留下标记，最后连缀成文化传播的轨迹。

2.1 建筑文化传播的缘起

文化传播所带来的所有变化，多是起于一些看似无关联的历史机缘。可以说，传播是诸多外界因素合力作用的结果。酝酿和催生文化传播过程的因素和条件就是文化传播的缘起。中东铁路建筑文化的传播有着特殊的缘起，是当时世界范围近现代文明转型趋势和中国、俄国、日本等国国力较量的合力展现。这个宏观背景是一个血与火交织、文明与落后混杂的深远场景。

2.1.1 建筑文化传播的历史机缘

中东铁路建筑文化是伴随着中东铁路的修筑生成和发展起来的。19世纪末在中国东北修筑的中东铁路，不但是世界范围内大规模工业革命的产物，更是作为肇始国的沙俄和中国清政府乃至更多国家间利益制衡的产物。承载在这条跨国大通道身上的，不仅有沙俄垂涎多年的殖民侵略企图，同样有清政府地缘政治利益的需要和忍辱交易时的无可奈何。中东铁路建筑文化就在这样一个复杂、残酷的现实中渐渐展现端倪。

2.1.1.1 俄罗斯民族势力带来的三波推动

（1）第一波——筑路扩张计划的快速酝酿实施　　从当时所处的历史背景看，中东铁路筑路计划的实施既具备了以俄方为主导的主观需求，又具备了成熟的客观条件，因此，这一计划迅速得以酝酿和实施，成为推动中东铁路建筑文化传播的第一波驱动力量。

首先是主观需求的形成。俄国在19世纪末之前一直致力于入侵欧洲，希望打通西部边境的出海口。由于这一征伐目标最终以失败告终，沙皇不得已将希望转向远在西伯利亚之外的中国东北沿海，瞄准了中国辽东半岛大连湾这个优良的深水不冻港。为此，沙皇政府制订计划，通过修筑大铁路来打通俄国欧洲部分与西伯利亚国土乃至中国沿海港口的大通道。打通亚欧大通道同样寄托了俄国开辟亚洲商品市场、激活跨国贸易的愿望。1875年，俄国开始实施"帕西耶特计划"，即以铁路连接伏尔加河与黑龙江之间的广阔土地；到19世纪80年代初，开始筹划修筑"西伯利亚大铁路"。

1891年5月31日，俄国在符拉迪沃斯托克（海参崴）举行了开工典礼，西端的车里雅宾斯克也于第二年开工。

其次是客观条件的具备。1840年鸦片战争后，清政府与众多西方国家签订了不平等条约。通商口岸的被迫开启大大冲击了当时并不发达的中国手工业市场，平民经济被彻底摧毁。此时的清政府已进入垂暮之年，内忧外患，彻底显露败象。沙俄乘机推翻《尼布楚条约》的国界勘定条款，从中国割走60多万平方千米土地，使清朝的"龙兴之地"东北直接处于俄国的威胁之下[4]。此时的清政府认识到国力羸弱和科技落后是必须解决的问题，"洋务运动"开始兴起。洋务运动虽然最终没能挽救清朝灭亡的命运，却使整个中国社会向近代化和现代化迈出了关键一步。这些都是中东铁路作为"洋务"能被允许进入中国的重要时代背景。

修筑西伯利亚大铁路，从斯列杰斯卡到哈巴罗夫斯克的一段在筑路工程技术上有很大困难，通过满洲联结海参崴和西伯利亚铁路更经济和更有利。因此，沙俄多次向清政府提出"借地筑路"的要求，而危机四伏的清政府也一心渴望能与强国结盟来求得保护，误认为借地给俄国修路便可实现"御敌互助"。这两个因素使中俄"借力"合作的客观条件完全具备，"中东铁路"修筑计划就此诞生。

再次是紧凑的实施步骤。1896年6月3日，清廷贺使李鸿章参加沙皇尼古拉二世加冕仪式过程中，在莫斯科与俄国财政大臣维特、外交大臣罗巴诺夫签订《中俄密约》（图2.1），条款包括：当开战时，如遇紧要之事，中国所有口岸，均准俄国兵船驶入；为将来转运俄兵御敌并接济军火、粮食，以期妥速起见，中国国家允于中国黑龙江、吉林地方接造铁路，以达海参崴等。《中俄密约》的签订使俄国获得了"在中国领土上建造和经理中东铁路"的特权。对清政府来说，得到的只是一个虚伪的保证，这无异于引狼入室。

1896年下半年，中东铁路的修筑计划进入实质阶段。1896年9月8日，清政府驻俄公使许景澄与华俄道胜银行董事长乌赫托姆斯基、总办罗启泰在柏林签订《合办东省铁路公司合同》，合同主要条款包括："中国政府现定建造铁路……所有建造、经理一切事宜，派委华俄道胜银行承办，另立一公司，名曰'中国东省铁路公司'；凡该公司之地段，一概不纳地税；凡俄国水陆各军及军械过境，由俄国转运经此铁路者，应责成该公司迳行运送出境；凡有货物、行李，由俄国经此铁路，仍入俄国地界者，免纳一概税厘；自开车之日起……八十年限满之日，所有铁路及铁路一切产业全归中国政府，毋庸给价。又，开车之日起三十六年后，中国政府有权可给价收回。"这一合同写明了沙俄可以获得的众多利益，除了未来收回所有权的空头许诺外，中国在铁路附属地的主权几乎完全丧失。

1897年11月13日，德国占领胶州湾。同年12月15日，俄国趁火打劫，派军舰闯入旅顺口，借口"保护中国"军事占领旅顺、大连。1898年3月3日，俄国向清政府提出租借旅顺口、大连湾和由中东铁路干线某站（后选定哈尔滨）修一支线至旅顺、大连的无理要求。3月27日，清政府与俄国签

a 沙皇尼古拉二世与李鸿章会面

b 李鸿章

c 维特

d 罗巴诺夫

图2.1 《中俄密约》签订

订《旅大租地条约》。利用这个条约，俄国强租旅大25年；攫取了修筑从哈尔滨到大连的中东铁路南支线的特权。1898年5月7日，中俄又签订《旅大租地续约》，具体规定了租地和"隙地"范围，俄国拥有中东铁路南支线经过地方和"隙地"内筑路、开矿等权利。

1898年6月9日，中东铁路开工；1903年7月14日，中东铁路全线通车。中东铁路的修筑开启了中东铁路建筑文化传播的第一个重要阶段，这个过程的房屋建设最为集中，辐射范围涵盖了中东铁路主线和支线，同时为站点和城镇的总体风貌奠定了统一、连贯的基本风格——以俄罗斯传统建筑为主体，加以中国传统建筑装饰样式的混杂风格。

中东铁路的建成通车彻底打破了中国东北封禁之地的数百年沉寂状态。铁路不仅彻底改变了中国东北地区与外界的交通联系，还源源不断地带来各族移民，从而使铁路两侧的村镇迅速向城市化迈进。铁路催生的物资商品贸易也使西方列强能更加便捷地攫取中国东北的丰富物产和矿藏。当时，由于沙俄对东北的殖民扩张计划有长远打算，因此不仅大力建设铁路枢纽城市哈尔滨，还在南支线的大连大兴土木，力图把这里建设成重要的港口城市和海上军事要塞。这些都是推动中东铁路建筑文化传播发展的重要契机。

（2）第二波——日俄战争失败与被迫门户开放　1904年日俄战争爆发。日俄战争结束后，战败的俄国将中东铁路南支线宽城子至大连旅顺口一段拱手送给日本，自己继续掌控宽城子以北支线及中东铁路主干线。这个变化彻底切断了原本完整的中东铁路主线及支线的建筑文化传播过程，使得俄日两国管控的铁路附属地走上了完全不同的建筑文化发展道路。俄国掌控下的中东铁路公司掌握着中东铁路附属地内部的行政管理、司法管理和驻军的权力，铁路附属地形成了远远超出普通租界地规模的"国中之国"，依托火车站点形成众多规模不等的城镇。

日俄战争结束谈判过程中，美国提出"门户开放政策"，要求中东铁路附属地向西方国家开放。不久，来自欧洲、美洲、亚洲的货物汇集哈尔滨，哈尔滨遂成为名副其实的"欧亚大陆桥"。到1917年，中东铁路沿线许多城市已经有了较大规模，这些城市具有外来文化风貌和国际都市的气质，在铁路沿线构成了远东地区重要的经济、文化网络，而哈尔滨更是成为光耀远东的政治、文化、经济中心，设有外国使领馆20余座。城市化进程推动了建筑行业的繁荣和城市设施的完善：花园洋房的居住区、车水马龙的商业街、尖塔高耸的教堂，中东铁路沿线展现出一派西洋都市的风情。这个过程成为中东铁路建筑文化演进和繁荣的重要阶段。

（3）第三波——俄国两次革命与苏联政权建立　更大规模的俄罗斯移民潮发生在俄国二月革命和十月革命后。1917年3月，俄国爆发二月革命，沙皇尼古拉二世被迫退位。1917年11月，十月革命爆发。两次革命导致了大规模的移民潮，无以计数的俄国名门贵族、富商、艺术家和工程师匆匆乘坐火车逃离家园，顺着中东铁路远道来到哈尔滨、大连，甚至上海。这些移民的进驻带来了俄国上流社会的生活模式和文化理念，哈尔滨等大城市的街头越来越多地出现了汽车，宠物，戴裘皮礼帽的俄罗斯侨民，各种文字的招牌和店铺门面，东正教仪式，娱乐和社交活动，铁路城市的建筑文化和城市风貌也因为承载了上流社会生活而越发洋味十足。

与此同时，俄国沙皇政权被推翻使中东铁路管理局的管理也开始失控。1920年9月23日，北洋政府以大总统命令，停止前沙俄驻华使领馆待遇，并将原中东铁路用地划作"特别区域"。1920年10月31日，北洋政府公布《东省特别区法院编制条例》，规定中东铁路附属地改称东省特别区。1921年2月5日，北洋政府令，设置东省特别区市政管理局，接管哈尔滨及铁路沿线各地的市政权。

铁路沿线地区开始建立各级政府和司法机关，居住在这里的俄罗斯人也不再享有治外法权。

1924年5月31日，北洋政府和苏联签订《中俄解决悬案大纲协定》和《暂行管理中东铁路协定》，中苏两国随即恢复外交关系。有关解决中东铁路问题的条款要点是："中东铁路纯属商业性质，除该路本身营业事务外，所有有关中国国家主权及地方权限之事项，概由中国官府办理；苏联允诺中国赎回中东铁路及该路所属一切财产；关于中东铁路的前途，只能由中俄两国共同解决，不允许第三者干涉。"然而，出于国家利益，苏联并没有兑现在协定中就中国主权利益等方面的承诺，协定成为一纸空文。

1925年1月，苏联违反《中俄解决悬案大纲协定》与日本私下做交易，单方面宣布继续承认《朴次茅斯和约》的规定。1929年发生中国为收回苏联在中国东北铁路特权的"中东路事件"，但最终以失败告终。

为了缓和同日本的矛盾，1935年3月23日，苏联以1.4亿日元的价格将中东铁路及其支线卖给了由日本操控的伪满洲国。这之后，苏联的所有政治、军事及文化力量全面撤出中国东北，以俄罗斯民族建筑文化及近代新艺术建筑文化为主基调的建筑文化作为一段历史永远定格在了中东铁路沿线上。但是，铁路附属地大中城市的城市建设却并未因此停止，哈尔滨等地仍持续出现建设高峰。可以说，城市发展和近现代转型已经形成一种趋势，没有因政治变迁而停滞。此后的城市建设和建筑工程全部由日本势力操控，推行的风格也呈现出现代主义一统天下的局面，这种情况一直持续到日本战败撤离。

1945年2月11日，美国、英国和苏联在苏联雅尔塔签署了严重损害中国主权的《苏美英三国关于日本的协定》。其中损害中国主权的内容有：大连港国际化；苏联租用旅顺口为海军基地；中东铁路由中苏合办、共同经营。8月14日，中华民国政府与苏联签订《关于中国长春铁路的协定》，合并中东铁路和南满铁路之干线，定名为"中国长春铁路"，由中苏共同所有，并共同经营。这期间的建筑活动非常有限，因此，对原有的中东铁路建筑文化没有构成更大的影响。延续40余年的中东铁路建筑文化演进历史，随着人类社会更加剧烈的变革和世界关系更富有颠覆性重组时代的到来，基本进入了尾声。

2.1.1.2 日本民族势力搅动的多重剧变

在中东铁路建筑文化的演进过程中，还有一个因素起了重要的作用，这就是日本传统及近现代建筑文化的输入。日本建筑文化参与中东铁路建筑文化过程始自日俄战争之后，在南满铁路附属地内达到高峰，并在日本操控伪满洲国买下中东铁路全线后覆盖到中东铁路主线各地。

（1）一重剧变——日俄战争截断铁路支脉　19世纪后半叶，日本成功进行了"明治维新"，成为当时亚洲唯一独立的资本主义国家。但是，由于日本空间狭小、资源有限、自然灾害频仍，日本统治者一直怀有扩展疆土、寻找稳定大陆作为后方支撑的强烈愿望。1868年，明治天皇颁布《御笔信》，声称"开拓万里波涛，国威布于四方"。当时日本的所谓"大陆政策"，是准备"在亚洲东部海岸外设立一道屏障，并且从政治上、经济上控制屏障以内的领土"[4]。在这些野心的驱使下，日本最终走上了带有军事封建色彩的帝国主义道路。

1894年8月，中日甲午战争爆发。1895年4月17日，中日两国在日本马关签订《马关条约》：割让台湾岛及其附属岛屿、澎湖列岛和辽东半岛给日本；赔偿日本军费库平银2亿两等。俄国与法国、德国迅速联合，通过外交和军事威胁手段胁迫日本"还辽"。慑于三国军事压力，日本在敲诈清政府3 000万两白银"赎金"后，将辽东半岛"归还"中国。日本的撤出使沙俄政府为独占中国东北扫清了道路。

中东铁路的全线开通使沙俄势力畅通无阻地伸至中国东北沿海，引起了日本的强烈不安。在日俄谈判过程中，日本不断提高价码，要求进入南满地区并进而拥有在北满的权利，沙皇政府则故意拖延谈判，争取时间。日本于1904年2月6日正式宣布与俄国断交，2月8日不宣而战，日俄战争爆发。这场战争持续了一年多，使双方陆海军都受到重创，直到1905年9月5日宣告结束。中国、日本、俄国三方在这场战争中都蒙受了严重损失，战区的中国民众更是承受了深重的灾难。

1905年9月，日俄双方在朴次茅斯签订《朴次茅斯和约》，约定俄国把对旅大的租借地及长春至旅顺口的中东铁路支线所有权转让给日本（图2.2）。从此，中东铁路被日本、俄国两个外国势力分割成两段，日本管控的一段被称作"南满铁路"，中东铁路主线及南支线余段仍以中东铁路称呼。1905年12月22日，日本迫使清政府在北京签订《会议东三省事宜正约》，"中国政府将俄国按照日俄和约第五款及第六款允让日本国之一切概行允诺"。

1906年11月26日，为管理从宽城子以南至大连、旅顺的铁路，日本成立了南满洲铁道株式会社（简称"满铁公司"）。满铁公司不仅组织管理铁路运输，还开办煤矿、制铁所、钢厂、水运、汽车运输、炼油、电气等众多行业，与此同时经营南满铁路附属地内的土地和房产业务，客观上代替日本政府行使行政管理权。这个株式会社成了为日本政府抢夺物资、实施殖民统治的工具。满铁附属地内的开发经营带动了规模浩大的房屋建设活动，众多现代化的学校、医院、邮局、图书馆等文化娱乐设施陆续建成使用，城市规模及建筑风格大为改观。

（2）二重剧变——伪满建国灌输殖民文化　　为扩大在东北的利益，日本在1915年后多次希望从俄国手中取得中东铁路支线的长春至哈尔滨段经营管理权，俄国未予同意。1931年九一八事变，日本占领中国东

图2.2　日俄双方签订《朴次茅斯和约》

北，军事控制了中东铁路以外的黑龙江地区各条铁路线，全面包围了中东铁路。日本企图用破坏、挑衅等方式迫使苏联自动退出中东铁路。出于私利的考虑，苏联将一批铁路机车秘密运送回国，并拒绝了日本提出的还车要求。日军于是封锁了中东铁路的两个边境站，并拒绝放行开往苏联境内的货运列车，苏日进入对峙状态。日本为了寻找一个冠冕堂皇的利益代表，着手孕育、栽培一个以"中国人"面目出现的傀儡政权。

1932年，日本政府扶植的末代皇帝溥仪在长春（时称新京）建立傀儡政权"满洲国"。1933年，苏联与伪满洲国联合经营中东铁路。为了与伪满洲国管辖的南满铁路呼应，将中东铁路冠名为"北满铁路"。伪满洲国只是日本政府为了全面控制东北而搭建的一个道具，完全在日本政府的控制之下，是日本利益的代表。由于没有独立、合法的主权和尊严，伪满洲国的文化事业同样带有浓重的日本殖民色彩。以伪满"八大部"为代表的建筑就移植了日本近代"帝冠式"建筑的风格和样式，这成为中东铁路沿线特有的建筑文化现象（图2.3）。

a 伪满国务院

b 伪满交通部

c 伪满司法部

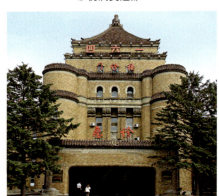
d 伪满综合法衙

图2.3 帝冠式风格的伪满建筑

（3）三重剧变——日苏交易开启全线日控　　九一八事变后，苏联为了维护自身的边境安全，单方面与日本、伪满洲国就让售中东铁路问题进行了多次谈判。1935年3月23日，苏联、日本及伪满洲国在东京签订了《关于北满铁路之苏联让渡于满洲国之协定》，由日本控制之下的伪满洲国以1.4亿日元的价格从苏联手中买下中东铁路及支线。这不仅违反了中苏协定，侵犯了中国主权，而且加速了日本帝国主义的侵华步伐。至此，存在了40余年的"铁路附属地"这一特殊地理区划形式也一并退出了中国东北的近代历史舞台。

已经控制全局的日本内阁于1937年11月5日与伪满洲国签订《关于废除在满洲国的治外法权及转让南满洲铁道附属地行政权条约》。表面上是日本将在伪满洲国的所有治外法权予以撤销，将南满铁道附属地行政权移交于伪满洲国，实则是上演了一出左手换右手的"谋求日满两国国民之真正融合"的闹剧。自此，日本势力在伪满洲国傀儡政府的掩护下，利用中东铁路为侵略中国打开了通道。

显然，伪满洲国的建立是日本全面接管中东铁路，进而控制整个东北的一个铺垫。太平洋战争爆发后，中国东北成为日本的重要军事补给基地，中东铁路起到了物质和军队运输干线的作用。中东铁路沿线的很多城镇和站点都有日本驻军，日本官兵家眷也大量涌入"满洲"，曾经充满俄罗斯风情的中东铁路沿线又平添了许多"东洋"气息。这期间，日本军事管理的强权阴影全面笼罩在东北铁路上空，日本将"战时体制"推行到整个东北铁路系统。虽然战事不断，但这段时间的城市化进程和房屋建设工程仍有一定程度的发展。1945年8月15日，太平洋战争以日本的溃败投降宣告结束。日本结束了对中国长达十几年的侵略。

纵观三次剧变，整个过程对于日本实施经济掠夺和殖民文化传播分别起到了不同的作用。第一次剧变的作用是决定性的，打开了日本建筑文化及现代主义建筑文化全面传播的大门；第二次剧变以行政的形式为建筑文化的全面传播提供了空间；第三次剧变则用在满铁附属地已经锤炼成熟的建筑文化覆盖中东铁路全线，改变了中东铁路建筑文化的基因。

2.1.2　建筑文化传播的原型与源地

文化传播源于文化的势差。中东铁路建筑文化的传播主要涉及三个主要的文化单元：俄罗斯传统及新兴建筑文化、日本传统及近现代建筑文化、中国传统建筑文化，这三种力量基本涵盖了中东铁路建筑文化传播的原型和源地。三个文化力量的地位关系受制于三个国家的政治、经济、军事力量和国际地位的差异，而其较量结果更是确定了中东铁路最终的文化传播方式、内容与走向。

2.1.2.1　传播发生地的文化边缘形态

文化传播是发生在一个具体时空中的文化现象，承载整个文化传播过程和成果的地域可以称为文化传播的发生地，或称文化接受地。中东铁路建筑文化传播发生在中国东北的中东铁路沿线广大地区，因此，整个东北地区就成了中东铁路建筑文化的传播发生地。对比考察文化传播的不同源头和终点地域的文化现状，有助于深入理解文化传播的真实样貌。

（1）两个概念——文化原型与文化源地　　如前文所述，中东铁路建筑文化的生成与传播有诸多重要的起因，境外是沙俄及日本殖民扩张计划与俄国十月革命后大规模俄侨的涌入，境内是修筑铁路、流民、日俄战争、门户开放及日本占领全线。在此背景下，中东铁路为不同的西方外来民族和中国本土文化提供了展示的舞台，使来自不同文化传播源的建筑文化信息实现快速交叉传播。建筑文化的传播源可以追查到建筑文化的原型和源地，而整个传播过程则造就了这些文化的再生、次生场景和丰富的样貌。

"文化原型"的概念来自于文化传播学。通俗地讲，"文化原型"就是指处于传播来源之处的、具有典型特征的文化形式。文化原型近似于一种文化的抽象模型，因此称之为"原型"；而所有具体的文化形式都是这种文化经过传播之后展现出来的"再生""次生"文化，因此可称为文化原型的"变体"。任何一种相对稳定的建筑文化都带有并凝结为这一建筑文化集群的个体之间的某种共性特征。例如人们经常会用某一个带有较多共性特征的具体建筑物来说明什么是这种建筑文化，如米兰大教堂之于"哥特建筑文化"。

与文化原型对应的概念是"文化源地"。"文化源地"是文化地理学理论中的一个重要的基础概念，是一场文化传播发生的源头，也是文化原始信息系统最初产生的地方。文化信息从这个发源地向外部扩散和传播，并在一定地理范围内集中发挥作用，造就出同类文化的"文化区"[5]。一般来讲，一个大的文化区的文化源地或文化带中心具有最为明显的文化特征，同时这些特征从核心区向过渡带呈现逐渐减弱的趋势。

中东铁路建筑文化的原型汇集了两种力量：以铁路工业为主体的近现代工业文明；囊括中国、俄罗斯、日本等不同民族的民族建筑文化及时尚建筑文化。

（2）东北原生文化原型及往复兴衰的发生机制　　作为中东铁路建筑文化传播的发生地，中国东北的建筑文化源地可以追溯至中原地区的黄河流域，主体的文化原型也传承、沿用了中原建筑文化的基本形态。从以下两个方面可以看到这个传播发生地的中原文化边缘形态。

首先是东北原生建筑文化原型。东北地区的主流建筑文化原型与中原文化有着深厚的渊源。虽然东北地区历史上的政权都是不同的少数民族建立的，文化发达程度都不及中原地区，但是，几乎所有的政权在文化和建筑形式上都无一例外地学习中原文化。究其原因，中国的主体文化是中原正统内核文化，发祥于长江、黄河流域，在中国广大中原地区孕育了水平相当高、系统庞大和结构稳定的文化形式。每个朝代的内核文化分布都是以"都城"为中心的，呈现一种由中心辐射边缘的文化圈的基本结构。由于中国五千年文化的朝代兴替存在着大量的地理位置重合现象，因此最终文化沉积形成了一个涵盖较大范围的大文化圈。这个文化圈覆盖江浙、关中、河南、山东、河北等地区，是一个相对集中的区域。每一个朝代，以国都为中心的主流文化和周边附属国或番邦小国的支流文化都会形成主次分明、相互牵连的结构。无论主流文化还是支流文化都有各自的中心，因此这个文化圈也是由不同级别的内核与辐射范围组合构成的。东北地区的众多古文化也可视作中原内核文化辐射下的一些子文化圈。

以金上京的城市建设为例。史书中描述了金上京仿照北宋都城的宏伟格局：南北二城一纵一横相互衔接，城角各筑角楼一处，城门九处，七处带有瓮城。皇城自南向北有五重宫殿整齐排列于中轴线上，回廊东西两侧漫布。南门两侧有大小阙对峙而立，其间是三条通道，中为午门，左右为阙门。从其规整、严谨的布局可以看出，这些少数民族建立的政权在建筑文化形式上对中原内核建筑文化有着强烈的学习模仿痕迹。可以说，在稍具规模的东北古代少数民族文化中，都能找寻到中原内核文化的影子，这种文化也可视为中原文化在边缘地带与少数民族文化融合的一种变体。尤其是东北地区距离中原地区相对较近的辽河流域，其地方文化已经深深地打上了中原内核文化的烙印。在几个大一统朝代，东北地区通关设治，一些官府开设的古城也成为中原城市的翻版。如古辽阳城与中原城市没有多大差别。

其次是原生文化的基本形成历程。东北地区地域广阔、森林密布、气候多样，是一块富饶的土地。东北地区的传统文化结构是以汉文化为主体，融合满族、蒙古族、朝鲜族、鄂伦春族、鄂温克族、赫哲族、锡伯族及俄罗斯族等民族文化习俗的多元文化圈。这种多元文化除了因不够成熟而带有的粗放特征外，也具有与生俱来的"悍勇放达"气质。尤其是黑龙江流域的一些少数民族，祖祖辈辈生息在白山、黑水、森林、草原之间，演绎出一部部威武雄壮的史诗，这些少数民族创造的文化是中华文化的重要支系，为东北地域文化积累了丰厚的精神内涵[6]。

东北地区的文化发展历程虽然可以追溯到上古时期，但是期间少有真正持久的政权及朝代。高句丽政权历时705年，可称为中国历史上延续时间最长的地方政权，农耕文明高度发达。其后的渤海国"地有五京、十五府、六十二州"。经济繁荣、文化昌盛，享有"海东盛国"的美誉（图2.4）。契丹建立的辽王朝鼎盛时期"幅员万里"，与北宋对峙百余年。其后女真族建立大金，先后灭辽与北宋，占据黄河以北半壁江山。

元朝是中国历史上第一个由少数民族蒙古族建立的大一统帝国，设置辽阳行中书省，统辖东北全境。明朝的辽东都指挥使司管理东北地区，农业及冶铁、制盐等手工业都很发达，辽阳地区一度成为"岁有羡余，数千里阡陌相连，屯堡相望"的富饶之地。努尔哈赤建立的大清国入关主政后，将东北视为"龙兴之地"，实行封禁政策，造成了东北人口稀薄的局面，为俄国蚕食中国东北埋下了隐患。

总体看来，东北地区的建筑文化相对模糊、松散、落后，这种状态与其地理位置和自然条件有关。以中东铁路干线所在的黑龙江地区为例：黑龙江流域历来土地肥沃、物资丰饶，不同的自然环境派生了渔猎、游牧、农耕等多种生产方式。其中，大、小兴安岭及东南部的山地地区主攻

a 渤海上京城城墙遗址

b 渤海国石灯

c 上京铜坐龙

图2.4 渤海上京城遗址与出土文物

狩猎和采集业；江河流经的广大地域及湿地、池沼地区主要经营渔猎生产；靠近西部的嫩江流域则呈现出半农半牧的生产格局。从时间跨度上看，唐朝以前，东北地区的人类活动主要以渔猎和放牧为主，农业为辅。唐朝以后，农业迅速发展，逐渐达到与渔牧业基本平衡的地位。这一阶段东北的文化核心仍然以渔牧文化为主体，建筑形式是适应游居和定居生活的简易建筑，如蒙古包、简易棚屋等。

再次是往复兴衰的文化发生机制。就建筑文化而言，整个中国领域内的建筑体系都是建立在木构架体系上的。东北地区虽然是中华文明的发祥地之一，但是由于远离中原内核文化区，大部分少数民族过着自由松散的游牧生活或土著渔猎生活，生活劳作模式并不利于形成成熟、稳定的文化形式，因此水平高、影响力大的地方文化并不多见。加之各少数民族之间的征战和小政权的频繁更替，大大影响了文化发展所需的时间和可达到的深度。即使在鼎盛的渤海国上京城时期，社会文化水平与中原地区比较也是差距甚大。

由于改朝换代惯例式的烧毁、移除，因此虽然建筑文化可以在前人的基础上继续登峰造极，但是建筑文化艺术的遗产经常遭遇"清空"的尴尬局面。东北地区的建筑文化自然也摆脱不了相似的命运。建筑文化"往复兴衰直至消失"是东北地区历史发展的一个特征。即使几千年来经历了几度的兴盛繁荣，"但却总是在此之后，又重新回到落后乃至原始的状态之中"[6]。

（3）铁路修筑前满洲地区建筑文化现状　19世纪，世界各国大范围进入近现代化转型阶段，人类的生产生活方式也发生了深刻的变化。晚清边疆危机日甚，清朝被迫开放边禁，采取"移民实边"的政策鼓励移民，此后又开放了东北地区的土地开垦。随着人口增加和土地的开垦，中原先进的生产技术快速引入，东北农业生产的基本轮廓大致形成，商业、手工业也日渐兴起。这一阶段东北地区的文化核心仍是受中原地区影响的农耕文化。扩边移民和闯关东的人群还带来了中原文化中先进的工矿业技术和意识，辽东平原及内蒙古草原均出现了开采原煤、冶铁、淘金、木材加工等先进产业。

中东铁路修建之前，在东北地区既有的"土著渔牧文化、传统农耕文化、早期工矿业文化"三大文化类型中，工矿业文化刚刚兴起，数量很少且分布不均，以土著渔牧文化和传统农耕文化为主体的东北地域文化呈现出某种半原始的状态，使得东北地区与中原地区相比处于生产力不发达、技术落后、缺乏文化积淀的滞后地位。显然，这种文化只能屈居中原内核文化的边缘位置，担当不了与即将到来的俄罗斯建筑文化相抗衡的角色，中国传统建筑形式的文化源地仍要定位在千里之外的中原地区。当时，东北的地域性建筑大致可分为两种类型：一种是从中原传统民居衍生而来的、形象简易的北方民居建筑；另一种是富有商人、官宦人家的住宅以及行政官署类的公共建筑，这些建筑使用传统建筑的样式，与中原地区同类型的建筑形制和标准没有太大的区别。一些历史古镇或较大规模的集镇基本沿用了中原城镇的空间格局和建筑形式，而外围的大部分平民居住点是松散、自然的村屯聚落，甚至是逃荒者、闯关东者自己搭建的临时性居所，建筑形式介于原始茅草棚屋和近代中原坡顶民居之间（图2.5）。

在中东铁路修筑时，主线途经的广大地区大部分是无人区。由于这些地方没有人居住、没有地名，因此筑路之初中东铁路工程局就为这些车站排出序号，用数字指代站点。遇到周边有城镇或历史遗迹的，就借用城镇或古迹的名称。例如阿什河站（现阿城站）的站名就是由阿勒楚喀城简化而来，阿勒楚喀城是金朝的发祥地"上京会宁府"。公主岭站的命名是因为这里建有清乾隆皇帝的女儿和敬公主的衣冠冢（公主陵）。长春市源于明末清初。清置长春厅，后升府。长春曾经有两座火车站，第一座是沙俄在宽城子附近建立的宽城子火车站（1900年）；第二座是日本人在头道沟与二道沟之间建立的长春驿（1907年），1913年日本人对长春驿进

a 渔民船屋

b 简陋棚户

c 贫困村落

d 土著窝棚

图2.5 渔牧和农耕文化背景下的建筑场景

行了扩建，候车室达到4 000平方米。许多站点或城镇的现用名称记录了当初中东铁路站点所在地的原生自然环境特征，如西部线巴林站。当时巴林站是齐齐哈尔至呼伦贝尔站之间的第五站。巴林为蒙语的音译，即"有虎的地方"。今天的许多铁路大中城市，当初曾经是一片沼泽或山林。如主线终点绥芬河，因在修筑中东铁路以前，绥芬河地处深山密林，有小绥芬河流经站点市街，因而得名。而主线起点满洲里则因为其位于进入满洲的第一站，故而得名。

铁路枢纽城市哈尔滨在铁路修筑之初是自然村镇散落的原生格局（图2.6）。早在中东铁路工程局抵达哈尔滨的100余年前，哈尔滨顾乡一带就已经出现了满汉两个民族的移民。后来，随着京旗移垦、移民实边政策的推行，哈尔滨的平房、南岗、顾乡一带都出现了满族人的平民聚落。截至铁路修筑工程开始之前，哈尔滨一带的村屯达到数十个。1898年4月，当中东铁路工程局在此落脚时，这里的集镇已有200余户人家，已经足以容纳下这个来自俄国的几十人的技术队伍。当时的中国人建造的房子大多是简易的中式民居，少量商号和巨富之家建有与关内富人同样规模的豪门大院。即便是到了铁路开工之后的1900年，拥有800余户居民的道外傅家店的商业街也仍旧多是"中国旧式建筑"。总体看来，中东铁路开埠之前的哈尔滨仍然只是"一个以分散的自然村落经济占主导地位的社区系统"[7]。

a 江边集市

b 傅家店东屯

c 田家烧锅

d 自然村落

图2.6 中东铁路修筑之初的哈尔滨

就当时与本土建筑文化相关的一些技术和艺术水平来说，东北大部分地区还停留在一种水平较低的状态，远不及中原地区成熟。随着移民的逐渐汇集，哈尔滨开始出现打零工的泥瓦匠和石匠、木匠，"匠人"和"梓人"承担着普通人家的房屋设计和建造营生，是社会上的私人营造商。呼兰、双城、阿城等哈尔滨周边建制较早的县城里有"承建草坯房屋的泥瓦匠作坊、承包房架门窗的木作坊、开山采石的石作坊"，呼兰县城里有10余家这样的作坊，工匠840余人，因此被称为"建筑之乡"[8]。

当然，中东铁路沿线也散落着一些已经具有一定规模的地区性城市，它们当时是所在地区的政治经济文化中心。如金州当时已经是一座远近闻名的古城，而内蒙古草原的海拉尔在铁路修筑之初就已经具有城镇规模（图2.7），因此也设置了很高等级的站点。

相对于主线而言，中东铁路南线的平民居住区要密集得多，历史遗迹和文化古城也更为常见（图2.8）。开原就是一座历史悠久的文化古城，城内有崇寿寺、清真寺、药王庙、关帝庙、钟鼓楼、金线河等胜迹，1902年开原站建站时，老城已经是一个人烟阜盛的集镇。另一个站点铁岭的历史也很悠久，清康熙三年（1664年）设置铁岭县。当时的铁岭站是一个等级较高的大站，站区有俄国兵营、华俄道胜银行、警察署等军事和公共设施。原四等站穆克敦（清太祖的都城，也叫盛京或奉天府，今天的沈阳）的老城则坐落在浑河岸边，城中心是故宫，城内商业发达、人烟鼎盛。

整体来看，中东铁路通车之前，东北的人口分布及近代化程度呈现出十分不均衡的状态，这一点从表2.1自然村落的数量与分布情况就可以明显地看出来。

虽然中东铁路开始建设之前的东北地区建筑文化尚处于封闭落后的状态，但是，由于清朝末年南部沿海口岸的开放，中国的许多大城市已经呈现出了鲜明的近现代化趋势和简约的近现代建筑时尚风潮。这股风潮虽然尚未全面吹及东

a 金州城

b 金州城楼

c 海拉尔城门

d 游牧蒙古包

图2.7 铁路修筑之初的东北城镇及居民点

2 中东铁路建筑文化的传播考察 | 29

a 吉林省官府大殿　　　　　　　b 官府大门　　　　　　　　c 龙形影壁

d 铁岭内城门　　　　　　　　　　　　　e 沈阳北陵隆恩门

图2.8　中东铁路南线沿线的中国传统建筑

北，但是从历史发展趋势看已经是必然的走向。这是作为中东铁路建筑文化发生地的中国东北地区所置身的大历史背景和时间节点，忽视这一点，将东北地区的建筑文化现状看作唯一的现状条件是不客观的。

2.1.2.2　中东铁路建筑文化的外来原型及源地

（1）工业文明——俄国、日本的最新建筑文化类型　　现代工业文化的出现是人类"数千年未有之变局"。现代文明全面颠覆了世界各地的传统文化，通过强调直接的目的性、俭约的外在形式和便捷的生产过程彻底摒弃了各民族传统文化所长久形成并附着在文化载体上的复杂形式。从这个意义上讲，工业文化已经成为一种远远超越于一般文化类型的广义文化。一旦文化上升到"文明"的高度，就等于获得了人类普遍的认可、尊重和共同实践。加之工业文化派生的技术产业规模庞大、数量众多，因此工业文化的成果和技术水准也不断攀升，同时也越来越在深远的意义上和广阔的领域里改写人类的生活品质、行为模式甚至思想观念。

表2.1 中东铁路修筑初期沿线周边自然村落的数量与分布情况

线属	区间起点/俄里	区间终点/俄里	村屯数量/个
主线	0	480	14，包括满洲里、海拉尔、免渡河、博克图等
	480	510	15，包括哈拉苏、扎兰屯等
	510	610	13，包括成吉思汗、碾子山等
	610	890	50，包括齐齐哈尔、烟筒屯、安达、对青山等
	890	1 085	70，包括哈尔滨、帽儿山、一面坡、苇河等
	1 085	1 220	22，包括横道河子、山市、海林、牡丹江等
	1 220	1 415	17，包括磨刀石、穆棱、马桥河、绥芬河等
合计	满洲里	绥芬河	201
南支线	哈尔滨	120	122，包括双城堡、蔡家沟、陶赖昭、老少沟等
	120	440	135，包括窑门、公主岭、四平街、昌图府、开原
	440	505	120，包括铁岭、新台子、虎石台等
	505	570	165，包括奉天、沙河、烟台、辽阳等
	570	660	137，包括矮山庄、海城、大石桥等
	660	780	175，包括盖州、熊岳城、万家岭、花红沟等
	780	旅顺	192，包括瓦房江、普兰店、金州、南关岭、旅顺
合计	哈尔滨	旅顺	1 046

英国引领了世界范围的工业革命，因此工业文明的标准文化源地在英国。水晶宫的出现打破了人们头脑中关于"建筑"及"建筑艺术"的基本概念和传统形象，它的技术手段、建筑材料、结构形式甚至于设计方式和设计过程都远远超越了人们在建筑创新上的潜在约束。这座巨型建筑的设计师竟是一位园艺师，这使得人们不仅仅要重新评估"建筑师"的价值，而且大大拓展了人们对"建筑"的理解和对未来建筑的期待。

虽然工业建筑文化上的"泛源地"可以追溯到19世纪中叶的英国，但中东铁路更直接的工业文化源地却是俄国和日本。

俄国完成工业革命的时间是1861年，那一年废除了农奴制，建立了大机器生产的工业格局（图2.9）。仅仅用了30年的时间，工业产量就增加了6倍。19世纪90年代，俄国的工业开始出现大规模集中化的趋势，有3/4的棉纺织工人集中在千人以上的大棉纺厂中。此外，大约1/3的煤炭和石油产

a 工业厂房　　　　　　　　　　　　　　　b 机车制造车间

图2.9　俄国工业化场景

业和占总数2/3的工人都集中在为数不多的大企业中。到20世纪初，近30个辛迪加控制了整个俄国最重要的原料和燃料产地[4]。俄国的工业化进程有大规模纺织、煤炭、石油等产业的支撑，后来又出现了一个非常重要的驱动力量，就是铁路工业。从19世纪30年代修筑一俄里长的第一条铁路开始，到1851年俄国已经有能力建设从圣彼得堡到莫斯科的铁路。截至1861年，俄国已经修建了1 500俄里的铁路。铁路工业对机器制造业和冶金业的驱动作用非常大，到19世纪80年代，采用机器生产的工厂制度已经成为俄国工业交通行业的基本制度。一些重要的资本主义工业基地，如圣彼得堡、莫斯科、里加、顿涅茨克、巴库等已经彻底成型。

在日本，著名的"明治维新"开启了"富国强兵"的国力大振局面和"文明开化"的快速近现代化进程。当时，明治新政府发布了以政治、经济变革为要旨的"五条誓文"，针对工业、科学技术、文化教育、经济、军事乃至思想理念和生活方式等诸多方面全面推行"西方化"。19世纪70年代初，日本明治政府组织了岩仓使团到欧美12个国家进行考察调研，成员全部由政府官员组成。这次考察加快了日本积极引进先进的西方技术成果的步伐，工业领域及建筑行业更是如此（图2.10）。所有的大型工程建筑都是政府主持建设，并花重金聘请外国技术人员进行现场指导。日本统治阶层将满足使用要求作为工厂建设的唯一指导原则，因此，厂房的设计被看作是为新兴的工业生产提供一个外壳。显然，日本人在工业建筑实践中对西方现代建筑表现出的态度是功能主义的[9]。

从明治初年开始，西方化运动以席卷一切的声势弥漫到日本社会生活与生产的方方面面。当时，日本政府奖励对欧美的一切文化和风俗的模仿，因为他们希望用"欧化"运动和相关的新思潮来改良整个日本社会的生活[9]。这一时期的工业、经济、文化、艺术等社会生活的一切内容都发生了翻天覆地的变化，近代建筑也成为最主要的载体及风向标之一（图2.11）。直到19世纪90年代后期，政府开始对这段发展历史进行全面反省，同时重新确立西方的现代文明与民族理念结合的出路。整体看来，日本明治维新获得了巨大的成效，通过国家权力做支撑力量推行"东洋道德，西洋技术"的政策实现了引进的西方文明与日本传统的良好合作，由此推进了日本欧化的进程[9]。

在这个背景下，俄国和日本对中国东北地区的侵入过程同时也成为近现代工业革命成果输入的过程。他们通过修筑铁路，开采矿产，建立并发展发电、金属冶炼、机械制造及加工制造业，将当时最先进的工业技术直接输出到中国本土，带动了这一地区工业的跨越式发展。在中东铁路沿线（尤其是南部支线）周边，集群状分布的厂房、烟囱、冶炼塔炉构成了壮观的近代工业景观，让开放的南部沿海口岸居民都感到震惊、赞叹（图2.12）。

总体看来，机器生产和工业厂房的设计和建造过程突出地体现了现代文化的特征。依循这种思维逻辑和价值取向，建筑设计及建造领域的现代工业文明崇尚纯粹的功能性和技术性，主导理念是

a 近代工厂

b 铁路建筑

c 新兴工业建筑

图2.10 日本的工业化建筑

a 鹿鸣馆

b 游就馆

图2.11 日本欧化运动的著名作品

a 鞍山制铁所　　　　　　b 本溪湖制铁所　　　　　　c 寺儿沟三井豆油厂

图2.12　中东铁路南线沿线的工业场景

以"标准化生产"赢得以往的技术手段难以获得的大空间和建造速度。近现代工业文化驱动下的"效率"思维在中东铁路筑路工程中有众多体现，从工厂预制的标准建筑构件，到同类建筑的标准单元、样式、施工程序，如站舍类建筑的分级定型设计和施工等都是鲜明的例证。工业文明的文化原型还体现为一种统筹意识，最典型的思维就是标准化生产。从机械制造的标准构件，到同类建筑的标准单元、标准样式、标准施工程序，工业文明的"效率"思维成为中东铁路文化线路的基本理念和发展策略，这在站舍类建筑和厂房、住宅等不同类型的建筑上都有众多体现（图2.13）。

（2）民族文化——俄国、日本的传统建筑文化类型　　与工业文明冷峻的面孔不同，民族文化所共有的品质是充满表情色彩的。体现在建筑风格上，包括俄罗斯传统建筑文化、新艺术运动文化、日本传统建筑文化与近代建筑文化等，这些多元建筑文化的人文色彩使中东铁路近代建筑呈现出一种杂糅的面貌（图2.14）。显而易见，这些民族文化的文化源地就在这些民族生存繁衍的土地——俄国和日本本土上。

a 大石桥　　　　　　b 大连　　　　　　c 横道河子　　　　　　d 哈尔滨

图2.13　中东铁路各类机车库和机车厂房

俄罗斯传统建筑文化是一种极具民族特色的建筑文化类型。在形式和技巧的层面，斯拉夫风格是其基本原型，典型建筑类型就是东正教建筑形式，具有装饰繁多的砖砌建筑和木建筑。俄罗斯民族在开发这两种建筑材料的过程中展现了非凡的智慧，其符号化的装饰母题达到了精美绝伦的地步。最典型的建筑类型就是教堂建筑和数量巨大的住宅建筑，同样精美细腻的装饰创造了完全不同的建筑表情和空间品质，堪称人类文化的奇迹。

中东铁路筑路工程刚刚出现的时候正好处在19世纪和20世纪的交替时代。在此之前，自18世纪初开始，由于俄国从沙皇到平民都已经看到了自己国家和西方发达国家的差距，因此掀起了一场向西方社会学习的风潮。经过一个多世纪的模仿与实践，西方古典主义建筑文化在俄国已经从大行其道、硕果累累走到引起俄罗斯民族反思的时刻。这一时期，俄国国内对于俄罗斯传统形态来源的探求也已经被归结成两个大的哲学派别：斯拉夫化和西方化。斯拉夫化的哲学流派倾向于不盲目跟随西方，从民族传统中汲取营养并赋予民族形式以新的生命力，在建筑界表现为恢复自己民族传统形式的俄罗斯新复古主义；西方化则将视野仍旧投放到欧洲更深厚的艺术源头上去，从文化的本源上建立自己的方向。在建筑领域，这一倾向被发展为新古典主义[10]。

新艺术建筑文化是中东铁路建筑文化中一种重要的文化类型。以引导新艺术运动实践著称的法国乃至整个欧洲大陆都可视为中东铁路建筑文化传播的源地，因为参与中东铁路建筑设计的俄罗斯建筑师大部分具有留法经历，他们在中东铁路的建筑设计中及时跟进欧洲的新艺术运动。

日本的传统建筑文化原型可追溯至中国唐代。中国唐代建筑样式传入日本以后，历经千百年的传承并融入了日本作为岛国所特有的精致趣味，最终形成了独特的日本传统建筑文化体系。与中国唐代建筑雄健的风范比起来，日本的传统建筑偏于雅致小巧，与中国唐代建筑形成阳刚和阴柔两种对比特征（图2.15）。

日本近代建筑文化是日本民族建筑文化和欧洲传统建筑文化及现代主义建筑文化相继碰撞产生的文化成果，因此带有不同时

a 昂昂溪俱乐部

b 满洲里教堂

c 博克图警察署

d 长春武圣殿

图2.14 民族文化派生的建筑

a 天守阁　　　　　　　　　　　b 奈良佛寺　　　　　　　　　　c 日本桂离宫

图2.15　日本传统建筑

期、不同风格样式的多元化特征，而且具有典型的时期划分。在欧化时期，几乎所有的重要建筑都是两种建筑文化的混合体，是日本传统建筑文化在近现代工业革命和现代技术理念背景下产生的一种文化现象。正因如此，日本近代建筑文化时常浮现出现代建筑和日本传统建筑文化的双重特征。

此外，欧洲传统建筑文化也是中东铁路建筑文化中重要的一部分，尤其体现在铁路沿线一些重要的城市公共建筑类型中。除了俄罗斯建筑文化之外，带有民族色彩的西方外来建筑文化传播的源地也非常多元。因为在日俄战争之后的"门户开放"状态下，众多欧美国家纷纷进入中国东北淘金，各式各样的欧洲建筑风格有机会出现在中东铁路沿线的中心城市。一些小规模的建筑文化现象各自有其相对分散独立的文化源地，如中东铁路重镇哈尔滨一度设有20多个国家的使领馆，每一个外民族的建筑文化背后都有自己的文化原型和文化源地。

2.2　建筑文化传播的过程

中东铁路建筑文化的生成与传播大致经历了四个阶段：初始建设时期、日俄战争后的分治发展时期、中苏共管时期、日本实际控制时期。在初始建设时期，文化传播和发展是以技术、人力、物力、文化资源的有机焊接共同完成的，而分治发展时期和日控时期则主要承载了中东铁路建筑文化的成熟、发展、流变、停滞及尾声。

2.2.1　初始建设期的一统格局

中东铁路作为近代工业革命的产物，它的建设过程很自然地体现出了工业技术所通常具有的典型特征——高效率。整个工程由俄国一手操办决定了铁路建筑文化的两个基本特点：全线统一设计、实施；为中东铁路量身定做、兼具俄罗斯传统与中国本土文化的中俄合成建筑风格成为主导风格。这种突出的整体感和协调性赋予了中东铁路建筑文化鲜明的表情，并由此形成了高度可识别性的符号化特征。这个特点同样体现在筑路工程的整个实施过程中，由于争夺中国东北广大疆土和辽东湾不冻港的野心与急迫心情，俄国政府制订了快速、高效、带有军事化特征的筑路计划。

2.2.1.1 工程管理控制的整体格局

从中俄两国达成修筑铁路约定的第一天起，一切与筑路有关的事务都是以一种"专业"方式操作的。从1896年12月16日沙皇单方面批准的《中东铁路公司章程》中看，铁路的修建、组织、经营等诸多方面皆合于俄规，操于俄手。为了确保工程的顺利实施，俄方成立了中东铁路工程局，工程局的总工程师以高度专业化的方式指挥整条线路的庞大筑路工程。

（1）工期控制方面　《中东铁路公司章程》第五款"铁路修工之手续、开工竣工之期限"写道："公司至迟应于一千八百九十七年八月十六号以前开工，并自路线方向勘定应用地段拟定之日起，至迟应于六年之内，将全路工程告竣。"1897年8月28日，中东铁路公司在吉林省（现黑龙江省）东宁小绥芬河右岸三岔口附近的地方（预定出境地点，后变更线路，改在绥芬河出境）举行了开工典礼。整个工程于1898年6月正式开工。虽然筑路工程在1900年遭遇了大规模的义和团抗俄毁路运动，严重地影响了工程的进度，但是，恢复建设之后还是以极快的速度不断追赶计划工期，并于1901年3月3日在横道河子附近举行了哈尔滨至绥芬河间的接轨式，至此，哈尔滨与双城子之间的铁路全部竣工。同年11月3日，西线在乌奴耳站也举行了接轨仪式。东西两线的接轨实现了中东铁路主干线的全线临时通车。1902年1月14日，西线开始临时运营（图2.16）。

据文献记载，在施工的3年时间里，中东铁路工程局总共完成土石方21 469 816立方米，沿线每千米平均填方达到29 544立方米，挖方达到9 705立方米。中东铁路南支线的修筑速度也很快。虽然受到义和团的大规模毁坏，但是在护路军的掩护下，南支线施工队伍还是以最快的速度恢复了施工。当时，在南支线筑路过程中要完成许多大型桥梁的施工，其中哈尔滨至长春段最大桥梁第二松花江大桥全长736米。1901年1月，铁路已经铺设到了铁岭，1902年3月，南支线铺轨结束并且开始临时运营。1903年7月14日，全线正式运营。正是由于有一个宏观控制，筑路工程虽然经历了波及全线、堪称灾难性的毁路事件，但工程总体进度仍按照既定计划完成了。

（2）责任确定方面　责任的确定在《中东铁路公司章程》第二十五款"当地管理工程之铁路局"中有明确的说明。整个筑路工程的计划和相关事务都由中东铁路公司总工程司直接管理，总监工直接担负责任，办理修建铁路之一切工程。董事局特派总工程司、各段监上正工程司及总稽查员等。其他工程管理人员则由董事局派遣或由总工程司直接委任。概言之，就是董事局掌控人事安排，总工程司负责管理实施。这种分工层次清晰、责任明确。

在工程总体规划及财务管理方面也有明确的责任人制度。《中东铁路公司章程》第二十七款"应经俄度支大臣核准之事件"中写道："铁路修工之规划，一切铁路工程上之计划、预算，非总工程司所能决定者，规定铁路全线方向之计划，估定工程价值之计算书，经理铁路之预算，规定总工程司、铁路总办及各等监工管路之高级执事人员之权限职任，铁路局内监工管路，各分处内部之组织法。"

a 开工前的祈福仪式

b 参加开工典礼的中俄代表

c 工程奠基仪式

d 第一列列车到哈尔滨运行仪式

图2.16　中东铁路工程相关仪式

（3）铁路用地管理方面　铁路用地的划定为铁路提供了必要的铁路修筑和站点及附属建筑建设用地（图2.17），保证了筑路工程的顺利进行。关于铁路用地的最早约定是一个相对模糊的条款，而依照规定本身（《合办东省铁路公司合同》第六款），铁路用地是"建造、经理、防护铁路所必需之地，又于铁路附近开采沙土、石块、石灰等项所需之地"。"准其建造各种房屋工程，并设立电线"，当时尚无市街经营的规定。恰恰是这种模糊性给俄国及日本不断攫取中国领土留下了弹性空间。事实上，中东铁路管理局攫取了越来越多的铁路用地，其用途也远远超过了合同上所描述的功能性质，涵盖了铁路、车站、生活社区、物资仓储及机车维修区、城市市街、养护路工区、护路队军事区，甚至包括专门划定且不断扩大的煤矿、金属矿、采石场、采伐林场用地等。

（4）经济保障方面　中东铁路的整体规划和管理模式还体现在它的经济保障及管理机构的设置上。华俄道胜银行是专门为修筑中东铁路而开设的银行。虽然在具体操作的过程中牺牲了大量中国政府和民众的资财利益，但华俄道胜银行对修筑铁路本身确实起到了关键的资金保障作用。1896年9月8日，清朝驻俄公使许景澄与华俄道胜银行董事长乌赫托姆斯基及总办罗启泰在柏林签订的中俄《合办东省铁路公司合同》规定："中国政府现定建造铁路，与俄之赤塔城及南乌苏里河之铁路两面交接，所有建造、经理一切事宜派委华俄道胜银行承办。"为使中东铁路取得"中俄合办"的合法身份，沙俄政府积极拉清政府入股进行所谓的"伙开"。但实际上，由于最终俄政府相当于1 000万两库平银的入股远远高于清政府500万两库平银的入股，因此银行实质掌握在沙俄手中。按1903年的评估，整个中东铁路价值为3.75亿金卢布。根据后来的统计，除铁路资产外，中东铁路公司还有20艘轮船、数个码头及所属运河等共价值1 150万金卢布的资产。此外，该公司还有自己的电信局、矿山、林场、学校、医院、法院、护路队等。

中俄双方对中东铁路的修筑及附属设施的建设给予了优惠的经济政策。事实上，由于俄国对中东铁路特殊政治和经济作用的高度重视和高标准的定位，加之路况复杂带来的技术难度和人工、机械的加倍投入，"中东铁路每一公里的预算都要超过西伯利亚大铁路80%"[10]。

2.2.1.2 人力资源与技术的总体调度

（1）人力整合方面　中东铁路筑路工程的人力资源配置十分全面。中国方面，清朝政府派总理各国事务衙门大臣兼工部左侍郎许景澄督办中东铁路公司事宜。而俄国除了上至沙皇的幕后操纵者外，更是有为中东铁路工程配备的强有力的工程管理、专业技术、施工甚至军事保障团队（图2.18）。其中，设计和施工的实施监理是由技术部完成的，整个团队的核心成员由俄国财政大臣С.Ю.维特亲自挑选。在管理者和技术层面，不仅成立了中东铁路工程局临时事务所，还任命亲自指挥修筑艮赞——乌拉尔铁路的总工程师А.И.尤戈维奇担任中东铁路工程局局长、总工程师和总监工；工程师С.В.依格纳齐乌斯为副局长、副总工程师和副总监工；工程师苏依雅基诺和С.М.瓦霍夫斯基为工程局副局长。许多工程师是А.И.尤戈维奇亲自从当年修筑铁路的老搭档里挑选的，此外还有当初参与过乌苏里斯克和外贝加尔铁路修筑工作的工程师，如Н.Н.波恰罗夫、Н.С.斯维亚金等。

在中东铁路的全体筑路人员中，只有少数是有一定技术含量的工

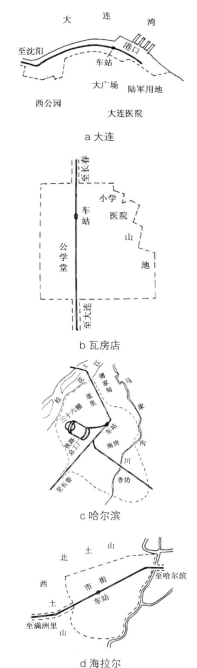

a 大连

b 瓦房店

c 哈尔滨

d 海拉尔

图2.17　铁路附属地简图

人。从1897年铁路公司总局函送《续派造路工员》中，我们可以看到参与管理的职位有"总监工处的文案、帮文案、司事，工程股头目、工程股副头目、照料器具匠目、稽查电线匠目、照料电线匠目"[11]，计24人。

1897年7月11日，中东铁路第一批筑路人员由海参崴入境中国东北，但这只是初期的一小部分。大部分对技术能力要求不高的筑路工人是来自中国本土的农民。中东铁路公司合同规定，工程局对招雇筑路工人的计划是："经理铁路等事需用华、洋人役，皆准该公司因便雇觅。"

图2.18 中东铁路工作人员

于是，除了那些特别的技术工种，几乎所有土、木、石工及其他重体力劳工都来自中国东北、河北及山东等地。据文献记载："1900年3月，中东铁路公司派人赴山东、烟台等地招工。"[2]到1900年3月，土工已经达到65 000人，石匠3 000人，木匠5 000人，中国工人总数已经达到17万人。在西线也同样招雇了数以万计的铁路施工人员。以当时的海拉尔为例，从内地来到海拉尔的数万名劳工客观上已经带动了当地经济的发展。

人力资源的另一个重要配置是护路军事力量，这是俄国人实施治外法权的工具，也是当时处于中俄文化冲突背景下的一种强制性的平衡力量（图2.19）。1897年5月22日，中东铁路护路队成立。俄国政府谎称从民间招募雇佣兵丁，编制一支专门保护铁路修筑及运营的警备队，其实应招者都是哥萨克和从部队里遴选的军官，是一支享受优厚待遇的正规军。12月，护路队司令格尔恩格罗斯上校率领着由5个骑兵连组成的第一批护路队到达海参崴[12]。1901年2月1日，中东铁路护路队改编为"外阿穆尔军区"，隶属于俄国边防独立兵团，直接受俄国财政大臣指挥。同年6月沙皇批准外阿穆尔军区章程后，外阿穆尔军区又扩充到55个步兵连、55个骑兵连、6个炮兵连、25个教导队，成了一支强行驻扎在中国领土上的外国军队。此外，铁路沿线的一些重要城市和站点还设有警察机构和监狱，甚至建立了消防队。

（2）技术保障方面　掌握了先进筑路技术的俄国工程师以当时的最高水平来完成中东铁路的设计与修筑，从地质勘测、路线定型、巨型跨江大桥建造、超长山体隧道开凿、高水平钢轨及机车的订制到大空间机车库及铁路车辆厂厂房修建等，无不成为当时先进工业技术联合展示的一部分。充足的投资和

a 护路队操练

b 护路骑兵队

图2.19 中东铁路护路队

严格的定位使得最新铁路建筑材料和技术得以应用，如奥地利隧道施工法、钢筋混凝土大跨度桥梁结构、中东铁路豪华列车等。

技术人员在整个筑路工程中承担了"先遣队"的角色。据资料记载：1898年4月24日，由工程师希特洛夫斯基和20名专家组成的中东铁路工程局先遣队就已经到达哈尔滨香坊的"田家烧锅"大车店。这支队伍乘坐30辆马车，风尘仆仆地一路从海参崴经双城子进入中国东北，成为中东铁路技术核心团队艰苦工作的一个缩影[2]。此外，不断选配进来的技术人员数量和种类都很多，包括各类技术工种的工人。仅在中东铁路临时机械厂的1 300余名工人中，高薪聘请来的俄国技术工人就有300多人[13]。

除了那些来自其他铁路工程的富有经验的工程师之外，后续的技术力量求助了刚刚从相关院校毕业的大学生，其来源主要是圣彼得堡和莫斯科运输学院、圣彼得堡民用工程师学院。这些初出校门的青年工程师虽然还没有经验，但是他们有着饱满的专业热情和创新精神，在成熟的工程师们的带领下迅速进入了设计工作的实战状态。此外，为了确保工程设计和施工的质量，在中东铁路沿线成立了区域性的建筑学校，这些学校确保了建筑实践能建立在熟悉外国文化和环境的基础上。

在实际筑路过程中出现了对技术要求非常高的大工程：如第一松花江大桥、第二松花江大桥、兴安岭隧道等。这些工程不但施工条件苛刻，技术难度高，而且设计方案对施工要求严格（图2.20）。一些技术要求高的工程是通过招聘有施工经验的外籍工人的方式完成的，例如兴安岭隧道工程。这些人有的来自西伯利亚，有的从意大利被远道招雇而来。即便如此，这些工程的施工速度之快，仍然展现了当时铁路技术的成熟和超前。由于技术力量的保障，许多特别复杂的工程能富有成效地完成。下面是几个重大工程的建造时间：

第一松花江大桥（西线）——1900年5月17日开始兴建，1901年10月2日建成通车。

第二松花江大桥（南支线）——1901年5月5日开工架设，1902年1月28日竣工。

嫩江大桥（西线）——1901年7月9日开工架设，1902年3月28日竣工。

兴安岭隧道工程（西线）——1900年初开工，同年7月因义和团运动停工；1901年3月26日恢复施工，8月建成越兴安岭临时"Z"字形盘山便线；1902年10月20日导坑凿穿贯通；1904年5月27日，兴安岭隧道通车运行。

2.2.1.3 工程设计控制及现场施工组织

（1）站点及配套设施设置　中东铁路的站点设置是一个独立的系统，各站点被冠以不同的等级，从一等站、二等站、三等站、四等站、五等站，一直到会让站和乘降区。

a 架设铁路桥桁梁

b 铁路桥拱施工支架

c 大桥施工

d 兴安岭隧道墙面与拱顶的砌筑

e 兴安岭隧道施工中的意大利工匠

f 兴安岭隧道No.6竖井上方的楼房

图2.20　中东铁路筑路工程现场

车站等级的确立与铁路运输的系统组织紧密关联。站点的设置主要以客货列车的运行、能源及用水补给、机车车辆的维修、库存、货物的集散和存储等各项运营工作的合理组织为依据，并不是完全依据原有居民点及市镇规模、地理位置的重要性。这是因为中东铁路虽然在中国境内，但它并不是以解决铁路沿线的中国居民的交通运输为目的，而是为疏通俄国的亚欧大通道，实现军队和商品的快速运输而"借地"修筑。因此，我们就不难理解为什么对于奉天（现沈阳）这样重要的大城市，中东铁路为其设置的站点等级只有"四等"，还不及博克图这样的小地方等级高。至于1905年日俄战争结束，中东铁路南满支线长春至旅顺段划归日本后奉天车站等级提高，那也是日本调整满铁运输体系的新平衡而已。

站点的配套设施包括：车站站舍、乘降区、给水设施、机车管理维修区、货物仓储区、铁路生活社区、公共服务区（教堂、学校、医院等）。按照不同的车站等级，配置设施有不同的内容构成及规模标准，这些都以一种标准配置式的设计建造来完成。整体而言，铁路线上每隔100~150千米就设置站点或者是为同一方向的蒸汽机车供水的水塔；每隔500~600千米设置维修的机车库和仓储场所。定居点排布的跳跃性使四、五等站和二、三等站的交替具有了最大的合理性。大站还安排了工业企业，其中北部以加工农产品为基础（面粉、奶油、糖的制造和加工），除此之外，还有地方资源的加工（木材、煤炭、黏土等），这些资源都是铺设铁路和维护铁路运营的直接保证[10]。

此外，在一些重要的站点，护路队的司令部、兵营、弹药库也以一种独立建筑集群的方式成为标准配置的一部分。更大的军事机构还有军官们的活动站及私人住宅。此外，一些有人看守的水泵房也专门设有类似军事机构的、带有射击口的堡垒式围墙和为看守人员提供的住宿用房。这一切都使中东铁路站点和社区充满了半军事化的色彩。

（2）设计的统一规格与统一风格　有上述各方面的统筹管理做保障，即使历经了1900年铁路全线范围内拆毁路桥建筑的义和团抗俄运动，中东铁路还是奇迹般地得以修筑完成。初期建设的一统格局直观地体现为铁路附属建筑高度统一的风格。在铁路用地范围内，从配套建筑单体设计到铁路社区及市街规划都是由专业建筑师和规划师完成的，设计中采用的俄罗斯与中国杂糅的建筑样式和当时正流行的新艺术风格成为中东铁路建筑的主体风格。需要特别指出的是，建筑师们创造性地完成了对"俄罗斯传统建筑样式"的异地表现任务，使得这些建筑看起来同样具有中国本土建筑的形式特征。站舍分级及配套设施严格按照级别配置的做法获得了整条路线层级分明、秩序井然的效果，在审美的变化统一和功能的准确对应之间达到了一种平衡。

（3）施工组织与材料的统一调配方面　整体看来，中东铁路的修筑过程是非常有序和高效的：从1898年6月9日中东铁路工程局对外宣布中东铁路全线正式开工开始，整个工程沿着东、西、南三条线路，以哈尔滨为中心分别向东、西、南三个方向，以及由旅顺口、后贝加尔、双城子三地向哈尔滨方向同时相向施工[2]。

"大一统"格局在筑路工程的施工组织上表现尤为突出。由于中东铁路线路漫长，跨越不同的地理区域及地貌环境，因此工程局采取了不同工区同时作业的施工操作方式。1898年5月，中东铁路工程局总监工А.И.尤戈维奇宣布：将满洲里至绥芬河的主干线划分为13个工程区，为每个工程区分配施工任务；7月，又公布将哈尔滨至旅顺口的南支线划分为8个工程区，同样分配各区段的施工任务[2]。

中东铁路的修筑采取了"边勘测、边设计、边施工"的压缩运作方式，整个工程几乎处于一种"抢修"状态。其中，地质测量工作到施工开始时还没有全部结束，几乎贯穿了施工周期的前一半过程。对主线地质的测量从1895年8月俄国技术人员非法潜入中国境内进行路线踏勘时开始，到1898年3月干线测量宣告完成。随即进行的从哈尔滨到大连旅顺口的南支线测量从两个端点出发，向中间进行，于1899年1月完成全部测量设计工作。准确充分地测量和踏勘确保了中东铁路线路选形的可实施性，同时也为铁路线形的优化和不同地质的技术处理提供了前提条件。

近2 500千米铁道线的同时开工需要数量巨大的筑路材料：钢轨、碎石、枕木、燃煤，以及铁路附属建筑用的砖瓦、石材和木材等。为了加快工程进度，在整个铁路干线和支线的21个工区中，重要的筑路材料统一调配，哈尔滨同时负担向三条线供应器材和钢轨。距离枢纽城市哈尔滨最近的阿什河火车站（现阿城站）是1903年7月14日开始正式运营的，但实际上，哈尔滨与阿什河站之间早在1899年3月4日就已经通车，其任务就是为枢纽城市哈尔滨的建设供应木材、砖石等各种建筑材料。南支线的营口等地也承担着同样的运输任务。

建筑材料的运输环节非常复杂艰难，动用了火车、轮船等诸多交通工具。几乎所有的金属材料都是从欧洲和美国购买的，这些材料在运输前已经被加工成成品和预制标准构件。从遥远的欧美运输这些物资不能依靠陆上交通完成，许多环节只能走水路，中东铁路协会专门成立了海运和河运处，同时大举建造码头、疏通河道。筑路的物资大部分是通过乌苏里铁路由海参崴运到伯力，然后再换轮船运到哈尔滨。此外，还有众多物资通过旅顺口与营口成批运至哈尔滨。从美国费城等地订购的车辆、钢轨和其他器材也在海参崴、旅顺口及营口上岸再转运全线。

运输筑路材料推动了航运业务的出现，这是铁路交通形成过程中的额外收获，水路交通同时形成。从1898年8月初中东铁路第一号轮船首航松花江开始，到1900年，中东铁路公司侵犯中国内河航行权，已经强行开办了哈尔滨到伯力之间的定期航运。在海运方面，1899年2月17日和7月11日，俄国沙皇两次谕令中东铁路公司负责承办太平洋海运业务。1901年7月22日，根据沙皇谕令，中东铁路公司开办海运业务，核准海运章程。显然，中东铁路已经成为俄国更大限度地攫取中国东北的自然资源、更大规模地展开经济掠夺的工具。

除了统一调配运输之外，铁路修筑采取了最大限度"就地取材"的方式，以减少工程的投入和解决铁路修筑乃至建成之后运营期间的材料来源问题。因此，中东铁路沿线出现了数量众多的制砖厂、采石场、林木采伐及加工场。这些采石场大多紧邻铁路，除了为筑路提供基石之外，还为站舍和铁路住宅提供建筑材料。建筑用的石灰、木材及黏土砖也常常是就近开采加工，这保证了建筑材料的及时供应。

2.2.2　从南北分治到全线日控

在中东铁路整体风貌的大一统格局初建不久，突如其来的日俄战争彻底改写了这场文化传播的未来走向。以南线宽城子为界的南北分治的历史开始了。俄国人苦心经营的独霸东北的局面被彻底打破，在把花大力气打造的不冻港和整座大连城市拱手交给日本后，开始与日本各霸一方。俄国重新评价了借地筑路的得失，不得已再次着手修筑阿穆尔河（黑龙江）外侧俄国领土境内西伯利亚大铁路的终端区段。

1905年到1917年之间，分治之后的建筑文化在两个不同的社会环境中继续发展。由于铁路附属地的规划、建设都掌控在俄日两国手中，因此客观上形成了一场看得见的殖民竞赛，并由此带动了各自建筑文化自由发展的局面。后来，由于俄国国内的两次革命，俄国陷入空前的混乱，中东铁路也经历了中俄共管、中苏共管的时期，最后由背信弃义的苏联转手卖给伪满洲国，日本取得了整条铁路的控制权。这是1935年的事情，后来直到1945年日本战败撤离前，日本一直在全面管理和规划着整条铁路的运营和发展，铁路附属地内的建筑文化也就在这种背景之下继续传播、演进。

2.2.2.1　北满门户开放下的发展

日俄战争之后，中东铁路主线及哈尔滨至宽城子之间的路段仍旧称为中东铁路，直到伪满洲国时期被改称北满铁路。由于没有更换管理者，建筑文化与初建时期形成了一脉相承的关系，在原有基础上更趋完善和丰富。

由于美国等西方国家的介入，中东铁路附属地内的大中城镇纷纷进入"门户开放"状态。附属地内的建设不再仅限于铁路附属设施和铁路社区的经营，越来越多的移民和商机推动着许多城市快速发展，建筑文化的传播重点也从铁路站点和社区逐渐向城市建设和大型公共建筑转移。

《合办东省铁路公司合同》的相关条款虽对铁路用地有所规定，但存在一个极其严重的缺漏，就是没有明确的面积限制，导致俄国、日本屡屡以购买或强占等方式扩展范围。无论是中东铁路还是南满铁路，其用地都被俄日两国以各种手段不断扩大，大大超出"建造、经理、防护铁路，于铁路附近开采沙土、石块、石灰等项所需"的用地面积。铁路附属地已经包括在沿线火车站点划出的、用作"土木、教育、卫生"的市街土地以及农场、矿山等用地，形成所谓铁路地界[4]。

铁路地界的扩张对殖民者期望的大规模建设来说是一个至为有利的机会。在哈尔滨，早自中东铁路尚未全线通车时起，大型公共建筑的建设就已经出现较大的规模。战争的结束、和平时期的开始加速了这种建设的高涨，门户开放吸引越来越多的西方国家向哈尔滨派驻使官和代表，风格各异的使馆建筑也在这里相继建成。来自于不同民族的移民越来越多，这些侨民没有忘记带来自己的文化，争奇斗艳的教堂、庙宇和它们所承载的宗教文化一起，在这片年轻的土地上自由地展现、传播。

建筑文化是社会文化的一个组成部分，有什么样的社会状态就会产生出什么样的建筑文化。在哈尔滨，来自俄国和其他西方国家的官员、技术人员、艺术家、商人等所有当时被称作主流社会的人给这座城市奠定了一个非常高的文化起点（图2.21）。尤其是来自俄国的铁路管理者和技术人员一经稳定下来就开始着手建设用以提高生活质量的公共设施：俱乐部、音乐厅、影剧院、学校、餐厅、宾馆、医院、银行、疗养院等，一应俱全。后来，不断云集而来的俄国没落贵族和富商巨贾快速创造条件继续享受生活，博物馆、酒吧、赛马场等奢华消费的公共设施类建筑逐渐完善，上流社会的生活方式借助相应的建筑物得以全面展开。

站点的升级扩建、城市公共设施的陆续建成、大规模移民潮带动的居民点的扩展，这些因素导致了铁路附属地建设量的激增。"门户开放"带来大量西方国家经济贸易团体的加入、社会文化与移民人口的汇入，大大推动和刺激了中东铁路建筑文化继续向多元和时尚的道路上快速行进。

尤其是铁路单线改复线以后，铁路设施同时扩建或新建，建筑文化在延续原有建筑风貌的基础上，还出现了一些新的变化。这一阶段虽然与主要过程相比属于延续，但是却大大丰富了中东铁路建筑文化原有形态，成为文化传播中一个极为重要的环节。

2.2.2.2 南满铁路附属地的扩张

日本取得了日俄战争的胜利以后，通过与俄国签订《朴次茅斯和约》攫取了从长春到大连旅顺口之间的铁路管理经营权。当时，俄国转让给日本的不仅包括从宽城子至旅顺的所有铁路及所有铁路财产、煤矿，还包括所属的支路及财产。此外，俄国人还将自己曾经享有的特权无偿送给日本。为了管理南满铁路，日本制定的具体办法是：设立专门管理铁路经营业务的公司——南满洲铁道株式会社（简称满铁），代管一切南满铁路的事务。满铁的职能范围包括经营矿业、水运、电气和仓库业；经

图2.21　20世纪二三十年代的哈尔滨市井生活

营铁路附属地内的土地和房产；建设铁路及相关用地范围内的土木、教育、卫生设施等。

积极扩张铁路附属地的范围是日本接管满铁之后的重要行动。1907年满铁刚刚开业时，满铁接收的包括旅大租借地内的铁路用地合计149.7平方千米。随着其后的不断侵占，铁路附属地每10年会扩大近150平方千米的面积，至1936年末时已经扩至524.34平方千米。当时，占地在1平方千米以上的市街已经达到30个。在满铁长春至大连沿线两侧，最狭处也有42.67米，而最宽处已经达到462.72米之巨[4]。

由于日俄战争之前俄国对南支线的经营建设才刚刚开始，所以，当日本从俄国手中接过铁路及附属地时，大部分站点还不具备市街形态，初具规模的市街仅限于大连、辽阳等一些大站。因此，日本对满铁附属地的经营首先从规划市街开始。满铁首先选定了15个重要站点规划建设日本市街。这些市街以车站和铁路为中心按照矩形街坊划分，分为住宅区、商业及公共服务区、工厂区等，之间连接以5~36米宽的干道。1912年，大连、瓦房店、大石桥、辽阳、沈阳、铁岭、开原、公主岭、长春等地的市街都已经初具规模（图2.22），熊岳城、营口等14个车站还修建了道路设施。鞍山也在1917年形成了1 147万平方米的市街范围[4]。

在建设的过程中，满铁在附属地还投入了大量的资金和技术。由于大量日本移民进入南满地区，加之越来越多的中国平

a 长春

b 沈阳

c 大连

图2.22 满铁附属地城市市街

民进入铁路附属地寻求就业机会，因此满铁附属地内的城市建设热情空前高涨，各项公共事业和空间设施也得到了前所未有的发展和完善。"举凡国家地方应有之设备，满铁无不包有。"[4]这一时期日本国内已经经历了明治维新时代的西方化运动，加上世界范围内的现代化进程空前加快，因此满铁附属地开发建设的整体风格充满了现代色彩。

满铁建筑文化的传播有着先前俄罗斯建筑文化的基本背景。对于俄国人留下来的建筑资产，满铁采取了积极利用的原则，除了部分增建、改建外，没有大的破坏和改变。大连、旅顺等大城市的生活社区及市街建筑保护利用最为充分（图2.23）；对于一般站点的站舍和附属用房，满铁采取了更多的维护性改建和新建措施。基于保护和加固的考虑，一些站舍和小型铁路住宅被整体覆盖以水泥抹面，使建筑形象的现代感增强，俄罗斯砖石装饰效果被大大削弱。

有了铁路社区和城市发展建设的规模保障，满铁的建筑文化传播呈现出过程流畅、规模浩大、内容丰富的场景。与此同时，由于有专业规划、设计力量保障和近现代建筑技术和材料的突破，针对不同功能类型建筑的设计和建筑技术的探讨都具备了专业水准，不同类型的专业刊物也正式出版发行。建筑文化传播在一个较高的水平上与世界同步进行。

殖民统治伴随着资源掠夺。无论南满还是北满，铁路管理局除了扩展用地范围，还不断增建新的支线铁路，将掠夺资源和矿产的触角深入更广大的范围中去，如南满的抚顺支线、北满的孔资诺尔煤矿支线等。此外，一些站点的级别在铁

a 大连市役所

b 大连商品交易所

c 大连护路事务所

d 大连满铁图书馆

图2.23 大连附属地内的市街公共建筑

路运行的继续建设和完善阶段有所变化，一些新车站陆续规划建成，这些都带来了建筑文化传播的机会。

2.2.2.3　从中苏共管到全线日控

中东铁路的管理权限及文化格局再次发生变化，始自1917年3月和11月俄国国内的两次革命。由于国内的动荡局势，沙皇政权土崩瓦解，没有了后台支撑的中东铁路管理局对附属地内的局面也失去了控制，俄侨中到处浮动着一种惶恐不安的情绪。在这个大背景下，中东铁路陷入了一种混乱的状态，先是在十月革命初期被沙俄在中国东北的流亡势力盘踞，之后又被英国、法国、日本、美国干涉军占领。直到1920年3月，中东铁路工人集体罢工要求铁路管理局局长霍尔瓦特辞职后，中国北洋政府于10月下令接管中东铁路，声明中国政府暂时代管中东铁路事务。

即使在这段动荡的岁月里，一些大城市，如哈尔滨，也没有停止发展的脚步。根据资料记载，"仅1921年一年间，埠头区（现道里区）就建起了139座砖石结构的房屋，其中28栋为三层或三层以上的楼房"[14]。到1926年的时候，中国大街（现中央大街）的繁华程度在当时的东北已经是无街能出其右（图2.24）。由于商业街人流过于拥挤，以至政府要专门制定命令禁止殡葬和婚礼迎娶的队伍从这条街上经过。

以哈尔滨为例，1917年俄国二月革命与十月革命之后，俄侨大批涌入哈尔滨，又不得已大批撤离这里。但是，即使在居无定所的这段日子里，俄侨们仍旧激发起比以往任何时候都更为强烈的民族感情和精神回归的渴求。从建筑文化上看，作为俄侨第二故乡的哈尔滨进入了一个修建东正教教堂建筑的高潮。从1920年到1924年短短5年时间，东正教教堂就增加了14座。

事实上，苏维埃政府从一开始就把自己看作是沙皇俄国在中东铁路权益上的合法继承者。为了拉拢中国政府，苏维埃政府先是发表了三次对华宣言，之后于1924年5月31日与北洋政府签订了

a 中国大街鸟瞰

b 松浦洋行远眺

图2.24　繁华的哈尔滨中国大街

《中俄解决悬案大纲协定》及《暂行管理中东铁路协定》，中东铁路进入了中苏共管时期。

这一时期，中东铁路的运营进入了最佳状态，尤其是1924年至1931年的几年间。仅1924年一年，中东铁路就首次实现了盈利，而且货运量突破了300万吨，运输收入也达到3 750万卢布的惊人数字。为了提升运营能力，中东铁路在一些站点进行大修甚至新建站舍，在1924年到1925年一年多的时间内就完成了香坊、王岗、西家、团山、苇河等一大批站舍的改造和新建。这些站舍与早期的站舍风格样式有较大不同，更多采用了优雅精致的折中主义风格。

在哈尔滨城市建设方面，除了城市的规模扩大、公共设施的品质提升之外，市政环境质量的改善也成为建设的重点。如1924年5月中国大街铺设石头路面；1927年8月东大直街铺修方石路，10月市内电车轨道竣工通车；1929年到1932年间，建筑师B.A.拉苏申主持了埠头区特别市公园（现兆麟公园）的平面规划、景观设计及建设工程（图2.25）。这个城市环境优化工程获得了巨大成功："这座公园以优美的风姿呈现在哈尔滨市民面前，其建筑的优雅别致和公园内各部分、各角落的华美装饰足以让市民惊叹不已。"[14]

对于中东铁路建筑文化的构成而言，日本建筑文化是另外一种重要的外来文化。除了1904年以后日本建筑文化在满铁附属地的大面积发展和对原有俄罗斯建筑文化的替代外，日本建筑文化后来还在更大范围内发挥了作用。这个历史阶段于1935年3月苏联单方将中东铁路北满段卖给由日本操控的伪满洲国政府开始。从此，除了满洲里火车站北侧站场之外，中东铁路全线都落入了日本人的实际操纵之中。

控制中东铁路全线之后的日本政府以伪满洲国为伪装接受了全部俄国和苏联时期中东铁路的房产等物质资源，并开始将精力大量地投放在殖民统治、移民、拓荒、殖民管理上。除了牡丹江火车站、齐齐哈尔火车站这样铁路发展所必需的新建和扩建外，只有一些大城市和需要增加建筑设施的站点和城镇才有较大规模的建筑活动。借用俄国人留下来的建筑资产就可以实现较好的物质环境条件了，因此维护、修缮、利用、改扩建成为一个更现实的城市建设策略。

a 人工水面　　　　　　　　　　b 廊桥　　　　　　　　　　c 虹跨桥

图2.25　哈尔滨埠头区特别市公园

在哈尔滨，20世纪30年代中期开始操作的"大哈尔滨都邑计划"推动了哈尔滨新城区和老城区的同步发展和整体衔接，其宏大的城市规划方案堪称现代城市规划的经典案例。但是，这个计划并没有进行到底，因此，直到30年代中期，哈尔滨在更大范围上还是呈现众多独立的区域甚至村镇松散分布的状态。对一些复杂区域的改建工程成为这一时期的重要成果，如对傅家甸的改造。此外，另一方面的突出成就是大型公共建筑和居住建筑的实验作品越来越趋向于现代主义，无论在形式还是空间类型上都呈现出新潮和创意，并且更加注重功能。

整座城市的改造从1937年开始进入高潮，从1938年《边界》14期上可以读到当时的盛况："15条新修大街和在废墟、沼泽地上开辟出来的设施完善的大型街区成了连接各个零散居民点的独具特色的链条。哈尔滨逐渐变成了一座用大理石连成的建筑之海。"1932年至1942年，城市人口也以惊人的速度整整增加了5倍。

在铁路沿线的一些较小规模的站点，新建的项目往往以住宅为主，如下城子站、穆棱站、富拉尔基站等，局部的增建也大多针对功能和空间利用上的调整。此外，加建或新建的项目也包括一些大型公共建筑和仓库，如扎兰屯、下城子；机车库（维修库），如绥芬河等。此外还有一定数量的军事设施，如堡垒、大型兵营。

2.3 传播过程的双重线索

中东铁路建筑文化的形成与传播伴随着铁路修筑和铁路附属地城镇建设的整个过程。推动这一切的，除了俄国、日本以及中国清政府各自的目标和规划外，具体化为一系列实际步骤和各方面的力量。这些力量发挥作用的过程和机制汇集成了两条重要的线索：技术与资本的相继移入；文化与意识的同步传播。

2.3.1 技术与资本的相继移入

中东铁路发展历经两个重要阶段：建设期和运营期。建设期完成了中东铁路的基本线路、基本设施的建设和基本管理运营能力的试验和积累。运营期则在完善、改良原有铁路工程条件、运营能力的基础上，着力提升铁路附属地的市政建设、经贸实力和社会文化水平。这两个阶段都是工业技术和国际工商业资本异常活跃的时期。

2.3.1.1 技术的导入与全方位应用

铁路是技术和资金共同铺就的，俄国为此成立了两个重要部门：中东铁路工程总公司和华俄道胜银行。前者为铁路工程设计、施工提供技术保障；后者为筑路提供资金保障。中东铁路的建筑文化正是在这两方面的保障下快速形成的。

技术投入早在筹划阶段就已经开始。"借地筑路"本身就是技术考量的结果，因为取道中国的想法包含着西伯利亚大铁路技术方案选择的考虑。中东铁路的具体修建方案同样经过了专业勘察、规划、设计的确认过程（图2.26）。这些内容有相当大的一部分需要在筑路和房建之前预先完成，因此技术走在了工程的前面。中东铁路工程局在哈尔滨最早建成的一座公共建筑就是代表着当时先进科技的气象站。

有关工程师团队的情况在"一统格局"部分已经有所交代，而且，众多的建筑师和城市规划师在铁路修筑完成以后，与后来俄国十月革命后流落到中东铁路附属地的建筑师一起，继续为沿线大中城市的建设和发展贡献才智。除此之外，在建筑文化的完整传播过程中，其他方面的人才也起到了极为关键的作用，这些人包括建筑美术师、工艺设计师、音乐家等。在大部分情况下，学者和工程师都会对所到国家产生积极的影响，在文化、科学和技术的发展中发挥重要的作用，因为他们是

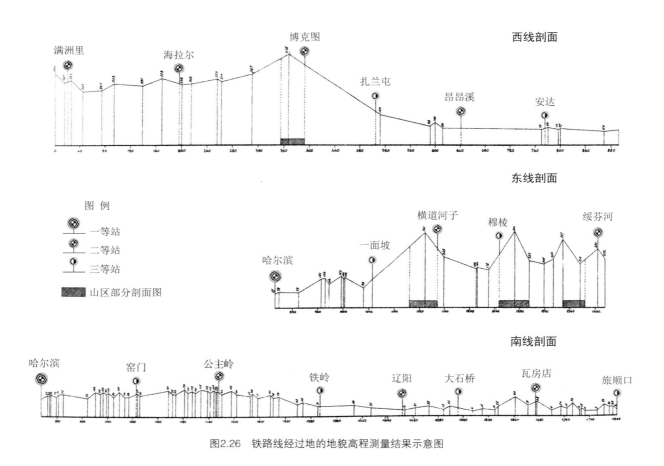

图2.26　铁路线经过地的地貌高程测量结果示意图

先进思想、前沿知识和技术的拥有者[14]。

设计方面的新技术和新风格是通过数量众多的工程师的妙笔带进中东铁路附属地的，除了工程局技术部的工程师外，还有后来的城市建筑师、私人事务所的建筑师等。有欧洲留学背景的建筑师给中东铁路附属地带来了时尚的新艺术风格；道路交通及桥梁工程师带来了最先进的结构技术；而更多谙熟结构工程知识的建筑师则在建筑创作中带来了新的空间及结构形式。著名建筑师B.M.图斯塔诺夫斯基就是这样一个全能工程师。他不但承接设计和建设工程，还主动进行钢筋混凝土新结构的研究，甚至还专门出版了一本《工程技术人员钢筋混凝土手册》[14]。正是基于这样的水平，他才能够创造性地设计出哈尔滨圣母领报教堂和阿列克谢耶夫教堂中的拱形楼板结构。此外，铁路运输和水运交通工具的技术设计水平，也达到了空前的高度（图2.27、图2.28）。

施工新技术的引入是中东铁路相关技术中的一项重要内容。由于高标准的设定和巨额投资的保障，一些最新的施工技术得以应用，如奥地利隧道施工法。当时，在西线的大兴安岭路段，铁路如何穿越大兴安岭是一个最大的难题。为了打穿这条3 077.76米长的隧道，工程局特地从意大利请来了曾经在土耳其开凿过20余条隧道的著名工程师П.И.吉别洛-索科等人，此外还特别雇用了500名意大利专业石匠。可见，技术的引入在中东铁路筑路工程中已经成为一种基本保障。

施工技术的应用还要求助于专业化的施工队伍。在筑路工程结束后，大规模的施工队伍解散，因此零散的市街建设和大型公共建筑的建设更加急需有实力的承建队伍。许多俄国人组建的建筑施工承包企业应运而生，哈尔滨的伏尔加公司就是其中之一。老板拉波波尔特是一位经过专业训练的俄国技术人员，公司原本在俄国境内就有很好的业绩并享有很高的声誉。这个公司规模很大，下辖众多材料工厂，砖瓦、石灰、石材、木材等建筑材料完全可以自行提供，这也保证了承建项目的施工完成度和整体质量。哈尔滨著名的普育中学和中东铁路管理局印刷厂就是他们的建筑作品。

新设备的应用、新材料的制造也是中东铁路建筑文化中技术引入的一个组成部分，这有赖于那些实力雄厚的大的承包企业的主动运用。伏尔加公司在这方面起到了领军作用。老板拉波波尔特极有魄力和远见，总是及时地为哈尔滨充实进国际上建筑设备和施工工艺技术的最新成果，如混凝土搅拌机、起重机及其他大型设备等最新的建筑机械，还有世界著名厂商的卫生洁具、供暖设备和通风设备等。公司同时担任一系列外国建筑公司在中国东北地区的代理机构，甚至还获得了美国的人造大理石专利证书[14]。

像伏尔加公司这样直接购买优质建筑配套产品的行为属于技术产品的引入，此前的筑路工程中几乎所有的钢轨和金属成品构件就是这样从欧洲和美国进口的，而更好的办法是引入建筑材料的制造技术和设备。1900年，哈尔滨引进两台德国的霍夫曼烧砖炉，建造了一座大型的现代化制砖厂。这座大型制砖厂同时设有136个露天烧砖炉，不仅制造成品砖的产量高、速度快，而且规格标准、质量上乘，大大提升了东北地区砖材的质量。这座砖厂的规模之大，使中东铁路工程局专门为其修

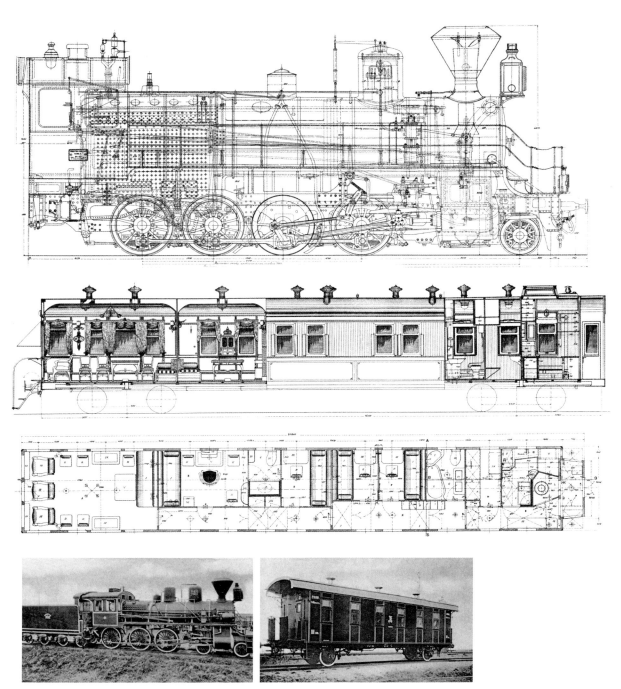

图2.27 火车设计图与实例（设计图为原图引用，下同）

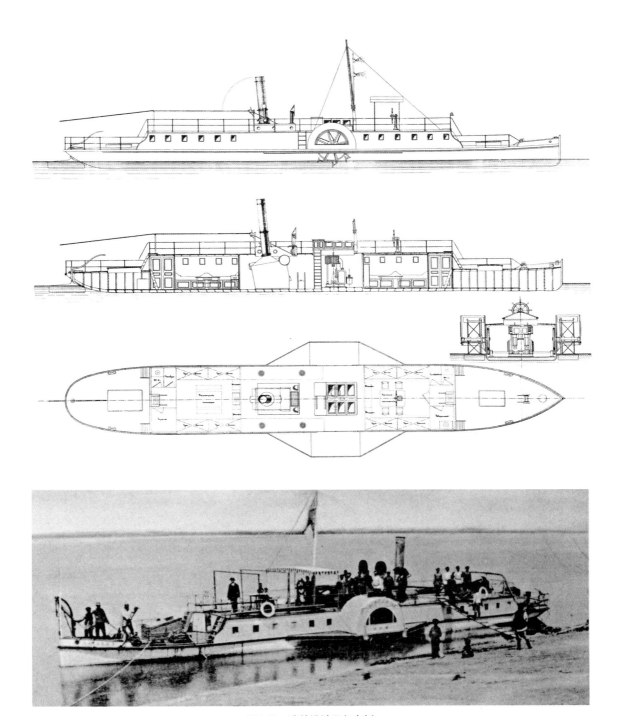

图2.28 渡轮设计图与实例

筑了从哈尔滨火车站到砖厂的铁路支线，甚至拨出一块用地出租给砖厂的工人居住。

技术的深度引入体现在专业化的建筑教育上。当时，伴随中东铁路运营业务扩展的是铁路技术人才的短缺，铁路管理局意识到"今之无人由于昔无培养；若今不培养，则后亦无人"[15]，在原哈尔滨中俄工业学校基础上发展为哈尔滨工业大学，吸引了一大批具有实践经验和众多作品的建筑师（如菲奥多罗夫斯基、B.A.巴里等）担当教授，极大地推动了铁路附属地内部建筑后备人才的培养工作。无论在沙俄中东铁路管理局时期还是日伪时期，这所建筑教育的高等学府都培养了大批专业技术人才。著名的毕业生有工程师卡尔贝舍夫、斯米尔诺夫、乌拉索维兹、克拉波列夫、克拉勃列娃等。

2.3.1.2 资金的输入与工商业的兴起

中东铁路的修筑得益于雄厚的资金保障。根据《中俄密约》，"修筑中东铁路，交由华俄道胜银行承办经理"。华俄道胜银行由俄法两国成立，法国占总股本的5/8，但银行支配权由俄国掌握。1895年12月5日，俄法两国在俄国驻巴黎的使馆签订了《华俄道胜银行章程》。22日，华俄道胜银行正式成立，总行设在了俄国的首都圣彼得堡。1896年9月8日，许景澄代表清政府与华俄道胜银行董事长签订了《银行合同》，清政府向华俄道胜银行投资入股。1897年，华俄道胜银行在牛庄（现营口）设分行。1898年，同时在旅顺和哈尔滨设分行（图2.29）。之后，又陆续在奉天（现沈阳）、吉林、齐齐哈尔、大连、满洲里、黑河、宽城子（现长春）、呼伦（现海拉尔）、铁岭等地设分支机构，完全控制了中国东北地区的金融命脉。

资金的投入不仅推动了中东铁路筑路工程的快速进行，也促成了一些重要站点和铁路城市的快速发展。从铁路市街发展而来的公共服务区和商业场所带动了外来移民的大批涌入和工商业的兴

a 位于老哈尔滨（现香坊区）的旧址

b 位于原车站街的新办公大楼

图2.29 哈尔滨华俄道胜银行

起，一时间，市肆林立、旗幡飘摇，原本的封禁之地一时间成了繁华开放的淘金乐土。尤其是1907年，众多东北枢要城市开埠通商，西方国家的大量财团和企业纷纷注资中东铁路附属地，以攫取更大的经济利益。

中东铁路公司投资建造的首批工业项目是与铁路设施直接相关的铁路工厂。最大的工厂是中东铁路临时机械总工厂，这个具有大规模联合作业模式的工厂成立于1898年10月26日，位置在哈尔滨松花江南岸的埠头区（现道里区）临江区域。铁路工厂的出现为哈尔滨的工业奠定了重要基础，开启了中东铁路沿线城市大型现代工业的发展进程。

商业是中东铁路投资的另一项重要内容。早在1899年7月，俄国沙皇尼古拉二世就下令将刚刚从青泥洼发展而来的达里尼市（现大连）开辟为自由商港。筑路期间，俄国商人波波夫兄弟在哈尔滨开办了波波夫兄弟商会，经营筑路用的木材。铁路全线竣工并通车运营之后，铁路商业机构开始运作，推进货物进出口贸易，并在巨额资助下修建了一些豪华的商业建筑。莫斯科商场就是专门销售输入的外国商品的豪华商场之一，是中东铁路管理局商务部下属的商务公司耗资200万卢布修建的商场[4]。

铁路开通之后的附属地城市化进程很快，因此，中东铁路投资工业项目的类型也从铁路交通配套设施的制造维修转向了民用消费品的制造。中东铁路附属地内最早的民用工业选定了粮食加工制造业。哈尔滨第一家面粉厂——第一满洲制粉厂就是由中东铁路公司投资38.4万卢布建造的。之后，第一松花江面粉厂也快速建成，面粉加工业一时间声名鹊起，迅速成为俄侨的热门投资项目，宽城子、一面坡等许多站点都设有大型面粉加工厂。随着移民的猛增和城市的扩展，轻工业的种类辐射到更为多样的生活用品制造领域，如酒、糖、卷烟、肥皂、灯具等。著名的阿什河制糖厂就是于1908年11月由中东铁路管理局批准建设的。当时，波兰人柴瓦德夫选择在阿什河站铁路附属地内办厂，还获得了中东铁路管理局专门为他修筑的一条铁路专运线。据称阿什河制糖厂每年生产的白砂糖最高产量曾突破5 000吨，工厂的资产也高达180万卢布。

中东铁路沿线有许多著名的商业品牌，秋林公司就是其中的一个。1900年5月14日，来自俄国的富商秋林以自己名字命名的百货公司首次在老哈尔滨（现香坊区）设立分公司，并于两年后搬入哈尔滨新市街（现南岗区大直街中段周边区）商业中心区一座两层的新建大楼里。当时，秋林公司主要经销从海参崴与莫斯科等地进口的俄国百货用品，这个连锁商店还在奉天及扎兰屯开有分店。到1907年，仅在枢纽城市哈尔滨铁路附属地内就开设了各种商业企业19类、1 967家。其中有饭店、旅店300家，日用百货、食品零售业450家，医药店14家，面包、果子店34家等。随着商业贸易活动的不断扩展，日本经济力量也越过满铁附属地进入中东铁路的一些大城市。1917年2月15日，日本南满铁道株式会社设立哈尔滨公所，并于1923年更名为哈尔滨事务所，主要经营管理运输业务[16]。随着经贸活动的发展，日本移民的数量及由此带动的建设活动也呈现出高速递增的趋势。这为中东铁路附属地内部建筑文化注入了新的内容。

以俄国为主的外国资本渗透进门户开放之后的铁路商埠，西线海拉尔成为俄国、日本、英国、美国互相争夺的畜产品市场。当时，外国资本的早期注入垄断了畜产品加工、食品及电力等行业，主要用于开办发电厂、电灯公司、酿酒厂等工商企业。到1920年，海拉尔已经拥有"各种工业企业37家，作坊百余家"[4]。1932年到1934年日军入侵期间更是由458家增加到512家。

俄国两次革命之后，新建立的苏维埃政权遭遇西方国家的经济封锁，只能更多地求助于与中国的贸易，不仅仅运输、银行、商会、林业等产业，甚至石油制品等行业都在哈尔滨设立了分支机构，这在很大程度上推动了中东铁路沿线的商品贸易和运输业，中东铁路的首次盈利也与此有很大关系。

采矿业和冶炼业也是中东铁路投资内容之一。由于火车需要数量巨大的燃煤，因此，中东铁路公司合同中就已经有为开采煤炭另议办法的规定。1901年7月14日，中东铁路公司全权代办达聂尔与吉林将军长顺签订《改订吉林开采煤斤合同》，规定"采看煤苗，开挖煤斤，铁路公司有独擅之权"。1902年1月14日，中东铁路工程局总工程师尤戈维奇与黑龙江将军萨保签订《黑龙江开挖煤斤合同》。中东铁路沿线有众多煤矿，有的早在筑路之前就已经初具规模。中东铁路时期的煤矿及企业有：穆棱煤矿公司（哈尔滨犹太商人斯基德尔斯基之子与吉林官股合办）、扎赉诺尔煤矿（图2.30）、鸡西煤矿、抚顺煤矿等。

金属矿开采也是中东铁路系列开采项目之一。中东铁路时期的金矿开采、满铁时期的钢铁矿开采都是所属铁路机构的重要经营项目。1901年7月23日，达聂尔与黑龙江将军萨保签订《黑龙江省采勘矿苗草约》，允许俄国人"在江省地界内采办金、铁、煤各矿苗"。1901年3月15日，俄国代表与吉林将军长顺签订《吉林开办金矿条约》。同年5月24日，俄国交涉官员科洛特科夫与吉林将军长顺签订《续订吉林开办金矿条约》，俄国获得在夹皮沟、宁古塔、珲春三处境内探勘金苗和开办金矿的权利。

a 煤矿全景　　　　　　　　　　　b 五号煤矿

图2.30　扎赉诺尔煤矿

矿业的兴起和快速发展带动了矿区生活社区的建设和矿业城镇的迅速成型，连带的影响就是较大规模的附属建筑设施和生活社区的建设。这是中东铁路建筑文化传播的重要组成部分和典型的外延成果。扎赉诺尔矿区较大规模的管理人员及职工住宅就是这方面的最佳实例（图2.31）。

满铁在附属地内的投资也非常大，满铁开业后的10年里就在附属地内30个市街的项目建设上花费了1 300万日元。到九一八事变前，"日本对南满投资总额17.8多亿日元。其中运输业占30%，农业与矿业占16.2%，工业占9.2%，商业占6.7%，金融业占11.6%，其他占26.3%。九一八事变前各国对东北的投资中，日本占72.3%，其中90%以上集中在关东州和铁路附属地"[4]。

2.3.2 文化与意识的同步传播

中东铁路建筑文化的生成与发展带动了铁路附属地及周边一定范围内市镇社会文化的兴起与繁荣。这个过程一直伴随着多民族文化和近现代化意识的引入和传播，因此建筑文化既是民族文化和时代意识传播的载体，又是其主要的传播成果。透过"文化与意识的传播"这一线索，我们可以看到中东铁路建筑文化的一些特点和规律。

2.3.2.1 移民文化的全景传播

对于沙俄政府来说，铁路是一个载体，殖民侵略和经济掠夺是目的。无论是沙俄的"黄俄罗斯计划"，还是日本的"大陆生命线"论调，都是要把中国东北变成他们的土地。无论是"借地筑路"还是武力强占，都只是从物质和空间范围上实现了占有，要想实现更长远的殖民目的，精神上的占领就显得更为重要。基于这种用心，文化普及和传播、民族意识和时代意识的轮番入主成为强力推行的文化因素，展现在中东铁路上的建筑文化历史，也就成了一部异族文化与意识同步传播并与原生文化意识碰撞演进的历史。

铁路未通，文化先行。在铁路开工建设之前，东正教司祭亚历山大·茹拉夫斯基就已经跟随中东铁路工程局护路队先期抵达老哈尔滨。中东铁路全线开工的第二年——1899年10月13日，铁路枢

图2.31 扎赉诺尔矿区管理人员及职工住宅

纽哈尔滨刚刚起步的同时，一座巍峨壮丽的教堂——圣·尼古拉大教堂就在全市最高点——大直街与车站街（现红军街）十字路口中心广场正中开始动工修建。由于南岗区是哈尔滨地势最高的区域，加之教堂刚好正对缓坡之下的哈尔滨火车站，因此教堂高耸在整个城市天际线的最高点，成了这个铁路枢纽城市移民文化的标志。在中东铁路沿线，各种各样的东正教教堂陆续建成，铁路沿线的异国风光被浓重地涂抹上了一层神圣的文化光环。

俄国两次革命之后，哈尔滨等中东铁路大城市成了落难的俄国贵族和艺术家、商人、技术人员的"首选栖息之地，是他们在异国土地上的'家园'"[14]。而在铁路开通初期的移民中，这样的上流社会成员也占据了大多数。当时，"移民中有许多具有丰富经验的专业技术人员，其中不乏才华出众的学者、记者、演员等"[14]，这些人随后推动了哈尔滨的高等院校、图书馆、博物馆、音乐团体和歌剧院的诞生和发展。这些不同时期的移民几乎成了当时中国东北这片神奇土地的新主人，他们自由地用艺术和现代技术追赶时尚、抒发情感，创造出了一个异常动人的文化世界。尤其是中东铁路附属地的门户开放政策执行以后，越来越多民族的移民携带着他们自己的文化涌入中东铁路主要城市，一时间，哈尔滨等大城市成了光耀远东的文化艺术中心。

对于这场由中东铁路筑路工程开启，由俄国人为主要移民成员的大迁移，世界上的许多学者给予了特殊的评价。德国哲学家B.舒巴尔特以"划时代意义"来形容俄国移民的这次大规模迁徙："虽然现在很少有人意识到，但实际上，这次移民行动对于东方与欧洲的关系，乃至于西方的精神生活都会产生极其深远的影响，这要比1453年土耳其人攻占君士坦丁堡（土耳其城市伊斯坦布尔的旧称）所引发的高素质移民大规模涌入欧洲的意义大得多。"[14]

确实如此，俄国涌入中东铁路沿线的移民中，高素质的俄国人不仅占据了很大一部分比例，而且知识分子和艺术家云集。仅就艺术家来说，移民时期的哈尔滨已经逐渐汇聚出一个相当规模的专业和业余美术家群体，这个群体的成员包括画家和专门从事壁画、圣像艺术的装潢艺术家。这些人为哈尔滨和中国其他城市的东正教堂作画，著名画家的业务甚至扩展到了日本。在《哈尔滨——俄罗斯人心中的理想城市》一书中，作者记录下来的著名画家的名字就有一大串：格鲁申科、维尤诺夫、阿纳斯塔西耶夫、帕诺夫、斯捷潘诺夫、扎多罗日内伊、洛巴诺夫、克列缅季耶夫、霍洛季洛夫、皮亚内舍夫等。

中东铁路移民人口的构成与西伯利亚大铁路完全不同。由于移民中很大比例是上流社会和受教育程度很高的俄国侨民，因此，俄罗斯民族文化中主流社会的文化也相应地在哈尔滨落地生根。当时，新市街的俄国侨民生活模式与俄国本土上流社会的生活模式没有什么区别，一种"贵族气质"弥漫在哈尔滨的大街小巷，时尚风情成为异国场景的一大特点（图2.32）。

国际多元文化交流历史和中东铁路的历史是一部外民族移民文化传播与融合的历史。时至今日，中东铁路沿线不仅俄罗斯建筑语言已经成为建筑语言中的一个有机部分，甚至方言和生活习惯方面也已经嵌入了俄罗斯文化以及多元外民族文化的元素和内容。东北地区的方言用词也受到俄国、日本及朝鲜文化的影响，出现列巴（俄语面包音译）、笆篱子（俄语监狱音译）、嘎斯（日语煤气音译）等固定用词，饮食方面如对俄式面包、啤酒和红菜汤的喜好，也都反映出所受的外来文化的影响。

移民的规模和分布对中东铁路文化的形态起着重要的影响作用。俄国移民不仅落户在枢纽城市哈尔滨，还包括其他铁路城市和铁路小镇。如扎兰屯、横道河子、安达、巴里木（现巴林）镇就是当年俄罗斯移民的主要定居地之一。建筑文化的影响已经潜移默化地渗透进了中东铁路市镇居民的生活习惯和喜好中，从西线巴林站小镇一些现代民居上，我们看到了中东铁路建筑样式在悄悄完成了尺度适应之后，堂而皇之地再次登台亮相（图2.33）。

2.3.2.2 现代意识的全面建立

铁路附属地形成以后，沿线大型站点的发展速度较快，尤其在一些新兴的铁路城市，建设规模浩大、建筑风格新潮。作为在门户开放政策之下的领军地，铁路枢纽城市哈尔滨的新潮意识和多元、包容的文化性格已经形成。现代意识在哈尔滨遇到了难得的宽松、自由环境，这也强化了这座国际大都市更加多元的开放色彩。随着城市的完善和发展，城市设施和公共事业越来越完备，文化生活的内容和模式也变得比以往更加丰富。

现代意识在中东铁路附属地内的表现通过各种方式得以确立，除了建筑的风格样式之外，整个城市的管理策略、机制，城市的公共服务体系、社会文化系统等诸多内容都得到了全面更新。铁路开埠站点对工商业的重视和现代技术手段的普遍运用、民众在参与现代新事物上的普遍热情等，都达到了空前的程度和规模。可以说，通过有形的物质基础和生活模式的改变，无形的现代意识已经在不知不觉中确立。

在大中城市的行政管理模式上，中东铁路附属地给整个中国东北地区带来了全新的管理方式。铁路附属地划定以后，俄国和日本纷纷借助铁路管理机构实施附属地内的行政管理职能，在一定程度上将铁路附属地变成了独立的"殖民和移民王

a 露天音乐厅

b 赛马场

c 冰球场

d 达尼洛夫剧院

图2.32 哈尔滨的时尚风情

图2.33 巴林站小镇的现代民居

国"。中东铁路管理局是个庞大的系统，1907年成立了民政处，借以管理铁路用地内的民政事务。民政处下辖8个科，分别是：民政科、土地科、中俄交涉科、教育科、寺院科、卫生科、兽医科、新闻发布科。其中，民政科除了统辖警察事务以外，还负责监督铁路用地的市街行政管理，甚至专门设有"建筑股"来管理附属地内的建筑活动；教育科管理铁路附属地内一切学校及沿线气象观测事务；寺院科管理附属地内与教堂、教会有关的宗教事务；卫生科处理医院及医疗事务；新闻发布科负责刊发报纸等。

中东铁路管理局与由市民代表组成的委员会共同协商管理，城市公共事务和公共环境设施日趋完善，打造了一个可以感知到的现代化的环境氛围。最直接的变化就是城市道路环境和公共空间质量的变化。无论在哈尔滨，还是在大连、长春、沈阳，城市街道设施的规格都普遍大幅提升，公共空间场所越来越多、越来越完备。

警察与司法体系的确立也是西方现代管理方式的一部分。俄国为了更大程度地攫取在华利益，仿效其他列强国家通过强制手段取得"治外法权"和"中外会审"制度，在中东铁路附属地内公然派驻警察管理铁路附属地内社会秩序，对附属地内民刑案件按照约章实行中俄官署会审，后来设立"铁路交涉局"进行会审，这些行为实质上已经直接参与并承担了司法管理，将中东铁路附属地办成了名副其实的"国中之国"。

中东铁路管理局自设警察局，发布命令，成立各级警察机构、派驻人员。1904年，中东铁路警察局发布383号命令，成立哈尔滨市警察局，并设道里、道外、新市街、香坊4个分局。1908年，中东铁路管理局再次发布命令，在中东铁路整条线路上设立4个警察分局：第一分局管辖满洲里至伊列克德车站区段；第二分局管辖伊列克德至船坞站（哈尔滨江北）西部信号机区段；第三分局管辖道里至长春车站区段；第四分局管辖哈尔滨站东部信号机至绥芬河车站区段。此外，还在扎兰屯、昂昂溪、安达、一面坡、穆棱及绥芬河等各大站设立了警察署和宪兵队[4]。

俄国人为了更有力地掌控铁路附属地的一切事务，用尽一切办法钻《合办东省铁路公司合同》的空子，攫取了铁路附属地内司法管辖的权力。1901年8月2日，尼古拉二世发布命令：中东铁路附属地内俄国人之间发生的刑事案件，支线（南线）由关东州旅顺地方法院承办，哈尔滨及东线由海参崴地方法院承办，西线归赤塔地方法院承理。日俄战争后，旅顺地方法院移至哈尔滨，改为哈尔滨边境地方法院，设立审判厅与监察厅，直接归霍尔瓦特管理。中东铁路沿线设有11个治安审判厅，哈尔滨7个，沿线4个，就近审理俄国人内部发生的刑事纠纷。当案件双方涉及中俄两国人时，采用会审制度进行处理。

中东铁路主线建有5座监狱，分别位于哈尔滨、满洲里、海拉尔、博克图、横道河子，其中以哈尔滨的规模最大。其实，在日俄战争之前，旅顺还有一座规模很大的沙俄监狱，但是日俄战争后就划归日本人所有了。

中东铁路管理局对于兴办教育非常热心，这首先是基于对铁路员工子女就学需求的考虑。一些较小的站点采用了教堂和学校合并使用的方式，这在很大程度上缓解了建筑空间的紧张程度，节约了投资，同时也有利于宗教思想在俄侨下一代人中的传播。在较大规模的站点和铁路城市，各级学校陆续建立并日趋完备。以哈尔滨为例，从1898年10月10日中东铁路第一所铁路小学成立开始，到1903年，中东铁路管理局又开办了松花江小学、第一新哈尔滨学校。此后，霍尔瓦特中学（1907年）、警察学校（1909年）、第五小学（1912年）、第一高级学校（1916年）等一些教会学校与私立学校也陆续建立。日俄战争前，俄国在旅大境内也开办了15所俄清学校，1900年还颁布了《关东州俄清学校规则》。

为维护殖民统治培养所需人才，中东铁路附属地内多个大城市开设了传授工业技术和社会人文知识的高等院校。哈尔滨中俄工业学校（哈尔滨工业大学前身）是中东铁路管理局与中方合办的一所职业技术学校，1922年扩大规模成为哈尔滨中俄工业大学校，开设铁道建设系和机电工程系。1928年改铁道建设系为建筑工程系，1930年以后，系下加设科。1906年3月开办哈尔滨男子商务学堂以应经济人才之需。此后，女子商务学堂和临时电信学校也陆续开办。

早在1916年初，哈尔滨开设的俄国学校就已达10余所，为中东铁路沿线的俄国公司和洋行培养人才。学生数量达到5 795人，包括760名商务学堂的学生，1 000名铁路学堂的学生，700名霍尔瓦特中学的学生，1 461名自治会公立学校的学生，其余为私立学校的学生。这些学校只招收少量中国学生，其余都是俄侨学生。俄国十月革命前，中东铁路沿线已经设立学校400余所。1920年中国收回铁路行政权时，仅哈尔滨就有俄国学校40余所。

在宽城子以南的满铁附属地，学校教育同样受到高度重视。满铁的教育管理体制概括地说是："各类初等学校、幼儿园、青年学校归地方事务所管理，各类中等学校、专门学校和大学归地方部管理。"[4]从满铁对附属地内投资的分布情况看，教育成为与卫生、城市经营、扶植产业等并列的重点。

中东铁路附属地内的邮政业务是从1903年开始的。这一年的7月14日中东铁路全线通车后，俄国决定开始在中东铁路沿线设立俄国邮局。当时，包括哈尔滨在内的沿线十几个高等级站点都正式开办了俄国邮局。

中东铁路附属地内的各大城市均办有独立的报纸。中东铁路管理局机关报纸《远东报》，是哈尔滨历史上的第一份中文报纸。此外，一些带有专业色彩的刊物也陆续创办，起到了最新技术成果的推广作用（图2.34）。

2.4 建筑文化传播的影响

文化传播又称文化扩散，是指承载文化的思想观念、经验技艺和其他文化形式从一地传到另一地，或从一个社会传到另一个社会的过程，是文化演进的基本过程之一。中东铁路建筑文化传播的过程正是近现代先进的工业文化和外民族文化传播的过程。这个过程具有清晰的脉络，整条文化线路的建筑文化特色鲜明、遗产众多、分布连续、成果丰富多元，因此具有突出的特点和鲜明的性格。

2.4.1 传播效应的总体表现

在中东铁路附属地内的建筑文化传播过程中，来自不同民族的多元文化类型积极汇入中东铁路建筑文化传播的大格局中，传播、碰撞、适应、选择、接受，上演了一场异彩纷呈的文化大戏。文化人类学家R.林顿（Ralph Linton）认为文化传播过程可以分为三个阶段：接触与显现阶段、选择阶段、采纳融合阶段。在第一个阶段中，一种或几种外来文化元素开始在社会中显现出来并被人注意到；在第二个阶段中，社会力量对显现出来的文化元素进行批评、选择、决定采纳或拒绝；在第三个阶段中，社会力量开始把决定采纳的文化元素融合于本民族文化之中。林顿的"传播三阶段

a 远东报　　　　　　　b 哈尔滨日报　　　　　　c 满洲建筑杂志　　　　　d 满洲技术协会志

图2.34 中东铁路附属地内的报纸与杂志

论"描述了一般传播事件发生的规律，而中东铁路建筑文化的传播过程，除了一般性的规律之外，还具备一些更为独特的表现和特征。

2.4.1.1 传播与碰撞

（1）碰撞——短暂、激烈的文化适应过程　中东铁路建筑文化的传播过程并不是一帆风顺的。上文已经分析过，参与中东铁路建筑文化传播的最主要的三方力量是俄罗斯传统建筑文化、日本传统及近现代建筑文化、中国传统建筑文化。当时的情况是：俄罗斯建筑文化是中东铁路设计和施工控制国的主体建筑文化，也是中东铁路建筑文化的主体原型；日本传统建筑文化和近现代建筑文化是中东铁路第二管控国的建筑文化，其中日本近现代建筑文化其实代表了世界建筑文化的新走向；中原正统建筑文化在远离中原地区的中国东北地区的部分呈现，主要体现为衙署建筑、庙观类宗教建筑及商贾等士绅阶层的宅院等，在早期的中东铁路站舍建筑中有广泛的影响与形式表现。

我们知道，对于一个生命体而言，器官移植面临的考验是接受方肌体的排异本能。这个生命体与生俱来的能力同样在文化肌体中存在。同理，在一个民族的文化语境中生活习惯了的人也很难在闯入的域外文化面前迅速扭转观念，去接受和信奉毫不熟悉的新潮观念。特定生存环境下形成的文化传统及相应的价值体系具有某种顽固的力量，不会轻易被外力所改变。当这种传统的观念受到冲击并明确地感受到压力时，碰撞不可避免地发生了。

从根本上讲，中原正统建筑文化与俄罗斯建筑文化之间存在天然的类型差别。当时，整个东北地区的民居建筑虽然极为简陋朴素，但是这只是因经济条件所限。因为这些民居的主人大部分来自关内山东、河北等地，虽然没条件建造深宅大院，但是中原正统建筑文化的影子却根深蒂固地根植在他们的思想深处。这种与人的理念合而为一的建筑文化观念，就是对抗外民族建筑文化及近现代建筑文化的一股巨大的力量。另一方面，尚处在近现代转型萌芽期的中国东北落后农牧地区对完全属于工业革命产物的铁路工业还抱有某种敌视、不信任甚至恐惧情绪。这两方面的因素，最终导致了一系列筑路和房建工程的早期冲突和碰撞。

不只是东北，整个中国在近代化开始阶段都有一种抵触情绪。这种情绪不仅来自于鄙夷轻狄的传统优越感，也与对西方洋务冲击和武力侵略的恐惧与仇恨心理有关。"开埠后很长一段时期，各地的租界和华界都互不干扰地各自独立发展。"[9]甚至在1876年英国人投资修筑了从吴淞口至上海闸北的吴淞铁路之后，清政府为了抵制这种洋货，不惜重金"照价赎回，掘去铁轨，并将铁路一切物料，弃于台湾"[17]。足见其又恨又怕的心态。

同样，中东铁路建筑文化传播一开始受到的普遍质疑也是从对主权和未来政治、文化及生活的忧虑派生出来的。可以说，对中东铁路建筑文化的阻力和敌对情绪一开始是出现在主观心态层面的。这一点我们可以从一个地方官员呈给大清皇帝的奏折中鲜明地看到。《将军衙门为铁路改行南线事札》中写道："俄为天下所共忌，其为国也，又多诈取而鲜以力攻。如今铁路之通，既求之而得之矣。……强邻可以权结，而实不可以久依。……小者仅以资总署之辩论，其实绝大利害则尤在划省城于界外，势如拊我之背，扼我之吭。……万一不虞，彼已电掣而来，我商不闻声息，命脉中断，孤立无徒，坐毙之道也。"[11]

筑路开始之前的勘测与征地过程都遇到了强大的阻力。当地居民经常把勘测队埋设的木桩界标全部拔掉，并焚毁筑路工程队砍伐的所有木材。《中外日报》1898年10月10日报道了这些抗争的细节："黑龙江各处，有民人聚众数千，不准俄人修筑铁路，妇孺皆持农具以待，欲与俄人为难。"1899年春俄国企图通过华俄道胜银行买下整个大连湾的土地时，也遭到了当地民众的誓死抗争。

显然，平民百姓难以接受铁路这种"外洋"事物。铁路工程对东北矿产的盗取，对林木的砍伐破坏，对国家的侵入威胁，铁路快速交通及异族面孔、异族建筑等给人带来的惶恐和不安全感，都逐渐积累成了一系列有形的"碰撞"景象。碰撞从主观心态上的排斥最终体现为报复性的行动。这些行动集中于中东铁路开始修建后的1900年，以铁路全线揭竿而起的义和团运动彻底捣毁铁路、焚烧破坏铁路附属建筑桥梁为最集中表现。

1900年6月，在山东、直隶义和团集结北京之后，东北义和团运动也进入高潮。一时间，奉天城内到处贴满"扶保中华，逐出外洋"的揭帖，民众情绪激昂。1900年6月26日，义和团拆毁辽阳附近的铁路和桥梁；6月30日，盛京义和团和清兵烧毁天主教堂。由于东北义和团运动的迅速发展，中东铁路建设工程被迫暂时停止。到1900年7月中旬，奉天全省"北至开原，南至海城，计五百里，所有俄铁路桥房均经百姓拆毁"[18]。中东铁路遭受重创，所有站点几乎被踏平（图2.35）。在西部线，富拉尔基筑路工人将俄国人开办的"买卖、房屋及江上木桥烧毁"，俄国监工盖尔肖夫吓得逃回了俄国。

在主观情绪层面展开的抗争所导致的碰撞双方的不理智行为，最终呈现出两败俱伤的局面。义和团这种仇洋情结掀动的情绪变成了对以铁路为代表的西方近代科技成果的一律破坏态度，这其中

图2.35　被义和团焚毁的南支线某车站

也暴露了在近代化过程中，突破传统小农意识和保守观念的艰难。1901年3月30日，俄国政府的调查团来到哈尔滨，调查中东铁路遭受损失情况，据俄方公布："全线铁路被破坏达70%，建筑、桥梁、器材多数被毁，机车、客货车多成废铁，损失达7 000万卢布。"[2]骚乱前敷设的铁路长过1 300俄里，遭破坏后只剩下约400俄里的线路。无数的民用建筑被破坏殆尽，许多车辆残缺不全，铁路煤矿完全倒塌。抗争和冲撞催生了俄国军队的复仇情绪。1900年7月22日，俄军冲入瑷珲城，报复式地肆意烧杀淫掠，将一座历史悠久的古城变成了一片废墟。10月1日下午，俄军攻入奉天，将故宫当作临时军营，肆意践踏，还抢走大批文物和珍贵的图书及档案。中东铁路建筑文化传播一开始就经历了这样一个充满磨难的历程。

中东铁路建筑文化的传播是跨文化传播，这其中展现出来的冲突有异族文化传播发展的必然性。文化冲突构成了跨文化传播所面临的现实难题。在当时的历史环境下，文化冲突具有多方面的因素，包括传统文化与近现代文化的冲突、本土文化与外来文化的冲撞、"强势"文化与"弱势"文化的冲突等。

对于当时的国家实力而言，俄国显然远远强盛于清朝统治下的中国，因此，俄罗斯建筑文化是绝对的强势文化。虽然传播发生地的民众没有表现出主动接受的姿态，但是，文化传播中三方力量的优劣形势对比已经不可更改。当时的现状是，铁路沿线区域大部分在经济发展和社会文化上都处在比较落后的水平，相对于文化底蕴深厚的中原地区来说保持一种边缘文化的状态。面对俄国强势的民族文化及技术水平，东北地区可以说毫无抗衡之力，因此，尽管在民族情绪和民众的态度上有所体现，但是，在技术层面，建筑文化传播几乎没有遇到什么阻力，呈现出过程顺畅的特征。

（2）传播——快速、流畅的文化覆盖场面　按照文化传播理论来看，中俄建筑文化传播的双方力量是"不对称"的，其结果也必然是不平衡的。这种跨文化传播力量不均等造成的"不对称"现象，可以理解为处于文化传播强国和弱国之间在文化交流上的不平衡地位，即引进文化的比重大于输出文化的比重，外来文化对本土的影响占绝对优势的现象。这些在文化传播上取得的绝对优势并非文化本身的优势，而是凭借其在经济上、政治上和军事上的强势获得的。从占据的主动性而言，"那些发展速度较快的国家和民族，在文化交流、交往和文化传播方面走在了时代的前列"。自然，"在经济上处于劣势的国家和民族，在文化交流中同样处于劣势"[19]。

显而易见，在中东铁路建筑文化形成的早期，传播力量的不均衡性造成了传播方很大程度的"倾销"色彩。铁路的总体规划、施工控制由俄国工程师完成，大部分建筑参照俄罗斯传统建筑的样式设计。俄罗斯砖石和木建筑的形式语言体系具有"符号化"的构成特点，具有符号化形式典型的多样组合、原型与变体衍生的潜质。借助这种建筑形式，中东铁路沿线近代建筑及城镇的总体风格迅速成型。当时风头正盛的新艺术运动已经成为一种时尚，因此，通过俄国建筑师的设计顺理成章地在中东铁路沿线付诸实施（图2.36）。

客观地讲，虽然筑路时代的清政府已经处于行将就木的颓势，但这并不能抵消中国数千年传统

a 哈尔滨火车站

b 满洲里火车站

c 哈尔滨中东铁路高级官员住宅

d 绥芬河契斯恰科夫茶庄

e 哈尔滨秋林公司道里商店

f 哈尔滨密尼阿久尔茶食店

图2.36 浪漫优美的新艺术风格建筑

文化所具有的强大同化力。因此，除了义和团运动那种简单粗暴的碰撞方式之外，深层碰撞是润物无声却也异常坚韧的，这种深厚的底蕴使俄国建筑师自发地在设计方案中主动开始与中国本土文化对话。

中东铁路建筑文化的传播整体上是顺畅的。这种顺畅除了归因于筑路和房建工程的统一设计施工控制外，还受益于工程周期的紧凑和高完成度。正如前文"初始建设的一统格局"中所描述的，中东铁路筑路工程是多地开工、相向施工，因此整个铁路建筑群落的出场方式可以概括为：多点并发、线性推进、点面结合、全景展开。对于传播发生地来说，大部分铁路附属地都属于原始的建筑文化空白区，因此，"一张白纸好作画"，最终效果统一、强烈。

今天，在惊叹于中东铁路历史建筑俄罗斯韵味的同时，许多人并不知道曾经展现在中东铁路线上的其实是另一种建筑形式。单从轮廓上看，人们甚至会把刚刚建成的火车站站舍误认作中国北方的民居。建成初期的中东铁路建筑明显在外观上带有中国本土建筑文化的特征，因为许多站舍建筑的屋顶上赫然出现仙人走兽、二龙戏珠等中国式的装饰构件。这是建筑文化传播者的技巧和姿态，也是隐性"碰撞"的成果和中国本土文化强大同化力的展现。对中国传统建筑文化的积极或被动回应成为一种主动的"文化适应"。这种适应建立在设计和建造的技术层面，因此明确展现了两种建筑文化各自的实力。

日俄战争之后，完整的中东铁路被切掉了南线的长春至旅顺段，以俄罗斯风格为主基调的建筑文化只在北满铁路沿线继续发展。再后来，伪满洲国的建立及日本对中国东北更大范围的占领彻底中断了俄罗斯建筑文化传播过程，建筑风尚迅速被朴素简约的日本近代建筑样式所修改和替代。由于中东铁路原有的建筑设施已经比较完备，因此日本占领之后对这些俄罗斯样式的建筑采取了直接使用和功能补偿性加建的做法，过程中并没有大规模地破坏。可以说，这两种文化在第三国的正面碰撞，虽然看似剧烈，但实际过程和最终结果却表现得比较理性。在日本近代建筑文化产生的影响中，一批在美国师从赖特的日籍建筑师来到当时的满洲地区，并留下了一批具有美国草原住宅气质的建筑，这也成为一个特殊的文化现象。在经历了前期快速传播和后期多元碰撞的不同阶段后，中东铁路形成了独特的建筑文化风貌。

可见，中东铁路建筑文化的传播与碰撞是互相依托、互为因果的。传播导致碰撞、碰撞又推动传播。对于整个文化发展历史和中国本土文化来说，中东铁路的名字已经渐渐凝固成一份文化遗产，建筑文化更多承载的是历史层面的意义；但是对于当时特定时期和附属地内外的特定文化环境来说，却远远地迈出了更深更广的一步。大量模仿俄罗斯建筑风格的建筑样式陆续出现，尽管良莠不齐、即兴发挥者居多，但这却是自发出现的珍贵文化现象。

2.4.1.2 选择与接受

与中东铁路建筑文化强势传播、碰撞相对应的，是作为传播发生地的中国东北地方文化的选择与接收过程。1900年末，义和团运动宣告失败。在俄方压迫下，盛京将军增祺的代表幕僚周冕与瑞安、蒋文熙同年11月8日（光绪二十六年九月十七日）在旅顺与俄方签订《奉天交地暂且章程》，共9条。章程规定："俄军所占奉省各地方，仍由大清国将军以及各员回署，重立从前美善政法。"并规定，增祺回任后，"应任保地方安靖，务使兴修铁路，毫无拦阻损坏"；奉天省城等处，应留俄军驻防，"一为保护铁路，二为安堵地方"。在政治干预下，碰撞之后的选择与接受过程重新开始了。

（1）选择——文化图底之覆盖、反转　文化选择是文化传播的本质过程之一。传播是在文化被成功选择后发生的，而选择的取向往往受制于传统的文化观念与现时的社会推动力量。一种新文化被选择需要突破很多传统观念的障碍。"不同的社会制度和文化观念本身决定了什么是跨文化传播的信息栅栏。一个社会的政治结构组成了跨文化传播和表现的场所，从而实现了选择和决定的程序。这构成了社会空间的政治维度，也就是政治意义上的选择范围。"[20]

对于中东铁路附属地的建筑文化来说，选择的主动权掌握在两种力量的手中。显性的力量归属于俄国，而隐性的力量来自中国。对这两种选择力量的平衡派生了我们看到的特殊建筑形式——一种由俄罗斯和中国两种传统建筑风格组合而成的建筑形式。而这个传播的成果也见证了中东铁路建筑文化选择过程中文化形式覆盖与反转之间的微妙关系。

清政府对沙俄在附属地内建筑活动的默认是不得已的"被选择"，因为行将垮塌的政权对铁路附属地的建筑文化没有"选择"的话语权。一时间，铁路附属地任凭俄罗斯建筑文化像强劲的风雪一样从西伯利亚席卷而来，几年间打造了近5 000华里铁路线的异国气象。这个由强悍的"盟友"裹挟而来的现代技术入侵项目最终展现为规模惊人的文化成果。单单从建筑上看，其单体与城镇数量之多、功能类型之丰富、风格形态之多样，称"琳琅满目"亦不为过。

中东铁路建筑文化传播的过程是一个建筑文化"整体突变"的过程，是一个异族文化快速移植的过程。这种"地毯式"传播非常成功，态势更像是覆盖。在这个过程中，俄国扮演了一个政治、军事、经济和文化上的强势帝国角色。从数量上和文化形式的鲜明特征上看，带有多元合成特征的俄罗斯建筑文化和中东铁路附属地广阔背景所形成的文化"图底关系"已经简化为图底合一的单一模式，或曰，只剩下崭新的建筑文化之"图"了。

西方的一些学者将这种以国家的身份、以统筹规划的方式进行的文化传播和灌输视作文化"媒介帝国主义"侵略行为。学者鲍依巴瑞认为："媒介帝国主义"是"权力来源不平衡所造成的不可避免的结果"，是"任何国家媒介的所有权、结构、发行或传播、内容，单独或总体地受制于他国媒介利益的强大压力，而未有相当比例的相对影响力"的现象[20]。他还概括出"媒介帝国主义"的四种形式：传播工具的形式、整套工具的安排、理想实行的价值观，以及特殊的媒介内容。将建筑或建筑文化比作一种媒介，这个关系一目了然。

虽然中东铁路建筑文化的第一轮传播看似简单粗暴，但是，俄国推行民族建筑文化的做法富有技巧性，使得中东铁路建筑文化的覆盖式传播带上了一种温和的色彩。在中东铁路附属地内部，外来建筑文化传播的过程并非单一选择的过程，中国传统建筑文化"无意之间显露"的现象将原本简单的覆盖式传播演变为一种极为戏剧性的文化形式"图底反转"。在技术操作层面，中国传统建筑文化形式的"底"通过"上浮"的方式从俄罗斯传统建筑文化的"图"中成功崭露头角，以"镶嵌"的方式找到了与俄罗斯建筑文化的结合点，实现了俄罗斯建筑文化对中国文化的适度"选择"。可见，选择包括两个方面：俄罗斯建筑师的主动选择和中国人的被动选择。在主动和被动之间存在相互制约和影响的文化适应过程，有文化因素的原因，也有地理因素的原因。

从实际效果看，中东铁路附属建筑集群的数量是巨大的、分布是均匀有序的、形象是原创但杂糅的。这一整套做法彻底改变了中东铁路沿线地区的原有建筑文化意象。虽然中东铁路建筑糅合了中国传统建筑装饰，但是，这个貌似"混血"的建筑新生儿是个穿戴着中国衣冠的异族后代，在今天去除装饰之后的中东铁路建筑形象中，我们已经看到了准确的答案（图2.37）。

（2）接受——文化意蕴之适应、阐释　　跨文化传播使不同文化之间出现了"杂交""混血"和"不对称现象"，这个变化归结于参与传播的不同文化的相互接受过程。这种接受不仅仅局限在形式层面的整合，还包括在文化意蕴上的相互适应和阐释。

传播与接受是紧密关联的。初期，面对俄罗斯建筑文化的覆盖式传播，东北地区的原生建筑文化几乎是被动地"完全接受"。俄罗斯文化一时间反客为主，建筑文化充满了移民色彩。俄罗斯砖石和纯木建筑都具有典型的寒地建筑特色，建筑材料的选取也相对容易，所以，俄罗斯建筑形式和技术与中国东北有先天的适应性。这样，顺畅地传播地方化了的俄罗斯建筑文化的过程奠定了整条线路的文化基调和主体形态。到了日本占领时期，除了一些神社等纪念建筑外，纯正的日本传统建筑风格作品并不多，建筑趋近现代主义风格，虽然在长春的一些大型公共建筑上还有一定数量的日本传统符号，但那只是满洲国傀儡政权对日本近代样式的复制而已。真正功能性的常规建筑只是利用平缓的坡屋顶、青砖灰瓦的色彩搭配、低矮的尺度来保留日本的传统建筑意味。因此，中国东北对日本建筑文化的接受更大意义上是对现代建筑文化的接受。

跨文化传播的"不对称性"有可能使弱势文化被同化或文化殖民。这是因为，无论人们在外来文化初期有怎样的不适应，都会随着外来文化在新环境中的适应和扎根而形成惯性[19]。

文化传播中存在着主体与客体不同的角色，选择和接受基于双方的各自立场展开。当最初快速、强烈的文化传播过程渐趋平稳以后，"整体突变"的场景中渐渐出现了"局部渐变"的现象。尤其作为传播肇始国的俄国，对中国土地上的原有传统建筑文化的回应显得格外突出。这个现象表明，一种文化力量在向其他文化力量传播的时候，会自觉吸收对方的文化。"异质文化的这种交流

图2.37 形式各异的中东铁路站舍建筑

和互动所造成的文明程度的反差，自然会启发人们去比较和鉴别异己的文化的优劣，优取劣弃，就会引导人们从低级文明层次走向高级文明层次。"[21]

强势文化和弱势文化之间的关系发生微妙变化被称为"文化适应"过程。纵观中东铁路建筑文化适应的整个过程，以俄罗斯民族文化为主要载体之一的建筑文化传播经历了具有不同跨度的过程：初期是标准样式单一导入的过程；中期是与中国本土文化、时尚文化整合的过程；晚期是混生、杂交、创新的过程。文化适应在中东铁路建筑集群中有两种表现形态："线性连续适应" 和 "斑块式片段适应"。连续适应指的是整条线路的附属建筑普遍存在的中国本土建筑文化回应的现象，如站舍建筑中国式大屋顶的形态及装饰要素；斑块适应则是指在靠近或位于历史文化遗址的站点建筑，为突出其人文色彩而着意强化中国建筑文化的做法，如双城堡火车站新站、阿什河火车站完全采用中国古典建筑样式的做法，南线金州火车站中国式大屋顶做法等。上述两种不同分寸的处理方式带给中东铁路建筑文化特有的人文色彩。

可以说，局部渐变对整体突变而言，是站在一个更高的视野和水平、更专业的角度来采取的行动，因此，这是一个"理性修正"的过程。这种理性修正可以看作是一种"对话"，"对话是以文本为中介的文化交流活动，它包含认知表达和接受、传播与阐释两个不同层次的关系"[19]。阿什河站舍和双城堡站舍的形式就是非常典型的"接受"案例，是本土文化对外来文化反向传播的案例，更是在技术操作层面参与"文化阐释"活动的重要见证。这种积极对话的结果是，中东铁路修筑初期的大一统建筑文化风貌中出现了一些"镶嵌"和"混搭"的场景，内容越来越丰富、色彩越来越多元，类型构成的整合意味也渐渐出现，一个接受和选择的包容局面和开放姿态渐趋成型。

在传播的后期，有多种外来建筑文化力量参与进来，如犹太、伊斯兰等建筑文化，这个过程是伴随着门户开放状态下铁路开埠城市的国际文化交流和经贸活动出现的。这些种类多但数量少的文化类型被直接传播、选择和接受，仅仅保留在自我展示的程度，并没有对中东铁路的整体建筑文化系统构成根本的影响。这是中东铁路建筑文化多样性的重要组成部分，同时也见证了一个特殊历史时期的特殊文化过程。

从接受的角度看，整个中东铁路建筑文化的传播过程是不断变化的，从被动接受，到双方相互的主动迎合，到双方相互深层吸收，最终达到一种协调整合的局面。建筑文化场景和文化景观也从俄国统治者最初意愿上的俄罗斯文化强硬推行和覆盖，到实际操作策略上的俄罗斯文化与中、俄合成文化同步呈现，同时在日本等外民族文化注入的背景下的中国传统文化、俄罗斯文化、日本近现代文化、欧美多元文化镶嵌拼贴，最终发展至多种文化之间互相浸润、和谐共生的状态。按照接受的程度和发展跃迁的成熟梯度来看，中东铁路建筑文化的传播虽然经历了许多曲折的过程，但是最终一度达到了较高的水平，呈现出繁荣的局面。

2.4.2 传播影响的时空分布

中东铁路建筑文化传播的时间和空间跨度都很大。在19世纪末之后的几十年时间里,这个带有浓郁外来色彩的建筑文化大行其道,其间硕果累累,其后仍声名远播、余韵萦回。中东铁路建筑文化在不同地理区段有着不同的分布特点,在整个时间轴上也有着不同的分布规律,因此可以说它是存在于立体时空架构中的。今天,这份建筑文化仍然在整个东北地区的广阔土地上留存着深刻的烙印,甚至时不时获得机会崭露头角、高调发声。尤其是当人们意识到,这份特殊的建筑文化已经成为新时期地域建筑创作的文脉来源时,在中东铁路沿线城市的一些新建项目中就自然而然地出现了中东铁路建筑的影子(图2.38)。虽然从事此类设计的建筑师的水平的局限性可能使创作停留在直接借鉴中东铁路建筑语言的阶段,但是这个现象本身却是一个积极的举动,因为这表明本土建筑师开始考虑时尚炫目的新现代派和华丽老气的"泛欧陆风情"之外的地域理性精神。由此,今天的人们也获得了一条线索、一个视角,来感知一百多年前的文化扩散历史,感知自然与人文交织的大东北景观。

文化一旦被放入空间跨度来进行考察,就自然将研究对象引入了文化地理学的研究范畴。文化地理学中的核心概念叫作"文化区"(cultural region),地域文化以文化区的概念列为文化地理学研究的五大主题之一。文化区内的文化形式具有相同的原型和显现方式,由此形成具有共性特征的文化范域。中东铁路附属地内独立丰满的建筑文化形态使之成为一个典型的文化区。这个文化区的独特性在于,它的空间形态呈现为一种线性特征。在考察文化传播过程的来龙去脉时发现,文化信息从文化源地传播而来的过程中,具有地域上的延续性,同时会在自然环境背景上留下"人文景观"的痕迹。"种种迹象表明,在我们的经验之中,时间秩序与空间秩序是相汇聚的。"[22]中东铁

a 哈尔滨周边某高速公路收费站　　　　　　　　b 哈尔滨太阳岛宾馆

图2.38　借鉴中东铁路建筑语言的设计方案

路在广袤的东北大地上穿山越水，不但改变了铁路经由地的原生自然地貌，也为这些不同类型的自然环境镶嵌进了带有时代印记的多元风格建筑及铁路设施。显然，这是中东铁路建筑文化作为一种发达的文化类型所能做到的。

2.4.2.1 建筑文化的组合结构

（1）"缘-核"模式——一种纵向的文化结构　中东铁路建筑文化的结构可以概括为"缘-核"模式。"缘""核"是文化地理学的概念，即"文化边缘"和"文化核心"。

"中心边缘理论"的提出者美国人类学家施坚雅（Skinner）认为："每个小区域都在大区域中具有自己的角色或功能，其中一个小区域的中心城镇作为区域自组织中心，统治着所有的小区域，它就是大区域的中心，它所在小区域与其他小区域被划归为'中心'和'边缘'。"施坚雅的中心边缘理论将传统意义上的空间概念从地理学研究领域带进了更具纵深感的历史学视野，为历史学乃至文化学都同样扩展了视野、搭建了联系。

文化核心和文化边缘的概念基于这样一个前提：文化的分布是有整体结构的。因为有结构，才有了中心和边缘之分。正如一个区域的社会关系和经济关系存在潜在的内部结构一样，一种文化在一定区域范围内的分布和演化发展也存在某种内在的结构逻辑。这种结构逻辑由文化过程的规律和运行机制衍生而来，因此也可视作文化过程刻录下的传播路径。因为，文化势差导致了文化传播的发生，文化信息必然从高势位的地区流向低势位的地区。

一种文化在一个地区占据主导的地位，并且成为被普遍接受的文化形式，那么这个区域可以理解为已经从纯地理概念的"土地"升格为带有人文色彩的"地方"。地方（place）是文化地理学领域在20世纪后期出现的核心概念。一个地区长期积累的文化和人们对这些文化的认同被文化地理学视为"地方性"存在的依据。而经济地理学中的地方性更倾向于从与外界的功能联系的角度来审视一个地方的内在条件，即它的内在条件是别的地方所不具备的。显然，这两种地方性都强调自身所具有的特殊性。从这个概念中，我们可以看清文化区的本质，即"区域是人们认识空间的产物，是主观建构的结果"，由区域建构主体赋予意义后的区域就是"地方"[23]。

中东铁路附属地具有鲜明的"地方性"。这种地方性借助中东铁路建筑文化的特殊表现和铁路附属地的特殊经济运行模式得以呈现，又在更广阔地域背景和文化背景的宏观视野中标定自己的特殊位置。

在文化地理学的研究中，许多理论家遇到了文化区覆盖的地域有大小差异的问题。地理学家用一系列概念来区别不同尺度的文化区，包括：文化大区（cultural realm，如东亚文化大区）、文化世界（cultural world，如阿拉伯世界）、文化圈（cultural sphere，如盎格鲁文化圈）。在现实分析文化区和地方概念的时候可以发现，不同尺度文化区之间存在某种空间嵌套关系，例如国家文化与地方文化的关系[23]。在中东铁路附属地范围内，我们就可以分离出不同的层次，如：中东铁路文化圈、俄蒙文化圈、南满文化圈、哈尔滨文化圈等。

文化的"缘-核"模式呈现的是一种地理分布图示，是共时性的"空间"结构。由于在文化扩散上的角色，这种模式同时呈现为一种历时性的"时间结构"。核心的文化发起最早、积淀时间最长、影响力最大；而边缘的文化出现较晚、积淀时间短，因此文化同化力量比较微弱，常常呈现为某种模糊混杂的状态。这个强弱鲜明的结构再现了真实的建筑文化发展脉络。

（2）中东铁路建筑文化的组合图示　中东铁路附属地正是文化地理学概念中标准意义上的一个"地方"。中东铁路建筑文化的表现范围基本划定在中东铁路沿线的铁路附属地范围内。由于铁路修筑以后，俄罗斯移民和日本移民有持续的迁移活动，因此，中东铁路建筑文化并不是到铁路工程建设竣工就停止了，而是随着时间的推移越来越扩大规模和影响力。正如铁路附属地的独立社会系统之于周边中国社会系统的独立王国关系一样，中东铁路附属地的建筑文化客观上已经形成了一个系统独立完整的"外来建筑文化圈"，也同时具有了明确的地方性。这个地方性既是物质文化遗产堆积成的，也承载了深厚的主观建构，如俄罗斯人把中东铁路视作"通往大西洲之路"，将哈尔滨视作"心中的理想城市"；日本人直到今天对大连都情有独钟。时至今日，仍有一定数量的老俄侨、犹太人、日本人以及他们的子孙热衷于回到他们曾经生活过的"地方"寻根。

以建筑文化的"缘-核"模式形成的特殊建筑文化圈——中东铁路附属地的中、俄、日建筑文化圈，成为中东铁路建筑文化的一个大的载体。其中，三种文化力量各领风骚、交互选择、协同传播，最终派生出建筑文化的多元气象。依照文化作用过程，我们可以将整个中东铁路建筑文化系统分离出几个次一级的文化核心和子文化圈，如俄罗斯文化圈（哈尔滨、早期的大连、满洲里、绥芬河）、日本文化圈（大连、沈阳、长春）、伪满文化圈（长春）、中国文化圈（辽阳、奉天、双城、阿城）、俄蒙文化圈（扎兰屯、海拉尔、满洲里）等。

站在俄罗斯建筑文化的角度看，所有的铁路枢纽及沿线中心城市都成为代言俄罗斯本土文化的"代理内核"，也是一个线性的俄罗斯建筑文化圈，这个文化圈以哈尔滨为相对中心。

日本占领时期，南满一线成为日本建筑文化展示的舞台，尤以长春、沈阳、大连及旅顺等大中城市最为突出。这些城市也是代言日本近现代建筑文化的"代理内核"，留有数量众多的建筑作品。

伪满洲国建立之后，在长春以八大部为代表的一批新建筑所承载的建筑文化实际上仍然是日本"帝冠建筑"等近代建筑样式的移植性局部实践。

站在中国正统文化的主体角度看，中东铁路全线几乎都处于边缘位置，只有中国文化次级内核分布在沈阳（奉天）、辽阳、双城一带，这也可以解释为什么中国传统建筑及大屋顶做法较多见诸南线及南满铁路。

俄蒙文化圈则是体现地域文化更为突出的范例。这个地区的地貌特征是山林和草原，居住者为蒙古族、汉族、俄罗斯族及其他少数民族和外来民族的民众。这个文化圈里的建筑富有突出的特点，如本土的蒙古包、中东铁路带来的俄罗斯全木建筑等。尤其是后者，不但木雕装饰细腻华美、数量众多，更为奇妙的是这些木建筑的装饰和蒙古族建筑装饰的形式语言都具有强烈的图案化、几何化、符号化特征，相互呼应，达到一种神似的效果，让人联想起俄罗斯与蒙古民族的渊源。

2.4.2.2 建筑聚落的分布差异

（1）"线-群"模式——一种横向的文化分布结构　中东铁路建筑文化传播是一个立体的过程，除了以时间维度形成文化内核与文化外缘结构之外，还直接呈现为一条特色鲜明的文化遗产路线和文化展示链条。这个链条横贯中国东三省和内蒙古东部地区，跨越近5 000华里的距离，以铁路线和渐次出现的各级站点、城镇为文化展示节点，此起彼伏、异彩纷呈。

中东铁路建筑文化遗产的分布可以概括为"线-群"模式。如果把散落大量建筑的线路比喻为一条建筑文化艺术的星光大道，那么那些铁路重镇和枢纽城市则更像是一场群星闪耀的聚会。聪明的铁路总工程师本着"统一对比"的美学规律，以统一规划和个性设计的统筹智慧，将一条漫长而单调的铁路线装点成一条节奏跳跃、形象优美的建筑艺术长廊。

"线-群"模式是中东铁路建筑遗产聚落的基本分布格局。中东铁路的建筑分布方式十分多样，是一种"点、线、面"结合的结构形式。建筑分布简单到单栋建筑孤立一处，复杂到一个完整的铁路市镇四面铺展，涵盖了多种多样的群体空间布局样式，充满空间体验的趣味性。当这些单栋、群落或城镇与所在的自然环境（森林、原野、湿地、丘陵、山地）巧妙结合、相互衬托形成景观的时候，文化的气质和分布特点就得到了最好的展示。

（2）中东铁路建筑文化的展示布局　中东铁路建筑文化的载体是铁路附属建筑和站点市街建筑，因此依托铁道线有规律的散布方式构成了分布格局的基本背景。这条线除了铁路本身外，还包括为适应不同的地貌条件而修筑的铁路桥梁、隧道、涵洞等铁路交通工程设施，以及散落在铁路两边的站舍、库房、工区、护路队营房、水塔等建筑设施。

"群"是建筑文化载体的集群所形成的空间聚落。这些聚落规模有大有小，各不相同。一些规模较大的站点、工区及其所依附的城镇沿铁路线快速扩展成有一定规模的城镇环境，是整条连续线路上的重要节点，是背景"底"之上的"图"，是平淡节奏之中的跳跃音符和视觉焦点。

"线"的展示富于节奏感和空间韵律。不仅如此，中东铁路东、西、南三条线由于自然环境条件不同，因此每段的建筑特色和景观风貌也不尽相同，甚至有其独有的特点。这些特点除了归因于设计师的特殊考虑外，还一定程度上受制于地貌条件和环境景观的影响。从主线段保留下来的建筑遗产的特色看，西线首推精美的木刻楞住宅和俄罗斯风格水塔；东线首推虎皮石建筑和大跨度石拱铁路桥，可谓各具特色，相映生辉（图2.39）。

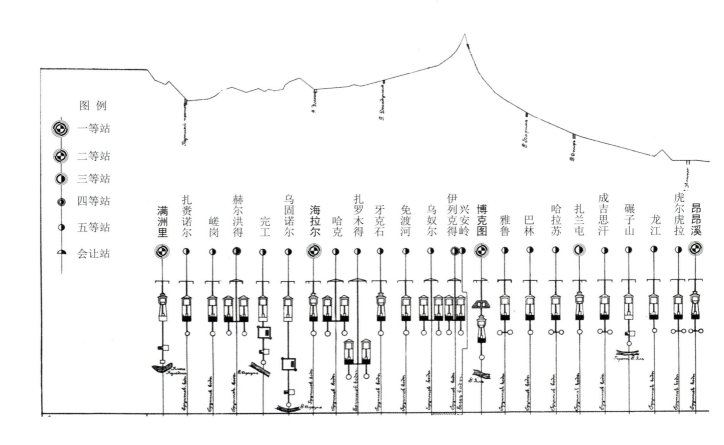

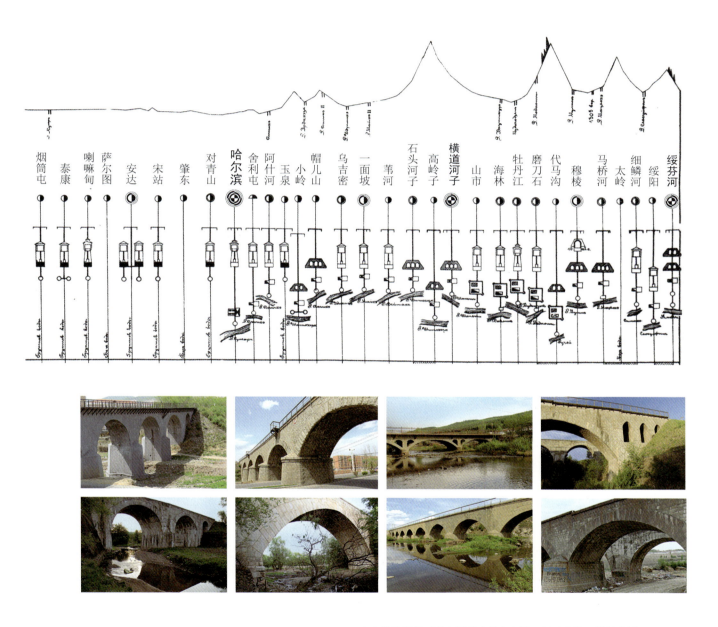

图2.39 中东铁路西线形态各异的水塔和东线不同跨度的石拱铁路桥

"群"的展示方式更富于叙事功能和感染力，具有强烈的文化场所感。聚落中的每一个单体建筑或单个空间场所都与其他个体发生着联系，因此个体之间存在着一种"张力"，这种张力共同构成了更为浓郁和强烈的文化气氛。空间分布上的"群"直接就是"次级文化圈"的最佳代表，如伪满建筑群、日本近代建筑群、俄罗斯建筑群、多元西方文化建筑群、中国传统建筑群、日俄混建建筑群等。

以一面坡为例。一面坡站坐落在蚂蚁河西岸、南北两山环抱的盆地之中，是一座依山傍水的小镇。这里曾建有林场，是中东铁路投资的东林场伐木地段。一面坡早期设有医院和疗养院等医疗卫生设施、教堂、俱乐部、公园等各种生活服务设施，还有中东铁路护路队的兵营、司令部等。一面坡的建筑独具特色，因为林木资源丰富，因此许多小型住宅建筑都是采用了俄罗斯传统木刻楞建筑的形式。这些形态各异、色彩动人的木建筑构成一个优美的群体空间聚落，加上原有的街心花园、树木的掩映，构成了一幅异国的田园风情画。

不同建筑文化的代表性建筑群非常多，如：满洲里、扎赉诺尔、博克图、伊列克德的俄罗斯木质建筑群；满洲里、富拉尔基、昂昂溪、哈尔滨、横道河子、红房子、太岭、绥芬河等地的俄罗斯砖石建筑群；富拉尔基、下城子等地的日本近代建筑群；哈尔滨、满洲里、绥芬河、大连、长春的铁路市街和大型公共建筑群等。在第三章群体空间部分将有详细分析，这里不做过多分析。

2.5　本章小结

从酝酿、出现，到发展、成熟，中东铁路建筑文化经历了半个多世纪的漫长过程，也跨越了欧洲和亚洲两个大陆。这个过程是典型的跨文化传播过程，有着错综复杂的传播缘起、跌宕起伏的传播过程和宏阔丰盈的成果表现。

中东铁路建筑文化的传播出现在19世纪末那个充满动荡与变革的年代。站在全球大铁路工业时代与殖民文化传播时代的背景看，中东铁路建筑文化是应运而生；而站在行将就木的清政府角度看，这份文化是乘国难之危，可谓应劫而至。在建筑文化传播中扮演重要角色的两个外来文化分别来自俄罗斯和日本。其中，与俄罗斯民族势力有关的是三波推动过程，包括：第一波，筑路扩张计划的快速酝酿实施；第二波，日俄战争失败与被迫门户开放；第三波，俄国两次革命与苏维埃政权建立。而日本民族势力在中国东北搅动的多重剧变成为另一方面重要原因，包括：日俄战争、扶植伪满洲国、东北三省沦陷及日本占领铁路全线。当时，中东铁路建筑文化传播的三方力量呈现着鲜明的强弱对比。其中，作为传播发生地的中国东北处于中原建筑文化的边缘地带，本土的原生文化经过往复兴衰之后停留在解禁之初的落后状态。而俄国和日本的民族文化与工业文化迅速以强势的姿态担当了中东铁路建筑文化的外来文化源地及主要原型。

中东铁路建筑文化的传播过程呈现出阶段性的特征。在初始建设阶段，整条线路的工程建设都是以大一统的方式进行的，具体体现为：工程管理控制的整体格局、人力技术资源的总体调配、设计控制及现场施工组织的统一管理。日俄战争后，宽城子以南独立成为满铁，南北日俄分治时期正式开始。俄国人治下的铁路附属地在门户开放政策下继续发展，而满铁附属地则在日本人统治下发展和扩张。整个过程都伴随着各自附属地城市化的大规模实践，直到俄国1917年的两次国内革命，沙俄落幕，苏维埃建政，中东铁路附属地也在经历了民国政府临时接管、中俄共管的跌宕历史之后，最终全部陷落在日本人的手中。纵观整个传播过程，两条线索清晰可见：其一是技术与资本的相继移入，包括技术的导入与全方位的应用、资金的输入与工商业的兴起；其二是文化与意识的同步传播，体现为移民文化的全景移造、现代意识的全面形成。

中东铁路建筑文化传播最终形成了壮阔的场面和丰盈的文化遗产。表现在传播效应上就是"传播与碰撞""选择与接受"的实现过程。前者包含了短暂、激烈的碰撞式文化适应过程和快速、平顺的文化覆盖式传播场面；后者包含了建筑文化图底关系覆盖、反转式的选择和文化意蕴的适应、阐释、接受。在此基础上，建筑文化传播的成果呈现出独具特色的时空分布规律，即一种纵向的文化呈现结构——"缘-核"模式；一种横向的文化分布结构——"线-群"模式。前者表明了建筑文化的组合结构，后者则概括了建筑聚落的分布差异。

3 中东铁路建筑的文化载体揭示
Revelations of the Cultural Carriers of the Chinese Eastern Railway

The carrier of architectural culture included two factors of architecture and architecture system. These two factors all reflected on its specific architectural form. The basic architectural forms of the Chinese Eastern Railway buildings included function form, space form, material form and technology form.

The function and type of the Chinese Eastern Railway buildings were in variety. It could be classified to five categories based on the specific features of the railway transportation industry: railway transportation station architecture and its accessories; railway industrial and mining architecture and construction facilities; maintenance and security architecture; railway community architecture; public architecture and integrated service facilities etc.

The architecture space of the Chinese Eastern Railway included single building space and group layout space. Regular space and specific space were included in the single building space. The form and dimension of the specific building space possessed narrow-long, high, close, open, transparent, irregular space, as well as large scale hall and open aisles. Normally, a simple way was used to separate the specific space focusing on the combination of general use and special use. The group layout space consisted of different single building spaces, including railway station area, army area, community living area and public service area. The best example was the urban planning of Harbin and Dalian. These two city's urban planning both possessed the western aesthetics design concept which took the railway as the core, and the complete design process was divided in stages, and also the design was with the space feature of open view and integrated into nature.

The construction materials for the Chinese Eastern Railway included traditional and contemporary materials, such as wood, stone, brick and tiles for the former, and metal, concrete, glass and paints for the latter. All of those materials were used in a flexible combination. The construction technique included structure techniques and construction technology. In addition to those traditional structures, such as brick structure, stone structure and wooden structure, the new structure were also constructed such as frame, truss, steel-concrete, arch panels, cable structure, etc. The building is constructed to maintain the physical properties of the most prominent type of the cladding structure, such as firewalls and fireplace heating used in combination, etc.

建筑是整条中东铁路文化线路上最直接的文化载体。这些类型丰富的建筑构成一个复杂而缜密的系统，并且饱含着时代、技术与民族、地域的文化因素。按照英国文物保护研究专家彼得·伯曼（Peter Burman）的理论，铁路文化遗产"包含铁路建筑物，如：车站、车辆机务与机厂；较小的建筑物、主要的地景建筑物，如：桥梁和高架桥；以及较次要的文物，却能突显地方特色的，如：时钟、长条椅与其他家具、各种技术设备及铁路相关档案等。显然，这些都是文化的直接载体。建筑承载着文化，而载体的最直观内容是建筑的形态，包括功能形态、空间形态、材料形态和技术形态，系统研究这些形态成为研究建筑文化的基础工作。当然，建筑制度也是文化载体的一项重要内容，特定的建筑制度（设计策略、标准定位、施工方法）直接影响着建筑的形态。由于中东铁路的建筑制度已经强烈地体现在建筑的形态构成及标准化、合成风格的建筑现象中，在本章和后文中均有提及，因此文化载体这一部分不作为叙述的重点。

3.1 建筑的功能形态

中东铁路沿线拥有"文化线路"通常所包括的所有要素：起始站点、枢纽站点、终点站、停车场、货场、井与水塔等取水设施、桥梁、隧道、港口等必经场所等。依照铁路建筑构成内容的功能分类，我们将中东铁路的建筑分为五大类：铁路交通站舍与附属建筑、铁路工矿建筑及工程设施、护路军事及警署建筑、铁路社区居住建筑、市街公共建筑与综合服务设施等。本书对这些功能类型的建筑的描述，将依照"定义、发展沿革、类型概况、实际案例"的叙述逻辑，力图对建筑功能的基本形态做出一个尽可能准确的描述。

3.1.1 铁路交通站舍与附属建筑

3.1.1.1 火车站舍

火车站是公共交通建筑，通常选址在紧邻铁路、同既有市镇保持适度距离的位置。站舍是铁路站点的标志性建筑，也是中东铁路建筑风格的最佳载体，是展现中东铁路建筑文化的最直接窗口。"火车站对于19世纪来说，就如同教堂对于13世纪的意义一样，它们确实是我们在那个时代所拥有的最具代表性的建筑物，大型铁路站已经成为我们时代艺术精神的先锋。"[24]为便于集散，站舍体量往往平行于铁路方向水平展开，功能涵盖了售票、候车、安检、办公、休息等多项内容。级别较高的火车站会增加一些划分更精细的专用空间，如母婴候车室、豪华候车室、军人候车室、寄存，甚至饮茶、休息等空间等。

中东铁路建成初期原有火车站点104个，按照级别分为一等站、二等站、三等站、四等站、五等站（表3.1），这些站点留下了大量铁路站舍建筑。中东铁路全线竣工时，满洲里与绥芬河之间的主线和哈尔滨至旅顺的支线上共有96个客货营运车站。后来，随着铁路交通的发展，一些新的站点陆续增补建设，原有站点也出现了级别变化。中东铁路建设初期的许多临时站点纷纷新建了规模更大、建筑空间质量及艺术水平更高的新站舍。

按照不同的规模与重要程度，中东铁路沿线的每个站点被设定为不同的等级并配置以不同的标

表3.1　中东铁路运营初期各级站点明细

等级	部线	站名
一等站	枢纽地	秦家岗（松花江、哈尔滨）
	南支线	青泥洼（达里尼、大连）
二等站	西部线	满洲里、海拉尔、博克图、齐齐哈尔（昂昂溪）
	东部线	横道河子、边界（绥芬河）
	南支线	四道领、辽阳、瓦房店
三等站	西部线	扎兰屯、安达
	东部线	一面坡、穆棱
	南支线	窑门（德惠）、铁岭、大石桥、旅顺
四等站	西部线	赫勒皇德（赫尔洪德）、宜立克都（伊列克德）、对青山
	东部线	阿什河、乌吉密、石头河子、海林、牡丹江、磨刀石、马桥河、细鳞河
	南支线	双城堡、蔡家沟、石头城子、陶赖昭、乌海河、米沙子、宽城子、范家屯、郭家店、四平街、双庙子、昌图府、开原、奉天、烟台、矮山庄、海城、盖州、熊岳城、花红沟、普兰店、金州、南关岭
五等站	西部线	扎赉诺尔、嵯岗、完工、乌固诺尔、哈克、扎罗木得、牙克石、免渡河、乌奴尔、兴安岭、雅鲁、巴里木（巴林）、哈拉苏、成吉思汗、碾子山、朱家坎、库克勒、小高子、喇嘛甸、萨尔图、宋、满沟
	东部线	二层甸子、小岭、帽儿山、苇沙河（苇河）、高岭子、山石（山市）、抬马沟（代马沟）、太平岭（太岭）、小绥芬（绥阳）
	南支线	五家、新台子、虎石台、沙河、王家林（万家岭）、三十里堡、大房身、营城子
会让站	西部线	富拉尔基、烟筒屯……
	东部线	香坊、三家子、爱河……
	南支线	老少沟……

准，其中级别最高、最负盛名的是一等站哈尔滨火车站（图3.1）。这个火车站曾几易其名，包括秦家岗、松花江火车站等。按照一等站的设施配置标准，整座车站设置有大候车室、贵宾候车室、供旅客使用的餐厅、大型站台、车站内部食堂、公厕、36立方米容量的铁路供水塔、大型机车库、大型仓库、大型货场及货物装卸平台等，站场分区明确、主体建筑布局舒展，建筑采用了当时最为新潮的新艺术风格，美轮美奂。尤其是站舍内部空间采用了多个不同规模的大厅相互穿套连接的做法，为旅客的使用提供了十分方便的条件。

中东铁路沿线最早设有9座二等火车站。二等站的站点设施配置标准是：较大面积的候车室、供

a 立面图

b 平面图

c 历史照片

图3.1 哈尔滨火车站设计图及历史照片

旅客使用的小餐厅、站台、车站内部食堂、公厕、25立方米容量的铁路供水塔、大型机车库、大型仓库、货场站台等。绥芬河火车站（时称边界站）就是这样一座典型的火车站（图3.2）。

三等火车站的设施配置标准比一、二等火车站要低很多。三等站站舍通常设有附带小型公共餐厅的旅客候车室，此外是一些辅助的管理服务空间。站区内大部分是规模适中的车站设施，如供旅客乘降的站台、公共厕所、装卸货物的站台、25立方米容量的铁路供水塔、仓库及小型机车库等。南支线的德惠火车站（时称窑门火车站）就是一个典型的案例（图3.3）。三等站通常采用标准设计图建造，因此中东铁路沿线的三等火车站具有高度一致的空间配置和外部形象。

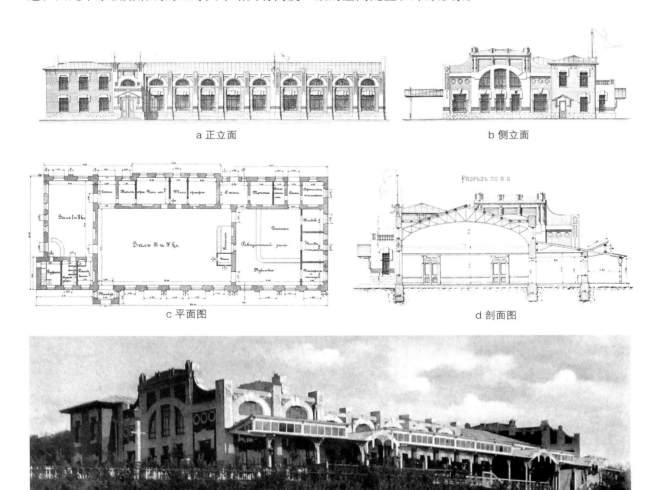

a 正立面　　　　　　　　　　　　　　b 侧立面

c 平面图　　　　　　　　　　　　　　d 剖面图

e 历史照片

图3.2　绥芬河火车站设计图及历史照片

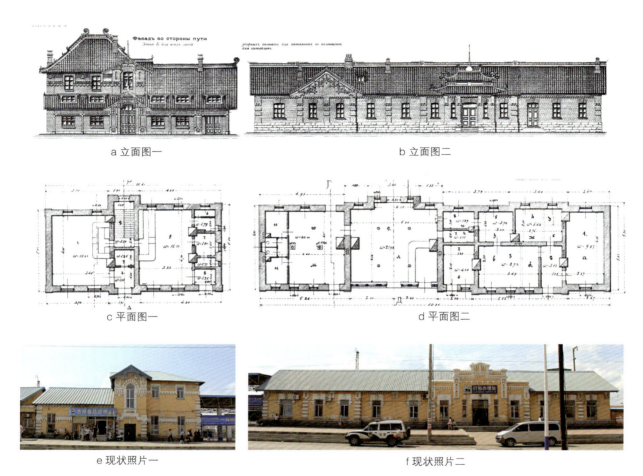

图3.3 德惠火车站设计图及现状照片

更多的火车站被设定为四等、五等站，这些火车站的空间及站区设施配置更为简单，面积规模也相对更小，如：空间小巧的旅客候车室、小型旅客站台、公厕、12立方米容量铁路供水塔、小面积的货物装卸站台。南支线旧堡站就是这样一座车站（图3.4），简单的一字型对称平面、小巧的入口创造了十分亲切的尺度感。

由日本人经营的南满铁路沿线站舍大多采用了更为简洁现代的风格，从布局到形式也更为灵活多样。1937年竣工的大连火车站（时称大连驿），是1924年大连火车站设计方案竞赛的中选方案，设计者是日本建筑师太田宗太郎。整座车站大楼面积达1.4万平方米，有长达63米的天桥和85米的地道，同时拥有宽阔的站台和站前广场。建筑利用坡地地貌创造了前后不同层面的进入方式，朝向城市部分通过U字形大坡道完成车站主体建筑与城市空间的平顺过渡。建筑形象极具现代感，交通流线和整体的空间秩序组织具有鲜明的时代特征。

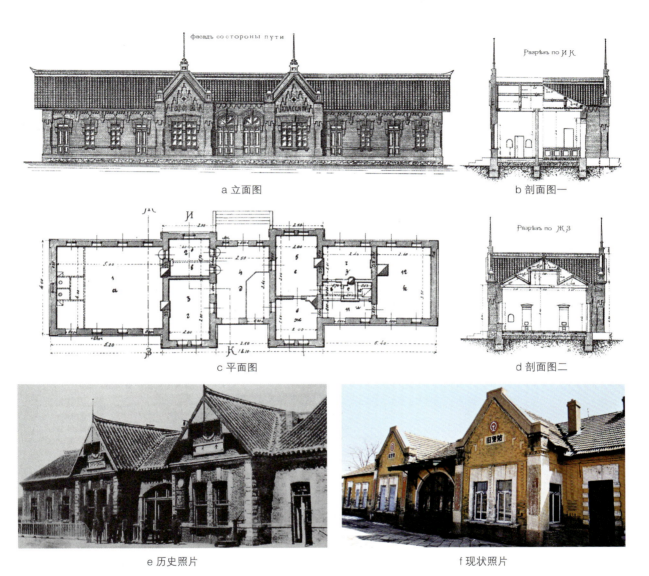

图3.4 旧堡火车站设计图及历史与现状照片

3.1.1.2 机车库

机车库是存放和维修火车机车的大型库房。中东铁路沿线一些重要站点都设有不同规模的机车库，位于车站内临近铁道线的仓储区或维修管理区。早期的机车库由俄国建筑师设计，日俄分治后的南满铁路沿线及日据时期的中东铁路沿线也建有一定数量的日式机车库。在20世纪80年代后期，随着蒸汽机车被内燃机车所取代，大部分早期的机车库渐渐退出了历史舞台。

典型的中东铁路机车库由三大部分组成：库房、放射状的轨道、圆形调车池台。调车台是一种巧妙的装置，可以平衡数量众多的机车与外部数量有限的铁轨之间的连接和转换关系。由于转盘式的调车台可以自由调整角度，因此车库也被顺势做成扇形平面，中间连接以放射状轨道。每个机车库的库位都是一个高耸、深远的大跨度空间单元，大型机车库包含多个机车车位，如博克图机车库库位达到 20 个之多。1903年建成的横道河子机车库保存较为完整。这座扇形机车库建筑面积 2 160 平方米，由15个车位单元组成，形象似一波连浪在后面的山体背景下扩展开，浪漫壮观，是一个非常优秀的实例（图3.5）。

日本在南满铁路以及主线的一些较大的站点也修建了不同规模的机车库。这些机车库的布局与俄罗

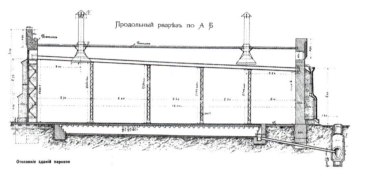

a 库位剖面图　　　　　　　　　　　　　　　　　b 平面图局部

c 横道河子机车库正立面测绘图

d 横道河子机车库背立面测绘图

e. 横道河子机车库　　　　f 扎兰屯机车库　　　　g 博克图机车库

图3.5　中东铁路机车库设计图及现状照片

斯式机车库相似，只是结构形式和形象更具现代感和工业技术特点。典型的日本时期机车库有大连站机车库、大石桥站机车库、四平站机车库等（图3.6）。此外，铁路站点的站场内存放粮食、货物的大型仓储建筑也是必不可少的附属建筑类型。这些库房一般由清水砖墙砌筑或石材砌筑，屋顶结构形式采用多品钢屋架或木屋架。

机车检修库房也是一种特殊的机车库。专门用于检修的库位数量通常不多，无须借用圆形调车台，因此专门检修的库房被简化成矩形空间。沙俄管理中东铁路时期，当时的铁路沿线一些重要站点多建有这种矩形机车检修库房，一些大规模的铁路工厂和铁路车辆厂也建有此类机车库。现存的中东铁路俄式矩形机车库包括：满洲里矩形机车库、马桥河矩形机车库、绥芬河矩形机车库等。其中，绥芬河三库位矩形机车库就是绥芬河站机车检修车间（图3.7）。此外，日控时期的铁路附属地内部也建有大型的机车维修库房。大型机车库房也会与维修库房整合在一起使用，只在边缘留出检修用的设备间。

3.1.1.3 水塔

水塔是中东铁路车站附属建筑中的一种重要类型。水塔的作用是给火车补充用水和给铁路工厂、住宅区提供工业及生活用水。水塔常见于铁路沿线车站内部，水源来自站区附近的江河、溪流等天然水系，也有的以人工深井方式取水。专门为铁路工厂提供水源的水塔根据工厂选址定位，如哈尔滨中东铁路总工厂的水塔就设在厂区里。

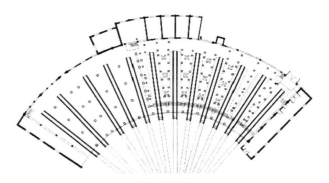

a 日式机车库平面图

b 大连机车库

c 四平机车库

图3.6 日式机车库设计图及现状照片

按照中东铁路工程局的总体规划："每隔100至150公里就设置站点或者是为同一方向的蒸汽机车机动供水的巡逻点。"[10]一套完整的供水系统由水塔、水泵房、输水管道系统和取水过滤设施组成，扬水机械通常采用锅炉蒸汽带动的华氏泵。中东铁路的标准给水塔分为两种容量，分别是250吨和360吨。日本占领南满及后来的北满之后增建了许多水塔，扬水设备采用内燃机水泵，水塔的建筑材料也改为混凝土结构[25]。在1935年之前的时间里，铁路全线已经有57处给水站。在铁路附属地市街内部的

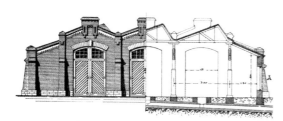

a 沙俄时期机车检修库房剖立面图

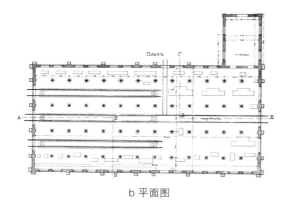

b 平面图

c 日式矩形机车库平面图

d 满洲里机车检修库房

e 哈尔滨秦家岗（现南岗区）机车检修库房

f 绥芬河机车库

图3.7 矩形机车检修库房设计图及实例

生活用供水塔，数量更多，成为铁路市街一景。

早期的中东铁路水塔基本是按照两套定型图纸建造起来的，是标准设计的产物。从立面构成上看，水塔的整体形象非常简单：分为塔顶、水箱体、承托水箱的塔身和基座几个部分。水箱部分覆以木质板条做维护结构，在相接处及腰身部分以彩色扁钢或木板加固。水塔基座的窄长洞口可以收集自然光，还具有瞭望和射击的功能。大部分水塔的基座和水箱外部墙面都有一定的装饰。从设计上看，一般的水塔的上部水箱体和下部塔身、基座比例均等或上下比例为2∶3，轮廓稳重、粗壮。水塔功能性强、形体构成简单，但很好地体现了形式和功能的结合，体现工业建筑气势的同时形成了中东铁路建筑特有的韵味，成为中东铁路工业文化遗产的标志性符号（图3.8）。

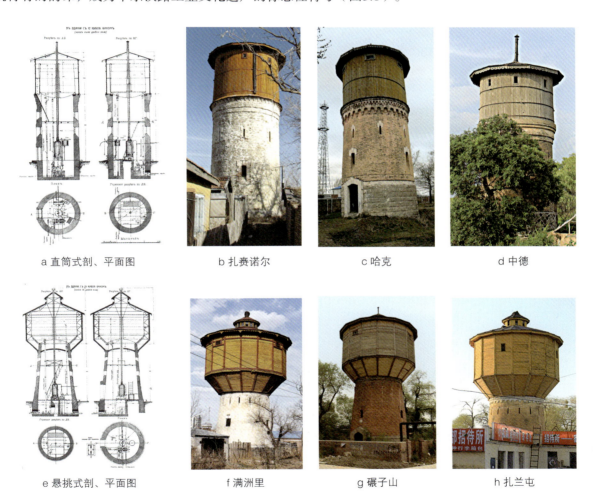

图3.8　中东铁路俄式两种水塔设计图及现状照片

3　中东铁路建筑的文化载体揭示

由于建造年代和建造者的不同，中东铁路主线的沙俄时期水塔和南满线的日式水塔无论从技术指标还是形象上都有鲜明差别。中东铁路水塔绝大部分是砖、石、木等建筑材料砌筑的，日控时期的水塔出现混凝土结构形式。相对而言，日控时期的水塔更具现代感和实用意味，多以竖向线条装饰或直接强化结构框架支撑体系和巨大的水箱体的构成逻辑（图3.9）。

根据铁路工厂或居住区对供水水压的具体要求，相应水塔的尺度会特殊处理，如中东铁路哈尔滨总工厂供水塔。这座历时4年多建成的砖木结构水塔是当时哈尔滨地区扬水量最大的水塔。此外，中东铁路沿线还有一些更具表现力的水塔样式，如满洲里站货场水塔、香坊站水塔和穆棱站水塔。穆棱站水塔的塔顶是十字交叉的坡屋顶，使水箱看起来像高高托举在塔身之上的俄罗斯小木屋。坡屋面分解了屋顶积雪的荷载和雪水，并使水塔轮廓更具表现力。香坊站水塔尺度则更为小巧，简洁中不失优雅气质。

3.1.2 铁路工业建筑及工程设施

由于修筑铁路，与建材制造、机械制造及维修有关的工厂应运而生。之后，随着附属地内城市建设的飞速发展，与日常生活有关的民用加工及制造业蓬勃兴起，相关工业厂房也越来越多。各类大型厂房不仅推动了工业技术的发展，也成为当时建筑技术水平的最佳见证。有同样作用的还有铁路沿线数量巨大的工程设施，如桥梁、隧道、涵洞、桥头堡垒等。

3.1.2.1 工业厂房

中东铁路工业建筑的发展经历了从铁路机械重工业到日用品加工制造业的演进过程，最早的工业建筑是加工铁路材料和组装维修机械设备的大型厂房。由于近代工业的生产方式强调机械操作流程的

a 水塔剖面图　　b 长春水塔　　c 辽阳水塔　　d 长春水塔　　e 沈阳水塔　　f 辽阳水塔　　g 昂昂溪水塔

图3.9　中东铁路日式水塔设计图及现状照片

连续性和空间的灵活性，因此高大、宽阔、深远成为空间的基本要求。框架（钢框架、混凝土框架）结构的广泛运用为实现各类工厂提供了可能性。

在铁路修筑的过程中，哈尔滨和营口扮演了材料、设备供应基地的角色。其中，中东铁路哈尔滨总工厂以其庞大的规模、先进的空间技术成为当时具有现代化水平的工业建筑群。总工厂新址"占地面积84万平方米，建筑面积3.8万平方米，安装机械设备324台"，5条主运输线中有2条可以直通哈尔滨站。整个工厂有11个分厂，是"集蒸汽机车、客车、货车维修、加工"为一体的综合性工厂，4台25千瓦的汽轮机发电站可供厂内设备、照明及哈尔滨站和路局各部门的用电[26]。总工厂的建造标准是"经久大厂"，投资、选址、技术的标准都很高。结构形式包括墙体与屋架承重和墙体、柱与屋架混合承重两种方式，屋架有木屋架和钢屋架，墙体包括砖墙和混凝土墙，柱则有木、钢筋混凝土、钢柱等不同类型。厂房的跨度有单跨、双跨、三跨以至更多跨，屋架的形式也很多样，同一座厂房的不同跨空间采用不同屋架形式来满足各自所需，充满技术理性。总工厂厂房还有良好的自然采光和通风设计，建筑形象更是充分利用俄罗斯砖砌装饰语言实现了技术和艺术的完美统一（图3.10）。

轻工业是指为铁路附属地民众提供日常生活用品的民用工业，如面粉厂、油脂厂、印刷厂、汽水厂、糖厂、酒厂、皮革加工厂、肉类加工厂、卷烟厂、罐头厂、造纸厂、肥皂加工厂、电灯厂、制蜡厂，乃至服装厂等（图3.11）。这些工业企业随着铁路附属地人口的激增而呈现后来居上的趋势，数量巨大、类型众多。阿什河制糖厂是一个典型实例。这座工厂是波兰人柴瓦德夫于1908年在阿什河站铁路附属地内创办的，建筑总体布局、工艺流程、结构形式、形象风格都极具特色。类似的建筑还有宽城子、一面坡等地的面粉加工厂房等。此外，一些近代工业企业的附属建筑和设施也被保留下来，如烟囱、电线杆等，这些工业元素也是近代工业文化的重要见证。

3.1.2.2　桥梁

铁路交通的基础工程涉及铁路涵洞和桥梁的建设。由于中东铁路沿线有平原、丘陵、山地、江河、湿地等多种地貌，因此，开凿隧道、涵洞、架设桥梁成为必不可少的工程内容。桥梁和涵洞工程的技术和工艺堪称中东铁路一大特色。就主线而言，仅东部线的大中小桥梁总数就达到362座，其中20米以上的大中桥梁67座，最长的铁路桥为牡丹江大桥，全长476.58米；涵渠总数达到333座，隧道6座，总长度达到1 111米。西部线的大中型铁路桥共计39座，总长度达到3 462.8米，其中第一松花江大桥全长1 015.15米；兴安岭隧道全长3 077.2米，创造了两项中东铁路筑路工程的纪录。

桥是"跨水行空"的道路。中东铁路沿线桥梁的类型很丰富，长度较短的桥梁有平板铁桥和石拱桥等几种类型。由于跨度小，因此平板铁桥中间一般不设承重柱，小跨度的拱桥也多用单拱，桥身直接架在两端桥墩或支撑基座上，如红房子工区铁路桥。更多的石拱桥为多跨连续拱结构，这种拱桥的

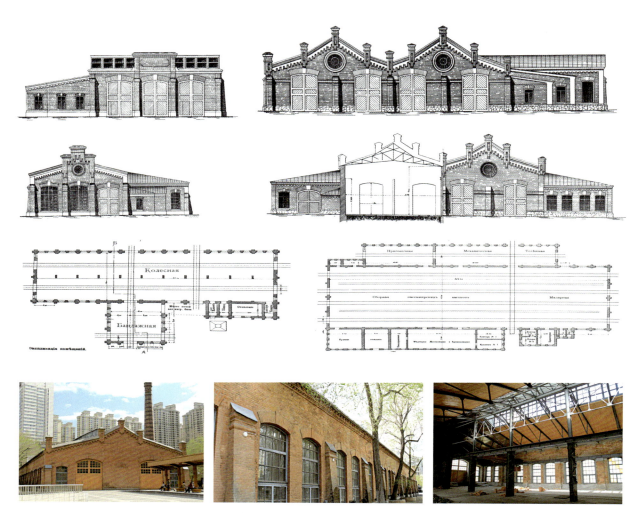

图3.10 中东铁路哈尔滨总工厂厂房设计图及现状照片

形式优美流畅，通过拱形和辅助过水洞口的不同组合设计可以产生完全不同的形象效果。穆棱河大桥就是一个典型的多跨连续拱桥。这座大桥建于1900年3月，长度为451.7米，跨度23.65米，由10个半圆拱形桥孔和桥桩组合而成，雄伟硕健，显示出较高的建造水平（图3.12）。无论是单拱石拱桥还是连续拱大桥，通常桥身两端的引桥都会根据落差设计一到两个较小的陡拱洞口，在减小桥身结构自重的同时还能缓解洪水压力，增加大桥的抗冲击能力。

除多孔石拱桥外，中东铁路的大型和特大型桥梁更多采用钢桁梁结构。这些桥梁大都建成于1899

a 哈尔滨松花江制粉厂

b 一面坡制粉厂

c 哈尔滨老巴夺卷烟厂

d 哈尔滨柴可夫斯基葡萄酒厂和白酒厂

e 哈尔滨福兴火磨坊

f 阿什河制糖厂

图3.11　中东铁路生活用品制造工厂

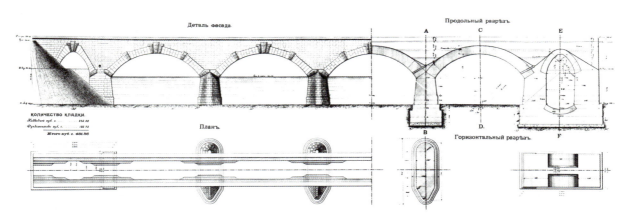

图3.12　中东铁路穆棱河大桥设计图及历史照片

3　中东铁路建筑的文化载体揭示 | 97

年至1903年间,如第一松花江大桥、第二松花江大桥(图3.13)、嫩江大桥、浑河大桥、太子河大桥、青河大桥等。这些桥梁使用当时最先进的技术,根据地质及跨度选择不同的结构形式。1900年5月开工的哈尔滨第一松花江大桥是中东铁路最长的铁路桥,桥长949.63米(俄制445沙绳),宽7.20米,横跨松花江数百米江面,气势恢宏。大桥有19跨,其中8跨采用下承穿越式曲线钢桁梁,11跨采用上承华伦式钢桁梁。第二松花江大桥也采用了上下承钢桁梁组合的方式,上承钢桁梁5跨、下承钢桁梁12跨。由于钢桁梁金属老化原因,两座大桥的主要钢桁梁后期都经过更换。从现状与原有照片相比较看,原设计在技术与艺术的平衡上仍技高一筹。

跨线桥是与铁路有关的一种特殊桥梁,也是一种综合性的城市市政设施。此类桥梁上部通行汽车、马车、人力车及步行人流,下部通行火车。哈尔滨霁虹桥就是这样一座跨线桥梁(图3.14)。这座跨线桥是连接松花江码头和新市街(现南岗区)的枢纽,原本为木制,1926年11月新建为钢筋混凝土桥。霁虹桥长51米,宽27.6米,桥面以下为两墩三孔的铁轨穿行线,上部是城市大动脉交通线。大桥不仅宏伟坚固,而且充满艺术性,给人恢宏华美的印象。自然环境中也存在跨线桥的做法,这种跨线桥通常是解决特殊地貌条件下不同种类的交通问题,比如新南沟伪满跨线公路桥就是一个典型实例。这座单拱混凝土桥高高跨越在山谷底部的铁道线上,无论技术还是形式都很独特。

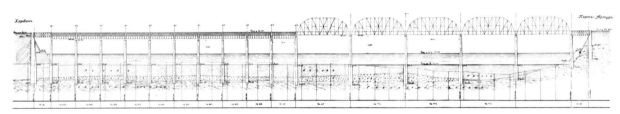

a 大桥剖立面图

b 历史照片

图3.13　多跨钢桥——第二松花江大桥设计图及历史照片

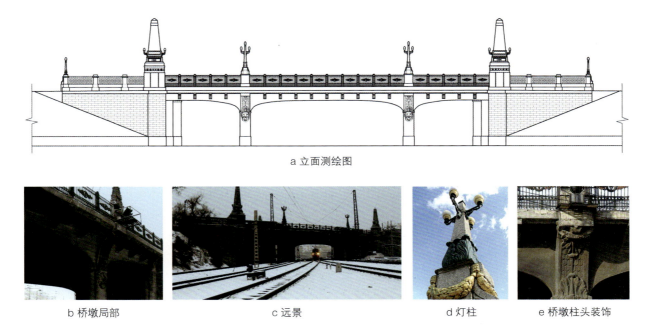

a 立面测绘图

b 桥墩局部　　　　　　　c 远景　　　　　　　d 灯柱　　　　e 桥墩柱头装饰

图3.14　铁路跨线桥——哈尔滨霁虹桥

3.1.2.3　隧道、涵洞、桥头堡

桥梁是铁路跨越江河溪谷上空的工程设施，与之对应的是一种从山岭的实体中穿凿出的工程设施，这就是铁路隧道。从生成的逻辑上说，前者是用加法实现的，而后者是用减法获得的。中东铁路隧道都集中在主干线上，因为那里需要穿越大自然设置的天然屏障。中东铁路的隧道包括兴安岭隧道、绥芬河一号隧道、二号隧道、三号隧道、大观岭隧道以及羊草隧道等，依照各自不同的环境条件，隧道长度和形式也有所不同。

中东铁路贯穿东北时遭遇大兴安岭和完达山余脉等山脉，开凿穿越山体的隧道成了一个不可回避的技术难题。用隧道穿越大兴安岭的设想是1897年由沙俄工程师普罗辛斯基提出的，当时他的任务是勘测铁路选线的地质情况。兴安岭隧道工程1900年初开工，1904年2月17日，中东铁路工程局将兴安岭隧道正式移交中东铁路管理局接管使用，历时4年。兴安岭隧道内铺设双线，单线行车，全长3 077.2米，海拔972.6米，两峒口线路高差为36.9米，修筑难度极高。这个工程堪称那个时代铁路隧道修筑工程的奇迹。尤其是兴安岭东西隧道口的建筑形式完全采用了当时最流行的新艺术风格，给这个原本充满难度和挑战的工程项目带来了难得的浪漫气息，堪称画龙点睛之笔（图3.15）。

涵洞是保护铁路的又一种工程设施。由于铁路线的不间断性和铁道路基抬起于地势的高程特

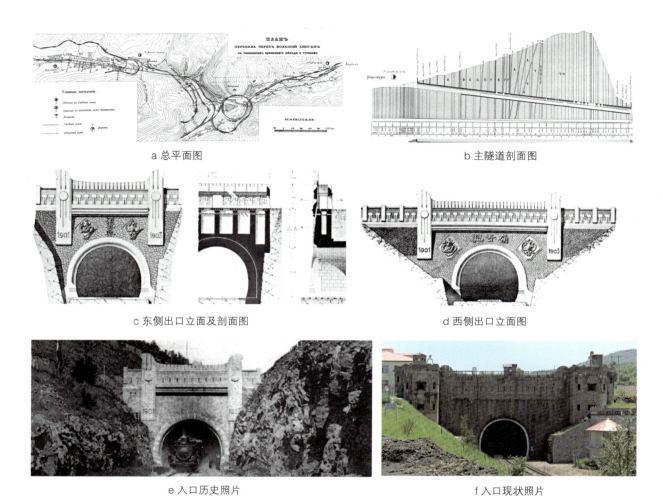

图3.15 中东铁路兴安岭隧道设计图及历史与现状照片

征,以及铁路线两侧的落差都可能形成汇水、积水现象,给铁路造成浸泡及不同的侧压差距,在一定程度上对铁路基础等构成影响,铁路涵洞有效地解决了这一问题,成为保证铁路安全运营的重要工程设施(图3.16)。一些尺度较大和净空较高的涵洞还可以保证平民在居住点和农田、放牧地点之间安全、畅通地穿越往返。整条线路上涵洞的数量多得难以计数,根据踏勘调查统计,仅在中东铁路东部线的绥阳站出站往东行至跨河大桥的一小段路程,涵洞就达10余个。

此外,相关的工程设施还包括铁路大桥的桥头堡和隧道口的碉堡。这些堡垒都是中东铁路建设

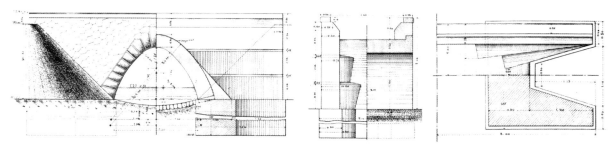

| a 涵洞剖、立面图 | b 涵洞剖、平面图 |

| c 涵洞历史照片一 | d 涵洞历史照片二 |

图3.16 中东铁路涵洞设计图及历史照片

及运营时期重要的安全保卫设施，属于带有军事设施性质的铁路工程附属设施的一部分。大部分堡垒都采用砖石砌筑或钢筋混凝土结构，堡垒形式多为简洁厚重的寨堡式风格，具有厚重的墙身和窄小、深陷的窗洞。这些窗洞不仅仅是起采光的作用，还有重要的瞭望口和射击口的作用。通常桥头堡或隧道口堡垒的平面轮廓多作抹圆角处理，形体高耸挺拔、质感粗犷，既有欧洲中世纪神秘古堡的韵味，同时又与周边山体、河川的自然尺度和肌理相互呼应，充满风雨剥蚀之下的沧桑表情，是一种具有原真的功能性和简洁的震撼力的特殊建筑类型。

3.1.3 护路军事及警署建筑

由于铁路大动脉在政治、军事、经济和地方管理上的特殊地位，因此中东铁路沿线一直有俄国派驻的特殊军队——护路队驻扎，目的是保护铁路安全。在战争或局部战争时期，中东铁路更滞留有大量的驻军。在此背景下，司令部、兵营、马厩、弹药库等建筑大量出现，成为铁路附属建筑中独特的类型。

3.1.3.1 司令部

司令部是最高级别的中东铁路军事建筑。1901年2月1日,俄国将中东铁路护路队改编为"外阿穆尔军区",司令部设在哈尔滨。护路军在重要驻兵点都设有司令部,如博克图、横道河子等地。司令部为军官及士兵提供办公或集会场所,因此兼有军事类办公及综合服务性质。司令部建筑通常规模较大,多采用对称的线性布局。坐落于哈尔滨新市街的外阿穆尔军区司令部是最有代表性的一座(图3.17)。这座建筑为地上两层、地下一层,临街面采用对称格局,具有舒展的体量和简洁、庄重的气质,是哈尔滨新市街沿线的一座重要的大型公共建筑。

1910年建设的阿什河护路军队部也是一座有代表性的司令部建筑,具有同样舒展的平面和优美的新艺术运动装饰(图3.18)。这座建筑地上一层,局部地下室,面积达1 630平方米。建筑采用一字形通廊布局,后部带有簇群式多功能空间,包括5米高、144平方米的俱乐部。

a 立面图　　　　　　　　　　　　　　b 平面测绘图

c 历史照片

图3.17　外阿穆尔军区司令部设计图及历史照片

| a 阿什河护路军司令部 | b 博克图护路军司令部 |

图3.18 护路军司令部实例

3.1.3.2 兵营

兵营是护路队士兵的营房,属于带有军事性质的居住类建筑。中东铁路的兵营有标准的设计图纸,平面通常采用穿套式布局,除主立面外,两端一般也开设入口,形成小的门厅或门斗,以起到防寒保暖的作用(图3.19)。沙俄兵营大都采用砖木结构形式,主立面的单元窗洞连续排列,山墙立面下部为入口,上部屋顶轮廓为带简单砖砌装饰的三角形山花,可识别性强,体量简洁、厚重、平缓、舒展。护路队人数激增的时期,规模较大的兵营采用了L形或口字形平面布局,建筑层数也不只限于一层,如一面坡大型兵营就是超大规模的两层建筑。

日控时期,日本军队新建的一些兵营外部形象极为简洁,符合日本近代建筑的风格特点和军事建筑的严肃表情。

3.1.3.3 警察署、监狱

中东铁路管理局在铁路附属地内部私设警察机构进行司法管理,因此,铁路沿线多地建有警察署和监狱。警察署普遍采用对称布局,有舒展的体量,通廊式是警察局典型的空间格局,如中东铁路警察管理局和博克图警察署。监狱建筑是与警察建筑相关联的建筑类型。监狱建筑通常会有一个封闭的院落,监舍全部用砖石砌筑成坚固厚实的墙体,平面通常采用便于管理的通廊式交通模式,具有小窗、小开间的封闭性特点。除了大门或充当大门作用的主体办公管理建筑有简单的装饰外,其他的监舍建筑装饰很少,凸显严肃、紧张的气氛。中东铁路沿线曾经建有三座大型监狱,包括哈尔滨监狱、旅俄监狱、满洲里监狱。图3.20中给出的标准设计是哈尔滨沙俄监狱的设计方案,其布局形式、建筑形象与尚存的中东铁路监狱很接近。

3.1.3.4 马厩、库房

马厩和军用物资库是中东铁路军事建筑中两种辅助建筑,其中,马厩是护路队骑兵兵营的附属建筑(图3.21)。从形式上看,马厩接近于简易兵营,只是在内部空间格局的划分上存在差别。此外,

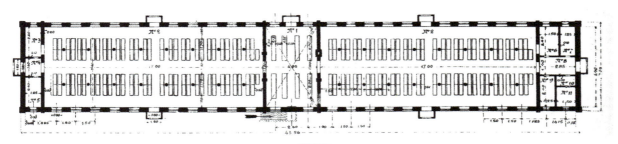

a 平面图

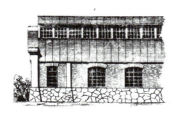

b 正立面图局部

c 侧立面图

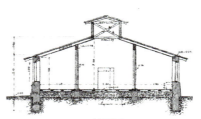

d 剖面图

e 穆棱兵营

f 昂昂溪兵营

g 一面坡大型兵营

图3.19　中东铁路护路军兵营设计图及实例

a 立面图

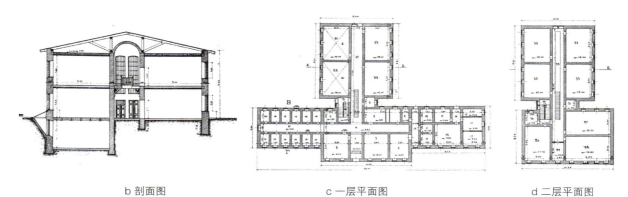

b 剖面图　　　　　　c 一层平面图　　　　　　d 二层平面图

e 旅顺日俄监狱

f 满州里沙俄监狱

图3.20　中东铁路监狱设计图及现状照片

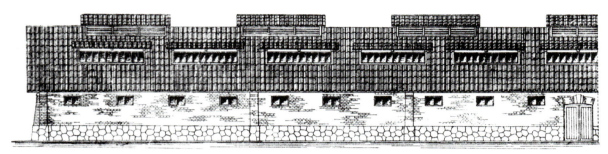

a 立面图

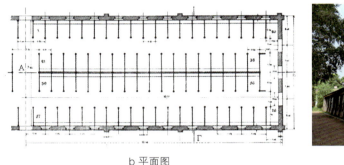

b 平面图

c 扎兰屯马厩

图3.21 中东铁路护路军马厩设计图及实例

马厩屋面常设有用于换气的排风窗。在战争时期或骑兵数量激增时，一些普通的民用建筑也会被临时充当马厩之用。存放军事物资器械的库房也是大型驻兵营地所必备的，除了专门建设的库房之外，军用物资库也会借用铁路或民用仓储建筑，如哈尔滨买卖街54号和78号的侵华日军兵营附设的大型军用物资库就是原铁路货场库房。

3.1.4 铁路社区居住建筑

中东铁路建筑中占有最大比例的建筑类型是住宅。每一个铁路站点都是伴随交通设施和居住点一同出现的，尤其后来大批移民的涌入，居住建筑的增长速度就越发惊人。中东铁路附属地内的住宅种类繁多、标准不一，已经成为一种独特的文化现象。将中东铁路的居住建筑做一个大的分类，大致得到三种基本类型：独户住宅、联户住宅和集合住宅。

3.1.4.1 独户住宅

中东铁路高级官员大多拥有自己的独栋住宅，这些住宅规模不同、风格各异，居住标准很高。级别最高的独栋住宅要算建于1903年的霍尔瓦特将军府，这是中东铁路管理局首任局长德·列·霍尔瓦特将军的住宅。这栋豪宅原来为一层，由多个不同性质的空间组成，如卧室、办公室、会议室、会客厅、警卫室、地道、餐厅等，外部景园近5 000平方米，很像一栋居住办公综合体。

中东铁路管理局曾为铁路高级官员建造了一批豪华的私人住宅，这些住宅选址优越、设计精良，样式多采用当时最流行的新艺术风格（图3.22）。从保留下来的阿法纳西耶夫官邸可以看出，住宅选址在城市中心区，布局紧凑，形体高低错落、建筑形象优雅。住宅内部宽敞明亮，功能配置齐全，设有大壁炉、火墙、明亮的楼梯间、宽敞的太阳房和视野广阔的敞廊。类似的建筑还有位于红军街一侧的中东铁路高级官员官邸和位于吉林街的连铎夫斯基（松花江大桥建筑总工程师）住宅。前者是二层豪宅，建筑以帐篷顶透体玻璃凉亭形成鲜明的视觉中心；后者除了办公室、会客室、餐室、主卧室、女儿室、家庭教师室、仆人室、卫生间外，还有独立的半拱形大阳光房。

中东铁路南线早期也建有大量独栋高级住宅。尤其在大连铁路附属地内的别墅式小住宅已经汇聚成完整的高档社区（图3.23）。这个高档社区建于1900年，拥有大量铁路高级职员住宅。住宅为二三层并带有庭院，样式融合了俄罗斯传统住宅、德国住宅以及中国传统民居的形式要素，精美多变、浪漫宜人。

a 平面图

b 立面图

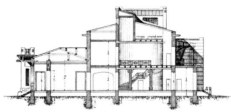
c 剖面图

d 中东铁路管理局副局长官邸

e 中东铁路管理局局长官邸

f 外阿穆尔军区司令官邸

图3.22 中东铁路高级官员官邸设计图及历史照片

图3.23 中东铁路独户住宅设计图及实例

3.1.4.2 联户住宅

联户住宅是中东铁路住宅中数量最多、也是"标准化"程度最高的一种类型。联户住宅往往呈组团布置，每户以住宅为中心，附带一定面积的院落。这些住宅的优点是：造价较低、外墙面积较小，每户均有室外花园。

联户住宅的典型户数组合是：双户型、三户型、四户型、多户型。联户住宅平面布局非常紧凑，通常是所有住户的单元空间紧密组合成一个简洁的矩形，只在门斗或阳光间的位置出现凸出平面外部轮廓的小体量（图3.24）。这种平面构成根据规模和标准分成很多不同的模式。如果将一户视作一个单元，依照主要的使用空间居室来进行划分，大概可以分为：一室单元、二室单元、三室单元、四室单元甚至五室单元等。联户住宅的标准设计方案有许多种，数量最多的除了最典型的坡屋顶铁路住宅外，还有对称布局、立面带升起的山花装饰的砖砌联户住宅和带有简约的古典复兴主义风格的联户住宅。前者如平山站员工住宅和横道河子站木材商住宅，后者如宋站铁路住宅、安达铁路住宅等。

联户住宅的群体空间排布方式分为三种：沿街线性排布、街坊周边式排布以及自由排布。沿街线性排布的实例如横道河子镇百年老街，住宅沿行依次排列形成强烈的街道感。最典型的街坊式排列就是哈尔滨繁荣街与联发街之间的街区，20世纪初这里曾充满"花园洋房"田园景观。自由分布的联户住宅一般出现在规模较小的火车站点，有的甚至独栋住宅散落在环境中。样式最丰富、保存最完好的大规模联户住宅建筑群分布在昂昂溪，共有住宅建筑100余栋，按照标准的铁路社区规划方案布置在平行于铁道线的狭长地带。这些俄式住宅每栋都带有院落，结合高低起伏的缓坡地貌，形成宁静宜人的生活社区。

3.1.4.3 公寓宿舍类集合住宅

集合住宅也是重要的住宅类型。在中东铁路沿线，集合住宅样式很多，包括近代开始出现的单元式住宅（图3.25）。最简单的集合住宅是集体宿舍，这种建筑的空间构成比较单一，除公用卫生间和管理用房外，主要是重复的居住单元。铁路站区常设有这种建筑，如横道河子机车公寓、一

 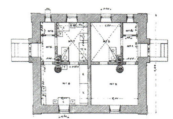 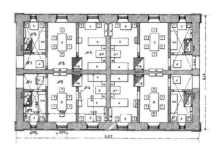

图3.24 中东铁路联户住宅设计图及实例

面坡乘务员公寓、满洲里车站员工宿舍等。横道河子机车公寓上下二层、一字型平面，采用了中东铁路职工公寓标准设计布局和样式。公寓内部为通廊连接的鱼骨式空间，一层走廊端部还开设有大阳光间作为公共空间。更大规模的单身职工宿舍也采用相对灵活的布局方式，平面也由简单的一字形变为

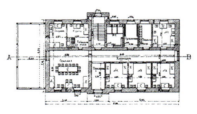 

图3.25 中东铁路集合住宅设计图及实例

3 中东铁路建筑的文化载体揭示 | 109

折线形、枝状甚至口字形的合院空间系统，如一面坡乘务员公寓就是这样的大型公寓建筑。

此外，中东铁路管理局开办的专业技术学校也建有宿舍建筑，如原哈尔滨工业大学学生宿舍（图3.26c）。这座建筑为地上二层、半地下一层，入口开设在坡道和巨大的台阶共同引导的门廊处，内部空间由宽敞的走廊进行连接。建筑的特点是形象优雅，空间上拥有宽阔的门廊和明亮的主楼梯。走廊连接起主楼梯两翼的学生居住单元，空间关系简明。

中东铁路的单元住宅具有新潮理念。从实际作品看，这些住宅已经具有典型现代单元住宅的特点，堪称发中国东北地区现代住宅发展之先声。典型实例是建于1910年的哈尔滨中东铁路高级职员住宅（图3.27a），坐落于西大直街41号，后为中东铁路督办公署。这座住宅建筑平面为一字形，地上三层，地下一层。建筑共有两个居住单元，单元内为一梯两户格局，使用面积900余平方米。类似的住宅还有建于1928年的哈尔滨花园街中东铁路高级职员住宅（图3.27b）。这座二层住宅为一梯两户格局，尽端套型带有木质"阳光间"，大大改善了居住条件。标准稍低的单元住宅可以做成一梯四户的格局，如中东铁路横道河子工程师公寓（图3.27c）。这座建于1910年的建筑，地上二层，半地下一层，拥有一梯四户模式的两个居住单元。住宅每户设有内部贮藏间，地下层还设有暖房存储空间。

3.1.5 市街公共建筑与综合服务

3.1.5.1 行政办公建筑

行政办公建筑是最典型的公共建筑类型。中东铁路的行政办公建筑大体由四部分组成："一是中东铁路管理局大楼和铁路下属机构的办公用房；二是1907至1931年间陆续建造的俄、日、法、美、西班牙、德、英、丹麦、葡萄牙等20余个国家的领事馆；三是城市各级管理机构的办公楼；四是商会、协会、洋行、株式会社等办公用房。"[27]

中东铁路管理局机关建筑选址在哈尔滨新市街最好的地段，于1902年5月正式开工建设，1904年2月正式投入使用。大楼建筑面积23 301.35平方米，总长度182.24米，总宽度85.04米，层高5余米，为双合院平面布局，建筑分主楼、配楼、后楼几大部分，由多个过街拱门洞及短廊联结而成。建筑前面

a 一面坡乘务员公寓

b 绥芬河铁路职工公寓

c 原哈尔滨工业大学学生宿舍

图3.26 中东铁路公寓、集合住宅

a 中东铁路高级职员住宅（西大直街）

b 中东铁路高级职员住宅（花园街）

c 工程师公寓（横道河子）

图3.27 典型的现代单元住宅

有尺度巨大、视野开阔的花园，后面有两个尺度小巧、气氛宁静的内部院落，可谓空间丰富、内外贯通。建筑外观庄严沉稳，这种气质也体现在空间尺度、外墙材料、装修风格等各个方面，显示出统领全局的气魄（图3.28）。

附属地内的行政办公建筑还有各地铁路交涉局、事务所、官署等。总理绥芬河铁路交涉局就是一个典型实例（图3.29a）。这座建筑建于1913年，专事于有关中东铁路的交涉事宜。建筑面积为2 153平方米，为口字形两层建筑，中间设有天井，具有优美的形象。铁路站区内部的办公建筑则与车务管理有关，如横道河子车务稽查段。这座建筑建于1903年，一字形平面，单层砖木结构，属于站内标准配置。早期办公建筑还有1902年的大连东省铁路公司护路事务所。这座建筑的面积超过2 000平方米，是一座外观优美的砖木结构办公楼。

与满铁有关的办公建筑数量也很多，如大连南满铁道会社、满铁大连港务局、满铁驻哈尔滨事务所、满铁林业公司哈尔滨办事处、奉天满铁铁道总局办公大楼等。这些建筑有的是满铁借用

a 正立面图

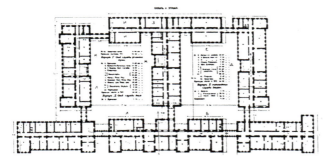

b 二层平面图

c 历史照片

图3.28 中东铁路管理局设计图及历史照片

当年俄国人的既有办公建筑，有的则属新建建筑。大连满铁株式会社建于1903年，初为中东铁路大连事务所及商业学校，1909年后扩建为日本南满洲铁道株式会社本部（图3.29b）。这组建筑面积为18 300平方米，采用U字形半围合对称布局，群体空间感强烈。建筑的外观具有古典、宏伟的气势。满铁大连港务局由满铁新建，建筑面积达到2万余平方米，采用了文艺复兴式的建筑风格，有豪华的外部形象和内部装修，气势宏伟，是大连港的地标建筑。奉天满铁铁道总局同样有超过2万平方米的建筑规模，风格更为现代，成为20世纪30年代日本官厅建筑的翻版。

a 总理绥芬河铁路交涉局

b 大连满铁株式会社

图3.29 中东铁路办公建筑

3.1.5.2 教科文卫建筑

（1）教堂　教科文卫建筑是教育、科技、文化、卫生等多种功能类型建筑的统称。从形象性上看，最引人注目的是教堂（图3.30）。中东铁路沿线总共建有教堂130多座。到20世纪30年代，仅哈尔滨就建有57座教堂，还有许多男女修道院、祈祷所、道观、佛寺等宗教建筑，"在玉泉、一面坡、博克图、兴安、满洲里、横道河子、海拉尔、双城堡、长春、穆棱、免渡河、昂昂溪、扎兰屯、绥芬河、阿什河和富拉尔基的铁路用地内建立教堂16所"[4]。

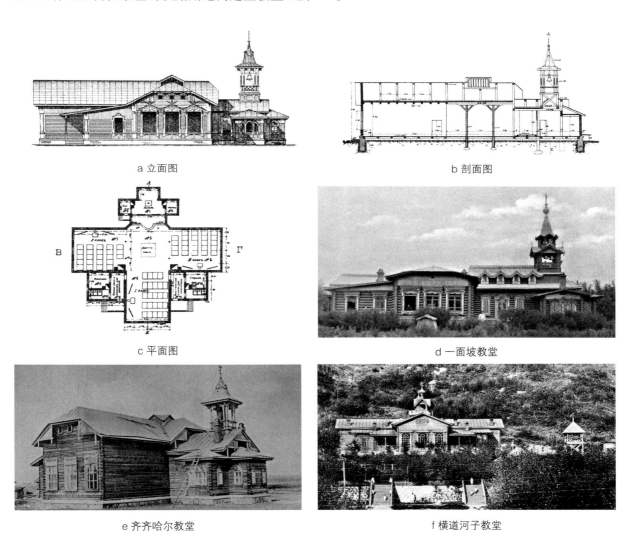

a 立面图　　　　　　　　　　　　　b 剖面图

c 平面图　　　　　　　　　　　　　d 一面坡教堂

e 齐齐哈尔教堂　　　　　　　　　　f 横道河子教堂

图3.30　中东铁路教堂设计图及实例

中东铁路的东正教教堂通常采用俄罗斯传统建筑样式，为砖石或全木结构。这些教堂一般与火车站有直接的视觉联系，靠山面河或高居坡顶，给人"陆地灯塔"的印象（图3.31）。著名的圣·尼古拉大教堂就是一座全木制的城市标志性建筑，是哈尔滨殖民、移民文化的象征性建筑，有着丰富的木雕装饰和美轮美奂的建筑轮廓。相比而言，横道河子圣母进堂教堂尺度更为亲切，是一座按照标准图纸建造的教堂兼学校的综合建筑。免渡河教堂采用拉丁十字平面的砖石结构，石墙与砖砌圆拱窗将建筑装扮得雄浑华美。绥芬河教堂和德惠教堂为砖砌，布满层层曲线的装饰线脚展示了异常复杂的砖工艺术，从而标定出建筑的级别和精神气质。

宗教建筑的另一种类型是南满铁路附属地内的日本神社、庙宇甚至基督教堂。日俄战争之后，日本在南满铁路沿线重要的站点都设有此类建筑，在1935年日本收买了主线以后还在北满的许多大城市

a 哈尔滨圣·尼古拉教堂

b 哈尔滨圣·索菲亚教堂

c 免渡教堂

d 德惠教堂

e 满洲里教堂

f 绥芬河教堂

图3.31 中东铁路东正教教堂

建有神社。日本的传统建筑由于与中国唐代建筑有着深刻的渊源,因此其形象和韵味与中国本土环境有较高的融合度。

（2）学校及图书馆　　中东铁路工程局在最早的铁路附属建筑设计图纸中,就已经为铁路职工子女的学校提供了不同班级构成的校舍标准图（图3.32）。后来,中东铁路管理局还设立了学务处,专门负责铁路职工子弟学校的教育事务。到1926年时,中东铁路附属地内已有俄人学校68所、华工子弟学校18所。在一些规模不大的城镇,开办的学校都是与教堂建筑复合在一起的,类似于一种教会学校的模式。而在更大规模的城镇,学校则专门选址并有了小学、中学的具体分类,数量也越来越多,如中东铁路窑门一级学校。在哈尔滨,当时著名的学校有中东铁路霍尔瓦特中学、普育中学、许公纪念实业学校、松花江第一小学等。霍尔瓦特中学是铁路当局在哈尔滨开办的一所规模较大的学校,在学校人数最多时达700多人。普育中学则是中东铁路督办王景春博士创办的具有中国传统建筑形象的学

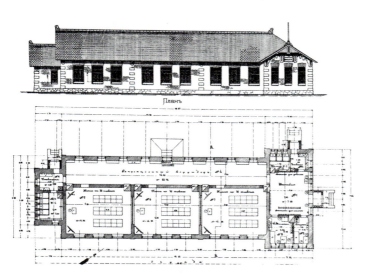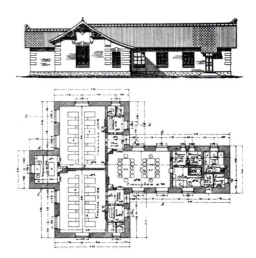

a 标准设计图

b 德惠铁路中学　　　　　　　　c 扎兰屯铁路小学　　　　　　　d 满洲里俄侨学校

图3.32　中东铁路学校设计图及实例

3 中东铁路建筑的文化载体揭示 | 115

校。这一时期建设的学校不仅有较大的规模，更有优美的形象和良好的建造质量。

专业技术学校是中东铁路附属地教育的一大特色。最著名的是原哈尔滨中俄工业技术学校，校舍有优雅的外表，校园通过建筑的布局形成一个半开放的室外空间系统。中东铁路局还开办了中东铁路商务学堂（图3.33）、大连商务学堂、满洲里铁路技工学校等专业学校。

图书馆与学校同属文化教育类建筑。中东铁路第一座图书馆是坐落在哈尔滨的中央图书馆。该图书馆使用的建筑原为中东铁路管理局局长的官邸，1907年迁入时称松花江市图书阅览馆。这座建筑地上二层，地下一层，砖木结构，带有新艺术特点的折中主义风格。图书馆室内宽敞明亮，有大阳光间供休息纳阳之用。铁路系统内部的图书馆设在铁路俱乐部内，藏书全部为外文书刊。1925年改组独立

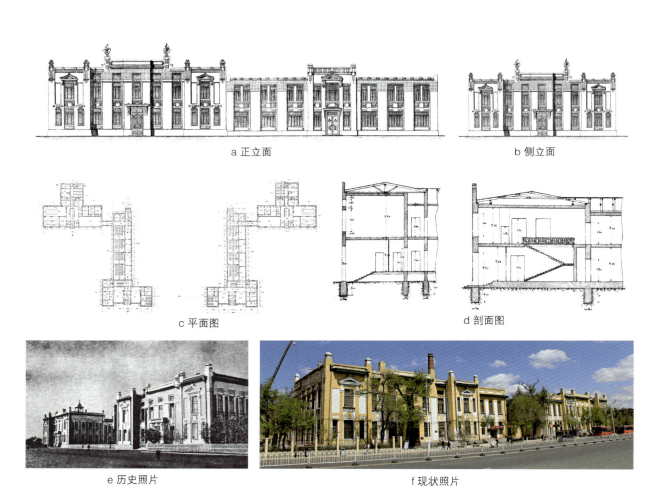

图3.33　中东铁路商务学堂设计图及历史与现状照片

建设，分中文和西文两种书籍。另外一类图书馆附属于中东铁路的商务学校及其他各类学校，是学校自己的图书馆。更为特殊的一种图书馆是"火车图书馆"，中东铁路当时有三辆这样的流动图书馆往来于各个站点，为广大俄籍铁路员工提供阅读服务。满铁图书事业起步相对稍晚，1907年开始设立图书阅览场，1910年末改称通俗图书馆。满铁大连图书馆建筑面积4 116平方米，是满铁的图书、情报基地。馆内藏书众多，形成了比较系统、完整的关于东北、蒙古和远东、东南亚、犹太等地方文献以及专题文献资料体系。另一座大型图书馆——奉天图书馆于1921年建成，1940年时藏书达9.8万册。南满沿线较小规模的图书馆有21所，服务对象局限于日本员工[6]。

（4）俱乐部　中东铁路沿线建有大量类型多样的俱乐部，如文化休闲类、运动竞技类、特定使用人群类等。这些建筑多靠近火车站，有的位于铁路工厂厂区内，个别选址在运动休闲地周边。俱乐部建筑形象丰富、活跃，风格多种多样，成为铁路附属地城市景观的重要点缀；散布于风景区的俱乐部建筑更是体型与自然环境互相呼应，因此具有景观建筑的特征。

典型的俱乐部建筑包含以下内容：剧场、舞厅、台球厅、活动室、餐饮区、休息室、酒吧、棋牌室、书报阅览等功能空间，大型俱乐部还设有网球场、花园、凉亭及露天剧场。俱乐部给铁路沿线城镇带来了西洋生活方式和先进的文化设施、技术和理念。中东铁路沿线最著名的铁路俱乐部是1911年12月2日交付使用的哈尔滨中东铁路俱乐部（图3.34）。这座砖混结构的建筑面积超过5 000平方米，集电影放映、戏剧观演和文化娱乐等多功能于一体，是高级铁路职员的交际娱乐平台。俱乐部内部空间包括剧场、舞台、台球厅和餐饮室，室外有街心花园、木凉亭、网球场和半球形木质露天剧场，以及由绿化带和长椅组成的带状休闲空间。

中东铁路的俱乐部有不同的外观形象和空间配置（图3.35）。中东铁路哈尔滨总工厂俱乐部剧场通高20米，是一个名副其实的大空间，观众厅座席设两层楼座，共1 031个座位，舞台设备装有当时远东最先进的12米直径旋转舞台，奢华至极。安达俱乐部也有一个双层放映厅，上层装有包厢。楼下场地400余平方米，能容纳15排座位。这个俱乐部有110扇门，足见规模之大。中东铁路游艇俱乐部建于1912年，集餐厅、接待与茶室于一体，顺着江堤倚叠而起形成尖塔，并朝向江面方向挑出大面积观景平台。整座建筑形象优美轻盈、高低错落，充满滨水建筑韵味。

（5）医院　医疗建筑是中东铁路沿线较早出现的建筑类型，中东铁路中央医院在1899年就已经开工建设。这座医院由20余栋不同功能的医疗及配套服务建筑组合成一个功能齐全的建筑群，如30床位妇科病房、36床位内科病房、32床位外科病房、10床位精神病房等针对不同的患者的专项服务空间。同时，医院还包括主治医师办公室、为160床位病人提供就餐服务的厨房、洗衣及烘干房、医院医药局和药剂师住宅、太平间等配套建筑（图3.36）。

中东铁路的医院有不同规模。重要站点设集中式综合医院；二、三等站设一定规模的医疗建筑群，采用单体标准设计、整体自由组合的方式；小站设医务室。一面坡医院就是一座带有休闲疗养

a 立面测绘图

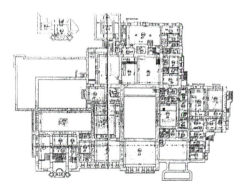

b 平面图

c 历史照片

图3.34 中东铁路管理局俱乐部设计图及历史照片

a 中东铁路哈尔滨总工厂俱乐部

b 宽城子铁路俱乐部

c 昂昂溪铁路俱乐部

d 哈尔滨游艇俱乐部

e 安达铁路俱乐部

f 哈尔滨铁路竞技会馆

图3.35 中东铁路沿线俱乐部

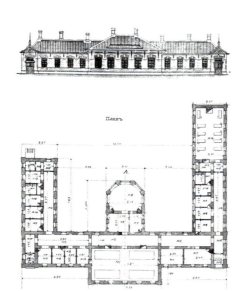
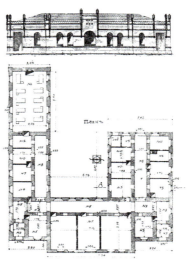

a 32床位外科病房　　　　　　　　　b 36床位内科病房

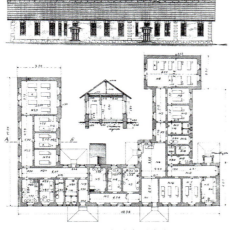

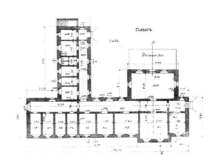

c 32床位性病科病房　　　　　　　　d 10床位精神病房

e 30床位妇科病房　　f 36床位内科病房　　g 外科病房　　h 化验室

图3.36 中东铁路中央医院设计图及实例

功能的大型医院。建筑外部形象气派、远超一般医院的朴素形象（图3.37）。横道河子医院具有自由的布局，整体功能完备，多栋单层建筑散落形成良好的场所感。南满铁路也建有大量医疗机构，如满铁大连医院、满铁鞍山医院等。满铁医院通常规模更大，框架结构居多。这些医院建筑群比沙俄医院更简洁现代，内部布局和功能分区更趋精细合理。

此外，科技类建筑也是中东铁路建筑中必不可少的一种类型。仅1898年到1902年，哈尔滨就建设了两座气象观测站。新市街的气象站高四层，屋顶还开设了室外观测平台。另一种科技建筑的类型是农业实验所。建于1913年的满铁公主岭农事试验场事务所是农事试验场的一部分，主要从事重要农作物增产改良的研究和试验。整个建筑群具有宜人的尺度和色彩，并具有早期现代建筑的简洁特征。另一座实验所是满铁大连中央实验所，这是一座研究目标对准民用工业产业的建筑物，战时也承担制造业及军需工业的研究任务。这座建筑同样具有简洁明快的形象。

3.1.5.3 商业金融邮政电信建筑

（1）商店　　铁路商业建筑包括站内店铺和市街的各类商场。铁路建成初期车站设有较小规模的店铺，有的还提供免费的热水（图3.38）。

更多的商店建筑被安置在临近车站的铁路市街，建于1906年的莫斯科商场（现黑龙江省博物馆）

a 一面坡铁路医院

b 扎兰屯卫生所

c 扎兰屯结核病医院

d 横道河子卫生所

图3.37　中东铁路医疗建筑

是规模最大的商店。建筑为舒展的折线形，朝圣·尼古拉教堂广场呈环抱之势，17个独立的单元空间朝街道开设出入口，利于店铺经营。这种空间组合模式非常灵活高效，直到今天还在利用（图3.39）。随着中东铁路附属地城市人口的增加，商贸活动日渐繁荣。仅以哈尔滨为例，"到40年代末，哈尔滨共有各类商业建筑达167.58万平方米，占全市总建筑面积的24.2%"[27]。

中东铁路建设初期在老哈尔滨（现香坊区）曾开设第一家与气象站结合的餐厅。兼有餐饮娱乐功能的建筑大多建在风景区，如位于哈尔滨松花江畔的江畔餐厅、阿尼米久尔餐厅；位于扎兰屯火车站周边外围兼作休闲度假旅馆的六国饭店等。大城市还开设有连锁商号，俄国茶商契斯恰科夫就曾在哈尔滨和绥芬河两地分别开设有大型连锁茶庄，生意十分兴隆（图3.40）。享誉远东的秋林公司也是中东铁路附属地内的著名连锁俄侨商号之一，除了在哈尔滨设立总公司外，在沈阳（时称奉天）、满洲里等地都设有分号。

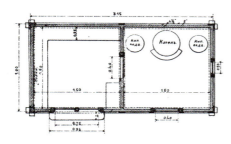 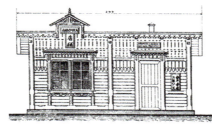 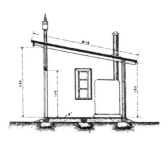

图3.38 中东铁路火车站零售店铺设计图纸

a 立面图

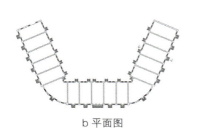 

b 平面图　　　　　　　　　　　　c 现状照片

图3.39 莫斯科商场设计图及现状照片

3 中东铁路建筑的文化载体揭示 | 121

a 老哈尔滨气象台餐厅

b 哈尔滨公园餐厅

c 哈尔滨契斯恰科夫茶庄

d 绥芬河契斯恰科夫茶庄

图3.40　商服建筑

（2）金融、邮政、电信建筑　　金融、邮政、电信建筑是重要的公共建筑。金融建筑包括银行、钱庄等，在一些较大的城市设有分支机构，如华俄道胜银行、日本横滨正金银行、朝鲜银行以及大清银行、交通银行等。哈尔滨华俄道胜银行建于1902年，砖木结构，一层设有豪华的办公大厅，后部则开设坚固的金库（图3.41）。

此外，中东铁路在哈尔滨及沿线12个大站开办俄国邮局，并在哈尔滨建立了俄国邮政管理局。早期邮局大多已消失，而满铁邮局则保存较完好。中东铁路中央电话局为地上两层、地下一层的砖木结构建筑，形似古堡，是哈尔滨最早的城市电话局（图3.42）。

3.1.5.4　疗养院所与其他服务设施

（1）旅馆及疗养院所　　中东铁路沿线的宾馆分为铁路机构特设宾馆、城市宾馆、休闲度假宾馆及疗养院所。铁路宾馆选址靠近火车站；城市宾馆大多在市街中心，而度假旅馆则选址于临近自然景观的河畔、山脚、林间。宾馆的平面布局具有多元组合特征，重复的客房单元，形态各异的大堂、餐厅、会议厅、多功能厅以及后勤服务空间构成宾馆的典型布局，休闲宾馆则设有豪华的外部敞廊。最早的铁路宾馆是1902年开工的中东铁路管理局宾馆，建成时使用面积为3 700平方米，设有客房53间，会议室、餐厅、台球室各1间，办公室3间，还有更衣室、浴室及花房、酒窖、食品库等其他用房。建筑室内装修豪华气派，外观新颖活泼（图3.43）。

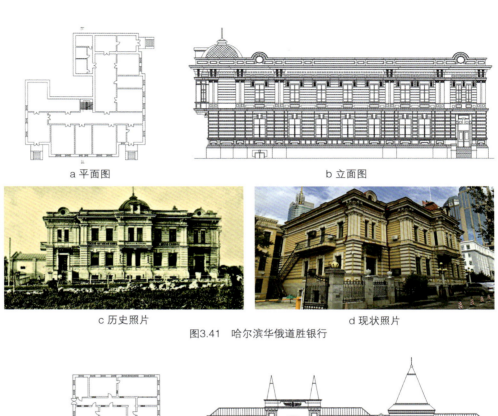

a 平面图　　　　　　　　　b 立面图

c 历史照片　　　　　　　　d 现状照片

图3.41　哈尔滨华俄道胜银行

a 平面图　　　　　　　　　b 立面图

c 现状照片

图3.42　中东铁路中央电话局

3　中东铁路建筑的文化载体揭示 | 123

a 侧立面图

b 入口立面图

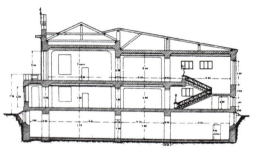

c 剖面图

d 平面图

e 现状照片

图3.43 中东铁路管理局宾馆设计图及现状照片

建于1925年的扎兰屯避暑旅馆是典型的度假旅馆，为俄罗斯砖木结构建筑，外观简洁。建筑以直线形走廊贯穿，端部有开放式的凉廊。满铁在南线也开设有众多旅馆，其中大和旅馆是一家大型连锁机构，以规模大、档次高、西式设备、豪华装修而闻名，大连、长春、沈阳、哈尔滨等站都建有分支机构（图3.44）。

（2）浴池　　浴池是中东铁路管理局为铁路员工专门设置的服务性建筑。在一些远离城镇的站点，浴池是一种标准配置的铁路附属建筑。中东铁路工程局对不同规模的车站准备了相应规模的浴室标准设计图，包括供420人使用的车站的浴室，供900人使用的车站的浴室，供1 200人、2 000人以及2 500人使用的车站的浴室等。无论规模如何，浴室的典型特征都很稳定，如平面简洁集中、体量厚重、高窗做法、窗洞较小、屋面具有厚重的烟囱等。浴池的存在大大改善了铁路员工生活质量，有力地稳定了铁路的运营、维护和管理。

小型浴池一般设在会让站和工区。这种浴池按照"定型设计"图纸建造，面积在54平方米左右，标准较低，多为砖木结构或石木结构建筑。在中东铁路沿线的许多站点都能见到这种小巧的建筑（图3.45）。

大型浴池设在级别高、规模大的站点。这类浴池设计标准高、内容配置完整，具有较大规模的接待能力，平面布局也更为舒展，形象有公共建筑的特点。如中东铁路绥芬河浴池和横道河子浴池都是

a 哈尔滨马迭尔宾馆

b 哈尔滨格兰德宾馆

c 扎兰屯休闲度假旅馆

d 长春大和旅馆

e 沈阳大和旅馆

f 大连大和旅馆

图3.44　旅馆建筑

a 立面图与剖面图　　　　　　　　　　　　　　b 平面图

c 舍利屯铁路浴池　　d 山底铁路浴池　　e 万山铁路浴池　　f 冷山铁路浴池

g 五里木铁路浴池　　h 马延铁路浴池　　i 里木店铁路浴池　　j 姜家铁路浴池

图3.45　中东铁路浴池设计图及实例

典型作品。其中，绥芬河浴池为砖木结构形式，单层建筑面积达到346平方米。作为公共浴池，室内空间有意抬高了举架，一改小型浴池的局促感和压抑感。这座百年老浴池一直服役到2003年被拆除时。横道河子的大型浴池结合地貌环境处理成双层、半地下形式，有良好的空间和形象。

（3）公厕　　公厕是铁路沿线既重要又特殊的一种建筑类型。中东铁路公厕的设计外观朴实小巧，内部空间紧凑简洁，展现了高超的水平。公厕的设计不仅标准化程度很高，而且在工艺技术层面也有突出成就。这些公厕一般都采用独立式建筑，规模不大，结构形式为砖木结构、石木结构或全木结构（图3.46）。

虽然设计师专门为铁路沿线各站点设计了公厕的定型图，但是，在具体结合地形环境时，公厕的外观形式还是做了原创性的改变。由于独立建在室外，因此厕所没有设置专门的采暖设施，主要是注重粪尿的收集处理和通风排气的工艺设计。目前，中东铁路沿线许多站点还保留早期修建的厕所，如西线的宋站、安达、满洲里、扎赉诺尔，东线的磨刀石站等(图3.47)。其中，满洲里的两蹲位木制小型公厕历经110年仍在发挥作用，其结构及工艺质量堪称奇迹。

（4）公共景园　　中东铁路沿线各站点有数量极多的公共设施，包括：亭廊、水榭、平台、桥埠、堤坝、景园等，如著名的扎兰屯吊桥公园、哈尔滨香坊公园、穆棱河畔公园等（图3.48、3.49）。从现存完好的扎兰屯吊桥公园的建筑和景园格局中能依稀看到百年前中东铁路在塑造园林时依附自然、提点自然的独特匠心。与之不同的是哈尔滨埠头区特别市公园。这个公园具有不同的环境条件和空间尺度，属于在城市环境中打造人工自然环境。园林规划师用了更多笔墨来创造地貌环境的变化，如：堆山、理水、铺路、架桥、植树、建亭等。这个城市公园较早地将西方公共环境景观理念带进铁路附属地的中国城市。

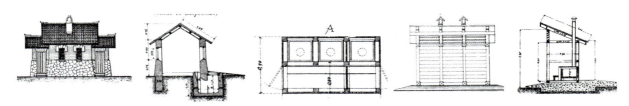

a 两蹲位砖石公厕立面图、剖面图　　　　　　b 三蹲位木公厕平面图、立面图、剖面图

图3.46　中东铁路公厕设计图

a 扎赉诺尔铁路公厕　　b 磨刀石铁路公厕　　c 满洲里铁路社区公厕　　d 宋站火车站公厕

图3.47　中东铁路沿线小型公厕实例

图3.48 扎兰屯中东铁路吊桥公园

a 一面坡公园　　　　　　　　　b 穆棱河公园　　　　　　　　　c 老哈尔滨公园

图3.49 中东铁路公共景园旧影

3.1.6 功能形态的文化特点

中东铁路建筑功能的类型虽然十分多元，但却具有鲜明的构成特点和类型分布规律。五个大的类别共同勾画出中东铁路文化线路的社会环境和人工场景，其中不同的大类分别强调出中东铁路建筑文化的不同侧面：铁路交通站舍与附属建筑、铁路工矿建筑及工程设施这两个大类表现出近代交通工业的行业特点；护路军事及警署建筑再现了当时文化传播过程中动荡不安的国际政治环境和激烈碰撞的文化场面；铁路社区居住建筑体现了这段铁路附属地作为租借地和移民聚居区的移民文化构成特点；市街公共建筑与综合服务建筑则勾画出铁路附属地城市化发展的速度与水平。

站在文化线路的视点分析，我们可以看到如下四个方面的特点：

（1）工业文化构成特征和强烈的行业特点，这个特点表明了中东铁路文化线路的基本类型属性，也反映了当时铁路系统的综合管理、服务水平。

（2）功能类型的移民文化特点，这是文化线路重要的迁移和交流特征。

（3）功能类型从工业向社会生活的变化凸显文化线路的动态特征。

（4）功能类型的标准配置、规模分级、模块复制等特点，揭示了中东铁路建筑文化传播手段和操作技巧，同时也是文化载体在建筑制度上的体现。

3.2 建筑的空间形态

空间是建筑的实质。建筑的形体关系和外部形象是空间形态的一种外在表现。不同样式的建筑都与其功能类型所对应的空间形态关联着，中东铁路建筑尤其如此。那些特殊的建筑样式，如高耸的教堂和跨度巨大的厂房等，其外部形体就是内部空间的直观体现。本节将针对建筑单体和群体两种不同规模的空间形态进行分析，力图从空间层面建立对中东铁路建筑形态的系统认知。

3.2.1 单体建筑的空间及其组合

单体建筑是指一栋独立的建筑物。一栋单体建筑通常会承担某一种专门的功能，如居住、办公、教学、工业生产、举行宗教仪式、洗浴、如厕等。相对复杂的功能往往需要多栋独立的建筑组合成一个建筑群来实现功能要求，本书的研究中仍把其中的单体建筑和群体聚落分别独立开来，当作两种不同空间类型的建筑进行空间形态的研究。

3.2.1.1 常规空间及其组合

常规空间是指承载一般日常生活、生产和公共活动的空间，特征是具有常规平面形式和正常尺度。如单元空间的平面形式为矩形、梯形等规则形态，尺度符合人类空间体验常规舒适范围的一般独立房间的高度、开间和进深。

（1）常规空间的单元尺度与平面形式　一栋完整的建筑通常由多个不同的单元空间组成，有的属于主体空间，如医院中的病房；有的是辅助空间，如走廊和楼梯。传统的单元空间形态规则完整，多为矩形，是一种万能平面形式，可以用作卧室、厨房、卫生间、办公室、教室、餐厅等（表3.2）。矩形空间的优点

表3.2　典型单元空间的形态与比例

类型	平面	剖面	类型	平面	剖面
卧室	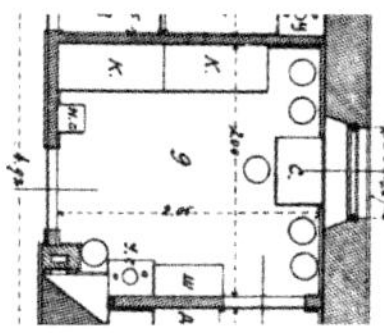	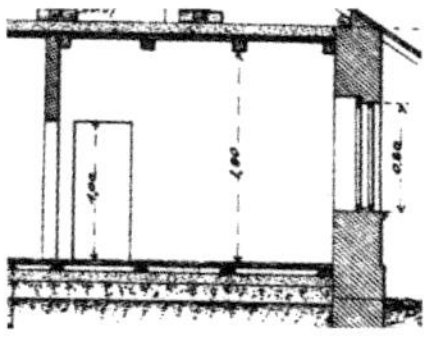	病房	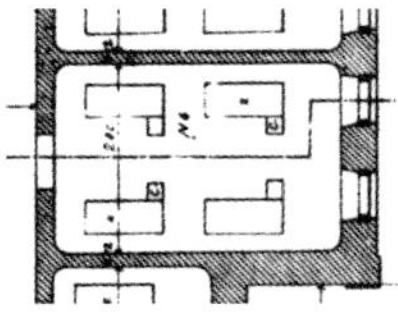	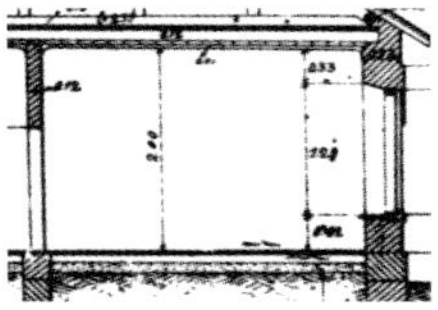
会议室	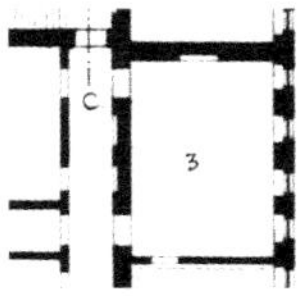	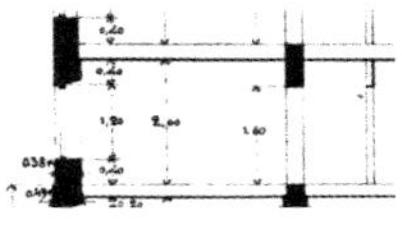	教室	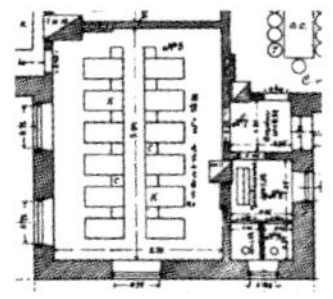	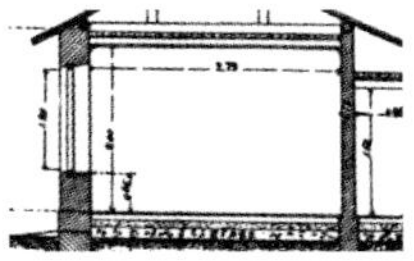

是：空间轮廓清晰、方向感强、家具摆放适应性好、利于采光和通风等。通常情况下，舒适的矩形空间的长宽比不宜超过2：1。中东铁路建筑常规的单元空间一般都比较方整，相对深长的空间则用作起居室、病房、会议室等。此外，这些建筑空间的净高度都比较高，尤其在一些大型公共建筑内部，空间的高耸感和走廊、楼梯的宽阔感一起，构成了一种宏伟庄严的古典气质。

（2）常规空间的平面组合　　建筑的整体形态是所有单元空间组合而成的。中东铁路建筑的平面布局和形体关系普遍具有矩形组合的典型特征：简洁规整、划分清晰，在创造转折进退、高低错落的形体上具有优势。中东铁路建筑的平面形态大致可以分为以下类型（表3.3）：独立式、中心式、放射状、组团式、网格式、线形、合院式等。其中，线形又包括一字形、L形、十字形、工字形、T形、U形、山字形、鱼骨形、自由组合形；而合院式则包括日字形、田字形等。整体而言，常规单元空间组合起来的平面形态占了绝大多数。我们将这些具体的平面布局收集、归类、提炼成一些抽象的空间组合模式，可以得到下面这些图式语言。这些抽象的图示直观地展示了中东铁路建筑平面布局的形态类型和组合的整体特征。

从表3.3可以看到，常规单元空间可以组合出丰富的平面形态，而不同布局形态对应的建筑功能类型也具有差异性和规律性。住宅建筑的平面形态多采用独立式、集中式或较短的线形；学校和大型办公建筑多采用线形，形体舒展、组合丰富；火车站站舍建筑多采用最简单的一字形线形平面，这也与其面向铁道线、缓冲与疏导旅客人流的使用要求有关。

建筑有特定的使用模式，这呈现为一种空间秩序——交通流线。交通既是使用者与建筑之间的纽带，又是不同单元空间组合的线索。中东铁路建筑的交通流线依照不同的功能类型有不同的表现方式，如厅廊梯系统、中心大厅式、组合式、穿套式、自由式等。规模较大的公共建筑通常会有明确的门厅和走廊，通过主副楼梯和过厅来完成竖向和水平向交通，如中东铁路管理局大楼、哈尔滨中东铁路商务学校、一面坡中东铁路医院等。表3.4是中东铁路建筑交通模式示意图，从中我们可以清楚地看到在利用厅廊梯系统时的灵活性。

中东铁路早期出现的一些集合住宅的交通系统设计已经非常成熟，与今天的单元住宅没有大的差别。后期日本占领时期的一些集合住宅多采用外廊交通模式，空间形式和建筑形象都比较简洁，但使用面积标准较低、对寒冷地带交通空间保温防寒的考虑不足。其实，沙俄时期的少量住宅建筑也曾经使用完全开敞的外廊解决交通联系，绥芬河站区内铁路职工住宅就是一例。

在独立式住宅建筑中，规模较大的套型采用一定长度的内廊解决交通连接的问题，如25-1号住宅，中间的走廊既解决本层的水平向交通联系，同时也设置楼梯解决不同层之间的竖向交通联系。面积较小的住宅常常直接使用空间串联方式，许多空间既是使用空间，又是交通空间，纯粹的交通空间只有入口狭小的门厅（或门斗）。联户住宅的交通空间更为压缩，每户只在入口处开设门斗和很小的玄关。图3.50展示的是利用复合性交通空间解决空间联系并活跃空间效果的灵活做法。可以看出，复

表3.3 建筑平面形态类型

平面类型	简图	实例	功能类型
矩形一字形	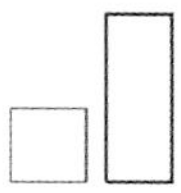	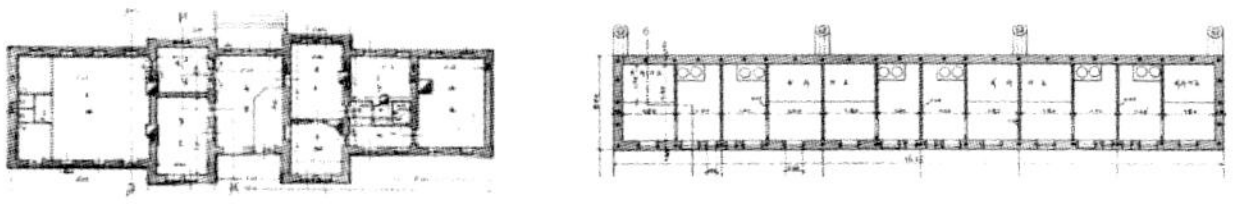	二、三、四等站火车站候车室 华工宿舍
L形	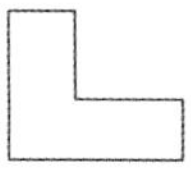	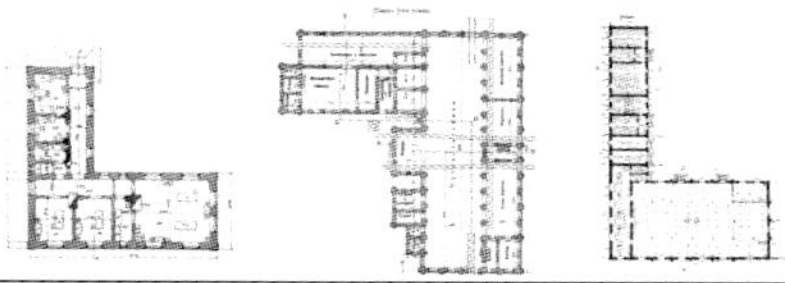	中东铁路中央医院2床位产房 中东铁路哈尔滨总工厂 1 000人的军队食堂
T形	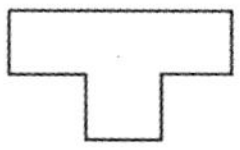	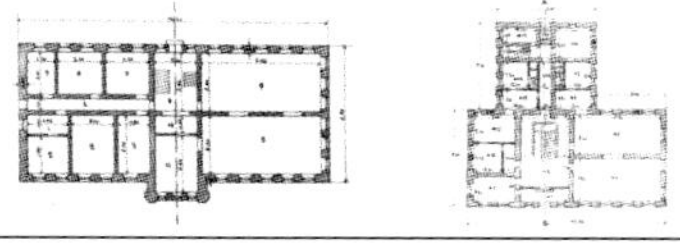	中东铁路总维修处 哈尔滨铁路技校
U字	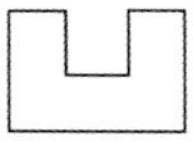	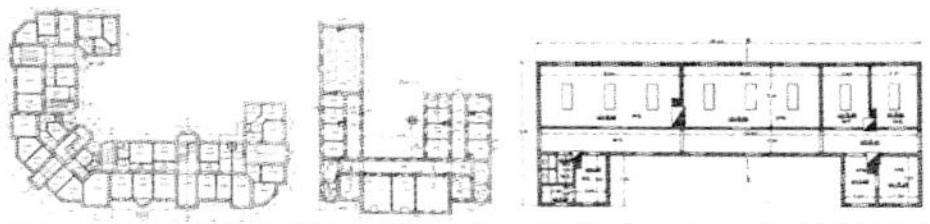	20套型大连铁路住宅 中央医院36床病房 铁路医院临时观察所
十字形	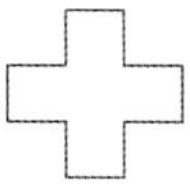	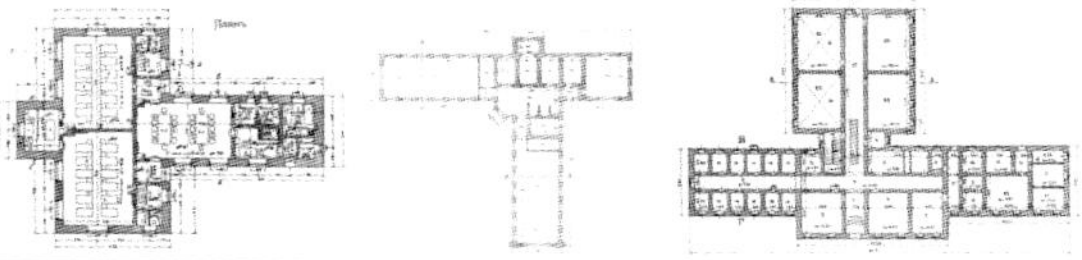	90人的学校宿舍 哈尔滨铁路技校 中东铁路哈尔滨监狱
口字形	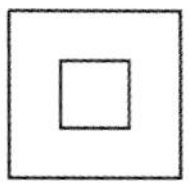	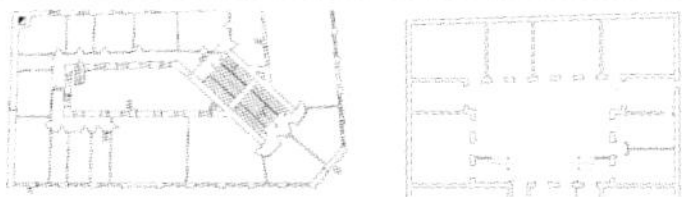	原同义庆百货店 原义顺成商号
日字形	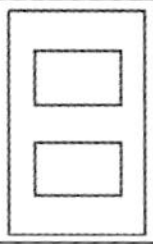	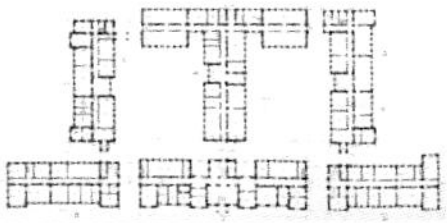	中东铁路管理局
山字形	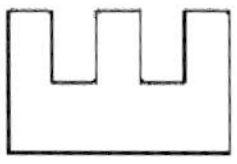	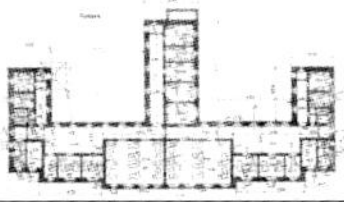	中东铁路中央医院30床位的妇科病房
枝形	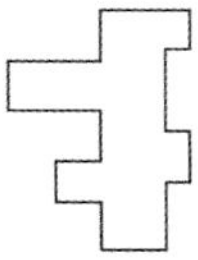		中东铁路中央医院26床病房 哈尔滨商务学堂 中东铁路中央医院病房
网格形	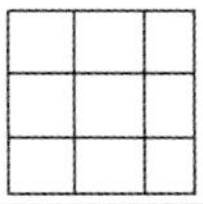	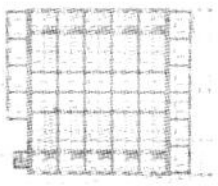	中国技工工棚10组（每组18人）

表3.4 交通空间模式示意图

空间线索	模式简图	实例	空间线索	模式简图	实例
单廊	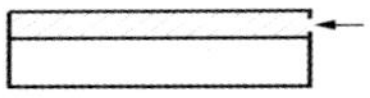	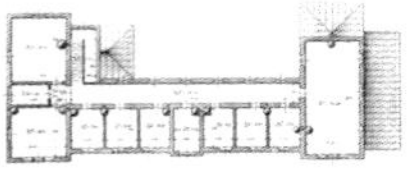	中厅	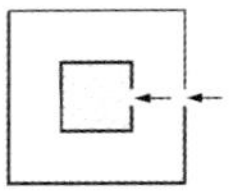	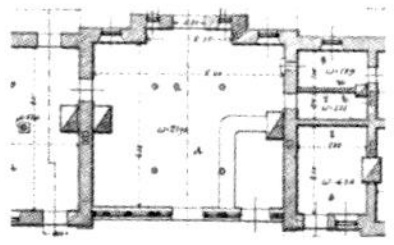
内廊	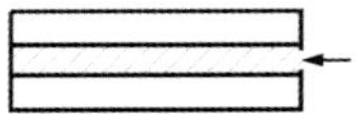	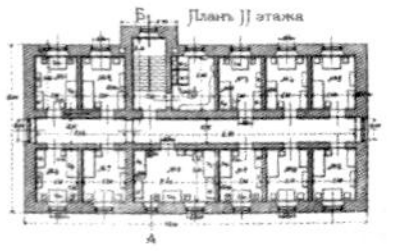	穿套	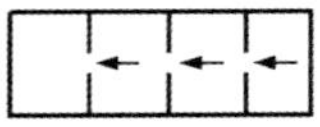	
内外结合	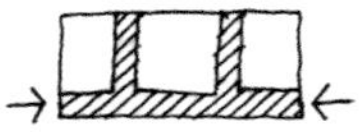	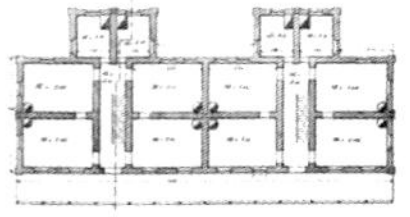	组合	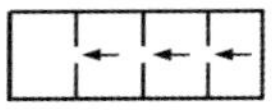	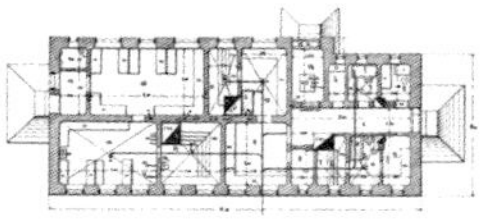
短廊	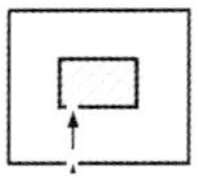		并列	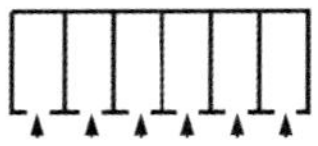	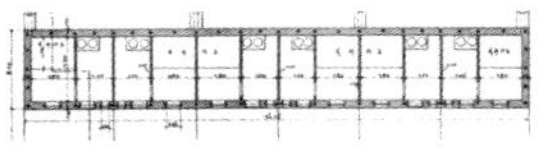

合空间不仅可以出现在住宅建筑中，还常常运用于医院、学校等公共建筑中，是一种富有优势的空间模式。

向心性的空间结构是一种带有中心感的紧凑平面布局。一般情况下，中心空间是承载交通集散和公共活动的厅堂。此外，当单元空间数量较多并有较强的规律时，网格、组团式布局就出现了。平面布局和空间组合最终体现为富有特点的形体轮廓。简单地说，独立式和中心式平面的建筑轮廓集中、整体独立性较强，从群体环境中容易被识别；线形平面布局的建筑物形体轮廓更趋舒展、有利于创造高低错落的丰富变化和起承转合的空间感。其中，线形平面的建筑在运用形式美法则塑造形体关系上有便利条件。因为有足够的横向尺度，因此无论采用对称还是均衡的形式都会收到良好的效果，实现对比统一的审美要求。

（3）常规建筑空间的设计技巧　建筑空间设计的技巧之一是保持清晰的空间划分，中东铁路时期的大部分建筑都延续了俄罗斯传统建筑空间格局的特点和田园建筑的空间构成方式。清晰的空间划分还源于中东铁路建筑的传统结构形式：砖石或原木承重墙体的结构体系的特点是空间的封闭感强、结构逻辑明确、空间轮廓清晰肯定，这样做的部分原因来自地域环境制约和传统建筑技术的考虑。此

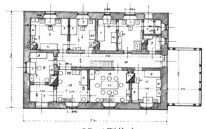
a 25-1型住宅

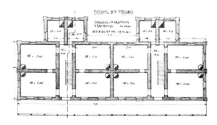
b 单身公寓

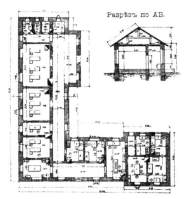
c 中东铁路中央医院

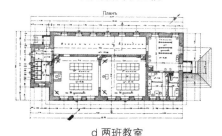
d 两班教室

图3.50 复合交通空间

外，如表3.5所示，形体变化也是空间设计的技巧之一。

通用性是中东铁路建筑常规空间的一大特色。大部分常规类型的建筑都贯穿着相似的空间逻辑并拥有近似的形态和尺度，因此具有普适性的特点。除了一些特殊的建筑类型之外，许多不同功能的建筑可以很顺利地被改变功能、挪作他用。相似的矩形组合平面布局也反复出现在各种毫无关联的建筑功能类型中，如果没有标志指引，人们很难判断一栋建筑的具体功能类型。

中东铁路建筑在进行平面布局的时候，有意识地采用了打破单元空间封闭性的手段，同时积极协调不同单元空间之间的关系，一定程度上调节了空间气氛，活跃了原本单调封闭的空间效果。典型做法包括：单元空间向室外延伸出阳台、屋面的轮廓变化对室内空间的改变、屋顶拔升获得天光；不同单元空间之间进行尺度的收放处理，创造空间的收放变化等。丰富空间的手段也体现在对建筑外部形体关系的控制和调节上，尤其是建筑的屋顶部分和基座部分。前者诸如使用带有竖向标志轮廓的尖塔、圆形穹顶乃至轮廓优美的烟囱；后者则运用架空、下沉、叠落等不同方式，如中东铁路游艇俱乐部、舍利屯别墅、伊列克德山坡住宅、原哈尔滨工业大学学生宿舍、大连火车站，都是巧妙利用地势的高差条件，将建筑的入口引入不同层面空间；而中东铁路管理局大楼则是利用开挖采光井的方式，既满足了地下室的采光要求，又使整栋建筑落地时和地面的交接关系有了更紧密的逻辑联系。

3.2.1.2 特殊空间及其组合

特殊空间是指那些形态和尺度比较特殊的空间。特殊空间在中东铁路建筑实例中比较多见，如平面形式为扇形和椭圆形、剖面形式为拱形的空间；尺度超越常规高度、开间和进深的大跨度空间和高耸空间；多单元框架结构大空间、空间长宽比远远超过2∶1的狭长空间、拱形结构构成的大空间，或者尺度极小、封闭性极高的空间等。

表3.5 屋面变化和墙体、落地方式变化

屋面形态类型	形态类型	模式简图	实例	形态类型	模式简图	实例
	单坡	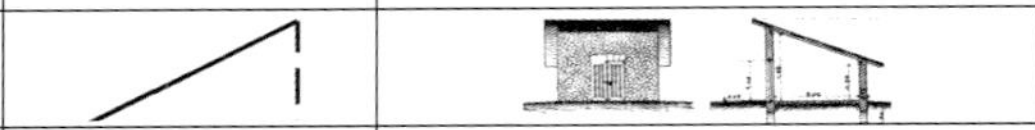		缓坡		
	双坡			陡坡	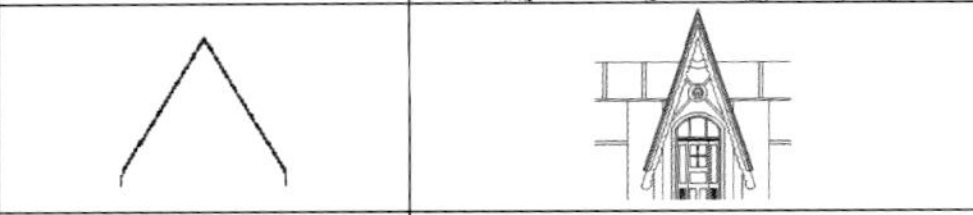	
	四坡	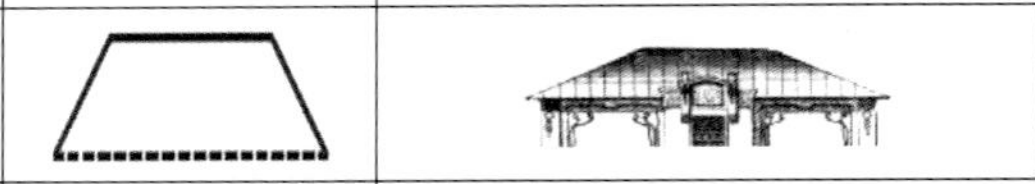		折坡		
	八坡			圆穹顶	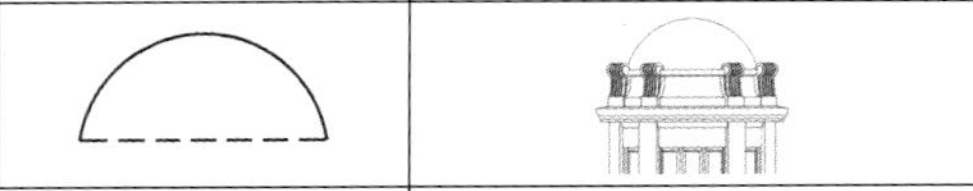	
	切角			椭圆穹顶	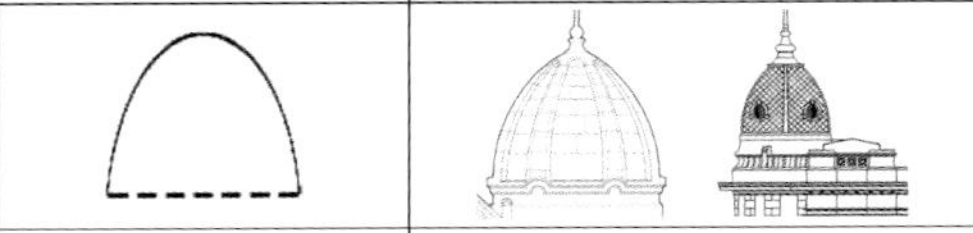	
	孟莎			扁圆穹顶	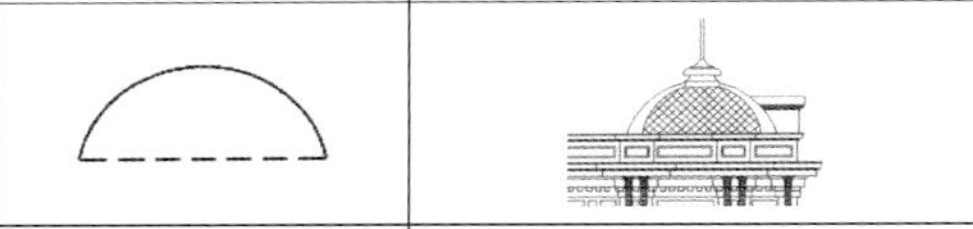	
	攒尖			洋葱头		
	陡穹	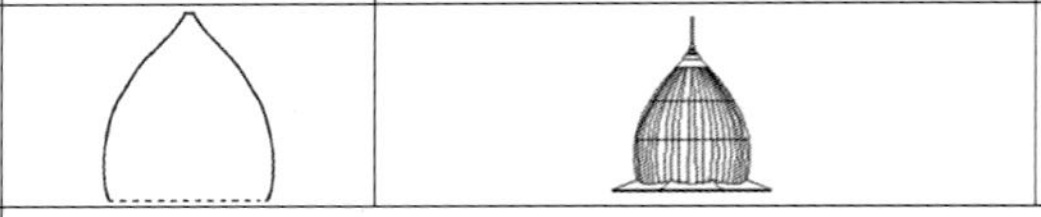		阶梯顶	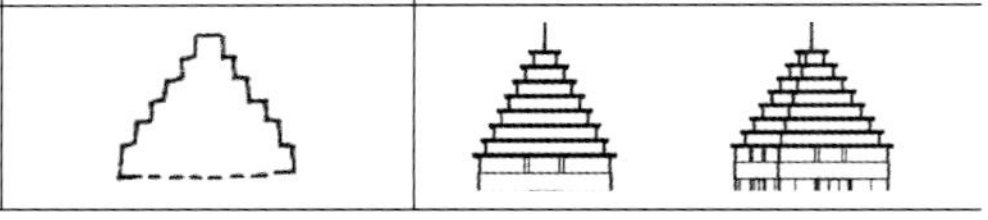	
基座	落地方式	模式简图	实例	落地方式	模式简图	实例
	等径平坐			堆起	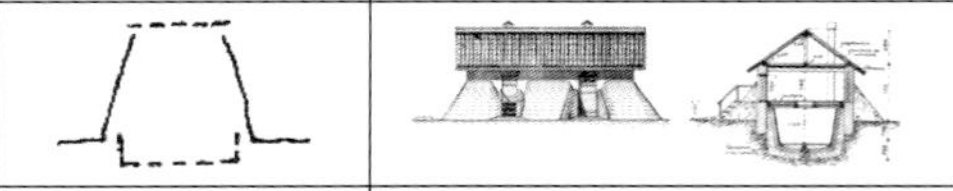	
	宽基平坐	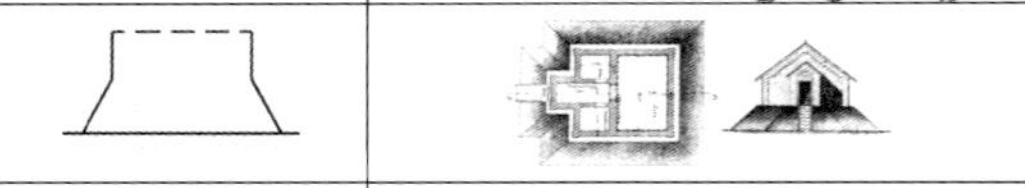		覆土		
	下沉	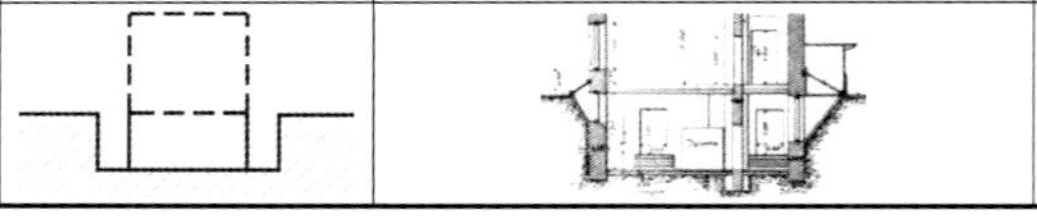		架空	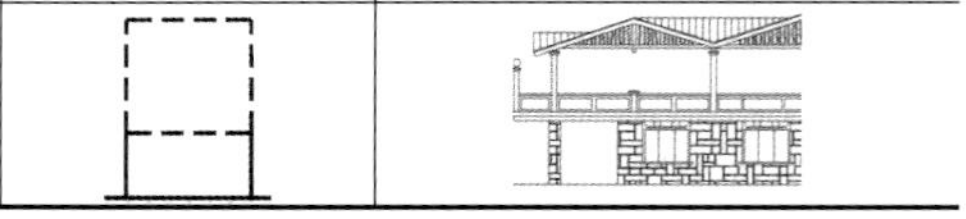	

（1）特殊空间的单元尺度与平面形式　　特殊空间有夸张的尺度和平面形式，这多来自于功能的特定要求。在单元空间的形式上，特殊空间分为两种：独立完整的规则空间、形态特殊的异形空间。一些中东铁路建筑平面的主体空间采用"完形"的形状，教堂是最典型的实例。有时整座建筑的平面就是一个独立的完形，也有时整座建筑是完整图形的一部分，如被用作中东铁路机车库的扇形平面。

特殊空间常体现在夸张的尺度上，即使是常见的矩形，只要长宽高任何一个或几个要素出现夸张的变化，整个空间都会出现戏剧性效果。舞厅、剧场、车间、兵营都是典型的实例。夸张尺度的空间需要借助结构手段来实现，最简单的结构形式就是框架柱网。在许多大型厂房和兵营建筑中，常常可以发现多组成排的木质、钢筋混凝土或金属结构立柱及各种形式的屋架。当矩形空间的一个角部扭转变化时，也会得到一种特殊的空间效果。这种做法不仅会改变室内的方向感，还可以获得更富情趣的特色空间以取得和室外的对话。有的特殊空间是由简单的矩形空间经过叠合形成的，如东正教堂。十字形空间的平面轮廓除了宗教上的象征外，也拥有放射状空间所具有的向心性和每部分独立使用的机会。廊下空间和尺度巨大的平台也是一种特殊空间，其特殊性在于空间边界的高度开放特征。

在一栋完整建筑中，特殊空间往往占据着主体空间的地位，如剧院中的剧场、教堂建筑中的祈祷大厅。也有的情况下特殊空间扮演着辅助空间的角色，如室外平台及敞廊。特殊的空间往往被当作空间的高潮和灵魂来表现，能给体验者带来特别的空间感受。与此同时，特殊空间建筑在塑造建筑形体时也积极调动建筑与天空及地面的关系。在处理屋面时，建筑内部与天空的隔绝关系被打开，高出屋面的天窗或高侧窗将难得的阳光带进室内，大大改变了原本单调凝固的空间表情。这种做法在大型厂房、兵营及马厩等建筑中非常常见。在建筑与地面的关系上，中东铁路建筑也实现了空间的多元化。地窖是最常见的空间形式，一些小规模的住宅建筑在室内向地下索取空间，一块简单的木地板就完成了地窖和地上空间之间的转换，竖向交通用轻质木楼梯解决。常规空间之下潜藏着特殊空间，这种低调、高效、复合的空间关系使任何一栋普通的住宅建筑都带有了神秘和浪漫的色彩。此外，大型兵营本身也具有穿套空间的特点，流动的空间感使原本单调的空间变得活跃。在站舍建筑中，从建筑主体坡屋面延伸下来的外廊空间是又一种并联空间。带有连续柱廊的灰空间缓冲了建筑实墙面与外部环境之间的距离，形成了一种良好的过渡并为旅客创造了一个休息纳凉、避雨雪的场所。

（2）特殊空间的平面组合　　特殊空间的平面组合关系比较简单，甚至一座完整的建筑就是一个独立空间。也有的特殊空间属于主体空间，别的单元空间只是它的附属部分。当特殊空间作为建筑的一部分与常规空间组合使用时，同样具有独立式、中心式、组团式、网格式、线形、合院式的空间形态；当特殊空间单纯与特殊空间进行组合时，空间关系更为简单，基本是串联、并联、放射等秩序。

教堂建筑的平面形态多为向心式或放射状形态，平面轮廓介于独立式和组合形式之间；大型厂房和库房为较短或较长的线形；大型兵营、马厩建筑则往往是舒展的一字形平面。带有通高大空间候车大厅的火车站站舍建筑多采用简单的一字形或有凹凸变化的线形平面。

特殊空间建筑的平面布局具有简洁的交通系统，有时甚至是"无形"的方式。交通既是使用者进出和体验建筑的方式，又是使用建筑的模式。同样，常规空间与特殊空间之间既是服务与被服务的关系，又是共同的载体关系。教堂是这种空间模式的最佳范本。进入入口后，有形的交通流线消失在宏大高耸的空间中，似乎只有心灵和敬畏的情绪才是引导体验者如何行进的向导。大型火车站的候车大厅也有类似的效果。由于使用者会自觉观察内部的标志引导系统和进站、问询、购物、休息等具体服务项目的位置，因此即使交通处于流散状态，对使用者也不会构成影响。而在大型的厂房中，使用者根据每个人工作的位置和机械操作的具体方式来选取交通路线，对大型机械设备和独立工作区的默认形成了工作区之间的潜在路径和运输通道。大型兵营的交通流线则清晰得多，虽然空间的无划分使步行交通具有极大的随机性，但是，使用者和床位之间的独立对应关系，使具体交通流线成为看不见却异常明确的鱼骨式结构。

活跃特殊空间的方法还包括利用单元空间的排布关系实现空间层次的变化，这些关系包括串联和并联等。中东铁路哈尔滨总工厂的许多车间就是典型的并联空间。可以说，具有大型独立特殊空间的中东铁路建筑的空间秩序很大程度上靠直入和穿套行进两种方式完成。穿套的行进方式有时会自发地被空间秩序本身疏导成环绕、放射、枝状、串联等不同的具体形式（表3.6）。一些特殊的建筑类型的进入方式也比较特殊，如铁路供水塔，入口在基座落地的部分，有的入口非常低矮，使用者须弯腰才能进入。

特殊空间建筑在形体轮廓上非常富有特点。其中，独立式和中心式空间组合建筑往往具有突出的竖向轮廓，标志性强，容易成为建筑聚落的视觉焦点，如教堂和水塔；线形布局的兵营和厂房形体轮廓简洁、整体性强、具有现代工业的宏伟气魄或军事建筑的威严感；线形以及变体形式的大型火车站因为有足够的尺度，因此在塑造个性化形象上具有便利条件；小型特殊空间的形体轮廓主要起到点缀、对比、丰富形体和活跃表情的作用。

（3）特殊空间建筑的空间设计技巧　　主体空间是特殊空间的建筑，空间划分往往高度简省，最经典的做法就是用家具划分空间。例如，教堂学校用课桌（或祈祷桌）形成的区域划分几个相互独立又互相连通的空间；兵营用规整摆放的床位来确立"卧室"和"走廊"的空间边界（图3.51）。这种模糊的空间划分方式还包括利用地面高度和天花平面的升降变化来界定空间，如教堂圣像壁龛部分就是将地面抬起创造独立的空间区域。这种方式延伸到体育场、赛马场的大型看台、露天半球幕音乐厅，以及江畔的大型露天餐饮平台等。此时，建筑是环境场所的一部分，也是室外景观的一部分，因

表3.6 特殊空间组合形态类型分析

形态类型	模式简图	实例	交通类型
平行并联	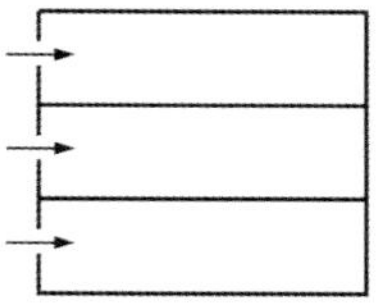	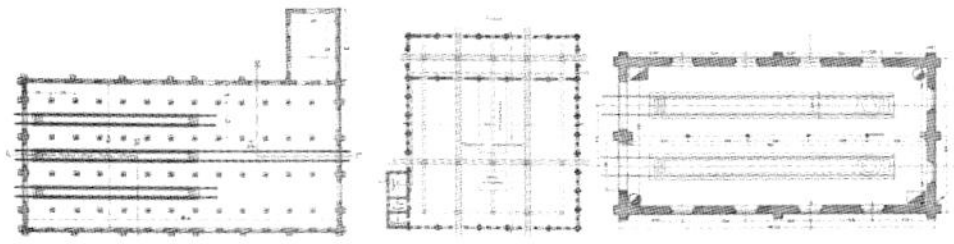	并列
平行串联	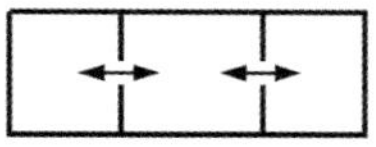	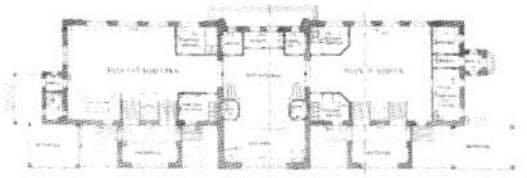	穿套
放射并联		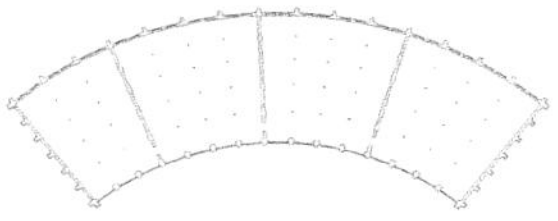	放射
中心环状	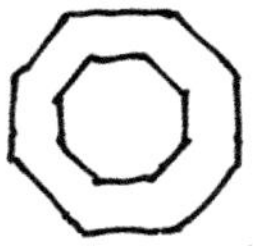	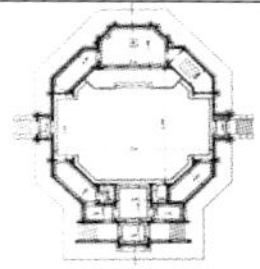	环状
独立	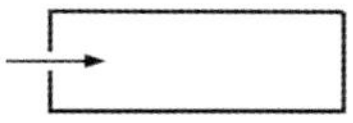	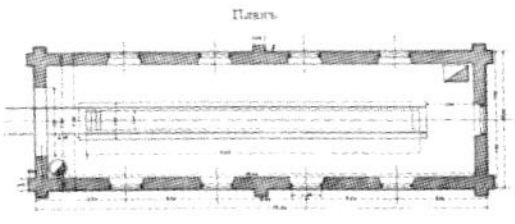	直入
组合式	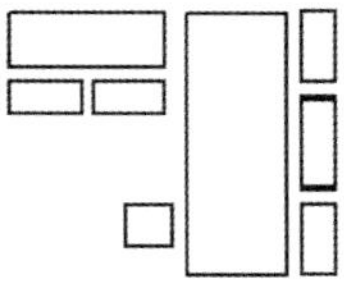	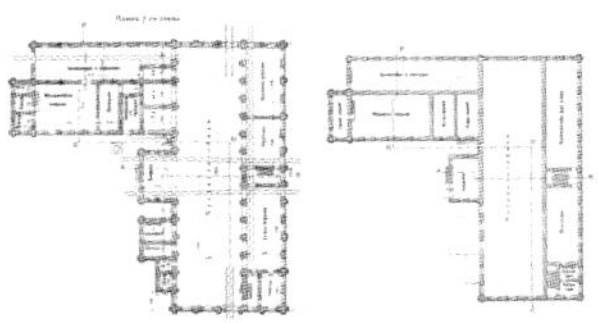	自由组合

此具有开敞、自由的空间意象。划分空间的极简方式带来的另一个优势就是空间利用率的提高，复合的使用功能使得建筑空间有了最大的效益。

通用空间与专用空间的高效组合是中东铁路建筑空间的一大特色。如：室外架空平台的运用突出了建筑所在的坡地地貌环境，形成了自身的特点；运用与阳光间结合的敞廊塑造了建筑温暖的人性色彩和生动的表情；高耸的特殊主体空间与常规尺度的辅助空间的组合创造了建筑高低错落的丰富轮廓，如大连火车站设计方案等（图3.52）。

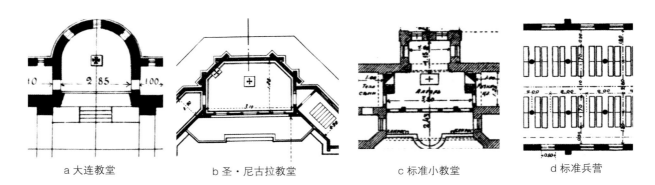

| a 大连教堂 | b 圣·尼古拉教堂 | c 标准小教堂 | d 标准兵营 |

图3.51 圣像壁龛及课桌、床铺划分空间示意图

即便是有地域气候条件和传统空间划分方式上对空间形式的制约，中东铁路的建筑设计依然找到了许多富有特点的丰富空间的手段。这些手段同时表现为一种具有地域特点的保温防寒技术，在活跃建筑空间气氛的同时增加了建筑的人情味。最典型的实例就是阳光间的运用。大面积玻璃和用自然材料木构架搭建起来的阳光间与厚重的建筑实墙面形成强烈对比，将内部空间从极度封闭的环境中解放出来，给人一种融入自然的感受。

中东铁路特殊空间建筑的设计在审美意匠方面给我们很多启示。首先，就是空间的纯粹性和震撼力之间的关联。中东铁路建筑的特殊空间中，给体验者以"震撼"效果的建筑类型大概有两种，一种是威严、高耸的精神空间——教堂；另一种是宏伟、开阔的实用空间——巨型厂房和机车库。相比较而言，前者的震撼是传统方式的，从视觉直达心灵，结果是对自身行为的收束和对神的敬畏与向往；后者的震撼是现代方式的，从视觉直达感官和情绪，结果是对工业技术的敬畏、追逐和升起激情。这两种效果虽然有很大差别，但是在震撼力上都非常巨大。原因是：前者在空间向度上保持了竖向高度和拔升气氛的纯粹性；后者在巨大机械尺度和简洁空间轮廓上保持了纯粹性。

特殊空间审美意匠的另一个启示就是：空间"丰富性"的标准和塑造空间丰富性的两种手段。什么是丰富的空间？其实，丰富性来自于潜藏于

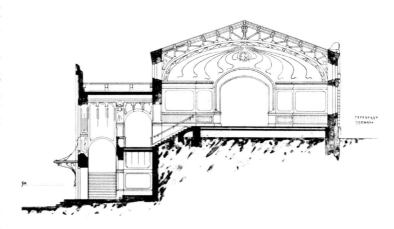

图3.52 大连火车站剖面图

空间之中的信息量的多少。这就可以解释，空间没有划分的巨型单元空间，由于将各种各样的体验方式和行走路径叠合在一起，将各种功能复合在一起，因此同样给体验者以丰富的空间感受的原因。可见，保持空间的简洁与纯粹同样可以创造与震撼力同时出现的丰富感。另一方面，充分强化地貌特点，捕捉基地本身隐含的方向感也是缔造特殊空间丰富性的一种手段。如，在城市的最高脊脉上建造更加高耸的圣·尼古拉大教堂；在城市地貌落差变化的坡地上建造舒展巨大的坡道系统的大连火车站；在松花江堤坝的滨水地貌上建造中东铁路游艇俱乐部出挑深远的宽阔平台等。

"对比统一的美学效果"是中东铁路特殊空间审美意匠的第三个突出特点。指导一切形式美法则和美学效应的总规律是"对比统一"。在常规空间与特殊空间组合构成的建筑中，将特殊空间与常规空间之间的塑造方式进行表现性对比是行之有效的方法。如中东铁路满洲里火车站，采用高大的举架和带有天然采光效果的屋顶做法，加上新艺术风格的优美装饰，形成了光明而震撼的空间效果。哈尔滨火车站候车区的中央门厅高达9.07米，是各候车室互相连通所必经的核心和焦点，为整座火车站创造了高耸明亮的室内环境，具有强烈的中心感和精神空间的作用。教堂建筑也充分利用这种空间的特殊尺度和高耸的方向感来塑造空间的精神气质和统摄地位。

3.2.2 建筑群体的空间及其组合

建筑群是多座单体建筑组合成的空间聚落，这个聚落小到三两栋房屋，大到一座完整的城市。一般情况下，聚落的不同单体之间存在着功能上的联系，少数情况下建筑之间没有特别的功能关系，仅在地势上呈现一种近距离空间联系。对于具有功能关系的建筑群而言，不同单体建筑或在功能上各有分工，或为同类功能的重复单元。具有功能联系的建筑群很容易通过室外环境形成某种场所感。下文将对中东铁路不同建筑群的功能类型、规模级别、空间类型、分布形态等各方面因素进行分析。

3.2.2.1 站点社区空间形态及设计技巧

中东铁路建筑基于各种功能关系组合成不同的建筑群，这些建筑群与铁路有紧密的联系，同时也依照自身功能保持一定的独立性。铁路运营的正常业务包括：旅客乘降和车站管理、货物装卸运输及存储、铁路维护检修、铁路安全秩序维护、铁路用燃料采集加工、铁路机车修理、铁路职员生活、行政办公与文化商业等，与之相应的环境构成了铁路站点、工厂、社区乃至市街。

（1）站点与工业、军事区的空间形态与设计技巧　铁路站区包括铁道线、站舍、集散广场、月台、给水设施、仓储、机车库及维修区等部分，其排布方式从站外向站内依次为：旅客集散广场、火车站舍、月台、铁道线，纵向轴线的左右两侧布置仓储、机车停放及维修区。站区的平面布局横向展开很长，用来布置服务、检修、仓储乃及工业生产，有明确的墙体或栅栏围护并隔开站区外部市街与站内的铁道线，使得各区域能正常运转（图3.53）。

工厂区往往临近铁道线，与站区连成一个大的区域。当站点级别高、工厂规模大或需要与特定的

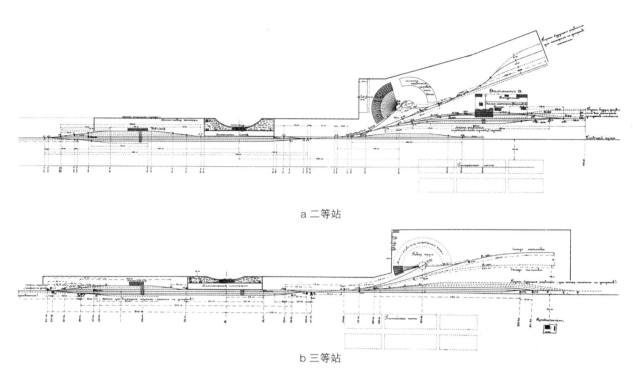

a 二等站

b 三等站

图 3.53 铁路站区标准配置图

水运交通连接时，铁路工厂便会另行选址、独立成区，通过专设的铁道线与站区连接，如中东铁路哈尔滨总工厂就是在远离哈尔滨站的埠头区选址建设的。铁路工厂的生产内容大多与铁路运输直接相关，如生产铁路用材、维修机车及制造机械部件等。除了考虑各工种之间的功能联系，大型铁路工厂的总体布局还取决于铁道线的排布密集度及不同工种流水作业的工序，因为大部分厂房需要将铁轨直接铺进厂房内部。因此，大型厂房的布局通常不会采用周边式的围合布局，而是接近于平行排布或分区平行排布。这样做的好处是利于铁道线的铺设和材料、成品的集散（图3.54）。

兵营是中东铁路建筑集群中的重要组成部分。中东铁路护路队在铁路沿线的许多站点都有驻军，因此兵营的数量也非常多。大站的兵营规模庞大，还设有司令部等管理机构；驻扎骑兵的站点除了兵营外，还设有不同规模的马厩。在较大规模的兵营或军事驻扎区，除了有司令部、警卫室、军官活动中心、兵营、马厩、食堂、弹药库、弹药库守卫室、厕所外，还常常设有武器维修室、铁匠室、木匠室、兽医室、地窖等辅助性建筑。这些建筑一起构成了中东铁路特有的军事建筑聚落。

从上述实例中，我们可以看到中东铁路建筑群体空间形态的一般特点和设计技巧。首先是铁路站点与社区的空间关系。中东铁路站点与社区的空间形态是由这两个区域的关系决定的。总体看来，两

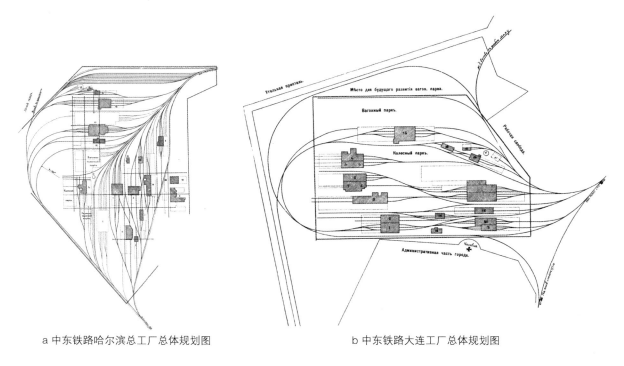

a 中东铁路哈尔滨总工厂总体规划图　　　　b 中东铁路大连工厂总体规划图

图3.54　铁路工厂总体规划图

种空间聚落都是沿水平方向展开的，或平行于铁道线的走向，或按照地貌的条件与铁道线形成一定的角度。而生活和公共服务社区则必须在铁道线和站场用地边界之外布置，同时普遍采用更规则的空间划分方式。这就形成了平行叠加的关系：铁路、站场、公共服务及生活社区、自然环境。

其次，由铁道系统贯穿起来的工业场区的空间状态。由于拥有分支众多的铁轨和货物存储堆放、机车维修、大型机车库等尺度巨大的建筑及场地，因此，站点内部的站场用地往往没有规则的边界。站区内部用地的进深变化幅度很大，在主体建筑——火车站站舍的部分是进深较小的部分，主要满足旅客的乘降和人流的集散；横向铺开的货场仓储区和机车维修及存储库房区则需要巨大的进深。与生活区相比，站内空间显得流散、空旷，没有明确的秩序感，联系方式主要是铁道线。这种分散的尺度和形象是工业运输的作业方式所决定的，同时也符合功能类型本身所应该具有的表情。

第三，一些功能单一、规模集中的小型建筑群——工区、护路队、水泵房看守营地成为站点标准配置的一个特殊聚落。这个小建筑群往往有固定的建筑类型配置和空间模式，外部有带射击孔的石质围墙，具有高度的封闭性和军事防御体系特征，因此只要规模没有变化，可以在不同的站点间大量复制（图3.55）。三座不同规模建筑的功能角色包括宿舍、兵营、马厩、水泵房等。

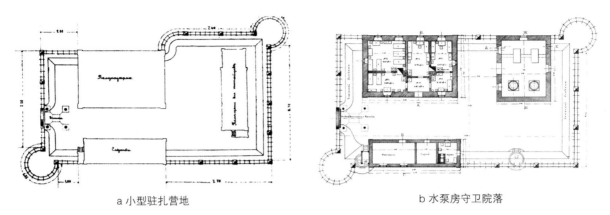

a 小型驻扎营地　　　　　　　　　　　　b 水泵房守卫院落

图3.55　工区及小型防护设施

（2）生活及公共服务区的空间形态与设计技巧　　中东铁路站点还包括职工生活区和公共服务设施，如宗教、医疗、学校等。按照标准设计，附属社区被设计成网状并具有复合功能。居民区主轴线大多选取和铁轨垂直的方向，这有利于与车站建立便捷的交通联系。从火车站开始，对称地排列依次是行政楼、商店、市场、学校等。工业和仓储区直接挨着铁道，在道线和生活区域之间形成了一个保护层。铁路职工生活区为铁路职工提供生活服务，主要建筑类型包括住宅、公寓、浴池、休闲庭园等，其中职工住宅占绝大部分比例。带有室外花园的一、二层铁路住宅分布在中轴线两侧，形成一定规模的庄园。大站往往有规模较大的生活社区，沿铁路线绵延展开，成为中东铁路沿线人文景观的重要组成部分（图3.56）。

公共服务区包括行政办公、金融商贸、文化娱乐、医疗卫生等不同的服务内容。小站点的公共服务部分没有独立的分区，常常将几座公共建筑集中布置，甚至与生活区混杂布置。高等级车站的公共服务区规模较大，甚至将一些服务内容独立成区。其中，行政办公区为铁路管理、铁路事务交涉等相关机构提供办公场所；金融商贸区包含银行、商场、农贸市场、餐饮店等建筑；文化娱乐区包括学校、图书馆、剧场、电影院、俱乐部、竞技会馆等建筑类型。中东铁路管理局在站点的医疗卫生设施配置上投入了较大的精力，在大站的生活区之外普遍开辟一定面积的用地作为独立的医疗卫生用地。从铁路沿线几个较大的站点看，铁路社区的医疗机构不仅仅是一栋医院建筑，而是集中了门诊室、住院部、洗衣房、药品库、食堂、公厕、太平间、仓房甚至冰窖等多种功能单元的建筑群。这个建筑群通过自由布局的庭园形成一个有机的整体，同时打造了一种宽松、舒适的外部环境。另一种特殊的医疗建筑群——疫情隔离区则选择了更为规则、严格的布局形式，除了基本的功能联系之外，医疗流线组织和疫情隔离距离的控制为整个布局的规划原则（图3.57）。

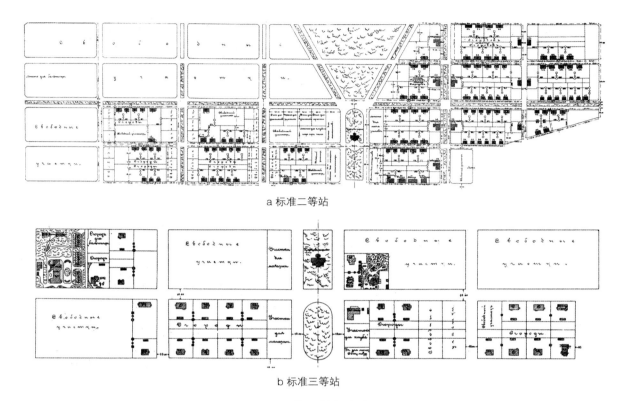

a 标准二等站

b 标准三等站

图3.56 职工生活区标准图

中东铁路管理局为患有结核等疾病的职工提供环境优美的康复院所，还为职工及家属设置多处短期轮流疗养、避暑的基地，并称之为夏季医院。休闲疗养基地多选择在铁路沿线自然环境优越、风景优美的铁路小镇，如西线的雅鲁、巴林、兴安岭、扎兰屯；东线的一面坡、横道河子等地。这些地方的共同特点是有山有水，气候温和凉爽，景色宜人。

概括起来，铁路生活及公共社区的建筑群体空间有如下特点：首先是高度规整的街道系统。街道和开放的绿化场地将尺度适宜的社区街坊组织起来。其次，住宅社区的每个居住单元具有高度统一的形象和排布方式，同时均配置以宽敞的庭园。建筑与街道直接相邻，最大限度地将庭园变成内部空间。这种布局的另外一个优点是：街道的空间感和路径的边界形态都大为增强。重要的公共建筑被着意安排在社区中心或边缘地带，占据社区中间位置的通常是教堂，而医院等公共建筑群则布置在离生活区较远的街道尽端相对安静的地方。

当缩小到一个比较精致的规模时，群体空间组合的效果就定位在具有中观和微观层次的建筑单

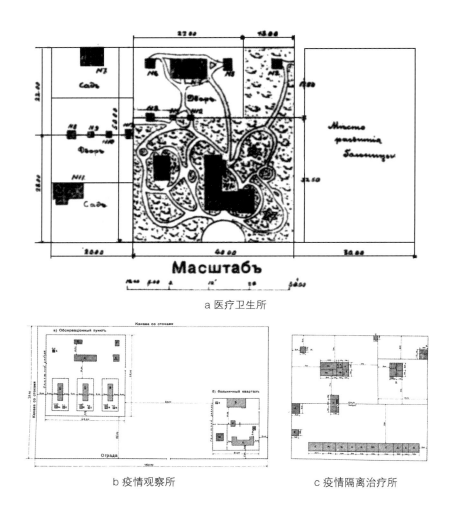

a 医疗卫生所

b 疫情观察所　　　　　　　　c 疫情隔离治疗所

图3.57　三种卫生医疗区的规划

体的对话和配合上。这是真正意义上的群体空间组合，充满了对场所感的把握、空间秩序的技巧性，以及对自然环境的共同回应。依照在组合过程中各自的作用，小规模建筑群组合的类型包括：主从关系、并置关系、融合关系；具体形态包括：合院、线性、自由聚落等不同的布局类型。

3.2.2.2　城镇市街的空间形态及设计技巧

（1）中东铁路城镇市街空间的规划设计手段与空间意象　　中东铁路沿线的许多站点最终发展成为一系列大中型规模的城市。在此之前，站点和职工住宅区经历了由纯粹功能的生活社区空间逐渐发展成综合的市街公共空间的过程。其实，即使是最初纯功能性的铁路站区及附属社区规划也已经具备了城市构架的一些雏形。尤其是按照标准站区规划建设的各级站点小镇，我们可以清晰地发现城市空间意象。美国的城市设计理论家凯文·林奇（Kevin Lynch）创造了探讨城市空间意象的城市空间五要素方法：街道、边沿、区域、节点、标志物，我们可以用来解读中东铁路城市早期规划的空间异象。

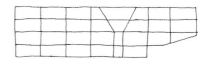

a 标准二等站

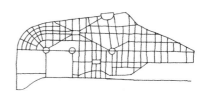

b 哈尔滨

其一，街道：中东铁路城镇普遍具有标准答案式的规整布局特点，矩形网格纵横交织，不同等级的街道构成经纬线，在对应火车站的关键部位辐射出承担主轴线角色的主要街道，并由此形成统率全局的街道和开放空间系统。在重要的站点，铁路市街的远期发展一开始就得到规划。在哈尔滨和大连（时称达里尼）等重要的站点，市街的规模被扩展至整个铁路附属地甚至更大范围的整座城市，城市规划方案动用了19世纪至20世纪之交西方最高超的专业水平（图3.58）。这一时期的城市规划非常注重道路网的结构和它对城市空间所起到的统摄作用，如哈尔滨新市街的大直街就是利用了原有城市基地内一条贯通东西的高岗地带规划而成的，最终形成了城市的东西主干道和铁路市

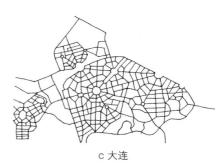

c 大连

图3.58 中东铁路市街街道系统简图

街的核心。对于这种级别很高的主要街道，城市规划中往往给予特别的考虑，如开阔的尺度、两边建筑后退距离的规定、宽阔的绿化带等。

其二，边沿：中东铁路城镇市街空间的边沿特征表现在以下几个方面：一是处于紧临街道的建筑实体形成的街道空间界面（图3.59）；二是由铁道线及站区边界隔开城市社区之后自然形成的边缘空间界面和建筑轮廓线；三是穿过城镇中心区的自然介质，如河流及林地等；四是市街与社区结束时与周边自然环境形成的交接带轮廓。街道空间的实体界面是最典型的边沿形式。由于中东铁路早期规划临街的建筑绝大多数是一层住宅，因此，街道空间尺度松散，边界形态不够完整。随着市镇规模的扩大，越来越多的公共建筑出现在靠火车站的主要街道周边，铁路市街逐渐成形，街道空间的场所感和边沿的实体特征也越来越强。由铁道线隔离形成的城市边沿是另一种易于感知的边沿

类型。由于铁道线和城市街道之间普遍设置以仓储货场、机车维修的库房及辅助设施，因此呈现的特点是：构成边沿的建筑类型较为单一：站舍、仓储建筑、水塔、边坡，以及围墙外露出的高度规则的铁路住宅。对于乘坐火车途经观赏的游客而言，这是一座铁路城镇或站点留下的全部印象。后两种边沿形式是与自然界面交接形成的空间边界，充分体现与自然亲和的特征。哈尔滨的松花江、马家沟河；大连的海岸线、不同区域之间的自然绿岛；横道河子镇的佛手山阳坡等都是此类边沿空间的经典案例。

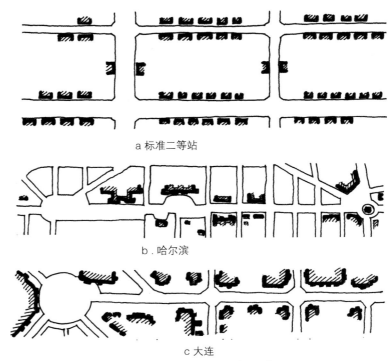

a 标准二等站

b.哈尔滨

c 大连

图3.59 中东铁路市街边沿示意图

其三，区域：区域是中东铁路城镇空间中的主要构成部分，其形态和布局具有突出的图案化特征和高度的秩序感。规模较小的城镇的主要部分就是俄侨和铁路职工共同居住的社区，基本功能是居住和医疗卫生，主要形态是由早期站点生活区街道网络所划分出的尺度均匀的街坊。规模较大的城市出现了形态更为多样化、尺度差异更大、功能类型具有更多差异的街坊，如行政区、居住区、商业区、文化教育区、工业区等，形式也出现了更多不规则形态和扇形、楔形、多边形等形状。无论大小站点城镇，在为不同居住人群的区域规划上都有相似的分配方式，这就是专为中国人在铁路生活区之外划定一个区域，从而从城镇的空间布局上先行设定一道种族屏障。这种规划方式除了基于铁路系统管理上的因素外，一定程度上带有民族歧视的意味。

其四，节点：空间节点的运用是中东铁路城镇市街空间设计的另一个特点。节点一般由道路的交叉点产生，有时在重要的大型公共建筑入口前也会出现，如火车站、电影院或大型办公建筑入口前。由于中东铁路的站点和城市基本参照欧美国家的城市结构进行规划，所以"街道—广场"系统是城市空间的骨架，而路口、广场就是"节点"所在，表3.7分析了哈尔滨的节点系统。

表3.7 哈尔滨城市节点模式分析

节点类型	模式简图	实例	功能
十字路口			交通
放射交点			交通
放射环岛	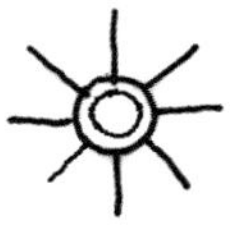	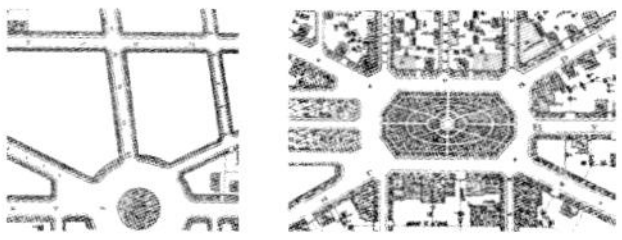	交通、景观
正交环岛	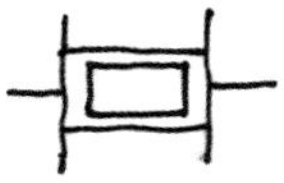	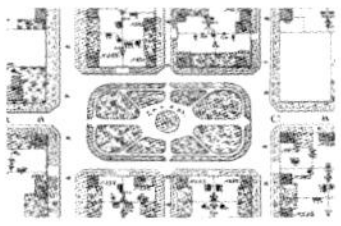	景观、交通
T字路口	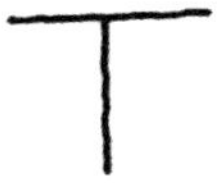	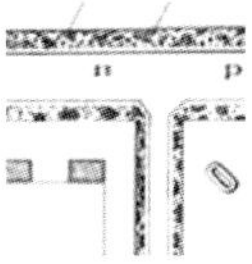	交通、景观
半放射		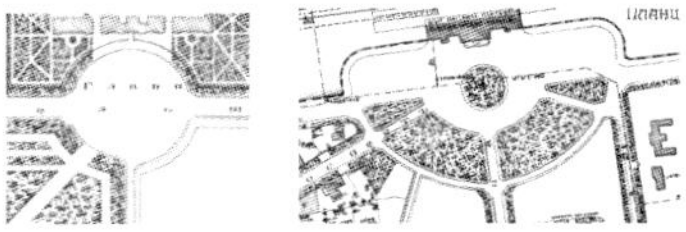	交通、景观
异形交叉点	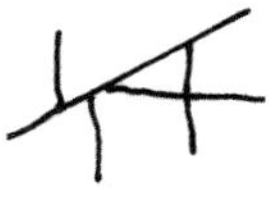	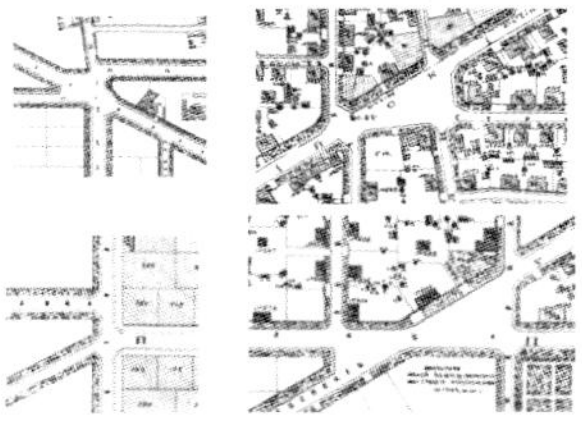	交通

当相互交叉的两条道路等级都很高时，在交叉处会扩展成为广场。特殊情况下，丁字形交叉的时候也会有广场出现，此时往往广场与重要的大型公共建筑入口有对位关系，如中东铁路管理局前街道广场。将中东铁路沿线市镇的广场实例加以整理，可以得到一些空间节点的基本类型和空间构成方式。图3.60中展示的哈尔滨和大连城市空间的节点系统具有很强的典型性，从中可以看到中东铁路市街节点的构成特点和丰富的类型。

其五，标志物：标志物的运用是中东铁路市街空间和城市设计的妙处所在。标志物是城市空间的重要控制要素，通常处于空间节点或视觉焦点处。标志物能给人留下深刻的视觉印象，成为城市空间定位的重要参照点。能承担"标志物"角色的建筑物通常包括：教堂、水塔、大型城市雕塑，以及处于城市街道尽端或交叉口的大型公共建筑。除了占据路径空间的关键部位外，标志物还往往占据地貌变化的最高处，这种位置可以强化标志物在城市轮廓线上的作用（图3.61）。典型的实例是绥芬河与哈尔滨站前的两座教堂。这两座教堂的位置和作用非常相似，都是处于火车站站舍主入口对向城市方向的街道中心处，而且同时高居街道抬起的缓坡的最高处。不同的是，绥芬河教堂前的坡度更为陡峭，因此设置大台阶连接街道与教堂广场；而哈尔滨圣·尼古拉教堂前的街道坡度较为平缓，距离更远，因此以道路连接。

（2）从哈尔滨和大连早期城市规划看城市规划设计技巧

其一，设计理念——铁路统摄、西式美学：哈尔滨和大连是中东铁路早期沿线两个最大的城市，也是沙俄苦心经营的两个城市。这两个城市的规划和空间形态集中体现了中东铁路城市空间的形态特点和规划

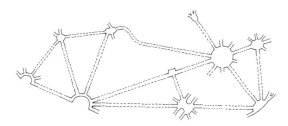

a 大连市街节点系统

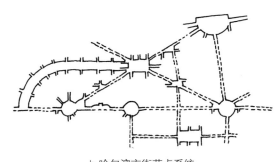

b 哈尔滨市街节点系统

图3.60 中东铁路市街节点系统示意图

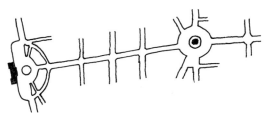

a 典型二级站主轴

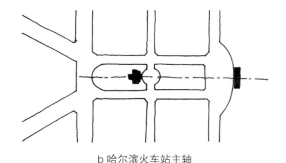

b 哈尔滨火车站主轴

图3.61 典型的市街标志物系统示意图

特色，也反映出高超的规划与设计水平。作为因铁路而兴起的城市，火车站和铁道线是两个城市的核心设计要素，起到了统摄全局的作用。哈尔滨是中东铁路总枢纽，而大连则是沙俄横贯亚欧大陆的海陆交通线的集结点。在哈尔滨，最主要的铁路行政管理及铁路职工与高级官员的住宅区都沿着与铁路平行的方向展开，并形成了整个城市最主要的交通大动脉和环境质量最高的社区。所有的纵向街道垂直穿过主干道——大直街伸向铁路，使得人们有机会通过任何一条街道感受到铁路给城市带来的特色景观。而大连的放射形广场及道路系统也都是从铁路火车站的空间节点发展而来，重要的公共建筑及高级住宅布置在紧邻铁路划定的区域，标志性建筑与街道空间节点一起共同打造了城市的完美格局（表3.8）。

这两个城市的另外一个突出特点是，城市规划的空间结构形态都是采用了典型的欧美风格，尤其是法国巴黎星形放射广场和道路系统，以及大面积的公共绿化景园，因此带有强烈的西方美学色

表3.8 大连城市空间标志物模式图

标志类型	模式简图	实例	功能
建筑单体穿越式	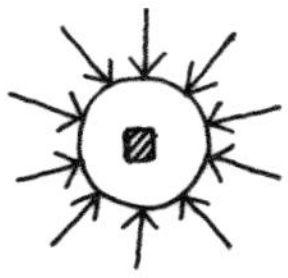	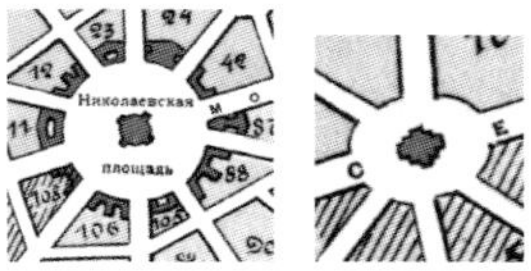	对景 规则放射焦点
建筑单体穿越式	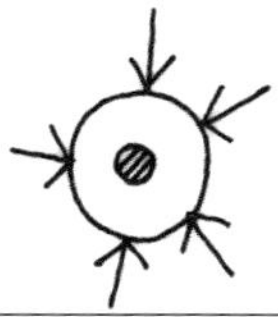	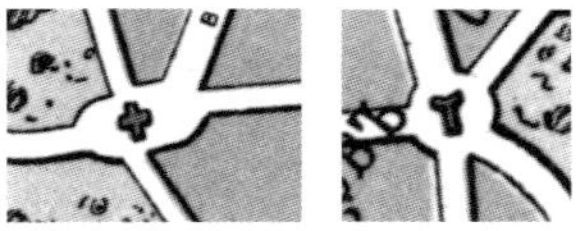	对景 不规则 放射焦点
建筑单体尽端式穿越式	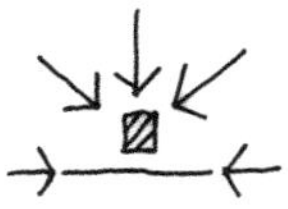	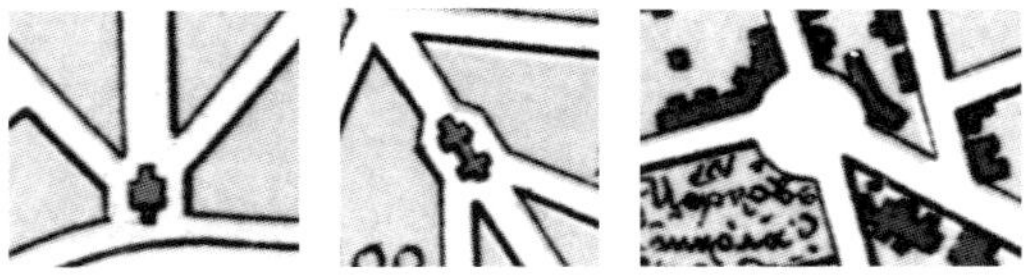	对景 半放射焦点
建筑组团尽端式	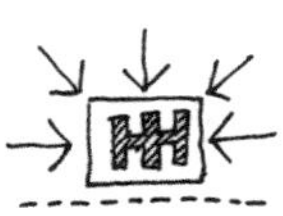	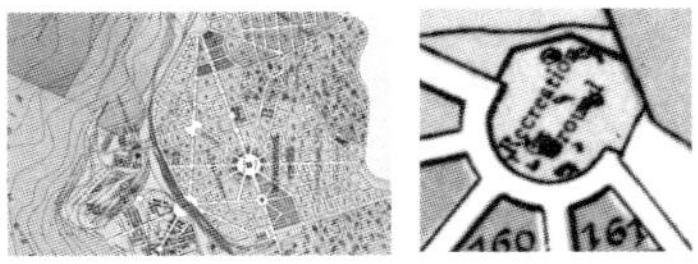	对景 半放射焦点
建筑单体尽端式		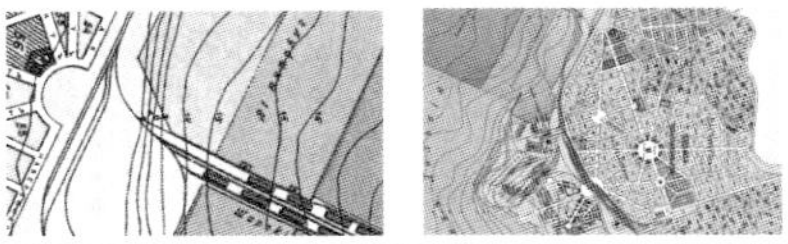	对景 单一街道对景

彩（图3.62）。从根本上讲，虽然中西方的传统城市都比较注重街道和空间轴线的作用，但是，他们存在着更多的不同点。东方的城市是由院落群体空间和街巷组成的，整体空间意象是内向的、封闭式的；西方的城市是由广场和街道组成的，空间意象是外向的、开放式的。哈尔滨和大连都注重城市广场的作用，尤其大连的广场系统更为突出。其实，即使是中东铁路沿线的一些普通站点，在进行铁路生活区的规划时，建筑师和城市规划师都要有意识地创造城市公共空间，显然，这是完全基于西方人对城市的理解而创作出的形式。

其二，设计过程——提纲挈领、以简驭繁：哈尔滨和大连城市空间格局的形成过程非常有特点，表现了中东铁路早期俄国建筑师的水平和专业智慧。在哈尔滨，真正经过预先设计并按照规划方案建造的是新市街，而城市最早的聚集区老哈尔滨和沿江的码头及傅家甸等村落当时还没有成型的街道空间系统。规划中有意识地进行了分期考虑，首先选择地势条件和位置良好的区域进行设计，很好地避免了因原有村落等聚集点的存在而产生的复杂性，使得空间格局趋于理想化并能迅速形成规模。之后的建设则通过向这些未经规划的杂居地辐射道路系统，进而逐渐使整个周边区域整合为一个大的城市空间系统。

大连的城市规划则在一开始就呈现出一种突出的整体性和良好的环境理念。整体性是通过不同核心区域的放射状街道广场体系实现的，一种形式贯穿始终，创造了城市空间体系的高度统一，而这些区域之间难以完成路网交接的不规则区域则被用来设置铁路用地和面积巨大的绿化公园。

其三，城市结构——分区经营、华洋合处：城市的街道网串联起整个城市的空间骨架，而不同的区域则依照所处位置、与铁路的关系、环境质量和功能设置形成相互独立的分区，各安其道、各司其职。在哈尔滨，经过详细规划建设的新市街用来布置中东铁路管理局机关大楼、相关的文化、娱乐、金融、医疗机构，以及所有铁路员工的住宅区。这部分区域建筑水平最高、环境质量最好、

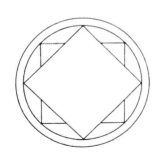
a 意大利著名设计师菲拉雷特的城市规划图（约1460年）

b 哈尔滨理想化城市中心平面图（1916年）

c 达尼艾尔·斯别克列设计的理想化城市示意图（1608年）

d 哈尔滨理想化城市规划示意图（1916年）

图3.62 城市规划理想模型

服务设施齐全，因此是俄国侨民最为集中的区域（图3.63a）。埠头区开始被用作中东铁路总工厂等工业用地。后来被俄国人专门划定出一条华人社区的大街——中国大街。中国大街的出现带动了商业的快速发展和服务业兴起，城市环境快速完善，成为哈尔滨的商业中心。俄侨和中国的富商巨贾也纷纷驻入，最终埠头区成为真正华洋合处的区域。傅家店是最早、最纯粹的华人集中区。由于居住在此的中国人大多是手工业者、工匠和市井小商贩，社会地位较低、经济条件较差，因此这一区域的城市环境拥挤、杂乱，与前两个社区恍如隔世。

大连在规划阶段就已经被划定成不同功能和使用人群的四个区域，分别是：官邸区、行政区、欧洲区和中国区（图3.63b）。官邸区专门为中东铁路管理局和航运港口管理部门的官员提供环境幽雅的私人住宅，属于高档社区。行政区容纳了众多的机关办公、文化教育及娱乐设施、医疗、金融、商业等齐全的公共机构。欧洲区和中国区则将不同民族的居民分开安置，保证各自的独立性和整体性，以及文化体系和生活模式的关联统一。这种有分区、有联系，综合了自由和独立的设计方式形成了一种独特的城市空间和文化格局。

其四，空间特征——尺度开阔、融合自然：哈尔滨和大连所代表的中东铁路沿线站点社区和城市普遍具有开阔的尺度和优美的自然环境景观（图3.64）。哈尔滨新市街的城市选址具有同俄国远东的城市非常相似的地貌特征和自然条件：带有舒缓的坡度变化的自然地貌、蜿蜒的河流——松花江与马家沟河；形态优美的开阔绿地。尤其是圣·尼古拉教堂和无以计数的铁路住宅建成以后，这里完全呈现出一派纯正的俄罗斯风情。大连的城市空间更趋近于理想中的"花园城市"。由于不同分区之间的广阔绿化景观，加上作为城市自然边缘界面的海岸线，因此大连的空间尺度与自然景观都堪称完美。这是中东铁路城市规划中最时尚理念的高水平呈现，优越的选址和自然环境条件赋予这座城市良好的空间结构基础和浪漫的景观意象。

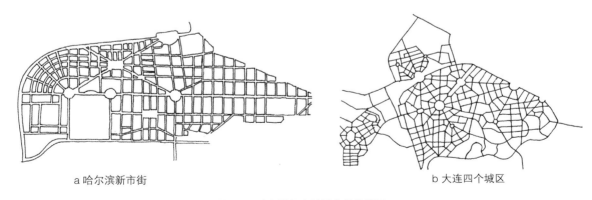

a 哈尔滨新市街　　　　　　　　　　　　b 大连四个城区

图3.63　哈尔滨与大连城市结构简图

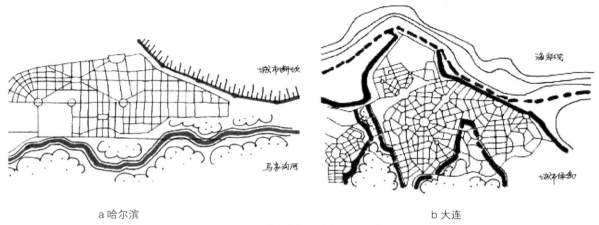

| a 哈尔滨 | b 大连 |

图3.64 城市空间尺度与自然环境

3.2.3 空间形态的文化特点

丰富的空间形态是中东铁路文化线路的重要文化载体。中东铁路是近代工业革命的产物，带有强烈的技术色彩和空间转型特征。尤其是其多民族传统空间模式、现代空间模式、地域空间模式的多元组合构成更是文化线路典型的迁移、交流和动态特征的体现，而其空间的常规类型和特殊类型的组合模式、普适性的空间形态和通用模式则是铁路交通快速、便捷、工业化的突出体现。至于建筑空间形态由规则对称的传统形态向简洁有机的现代形态的变化；城市空间形态由图案化的欧洲传统城市格局向简洁的矩形网格和日光式街道格局的改变，正是在时间维度里文化线路的动态机制在发挥作用的表现。

（1）建筑大空间的超尺度和铁路站点、货场等区域流散空间形态、功能逻辑告诉人们中东铁路文化线路的第一个特点，即工业化文明是这条文化线路的灵魂之一。这种强烈的行业特点是自身文化属性的有力代言，突出了功能主义和效率原则的地位。

（2）移民文化、民族文化、人文特征是建筑空间模式带给中东铁路文化线路的又一重要灵魂内涵。从俄罗斯民族的东正教教堂看，规则对称的平面对应着意想不到的复杂烦琐的立面，正如高度图案化的城市规划图与复杂多变的空间场景自然地戏剧性结合一样，强烈传达出中东铁路文化线路浪漫的一面。

（3）空间的多元和自由组合特征是通过时间的积淀逐渐形成的，它最好地展示了中东铁路文化线路包容的文化意识和处于大时代变革之下的动态机制。这是空间的时代语法。

（4）具有普适特点的通用空间遍布中东铁路全线的事实证明，俭省已经成为一种讲求现实的理性文化策略。因此，中东铁路文化线路的文化遗产带有简朴、低调的另一面。

3.3 建筑的材料形态

建筑文化最直观的表现是建筑形象，而构成形象的一个重要因素是建筑的材料选择与表现。可以说，材料形态是中东铁路建筑文化最重要的载体之一。尤其作为文化主体构成要素的俄罗斯砖石建筑和木构建筑具有突出的材料表现方式，这种方式已经积淀为一种成熟的文化符号和典型做法、典型样式。

3.3.1 材料的物理性能与使用方式

任何一种材料都有它所独有的物理性能、质感和观感，以及相应的典型使用方式。在无以计数的中东铁路建筑中，无论是传统建筑材料还是新兴建筑材料都有它所适用的方式及范围，这也直接促成了中东铁路建筑异常丰富的样貌。下面，我们就对这些新老建筑材料做一个全面的追踪。

3.3.1.1 传统材料

（1）木材　木材是中东铁路最经典的建筑材料。木材有优良的物理性能，如绿色环保、可再生、可降解、可预加工、施工简易、工期短、导热系数小、保温性能好、力学性能良好、顺纹方向抗拉、抗压力强、抗震性能优良等。

中东铁路途经的中国东北地区是森林资源最为丰富的地区之一。由于清朝数百年的封禁养护，铁路主线的东部、西部，还是支线的南部地区，都有面积巨大、品质优良的天然林木。其中，西部主要是大兴安岭原始森林，东部是长白山余脉的张广才岭及老爷岭林带，以及松花江、牡丹江流域的原生密林；南部是四合川、拉林河流域的原始森林等。以东部线为例，这里有非常珍贵的林木种类，如红松就是一种质地优良、享有盛誉的建筑用材。东部线的林区还有珍贵的阔叶树和胡桃楸、水曲柳、黄波罗、柞树、紫椴等，云杉、冷杉利用价值也较高。俄国人大肆掠夺当地森林资源，从"长白山脉之大森林，伐采木材，组以为筏，流而下江。至吉林，更合数组，以为大筏流下哈尔滨，充房舍建筑及铁道枕木之用"[4]。

用在建筑上的木材以原木、板材、方材为主。原木就是对成材树木的主干外表面进行去枝、去皮的粗加工后形成的木料。板材是指长、宽度远远大于厚度的面状型材。方材是用作柱、桩、梁或线性装饰构件的型材，通常宽度不足厚度的三倍。因为木材是各向异性有机材料，顺纹与横纹方向的力学性质有很大差别，顺纹抗拉、抗压强度高而横纹强度低，因此用于结构构件时一般是用顺纹方向的长料或方材。木材的保温性能也很好，中东铁路的许多建筑类型（如住宅等）都采用木质板材做内部维护层材料。

木材的使用方式有以下三种：结构材料、围护材料、装饰材料。

其一，枕木、墙体、桩、柱、梁、屋架等结构材料（图3.65）。木材在铁路工程中最直接的是用作枕木。中东铁路早期使用的铁轨是固定在木制枕木上的，"枕木"一词也由此而来。此外，木材还广泛用于大型铁路工程设施的施工模件和脚手架。在结构上，最简单的使用方式是用原木直接叠砌成木刻楞建筑。此时，原木既是一种结构材料，又是一种围护材料。木材可以用来搭建整栋建筑的线性支撑系统——梁、柱木构架。在更大量的民用建筑中，木材只是一种屋顶结构材料，用来制作各种形式的屋架。

其二，墙板、地板、保温层等围护系统材料。传统的建筑常常直接用木板作为室内外墙体的面层，同时也比较多地作为空间分隔的轻质非承重墙体材料。此外，中东铁路建筑普遍使用木地板，这种木地板的单元尺度比一般地板块要大很多，厚度也更大，因此非常结实耐久，同时给人使用和观感上的舒适感。木材也用作保温材料。直接针对保温隔热性能应用的做法是用作墙体内部的加砌材料。这种用法木材并不显露在室内，而墙体的结构承重作用也有砖砌墙体承担，因此，木材在这里完全是承担保温板的作用。此外，作为木材的一种特殊形式，木屑可以用作保温墙体的填充材料。木屑通常与石灰组合使用，中东铁路的一些木制板式住宅常常运用这种技术，满洲里的一些铁路员工板式住宅就是这种技术的实际案例。

a 枕木　　　　　　b 墙体　　　　　　c 柱

d 屋架　　　　　　e 地板　　　　　　f 屋顶板

图3.65　木材的结构与围护用途

其三，雕花装饰板、雕花构件等内外装饰材料。木材被广泛用于建筑室内外装饰，用木材装饰的室内空间色彩更为柔和、质感更为自然，同时具有良好的观感和触摸、踏踩感受，因此是人类十分喜爱的一种建筑材料。木材可以适应工艺复杂的雕刻技术与漆染工艺，可以塑造各式各样、精美绝伦的装饰构件，是一种工艺要求极高、艺术效果独特的艺术装饰。在中东铁路建筑中，带有符号化图案的木质雕刻非常常见，从建筑檐下梁头到室内的立柱，大大提升了建筑的艺术性（图3.66）。

（2）石材　　石材是中东铁路建筑的重要用材。石材具有良好的耐久性，同时具有较高强度的抗压能力。此外，石材的耐火性、耐冻性较好，膨胀收缩率也较低，当然不同的石材依自身成分和品质的关系性能有所不同。中东铁路途经很多山地环境，天然石材资源丰富。由于大兴安岭和张广才岭及老爷岭盛产花岗岩和石灰岩，因此，就地取材成为中东铁路筑路工程和房建工程石料的主要获取办法。天然石材色彩和质地变化较多，在建造那些根植于自然环境中的铁路建筑时，大大提高了新建筑融入周边环境的亲和力，使建筑非常具有更为自然的气质和浪漫的人文表情。

a 雕花装饰板

b 墙裙

c 窗檐

d 屋顶风口

图3.66　木材的装饰用途

石材的使用方式包括：路基碎石、桥墩、建筑基础、墙体、地面铺装等（图3.67）。用量最大的是铺路基用的碎石，当时铁路沿线开有大量的采石场。建筑和桥梁基础石材需要规整方正的大块石材，利于砌筑，稳固度也较好。中东铁路沿线几乎所有的桥梁都是采用石材砌筑的方式建造桥墩，东线更有众多的拱桥是用石材完整砌筑的，具有非常高的坚固度和优美的外观。

在建筑上，石材除了用作基础材料外，还用作承重墙砌块材料。用作外墙材料的石材根据不同的石质、形状和色彩会拼装出各种各样的立面效果，"虎皮石"墙就是一种典型的效果，具有浓郁的自然气质和很强的表现力。此外，石材还被广泛用于室外环境的地面铺装。在级别较高的公共建筑中，石材还被用来表现更为精致的外观效果，如打磨精美的花岗岩和大理石，被用作内墙装饰材料以及厅堂的地面铺装材料，如银行建筑、博物馆类建筑和大型行政办公类建筑等。石材也被用来制作样式精美的立体雕刻等装饰构件，无论室内还是室外，这些石雕装饰都起着强烈的美化作用。

（3）黏土砖　　中东铁路建筑最为常用的建筑材料是黏土砖。黏土砖是以黏土为主要原料烧制而成的小型建筑砌块，是一种非常传统的建筑材料。当时，由于中东铁路全线同时开工，许多站点的铁路附属地内部有大量建筑物需要建设，因此砖材一时成为紧俏稀缺的建筑材料之一。

中东铁路的黏土砖种类很多，色彩和规格也不尽相同。根据技术来源划分，包括俄式砖、日式砖和满洲民窑砖等不同种类。从色彩上也分为青砖（灰砖）和红砖、灰白矿渣砖等种类，其中，灰砖与红砖的烧制工艺不同，不是通过砖窑与砖自然冷却，而是通过烧透后淋水冷却获得。相比较而言，俄式黏土砖比日式黏土砖的单元尺度要大，砖质更为细腻。日本砖除了一般的黏土砖外，还有经过原料改良后出现的矿渣砖和沙砾砖，质地较为粗糙，但更富有质感，色彩偏于灰白和浅黄（图3.68）。民间私窑砖虽然规格尺寸不一，但在中东铁路建造活动最集中的时期，由于缺少建筑材料，私窑砖也大量用于建筑房屋。

砖材的使用方式包括：建造建筑基础、承重或分隔空间的墙体、室内外铺装，也可用于砌筑精美的几何图案，用来装饰墙面和建筑外观（图3.69）。砌筑基础和承重墙体是黏土砖最主要的用途。黏土砖抗压性能良好，可以快速砌筑承重墙体或立柱，工艺简单易操作，施工速度快。由于黏

a 路基碎石

b 桥墩

c 建筑基础

d 墙体

e 地面铺装

图3.67 石材的多种用途

a 俄式青砖　　　　　　b 俄式红砖　　　　　　c 日式矿渣砖　　　　　　d 日式竖纹砖

图3.68　俄式砖与日式砖

土砖的单元块体尺度较小，砌筑灵活，因此可以适应不同平面形态的转折、变化。这种用法也体现在不起承重作用的围护墙体上，如室内隔墙。砌筑富于变化的墙面装饰是另一种常见的用法，这些装饰图案以一砖宽度和厚度尺寸为最小模数，通过简单的重复性砌筑操作和在分层上复杂多变的砌法组合来获得奇妙的效果。

a 博克图　　　　　　b 山底　　　　　　c 昂昂溪　　　　　　d 哈尔滨

e 横道河子　　　　　　f 绥芬河一　　　　　　g 绥芬河二　　　　　　h 绥芬河三

图3.69　各种砖构装饰

（4）瓦材　瓦材也是中东铁路附属地建筑用材的一个重要组成部分。中东铁路建筑所用的瓦多采用中国东北地区原有的瓦材，这种瓦是经过黏土和填料混合后烧制而成的，为各种弧度的弧形曲面瓦片，后来也出现了改良后的波形板瓦。一般的黏土烧制屋瓦颜色是青灰色的亚光陶质面，经过特殊配料及烧制工艺加工的瓦材可以获得颜色更为深重、面质更为光亮的效果。烧制瓦有材料来源丰富、可预制、施工方便等诸多特点。

在日本统治下的南满铁路附属地内，日本人开发和建设了有较大规模的制瓦厂，生产样式更丰富、性能更优越的日式或新式屋瓦（图3.70）。虽然现存的中东铁路建筑屋面多为铁皮屋面的形式，但是，从当年的建筑设计图纸和早期中东铁路建筑的老照片上看，当时的铁路站舍和住宅等建筑大部分都是传统的中国式瓦材。这种瓦今天还有一定数量的建成作品存在，如许多站点的铁路住宅，较为大型的公共建筑包括大连东省铁路公司汽船部旧址等。

（5）陶片、釉片、琉璃片材　陶片、釉片和琉璃片材是中东铁路建筑工程中相对昂贵、用量较少的建材，也是点缀性使用的特殊建筑材料。这些材料大部分是在建筑的重点部位使用，起到画龙点睛的效果，因此一般出现在大型公共建筑内外檐的装饰工程中（图3.71）。这样的实例在中东

a 中式瓦　　　　b 日本栈瓦　　　　c 西班牙式瓦　　　　d 法式瓦

图3.70 各种类型的屋瓦

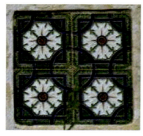  

a 琉璃砖　　　　b 马赛克镶片　　　　c 琉璃砖

图3.71 琉璃的装饰用途

铁路沿线并不少见，如尚志火车站站舍门窗上楣弧形琉璃罩面的做法、绥芬河大白楼、俄侨学校、满洲里俄侨学校、哈尔滨满铁竞技会馆等。个别站舍也采用完整的琉璃瓦屋面，用来创造中国传统建筑的形象。

3.3.1.2 现代材料

（1）金属　　金属是一种性能优良的建筑材料，在中东铁路工程中扮演了重要的角色，用量最大的就是钢轨，属于标准设计和制作的型材，大部分是中东铁路工程局从欧美国家采购来的，就目前发现的就已经包括美国芝加哥及马里兰州的一些钢铁公司出产的钢轨。由于钢轨用量巨大，在当时的铁路施工现场可谓随处可见，因此，建筑的梁也常借用钢轨。金属材料在中东铁路建筑上的应用非常广泛，小到门钉、合页、把手、栏杆，大到梁、柱、屋面瓦楞铁板等，可谓面面俱到、无所不能（图3.72）。除了钢铁型材外，一般的铸铁构件都是经过中东铁路工程局的设计师专门设计并在工厂加工制作的，尤其是那些精美的新艺术风格铁艺装饰本身就是建筑艺术的集中体现。

特殊的大型工程设施如铁路桥和构筑物也都用金属材料来制作，但由于其专门设计的构件尺寸和强度要求无法直接借用现成的钢轨，因此也属于专门订制的钢型材。隶属工程设施的建筑类型包括钢桁架结构的铁路桥、候车雨篷、跨线天桥、水塔等，都是以型钢为主要或局部主要结构材料。型钢在建筑中的用途则包括梁、柱、屋架，还常用作楼梯、平台梁；而女儿墙的装饰围栏、楼梯和阳台栏杆、屋面铺板、扶壁护面雨披、金属瓦、排水落水管、通风口，乃至合页、把手等连接件则大部分使用铸铁或铁皮。

（2）混凝土　　混凝土是一种近代出现的新材料，是由水泥、粗骨料（碎石或卵石）、细骨料（砂）、外加剂和水拌和，经硬化而成的一种人造石材，属于复合材料的一种。混凝土具有良好的耐久性，同时抗压性能优越，但是抗拉性能较差。中东铁路建设时期，混凝土还是一种新兴材料。1900年4月，法国巴黎万国博览会上展示了钢筋混凝土在很多方面的用途，在建材领域引起了一场革命。几乎就在同时，混凝土作为一种高强度新材料开始在中东铁路沿线崭露头角。初期混凝土常常与砖石结构组合使用，如作为楼板的结构及材料。中东铁路许多公共建筑乃至居住建筑的楼板和

a 铁轨　　　　　　b 梁架　　　　　　c 屋面　　　　　d 栏杆　　　　e 构件

图3.72　金属的多种用途

楼梯平台板都被处理成波形拱板的形式，这种结构大都是采用混凝土材料制作。混凝土在中东铁路工程中的作用首先是建造大型交通设施。新南沟伪满洲国时期的公路桥就是钢筋混凝土结构的典型实例。一些大型的铁路桥或隧道的堡垒也是用混凝土砌筑的，这种建筑具有浑厚的外部形象和粗糙的质感，同时具有一种粗犷豪放的气质。除了用于中东铁路楼板及局部预制或现浇楼板和墙体之外，混凝土还用来建造坚固的半地下掩体和军火库设施（图3.73）。

（3）玻璃　玻璃在中东铁路建筑中有大规模应用。玻璃是透明采光材料，用于采光窗及屋面采光天窗、采光顶棚，大多情况下与木质边框组合使用。当时的玻璃主要是透明平板玻璃，但一些级别高、样式独特的建筑也采用特殊玻璃材料，如局长官邸的弧面阳光间、铁路宾馆彩色玻璃雨篷等（图3.74）。

（4）油漆、涂料　油漆和涂料虽然只是一种附着在其他材料表面的装饰性材料，却是中东铁路建筑材料中重要的组成部分。中东铁路建筑文化的重要原型之一——俄罗斯传统建筑中就有这样的装饰传统，无论是砖砌建筑还是原木垛起来的木刻楞建筑，俄罗斯民族都习惯于为他们涂抹上

a 新南沟跨线桥

b 大榆树日军暗堡

c 公主岭水源泵房

图3.73　中东铁路沿线的混凝土设施

a 局长官邸阳光间

b 高级官员住宅

c 中东铁路管理局宾馆雨篷

图3.74　玻璃的多种用途

一些鲜亮的色彩。为木材涂上油漆除了帮助烘托和强化精致的木雕图案装饰效果之外，还有一个作用是保护材料免受雨水和阳光暴晒，达到防腐、延长使用年限的效果。

3.3.2 材料的组合技巧与构成类型

中东铁路建筑在材料的使用上非常注重不同材料的组合效果，这不仅来自于对不同建筑材料的力学性能的考虑，还有对材料各自的质感和外观效果的充分考虑。下面分别探讨材料组合应用的原则、技巧与类型及其相关案例。

3.3.2.1 材料组合应用的原则与技巧

（1）性能适应、优势互补　　不同建筑材料在组合使用时，基本原则是充分发挥不同材料各自的性能，以达到协调配合、优势互补，形成一个坚固、优美的整体效果。当不同材料组合运用于结构系统时，材料的性能主要指抗拉、压、弯、剪等力学性能和保温、抗冻等物理性能；当不同材料组合运用于外观及装饰工程时，就要考虑质感、色彩、表情等观感效果。如果同时承担双重角色，那么就要综合考虑所有这些性能条件。

中东铁路建筑用材典型的组合方式之一是砖木组合，普遍运用在建筑的结构体系中。在砖木结构中，砖砌体自重较大、抗压性能好，承担承重墙体的角色；木材屋架自重轻、抗拉抗压性能都较好，可以自由适应屋面角度，因此承担屋架结构的角色。可以说，这两种材料的组合充分体现了"量才为用"的原则。类似的组合还有石木结合的使用方式，其原理与砖木结构用法相同。材料组合在具体运用的方式上非常灵活。砖（石）木结构除了以砖（石）为承重墙、木为梁柱屋架外，木材还擅长制作廊庑立柱、门扇、窗扇等内檐装修材料。

砖石组合也是中东铁路的建筑中常见的一种建筑材料组合使用方式。黏土砖和石材的性能有很大的相似性，都属于经典砌块材料，同时外观都比较厚重、自然。比较起来，石材的稳固程度和抗压性能高于黏土砖，因此石材常做建筑的基础、铁路桥梁的桥墩、大型库房的墙体等对牢固程度要求较高的建筑及工程设施。砖块虽然力学性能比石材逊色，但它是一种人工建筑材料，具有一定的人文色彩，同时具有易于砌筑形体的优势，因此在做建筑的线角、门窗贴脸等细部装饰时具有灵活性。事实上，砖石组合在中东铁路建筑上的表现就是同时利用了它们各自的优势，明确分工，如基础用石，屋身用砖；墙面用石、门窗边口用砖等。当所砌筑的承重墙体需要达到一定强度时，则往往将两种材料穿插组合，如外砖内石，或砖石交替叠砌。横道河子机车库主立面结构就是这样的做法。

金属和石材的组合也是一种典型的材料组合方式。在这种组合中，钢铁发挥良好的抗拉性能，承担水平向桁梁的角色；石材发挥良好的抗压性能，承担承重结构的角色。这种组合方式在中东铁路大型铁路桥的设计建造中非常普遍。

即使"全木结构"的建筑，由于要获得足够的保温防寒效果，也常常选择复合材料搭配使用，如木板制成墙体，石灰、木屑作为保温材料填充到内部，人字形木屋架上覆铁皮屋面或铺以瓦材。横道河子俄式七号木屋就是如此做法。这种墙体的木制建筑在西线各站点还有很多。

（2）形象适应、效果对比　　中东铁路建筑材料的组合使用中有一些独特的做法，大都源于特殊建设条件和外观要求之间的矛盾等制约因素。当时，由于中东铁路沿线的森林和石材资源非常丰富，因此石头和木材是一种相对廉价的建筑材料，需要人工建窑烧制的黏土砖则成了稀缺建材。加之木材和石头建造的房屋质感相对更为自然原始，因此俄国人在建造级别较高或形象要求较高的建筑时更愿意选择使用砖。这些因素促成了一种新的材料组合方式的出现：建筑的内部承重墙体用原木叠砌的木刻楞结构，外部再砌筑一层砖。砖在这里更大的任务是改变建筑的外观形象，成了一种外墙装饰材料。

出于外观和空间效果考虑的材料组合做法还有很多，如木框架结构和玻璃组合而成的阳光间。在级别较高的中东铁路官员官邸、别墅和住宅中常常设置全木结构阳光间，弥补日光的不足，并充分活跃封闭厚重的建筑形象带给人的单调和压抑感。在这里，木材是充满人情味的自然材料，玻璃是高度开放的透明材料，加之木框架可以涂以色彩鲜艳的漆料，因此阳光间可以帮建筑营造出一种鲜活亲切的表情。砖和石材的混合使用也会大大改变单一材料的单调感和粗糙感，同时这种处理形成了既整体又有变化的外观形象，使结构强度大增、艺术审美效果更为奇妙。满洲里铁路职工住宅、绥阳铁路住宅中都有非常典型的砖石交错形式外墙的建筑实例。

利用材料的质感和表情做充分的对比，创造独特的建筑形象是中东铁路建筑设计的典型方式。这不仅体现在不同的建筑构件之间，也体现在一栋建筑的不同层、不同分体量之间。最典型的实例是伊列克德站员工住宅。这两座住宅有着优美的外观和与自然地貌高度吻合的处理方式，更为独特的是，建筑与山坡充分融合的部分采用石材砌筑，而上部完整显露的部分则完全用木质形象完成。下部原始粗犷，上部自然精美，两种气质透过自然和亲切的共同特点有机整合在一起，给人一种浪漫的心理感受，是"形象适应和效果对比"这一技巧的最佳体现。

3.3.2.2　材料组合应用的类型与案例

（1）砖木组合　　中东铁路沿线的大部分较小规模的站舍和铁路职工住宅都选择砖木组合的结构形式，甚至包括一些尺度很大的库房，如四平铁路站区库房。大部分建筑可以直接从外部形象上看到砖木组合的效果，最典型的就是给水塔和职工住宅。给水塔的经典形象是巨大的圆筒状木制水箱间加上下部直筒或锥筒状砖砌塔身。住宅建筑则是砖砌的厚重墙体配以木制檐口和梁头托起的屋面、全木质门斗、窗框以及木质阳光间（图3.75）。这些组合的效果实现了材料的各自性能，同时也塑造出一种温和、恬静的建筑形象。

（2）石木组合　　石木组合也是比较典型的一种材料搭配方式。根据位置看，木质部分常常出现在建筑分层的上部，石材在下部；根据空间性质看，木质部分往往用来建造敞廊、阳台、阳光间

a 碾子山水塔　　　　　　b 昂昂溪住宅　　　　　　c 巴林住宅

图3.75　砖木组合

等轻质开敞的空间，而石材则用来砌筑厚重的墙身（图3.76）。在建造过程中，除了实现其性能所需要的砌筑方式外，建筑师和施工人员还将较大的精力放在恰到好处地展现材料本身的特点和美学潜质上，因此，精美的木雕装饰图案、饱满的石材雕塑效果都成为建筑形象打动人的重要因素。尤其是当砌筑墙面的石材被有意识地按照自然肌理搭配成某种粗糙、随意的效果时，精致的木雕装饰就更显得精美动人。

a 昂昂溪住宅　　　　　　b 伊列克得住宅　　　　　　c 烟筒屯工区

d 满洲里住宅　　　　　　e 满洲里水塔　　　　　　f 嵯岗住宅

图3.76　石木组合

（3）砖石组合　　砖石组合效果富有戏剧性，砖材砌筑效果精准、石材砌筑效果粗犷，尤其当石材的颜色呈现特殊的色彩时，这种效果就更加细腻动人。中东铁路石墙面往往被刻画为一种乱石拼贴的效果，加上石块颜色的差异，因此拼砌效果十分生动，被人称为"虎皮石"墙。专事门窗贴脸及墙面转角的砖材按照高度规则有序的方式砌筑，一方面塑造装饰性线脚和图案，另一方面创造与乱石墙面自然肌理的对比效果。中东铁路沿线山体开采的石材大多有丰富的色彩，其中许多石材颜色深重，这在客观上形成了一个背景，淡红色的砖砌图案线脚在这种深色背景的衬托下显得格外跳跃。尤其当砖材砌筑充满古典韵味的圆拱、柱式线脚时，与石材拼贴的平直墙面会形成鲜明的对比，从而更具有装饰性效果。更有创意的组合方法是砖石交错砌筑，如横道机车库和满洲里铁路住宅（图3.77）。这种做法同时获得坚固性和形式美的双重效应。

a 博克图

b 乌川

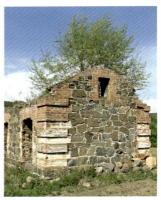
c 绥阳

d 中德

e 免渡河

f 横道河子

g 满洲里

图3.77　砖石组合

（4）石材、砖木与钢铁组合　　金属和石材的组合也是一种典型的材料组合方式。在这种组合关系中，钢铁发挥抗拉性能良好的优势，承担水平向桁梁的角色；石材发挥抗压性能良好的优势，承担承重结构的角色。这种组合方式在中东铁路大型铁路桥的设计建造中非常普遍。中东铁路铁桥的类型有很多，结构和形式都有各自的特点。尽管钢铁桥梁完全是工业革命的产物，具有现代科技特点，但是，中东铁路建筑师无论在设计大桥的石砌桥墩还是钢铁桁梁时仍旧显示出了深厚的学院派基本功和一种自然而然的传统韵味（图3.78）。现代技术构成的大桥携带着一种绅士风度，这可以说是工业革命早期所有钢铁建造物的共同特点，一种文化传播与演进的"中间"状态。

砖与木材都是非常经典的传统建筑材料。在中东铁路建筑中，这两种材料也有大量机会与金属材料（主要是钢铁）组合使用，创造各种新颖的建筑形式和特殊尺度的空间形式。在中东铁路哈尔滨总工厂，绝大多数厂房都是由砖砌承重墙体和尺度巨大的金属屋架共同建造起来的，厚重的砖墙和轻盈的钢铁屋架有机地结合在一起，创造了一种特殊的空间效果。加之木制屋面板的出现，原本简单呆板的工业建筑竟然显得充满色彩和韵律，场所感强烈，表情生动。类似的效果也出现在铁路站舍跨线天桥的设计和建造中。冰冷、坚硬的金属此时表现出充满柔性的特征，根据功能和形式的需要被塑造成各种直线、曲线、折线相互组合的丰富样式，加上木制板材、雕饰以及鲜明的色彩的配合，成为铁路沿线一种独特而优美的建筑景观。

（5）混凝土、琉璃、砖、石、木、涂料组合　　琉璃在中东铁路建筑中的应用主要有两种形式：一种是用于仿中国传统琉璃瓦大屋顶；另一种是用于建筑立面彩色琉璃砖装饰。琉璃材料的使用大大丰富了建筑的表现力，同时使建筑的格调更加高雅、精致。无论哪种方式，由于这种材料具有鲜艳的色彩，因此与其配合的建筑墙面通常也带有一定的背景颜色，这对墙面的平整度和整体性

a 第二松花江大桥　　　　　　b 中东铁路哈尔滨总工厂　　　　　　c 一面坡火车站跨线天桥

图3.78　石材、砖木与钢铁组合

也有要求，一般的建筑墙面都要做水泥抹面处理。用混凝土仿造中国古典建筑样式进行设计建造在当时是一种新的突破，许多建筑的墙体实际上是常规的砖砌承重墙体，只是外部面层和独立的廊柱由混凝土制作。最终，整座建筑由黏土砖、混凝土、琉璃砖、石、木等多种材质共同组合而成（图3.79）。

混凝土在中东铁路的建筑和工程设施中有着较为广泛的应用范围，包括用来建造完整的结构系统和做建筑外立面的围护及装饰材料。完整的混凝土结构一般用来打造对坚固性有特殊要求的建筑物或工程设施，最典型的就是守护铁路隧道和桥梁的碉堡。这种建筑物具有简洁、敦实的体量和粗犷的材质，兼做射击孔的采光口尺度较小，大面积实墙面塑造了极强的雕塑感和封闭形象，给人固若金汤的视觉印象。仅用于装饰砖墙外表的做法是基于混凝土材料非常好的塑形能力，因为用它可以塑造各种需要的效果：凹凸的图案、具有粗糙的蘑菇石的质感。老少沟火车站就是这样一座"混凝土"建筑。大面积抹面的做法是在满铁附属地扩展开的，后来自然延伸到日治时期的整个中东铁路沿线。在东部线下城子站的日本砖砌住宅中，檐口、雨篷和窗台台面都用混凝土制作，这就轻松解决了范水槽、顺水槽的构造问题（图3.80）。

a 双城　　　　　　b 哈尔滨　　　　　　c 满洲里　　　　　　d 哈尔滨　　　　　　e 绥芬河

图3.79　砖、石、混凝土、木、水泥、涂料组合

a 兴安岭　　　　　　b 老少沟　　　　　　c 大石桥　　　　　　d 下城子

图3.80　砖、木、混凝土组合

3.3.3 材料形态的文化特点

中东铁路建筑材料形态表现出的文化特点涉及时代、民族和地域等方面的因素，这三个因素分别是时间的因素、人的因素和地域环境的因素。

首先是时间的因素，这是文化线路迁移和动态、交流过程得以确立的基本保证。时代是时间维度中一个基本点或一个区段的定位，工业革命是中东铁路所依托的时代大背景，只有在这个背景下才有机会出现修筑铁路这样的事情。"铁路"两个字中，第一个字就是一种具有代表性和标志意义的现代材料。而以这种材料为代表的新材料大量出现在新的建筑类型和铁路工程设施上，并且随着时代的发展和技术的更新而不断扩展类型和规模。

其次是人的因素，体现为民族差异在典型材料运用上的不同特点。比如，俄国和中国都有木建筑的传统，在具体使用的方式和形象装饰上虽有很大不同，但一些基本的处理机制却有相通之处。如，两种木建筑都是级别越高，木材与彩色漆料的组合使用越复杂、越普遍，如各种宫殿类官式建筑和教堂、庙宇等宗教建筑。级别越低，木材越保持原木本色，面漆处理越简单。在屋面材料上，俄罗斯建筑多用铁皮，而中国传统建筑多用瓦材，包括琉璃瓦和烧制的陶瓦。这两种材料在中东铁路附属地内部的自由使用本身就是一种文化传播和交融互动的现象，是文化线路与迁移、动态和交流都有关的因素。

地域环境因素是第三种因素。地域环境是承载文化线路的一个完整的自然条件。中东铁路的建筑材料在表达地域特征上具有突出的成就，尤其是"就地取材"的做法普遍运用在建筑的施工过程中，使建筑带有先天的地域气质。作为一条文化线路，地域气质的形成具有至关重要的意义，因为中东铁路文化线路带有交通工业文明的特征，加之它的出现和形成都伴随着中国乃至世界范围的近现代化过程，因此，技术成为透视这段文化传播历史、解读其特有的建筑文化的关键因素。从解读的逻辑上看，包括技术构成与表现、规则与内在意蕴；从技术的内容和类型上说，则包括结构技术和构造技术两大部分。

3.4 建筑的技术形态

中东铁路文化线路带有交通工业文明的特征，加之它的出现和形成都伴随着中国乃至世界范围的近现代化过程，因此，技术成为透视这段文化传播历史、解读其特有的建筑文化的关键因素。从解读的逻辑上看，包括技术构成与表现、规则与内在意蕴；从技术的内容和类型上说，则包括结构技术和构造技术两大部分。

3.4.1 结构形式与表现

中东铁路建筑的结构分为两大类：一种是传统结构形式；另一种是现代结构形式，或称新结构形式。每一大类型的结构又划分为不同的具体结构形式，同时这些结构形式分别有其具体的要素构成与表现。

3.4.1.1 传统结构形式

（1）砖（石）木结构　砖（石）木结构是俄罗斯传统建筑常用的结构形式，也是一种非常经典的结构形式。所谓砖（石）木结构就是砖（石）承重墙体和木屋架组合而成的建筑结构体系。砖（石）墙在这里扮演了竖向承重构件的角色，木屋架则扮演了竖向和水平综合受力的角色。承担竖向支撑作用的还有砖（石）立柱或实木立柱，这在建筑内部出现较大的空间跨度或需要创造凉廊式半开敞空间时需要配合使用（图3.81）。

砖（石）木结构具有突出的优点，因为这种结构的施工工艺简单、空间分隔方便，同时材料比较单一，取材方便，费用较低，因此库房、兵营甚至海关大厅都使用这种结构（图3.82）。不过，由于砖（石）木结构力学强度的限制，一般是用于层数较低的坡屋面建筑，因此适用的建筑面积较小。中东铁路沿线的大部分民用建筑（以住宅为主）都是采用了砖木结构的形式。由于木屋架的坡面角度具有极强的自由度，因此非常适合于建造寒冷地带的坡顶建筑。同时，砖（石）砌墙体的厚重感和保温性能也较好，对门窗洞口的开设位置和尺度没有苛刻要求，因此成为应用最为广泛的经典民用建筑结构选型。

图3.81　砖（石）木结构形式

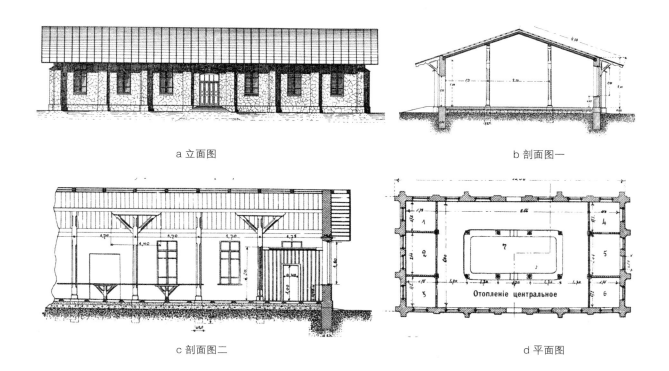

a 立面图   b 剖面图一

c 剖面图二   d 平面图

图3.82 铁路海关大厅石木结构设计图

（2）木结构　　木结构也是一种经典的传统结构形式。木结构包括两种类型，木刻楞结构和木框架结构（图3.83）。木刻楞是俄罗斯民族的传统民居结构形式，具有原生态、施工简易、冬暖夏凉、结实耐用等优点。木刻楞建筑一般建在石头垒起的地基上，墙面都是由经过简单去皮之后的原木（或方木）通过榫卯的方式垒叠起来。木刻楞外面普遍涂漆，或用清漆保持原木本色，或根据爱好涂上使用者喜欢的颜色，一般以蓝色和绿色居多。上部房檐、门檐、窗檐是装饰重点，综合运用了木雕和彩绘等工艺。装饰有彩色木雕房檐、门檐、窗檐的木刻楞建筑有童话般的优美、浪漫形象，因此，木刻楞也被称为彩色立体雕塑。木刻楞建筑在中东铁路西线站点保留较多，如扎赉诺尔、满洲里、扎兰屯等地，其他站点也有少量存在。

木框架结构形式其实就是木梁柱结构体系。在中国传统建筑中，这种结构被称作木构架体系。在木质梁柱结构体系中，无论是竖向承重构件还是水平向承重构件都是由实木预制而成的，因此具有取材方便，施工简单，材质观感好，带有装饰效果，易与雕刻、彩绘等装饰手段相结合等特点。此类结构形式的建筑通常是一些具有通透的形象和空间效果的景观建筑，如景观亭、教堂的钟塔、凉

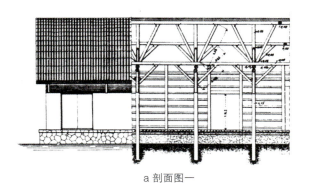
a 剖面图一

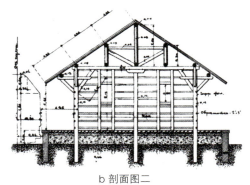
b 剖面图二

c 横道河子教堂

d 横道河子教堂细部

e 扎赉诺尔住宅

f 扎兰屯住宅

g 安达火车站

图3.83 木结构设计与实例

廊等建筑。居住建筑的阳光间也常用这种形式。

（3）拱形结构　拱形结构是一种重要的结构形式，是一种历史悠久的结构，半圆形的拱形结构为古罗马建筑的特征。不仅在历史上的俄罗斯和欧洲国家，甚至在中国的西汉前期就出现了用拱形结构修建墓室的案例。由于拱形结构能跨越几十甚至几百米的跨度，创造无间隔的大跨度使用空间，因此它是一种非常独特的结构形式，也是金属材料的结构形式出现之前被广泛使用的大空间结构形式，中东铁路许多桥梁就是采用了这种结构（图3.84、图3.85）。

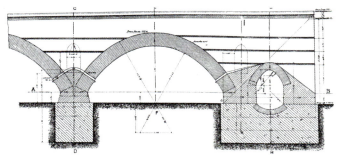

a 多跨拱桥标准图

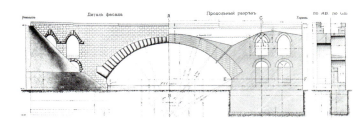

b 红房子单跨拱桥设计图

图3.84　拱形结构示意图

a 冷山石拱桥

b 绥芬河石拱桥

c 新南沟混凝土拱桥

d 红房子石拱桥

e 细鳞河混凝土拱桥

f 磨刀石石拱桥

图3.85　各种形式的石拱桥及混凝土拱桥

3　中东铁路建筑的文化载体揭示　｜　171

拱形结构的材料可以选取砖和石材，近代也使用混凝土。拱形结构主要用在铁路桥梁、涵洞、隧道及教堂等建筑中，其优点是：跨度大，构造简单，使用耐久，形象美观，取材方便，养护、维修费用低等，利于广泛采用。透空的拱形形成景框，使远景更有深度和层次。连续的拱形结构可以产生如音乐般的韵律感，优美流畅。这种结构的缺点是：由于它的推力结构性质，因此要采取结构上的措施（如加装单向推力墩）来抵消单面过大的推力。对于多跨连续拱桥来说，加装推力墩会大大地增加工程造价；在平原区修拱桥，由于建筑高度较大，使两头的接线工程和桥面纵坡长度增大。

3.4.1.2 新结构形式

（1）金属框架结构　金属框架结构是一种近代出现的结构形式。随着清朝末年中国边境口岸的纷纷开启，大量欧美工商企业进入中国并在各地开设工厂。最早的金属框架结构是以钢材和铸铁为结构材料的，用于建造一些跨度较大的铁路桥梁、工厂车间、库房等工业建筑。在中东铁路沿线，钢铁框架结构首先出现在铁路工厂和一些大型的车站候车大厅的屋面结构中（图3.86）。中东铁路建筑中的金属框架结构是部分实现的，具体形式是：屋架用金属屋架、空间内部的结构柱采用钢柱或小截面钢桁架柱的形式，而外部承重兼围护结构依旧采用传统的结构形式。

中东铁路工厂厂房的屋面结构具有丰富的形制，同时也曾创造出惊人的跨度，是一种高效的金属结构类型。仅在中东铁路哈尔滨总工厂建筑中，屋架结构类型就包括：豪式屋架、芬克式屋架、复合屋架、直角三角形屋架等；从厂房的跨度上看，这些屋架从单跨、双跨、三跨一直到多跨等，类型齐全（表3.9）。除了用于屋面结构外，金属框架结构还包括钢铁框架柱（桁架柱），如机车库的立柱。此外，金属支撑体系与木板也可以结合成钢木组合结构。

火车站候车大厅的屋面金属桁架结构则更注重对形式感的

a 中东铁路哈尔滨总工厂厂房

b 一面坡火车站跨线天桥

c 博克图水塔

图3.86　金属框架结构形式应用

表 3.9 中东铁路哈尔滨总工厂屋架类型模式分析

名称	实例图示	结构节点	位置
豪式屋架	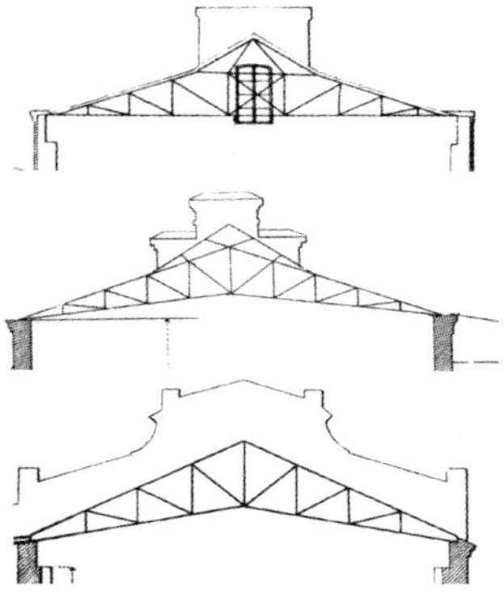	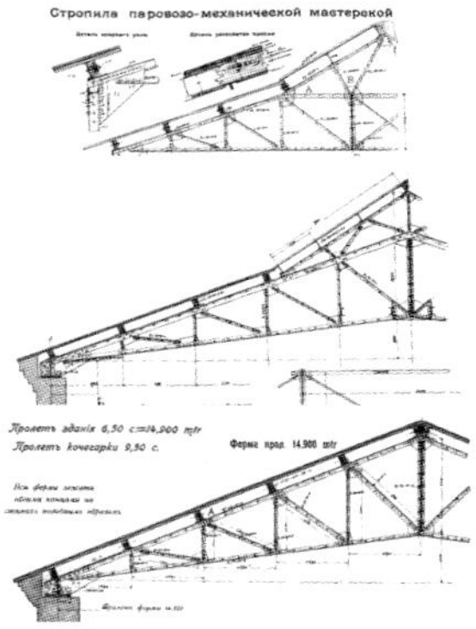	机检分厂
芬克式屋架	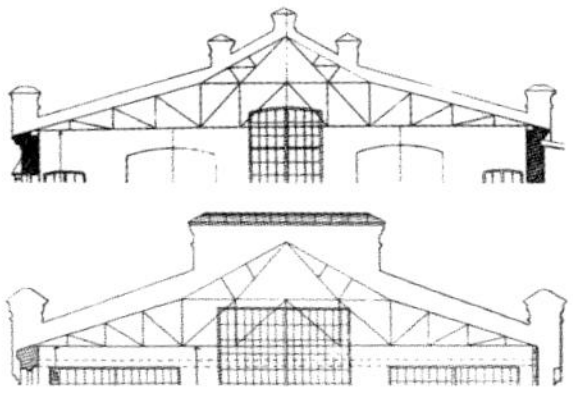	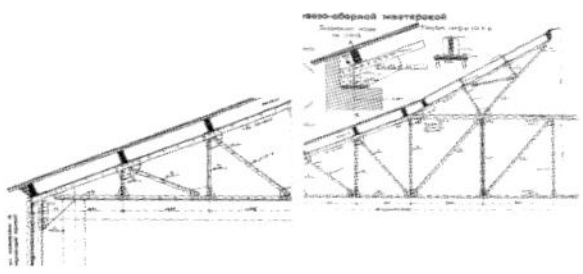	锻造分厂
复合屋架	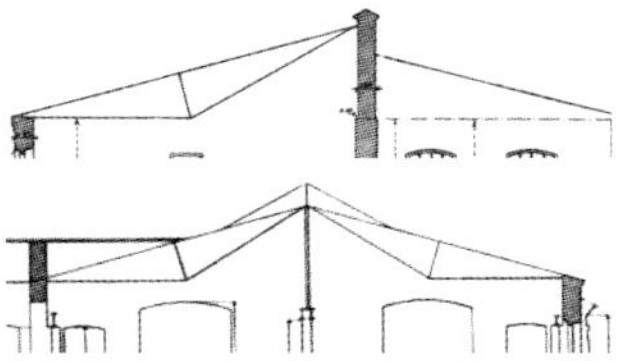	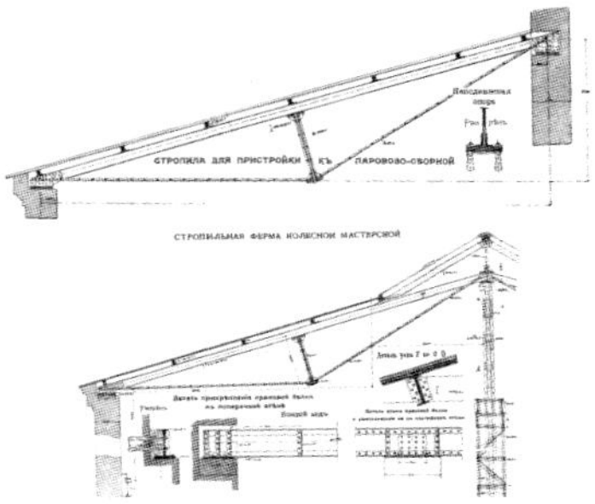	车轮分厂
直角三角形屋架	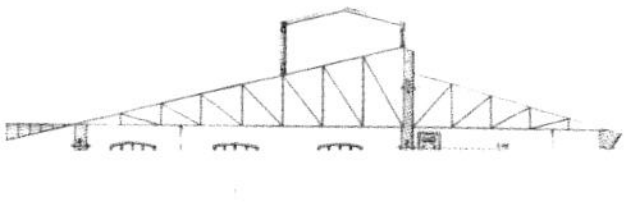	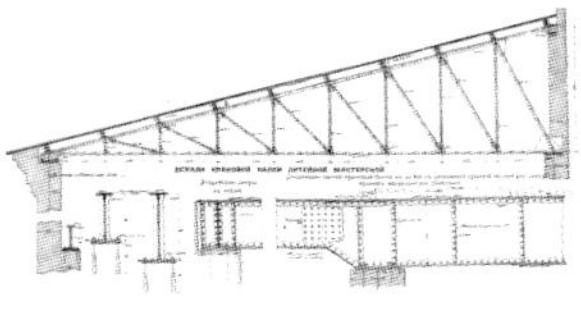	铸铁分厂

3 中东铁路建筑的文化载体揭示 | 173

推敲，因此构件线条更为流畅、优美。作为内部装饰的一部分，屋面桁架常常不做刻意包装覆盖，而是涂上鲜艳的颜色，形成一种动人的肌理效果，许多中东铁路火车站站舍都有类似的做法，从现存的绥芬河火车站、一面坡火车站候车大厅中都可以看到。同样的做法也用来建造火车月台上的候车雨篷和横跨铁路线的天桥。尤其在新艺术风潮正盛的年代，铸铁常常被用来同时塑造稳固的结构和优美的形式，成为中东铁路沿线建筑景观中独具特色的部分。

表3.9汇集了中东铁路哈尔滨总工厂四个分厂厂房的屋架形式，其中，机检分厂的豪式屋架和锻造分厂的芬克式屋架属于对称形式的屋架，相应的立面形式更为古典；车轮分厂的复合屋架和铸铁分厂的直角三角形屋架为非对称形式，立面更具现代感。

（2）金属桁架结构　　金属桁架结构在中东铁路工程中有大量的应用案例，主要用来建设大型铁路桥梁（图3.87）。中东铁路最著名的大型桥梁——第一松花江大桥、第二松花江大桥、嫩江大桥、太子河大桥、青河大桥、浑河大桥等，都是这种结构形式的最佳实例。

中东铁路桥的金属桁梁有多种形式，包括上弦桁梁、下弦桁梁、常规直桁梁等。铁路初建时期的大型铁路桥的上弦桁梁分为曲上弦桁梁和直上弦桁梁两种，主要用于大跨度、多跨数的大型铁路桥，如第一松花江大桥、第二松花江大桥、嫩江大桥等。其中，曲弦桁梁具有单跨长度的优势，适宜用作江河主航道的跨距结构，如第一松花江大桥主航道桁梁单跨跨距超过了78米，尺度非常惊人。跨越山谷或沟壑的铁路桥也常被做成下弦桁梁的结构形式，同时，它也常与直弦桁梁一样用于跨越沼泽、湿地的铁路桥梁的结构形式。

钢桁梁作为当时一种新型现代结构形式，在结构的设计和建造工艺上已经显示出惊人的水准。金属桁梁铁路桥的整体结构形式通常具有组合结构的特征：石材砌筑桥墩、钢桁梁承载铁道线的基础台面，大桥的基础通常用深沉箱基础。石砌桥墩是铁路桥的竖向承重结构部分，其稳定、坚固的承重作用对大桥整体而言至关重要。中东铁路桥梁的桥墩多用石材砌筑，也有少量用混凝土砌筑。桥墩的平面形状通常被设计成长向两端为半圆形或弧形的类长方形，在高度方向逐渐上收，形成合理的受力结构形式和很强的力度感。主河道跨的桥墩通常朝向水流方向设有类似于扶壁作用的扩展体量，缓解水流尤其是冰排对桥墩的冲刷和撞击，有力地保护了桥墩。钢桁梁与桥墩之间用点式连接或嵌入式连接，桥墩所承托的桁梁两个端点之间留有适当的间隙，有力地缓冲了金属桁梁伸缩给桥身带来的变形。而深沉箱基础的使用很好地解决了在多水环境下的施工工艺问题，同时通过将沉箱装满石块的方式很好地加固了基础。

小型钢桁架还出现在竖向结构构件中，如中东铁路给水塔水箱外部的支撑结构。这个做法的目的是防止双层铁皮强度不够，因此在局部增加小型桁架。在水箱下部外表皮与塔身连接点之间砌拱形支撑体，与收分的塔身形成稳定的空间结构，使得塔身四周受力均匀，达到整体平衡，并以此将水箱压力直接传递到下部砖石砌筑的塔身上。

（3）钢筋混凝土结构　　钢筋混凝土结构也分为混凝土承重墙结构和混凝土框架结构。由于是新型

a 辽河大桥

b 太子河大桥

c 阿什河大桥

d 浑河大桥

e 第二松花江大桥

图3.87 中东铁路各种类型的金属桁架结构桥

材料,当时应用还不广泛,只在对强度要求特别高的建筑和工程设施中采用,因此钢筋混凝土主要以承重墙体结构的形式用于守卫桥梁和隧道的大型碉堡、掩体或弹药库等军事设施的外壁(图3.88)。

随着时间的推移,钢筋混凝土也逐渐出现在一些大型公共建筑的结构体系中,并且与金属桁架屋面结构组合使用。钢筋混凝土框架结构是中东铁路建筑设计中一种新的结构类型,主要用于一些特殊空间形式的建筑物,如半球状蓄水库房等工程设施。由于这种结构受力性能和牢固度都比较好,而且在造型上具有非常好的适应性,因此可以根据不同功能对空间形状的要求形成不同的空间支撑体轮廓。钢筋混凝土结构也用于一些规模并不是很大的建筑,1903年落成的富拉尔基火车站主

a 大连机车库　　　　　　　　b 兴安岭隧道碉堡　　　　　　　　c 哈尔滨霁虹桥

图3.88　钢筋混凝土结构应用

站舍结构形式就是钢筋混凝土结构的。此外，一些小型公共建筑甚至住宅建筑同样使用了局部钢筋混凝土结构，包括日式住宅的雨篷、楼梯、阳台等。

（4）波形拱板结构　　波形拱板结构是中东铁路建筑工程中一种带有原创性的屋面结构形式（图3.89）。这种结构的建筑材料通常是内置钢筋等金属龙骨、外覆混凝土，因此也属于钢筋混凝土结构的一种特殊类型。钢筋混凝土波形拱板结构是用多组重复的拱形筒体连续形成一个巨大的屋面结构，在当时堪称一项重要的发明，是中东铁路建筑工程师做出的特殊贡献。也有的情况下拱顶是用砖材砌筑而成的，外表覆以水泥抹面，充分发挥了砖材的抗压性能，同样达到十分坚固的效果。

波形拱板的具体形式可以分成两类：一种是半圆连续拱板（或称拱筒）；一种是微拱连续拱板。前者可以适应尺度巨大的跨度，最常见的如大型机车库房屋面；后者用于正常尺度的单元空间，如中东铁路商务学堂教室、满洲里机车库（或铁路货场库房）及阿什河制糖厂库房屋面等。从严格的意义上讲，拱筒结构也可以从波形拱板结构体系中分离出来成为独立的结构形式，因为每个拱筒之间常常需要承托以钢梁，因此每个拱筒带有独立结构的意义。而常规的波形拱板其实只是钢筋混凝土楼板的一种变体，无论波形拱的数量有多少，整个拱板都是作为一个独立的结构构件起作用的。

（5）悬索结构　　悬索结构在中东铁路附属地的实际案例是西部线扎兰屯市吊桥公园的"吊桥"（图3.90）。这座建于1905年的城市公园因桥而出名，吊桥也成为公园最核心的独特景观。整座吊桥前后两段树立着高大的工字形桥塔，两根巨大的铁索悬空而连接两端，上面系有42根细铁索，行人往

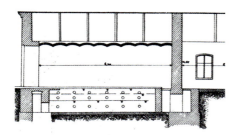

a 中东铁路商务学堂剖面图

b 中东铁路商务学堂

c 中东铁路中央医院

d 一面坡铁路乘务员公寓

图3.89 波形拱板结构应用

来桥上产生自然的晃动，感受非常独特。据说目前世界上只有两座百年以上的吊桥，除了扎兰屯吊桥之外，另一座位于俄罗斯的伊尔库茨克，足见其珍贵。

3.4.2 构造类型与表现

中东铁路建筑的构造分为建造工艺型构造和物理性能型构造两个大的类别。前者是适应具体的建筑材料和结构形式、建造方法而形成的构造，如木工艺、砖工艺、金属工艺等；后者是为了保证建筑能达到明确的物理性能而专门设计的构造做法，如保温防寒构造、防潮构造、采光纳阳构造等。这些种类繁多的构造做法充分表现了中东铁路时期设计师和建造者的技术水平和智慧。

3.4.2.1 建造工艺型构造表现

（1）木工艺　木材在建造过程中的工艺表现是非常多样化的，充分体现了木质本身的可塑性和优良质地。木作工艺的类型可以概括为两种：一种是木与木交接时的工艺手法，另一种是木材本身在加工或塑形时的操作工艺。

传统木构建筑工艺有许多高超做法，最典型的就是木刻楞。它的操作原理是：通过原木本身的榫卯构造交叉、叠置、咬接在一起，形成一种难以拆分的建筑整体（图3.91）。这种构筑方式在表现木材的性能和形态上非常直观，原木只需经过极为简单的加工即可使用，方式很像中国的井干式建筑做法。概括起来，木刻楞建筑的建造过程汇集了若干工艺手法：垛、卡、嵌、镶、雕，可谓集木作工艺大全于一身，是一种兼有观赏性和技术性的建筑艺术类型。具体连接方式是：每根原木端部制作双鞍形凹槽，交叉连接的原木凹槽呈现反转对称的咬合关系。搭接时，两根原木的首尾交替叠置，保证墙面高度一致的同时，形成上下层原木之间的互相挤压关系。初步搭建完成的建筑主体需要经过门窗洞口和檐口的贴脸装饰，这些门窗檐口装饰也是全木质的镂空雕饰，图案极为复杂精美，彻底弥补了原木建筑本身的粗糙感。三

a 整体鸟瞰　　　　　　　　　b 桥塔立柱　　　　　　　　　c 拉索

图3.90　扎兰屯吊桥公园悬索桥

a 阳角交接　　　　　　　　　b 垂直墙面交接　　　　　　　　c 阴角交接

图3.91　扎赉诺尔中东铁路时期木刻楞住宅的几种拼装方法

檐木雕装饰通常会被涂上鲜艳亮丽的彩色木漆，将整座建筑的形象装扮得非常悦目。有些木构架结构的建筑构件有特殊的形状、尺度及强度要求，因此也会采用其他材料的连接件进行连接，如金属连接件。

（2）砖工艺　　黏土砖是一种抗压材料，砖作工艺主要表现在砌筑技巧上。标准黏土砖的三个面分别有自己的名称，最大的面叫大面，窄长的面叫顺面，最小的面叫丁面。砌筑时一层砖称为一皮。砖材通常是水平叠置，上下层接缝交错，以形成互相咬接的借力关系。砖的传统砌法大概有三种，包括全顺式、一顺一丁式、顺丁相间式。全顺式每皮均以顺砖组砌，上下皮左右搭接为半砖。一顺一丁式是指一层砌顺砖、一层砌丁砖，相间排列，重复组合。在转角部位要加设配砖（俗称七分砖），进行错缝。这种砌法的特点是无通缝，整体性强，因而应用较广。顺丁相间式指的是由顺砖和丁砖相间铺砌而成。它整体性好，效果美观，亦称梅花丁式砌法。中东铁路砖砌建筑中包含着很多砌法，如一皮顺一皮丁、三皮顺一皮丁、一皮一顺一丁等（表3.10）。其中，一皮顺一皮丁式由一皮顺砖加一皮

表3.10 砖的横向砌筑方法类型图示及实例

名称	图示	实例	地点
一皮顺一皮丁	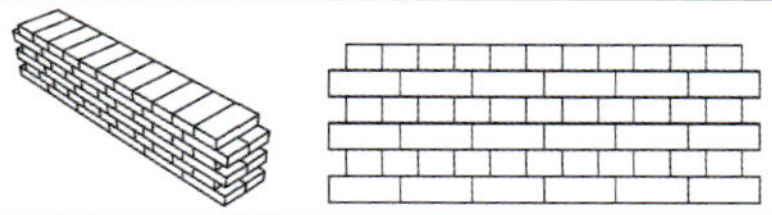		达家沟铁路职工住宅 米沙子铁路职工住宅
一皮一顺一丁	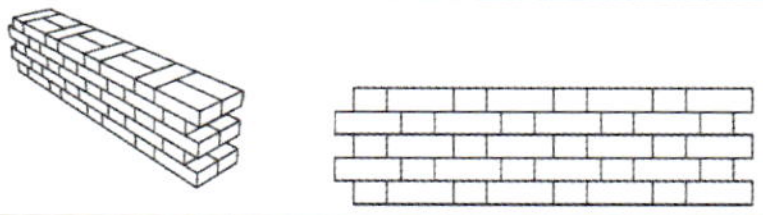		米沙子铁路职工住宅
连续多层顺	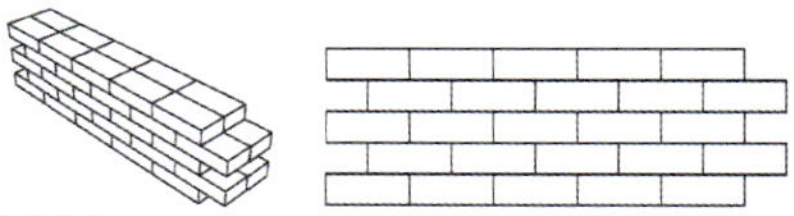		哈拉哈铁路职工住宅
连续多层丁	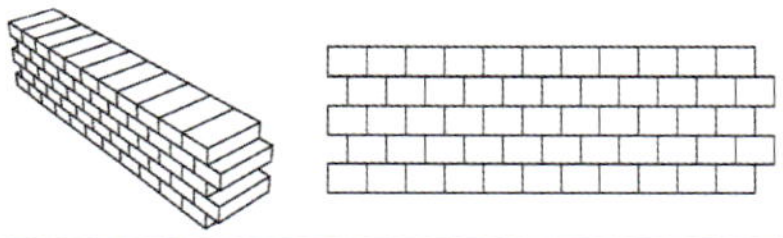		大连某学校
拼花砌法	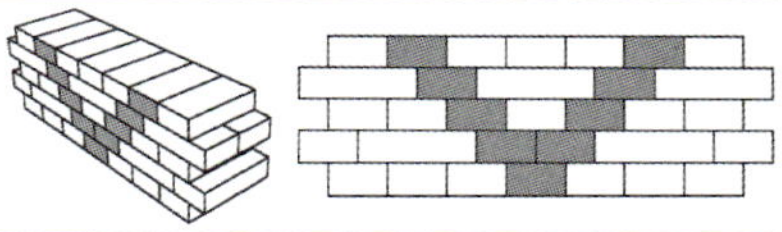		碾子山铁路职工住宅 蜜蜂铁路职工住宅
乱砌法	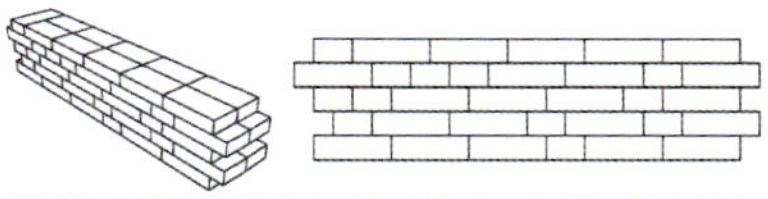		米沙子铁路职工住宅

丁砖排列组成；三皮顺一皮丁式由三皮顺砖加一皮丁砖排列组成；一皮一顺一丁式由一皮一顺一丁加一皮一顺一丁砖排列组成。

立砖砌筑也是一种常见的方式，但通常用在墙体收口或上下层水平向砌筑的情况下。立砖砌筑做法包括立接、侧立连接、倒立犬齿连接等[28]，犬齿连接立砖砌筑时偏转角度让砖角对外形成锯齿状的装饰效果，这是一种经典的图案样式（表3.11）。叠砌的砖块可以创造不同程度的出挑和退后变化，层层出挑可以形成连续阶梯状的形体变化，或层层收分，或层层外挑，使建筑的体量和轮廓的变化更为丰富。中东铁路建筑山墙的落影装饰就是依靠砖块砌筑方式的变化创造丰富的装饰图案的最佳例证。特殊的形体变化和装饰效果需要异型砖，因此需要对整砖进行切分、打磨加工，使之产生建筑所需要的形状（表3.12）。典型的加工过程包括磨面、打扁、劈面、劈肋、磨肋等。帽儿山火车站站舍檐口就装饰有形状酷似"帽子"的主题图案，这个图案就是用砖块雕刻出来的。通过不同砖颜色搭配进行砌筑也是一种常见的建造方式。这种砌筑会产生建筑墙身的和谐肌理，也可以创造出有具体形式符号的装饰图案。

表3.11 砖的竖向砌筑方法类型图示及实例

名称	图示	实例	地点
马莲对	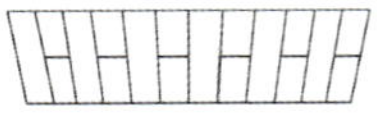		阿什河制糖厂
狗子咬	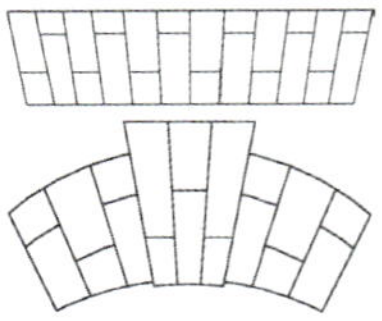		老少沟铁路职工住宅 绥芬河铁路职工宿舍
甃砖	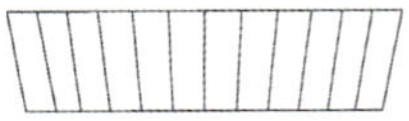		昂昂溪铁路职工住宅
立顺	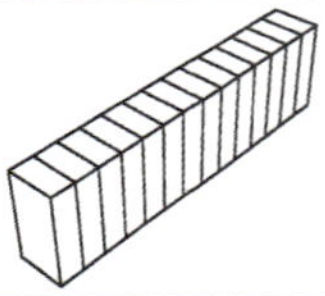		绥芬河铁路职工住宅
立丁	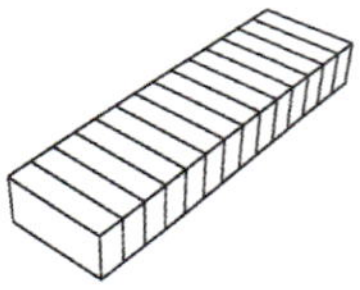		绥芬河铁路用房
错立顺 错立丁 错平丁	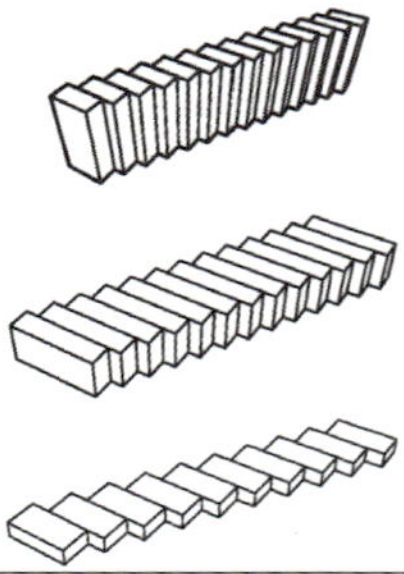		哈尔滨铁路职工住宅 下城子铁路职工住宅 绥芬河铁路职工住宅
组合式	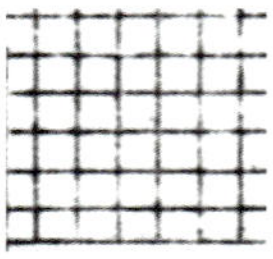		哈尔滨商务学堂

表3.12 异型砖类型及实例

名称	图示	实例	地点
异型砖	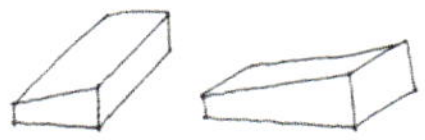	 	德惠教堂
砍劈砖		 	万家岭铁路职工住宅
车辋砖	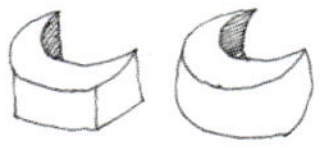	 	绥芬河教堂 免渡河教堂
八字砖	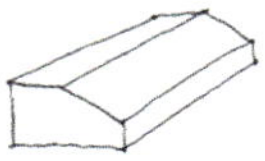	 	绥芬河教堂 横道河子机车库
杂料砖	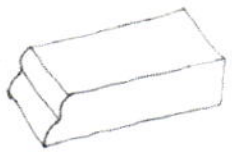		德惠教堂
斗型砖	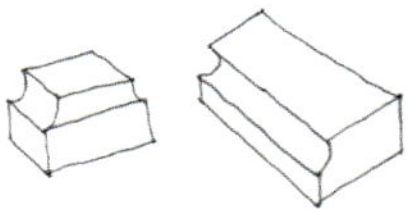	  	德惠教堂 横道河子大圆门 免渡河教堂
扇面砖	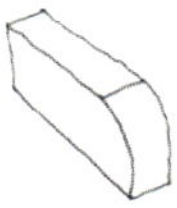	 	德惠教堂 德惠教堂
特型砖	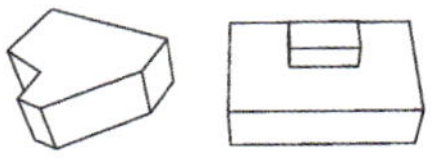	 	阿什河制糖厂

（3）石工艺　石作是中东铁路建造工艺中重要的组成部分，也是中东铁路建筑特色形成的重要原因和审美信息来源。石材原生质地较为粗糙，经过粗加工后的石材可以砌筑建筑的基础和对表面光洁度要求较低的外墙面。由于石材的颜色差异较大，因此粗加工后砌筑的完整墙体具有一种质朴、沧桑的美感，是自然表现力极为强烈的材料之一。

首先是石材砌筑的基本原则。中东铁路石砌建筑的数量巨大，因为石材属于廉价的地方材料，多用于对建筑形象要求稍低的普通铁路住宅、库房、兵营和浴室等建筑类型上。由于其坚固的材质特性和色彩自然、质感强烈等特点，因此也大量用于大型铁路桥梁、隧道等铁路设施，甚至被用来塑造对建筑形象要求非常高的大型公共建筑，如中东铁路管理局办公大楼。

用于建筑或桥梁、隧道外表面上的石材通常需要有一定精度的打磨效果，以保持砌体表面的平整。一般情况下，有一定厚度的石砌墙体在不同位置对石材的要求也不同：砌筑外表面的石材需要至少有一个较大的面比较平整，而砌在墙体内部的石材则没有平整度的要求，有时甚至可以用碎石填砌，灌入石膏、白灰、砂浆后使之黏结成为一个整体。用来砌筑规则图案墙面的石材至少五个面都需要平整，以保证正交砌筑的质量。

虽然石材承重的原理都是靠垂直方向的压力起作用，但是，砌筑的形式却不仅限于矩形体块的平行叠放，除了拱形结构的砌筑属于挤压式垂直砌法外，更多被称作"虎皮石"墙面的砌体用石无须规整形状，很多时候是根据现有的石材形状随机选择，进行现场组合砌筑。这种自由拼装式的砌筑方式使石材之间发生了交叠咬合的紧密联系，不但减少了石材的加工过程，同时也获得了自然、质朴的墙面效果。

不同的砌筑效果对应的砌筑方式不同，石材的单元形状、加工要求也不同，总体上可以分为三大类：粗加工型、精加工型和雕饰型；砌筑和加工方式也包括砌、斜切、抹圆、刮、沾、叠砌等各种不同的形式。不同样式的石材经过整体砌筑以后会产生完全不同的视觉效果（表3.13），这对于塑造建筑形象非常有利。石材在塑造质感和表情上具有强大表现力，这种材料能超越时代间隔，在传统建筑与现代建筑的表现上发挥突出的作用。表中收集了中东铁路建筑中石材的应用实例，从中我们可以看到这一传统材料的性能优势。许多情况下，一栋建筑常常汇集各种各样的加工、砌筑工艺和拼砌的外观效果，最典型的实例是中东铁路管理局大楼，丰富的石材表现方式将这座建筑装点得美轮美奂。

（4）金属工艺　金属的柔韧性好，有良好的延展性，可以用来铸造或打制各种结构或装饰性曲线线条的建筑构件（表3.14）。中东铁路附属地内数量巨大的新艺术风格建筑就是借助了铸铁构件的强大表现力才塑造出了大量优美的建筑形象和美轮美奂的室内装饰作品。中东铁路建筑及筑路

表3.13 中东铁路石材砌筑方式纹样类型

名称	图示	设计图	实例
蜂窝纹	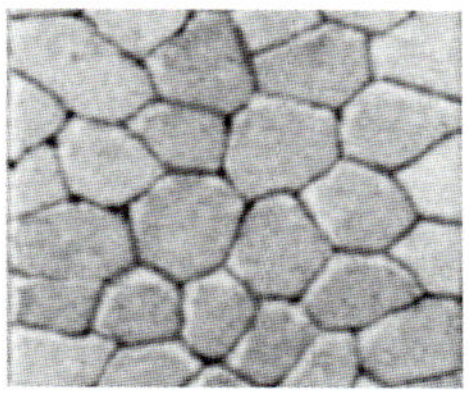	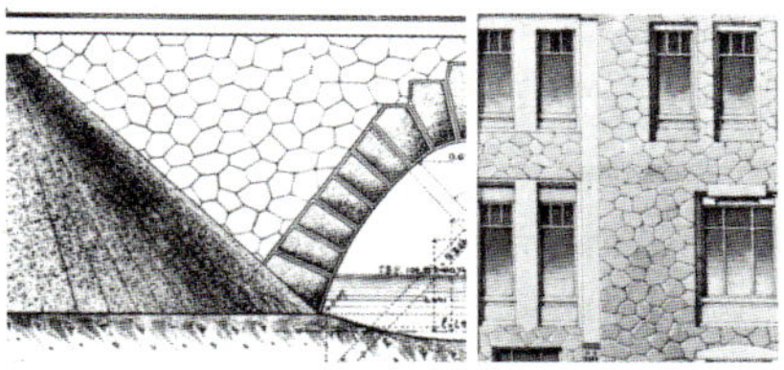	
方块条石纹	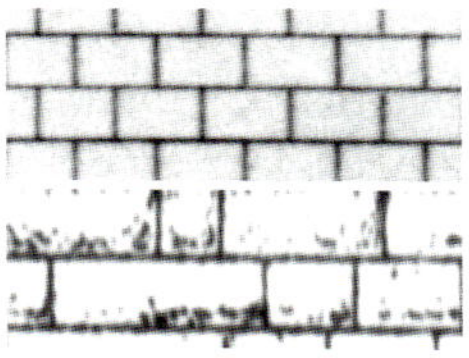	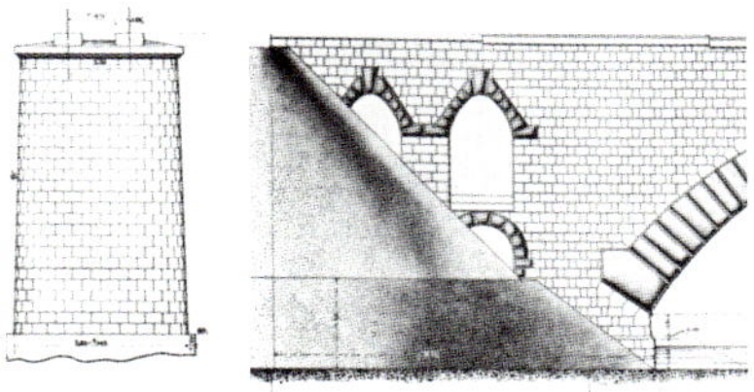	
冰裂纹	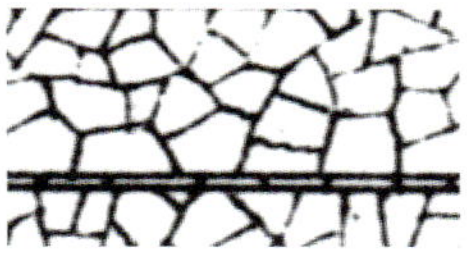	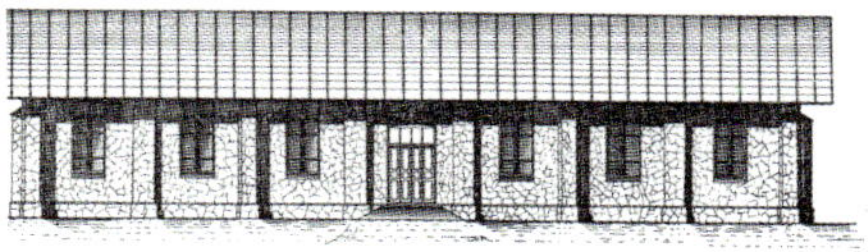	
随机纹	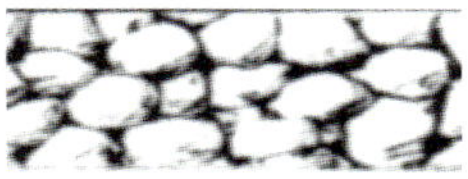		
梯楔纹	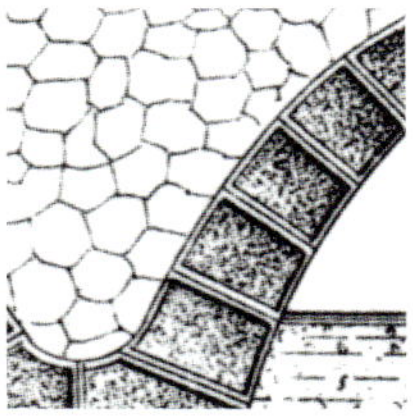	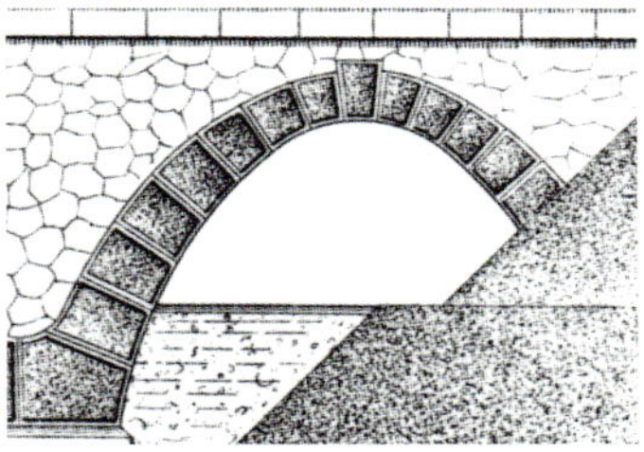	

表3.14 中东铁路金属工艺的形式类型

类型	名称	实例	地点
线	阳台	 	绥芬河俄国领事馆 哈尔滨契斯恰科夫茶庄
	女儿墙	 	哈尔滨契斯恰科夫茶庄 中东铁路管理局
	围墙装饰	 	旅顺关东州厅院外墙 中东铁路管理局宾馆
	楼梯栏杆	  	扎兰屯乌兰夫博物馆 哈尔滨契斯哈科夫茶庄 中东铁路管理局
面	合页	 	满洲里厕所便池盖板 扎赉诺尔木仓房外门
	加固构件	 	横道河子机车库大门

续表3.14

面	屋面铁皮			旅顺关东州厅舍门房 绥芬河大白楼
体	落水管			满洲里俄桥学校 阿什河制糖厂住宅

工程中用得最多的金属材料是钢和铁。钢材用来制作轨道和桥梁的构件，而铁则用来制作装饰性和连接作用的小型金属构件。装饰和围护性铁构件大多要经过烧制或镕解浇注后打制成型。各种弯曲的线条通过焊接手段组合为优美的图案。平铺的铁质面材可以用来做铁皮屋面、水箱壁。

金属构件通常的连接方式包括焊接、铰接、铆接和链接，其中，焊接和铆接最为常见。在材料组合的运用上也体现出相应的工艺做法，如钢铁与木交接建造工艺等。

3.4.2.2 物理性能与构造表现

中东铁路沿线的俄罗斯侨民留下了大量建筑作品，全景地展示了俄罗斯建筑师应对严寒气候时所表现出来的智慧以及防御自然灾害的独特手段。我们可以在其中发现一个作用链条：低技术—高效能—高情感。这一链条不仅产生了温暖舒适的居住环境，还营造出无以计数的俄罗斯童话中动人的建筑场景，成为一种不可多得的建筑文化遗产。

物理性能的平衡和改善方法体现在宏观和微观两种构造层面，宏观是建筑空间节点构造，微观是建筑构件节点构造。即使在日本占领中东铁路时期，在哈尔滨工业大学校（哈尔滨工业大学前身）里也专门设有"防寒构造学"一门课程，可见在应对地域气候方面的专业思考已经非常深入和成熟。

宏观的空间构造其实就是一种空间上的处理手法。这是运用建筑设计的手段改善空间物理环境质量的办法，因此也是一种最为根本和廉价的办法。空间构造的办法包括建筑的进入方式、保温采暖体系的运用、采光纳阳处理等。在具体设计和建造过程中，空间的构造往往辅以具体建筑墙体门窗等细部节点的构造做法，使得保温防寒及采暖纳阳的效果达到最佳状态。

（1）建筑踏步内置与防风门斗做法　建筑进入方式最为常见的处理是设置防风门斗，这也是一种针对建筑内部防寒保温的设计。因为入口是冷空气进入建筑的主要通道，门斗形成的介于室外和室内的缓冲空间有效地抑制了室内温度的波动幅度。防风门斗的入口外门不是简单地设置在建筑的正立面方向，而是多设置在背风一侧。今天，这种做法已经普遍地运用于东北地区现代建筑的设计实践中。

中东铁路建筑入口空间处理的另一个特殊做法是踏步内置，也就是主入口室外不设踏步，进入室内后再解决室内外的高差转换（图3.92）。室内解决高差转换的原因完全来自于人性化的考虑。因为冬季室外台阶有结冰的可能，人们在急于进入室内的过程中容易产生滑擦和摔倒。踏步内置的做法使人进入建筑的过程变得平顺，加快了开关外门和进入门斗的速度，这实际上也一定程度减少了室内热量的消耗。原哈尔滨中俄工业学校、原中东铁路中央图书馆和中东铁路职工单元住宅主入口的处理都采用了这种方式。

（2）建筑的保温采暖体系做法　　建筑的保温采暖体系包括闷顶、地面架空层、保温填充墙、火墙、壁炉、火道等。中东铁路建筑绝大多数采用了坡屋面的形式。倾斜的屋面可以分解雪荷载对竖向承重墙体的压力，改善整栋建筑的受力分布情况，并疏导雨水和雪水的排放。它的另一个作用是提高建筑的保温性能。因为这些屋顶可以在倾斜的坡面和水平吊顶之间形成一个三角形剖面的闷顶空间。

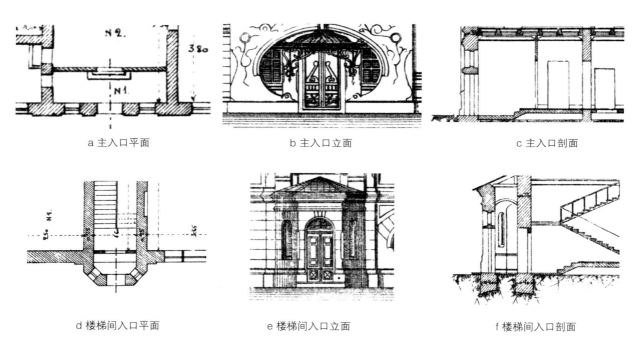

图3.92　原哈尔滨中俄工业学校的内置踏步与防风门廊和门斗设计图

闷顶内的空气层起到良好的保温隔热作用，加上内部构造中铺设的木屑等传统保温材料层，高效的保温屋面就形成了。建筑的室内地坪也被俄罗斯建筑师们巧妙地利用来进行有效的保温防潮处理。做法是在地板和一层楼板之间设置一定厚度的空气层，由巨大断面的木梁作为龙骨撑起整个木制地面。空气夹层可以阻挡室内热量通过地面向外部的耗散，同时也隔绝了地面向室内发出的潮气（图3.93）。

墙面保温也是很重要的一个策略。中东铁路沿线建筑的平面形状大多紧凑简洁，尤其是住宅建筑，常以简洁的矩形平面为典型样式。这种平面外墙面积最小化，建筑的散热面积小。这是抵御严寒的最简单有效的手段。加之墙体大多采用厚实的砖墙，因此多数建筑的室内环境都能达到冬暖夏凉的效果，如哈尔滨工业大学建筑学院主楼墙体最厚处达1.2米。从拆除中东铁路职工住宅的现场拍摄到的建筑外墙断面看，墙体外侧是两砖长的厚度，内侧为接近一砖长厚度的巨大原木方材，中间塞满棉麻类的纤维填充物。外墙内侧这层厚实的实木保护层起到了其他材料不可替代的保温作用，创造了一种原生态的保温效果（图3.94）。在兴安岭站区的木质住宅中，墙体用木板制作，内填充石灰、

a 闷顶与地窖结合一

b 闷顶

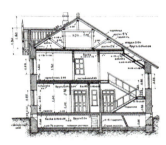
c 闷顶与地窖结合二

图3.93 中东铁路建筑地面架空层及地窖做法

图3.94 外墙保温构造

3 中东铁路建筑的文化载体揭示 | 187

木屑保温；而在满洲里的板式住宅建筑中，墙体构造采用横板与垂板相结合，里外板材之间通过填充石灰、木屑来获得保温效果。木刻楞建筑的墙面保温用的是同样的原理，原木之间的缝隙用白灰膏和亚麻填塞，更为原始的做法是铺垫和填塞苔藓，以使墙面达到完全密闭的效果。

一些特殊的建筑如供水塔由于独立暴露在空气中，因此水箱的外部保温也是一个难题。中东铁路工程师的做法是：水箱外层是双层的木质保温层，其中间加入棉毡，木质外皮与水罐体之间又留有半米距离的空气保温层，水罐体的外表皮亦为双层钢板，铁皮的防水屋面采用白灰锯末保温，以此来防止寒冷地区冬季水箱结冻现象（图3.95）。此外，箱体外壁开窗窄小，减小室内墙面冷桥的散热系数，窗洞采用喇叭口的形式，最大限度地接受阳光，同时减少热损失。

在上述做法的基础上，室内良好的供热方式可以发挥更大的效益。中东铁路建筑的典型实用技术做法是火墙、壁炉、火道的运用。工程局的建筑师们对采暖设施的关注超越了一般技术细节，因此不同标准、不同形制的壁炉及采暖锅炉做法都备有详细的图纸供建造时的选型参考（图3.96）。

中东铁路的许多居住建筑中常常利用墙体中间预留烟道的火墙技术，以一种朴实原始的方式创造最有效的温暖环境。火墙、壁炉、火道成了一个完整的采暖供热系统。图3.96d显示的是原中东铁路局一座高级官员别墅的平面，可以看到，在紧凑的室内空间布局中，分布有为数众多的壁炉以及烟囱、火墙、火道等设施。对这座建筑的实地考察发现，临近火炉的厚重砖墙常常设有中间热气通道，巨大的火墙甚至随着楼梯间延伸贯穿不同的楼层，使空间的热环境保持完整均匀。所有内含热气通道的火墙均在表面做特殊处理，使室内空间中的火墙看起来一目了然。

火墙的布局除了要顺应壁炉、火灶等热源的位置外，还有散热均匀度在空间上的要求。在一些普通的铁路职工住宅或者多个居住单元的联户式住宅中，分室隔墙大都处理成火墙，和一般隔

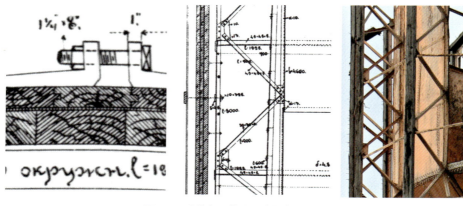

图3.95　水箱保温构造设计与实例

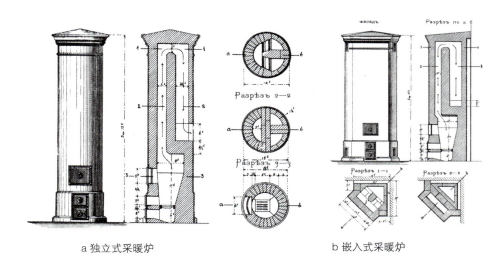

a 独立式采暖炉　　　　　　　　　　　　b 嵌入式采暖炉

  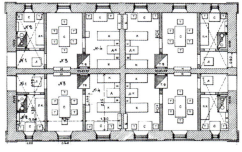

c 实物照片　　　　　　　　　d 住宅采暖分布图

图3.96　中东铁路住宅的采暖炉系统

墙间错分布，这样使每个房间有一面墙是火墙，保证热量的适度和均匀并且避免了温度过高或过低造成的热能浪费和室内空间的不舒适感。火墙是竖向的散热媒介，而水平向的散热媒介则由火道来承担。贴附地面的火道适应了已经城市化的居民生活方式，壁炉取代了乡村的灶塘，火道与床面的组合成为城市里的改良版火炕。除了厚重的砖墙材料本身的形象外，从屋面各个位置钻出来的烟囱成为火墙技术的标志性景观。今天，在哈尔滨南岗区繁荣街附近原中东铁路职工住宅集中分布的区域，仍然可以见到巨大的坡顶上高低错落、厚墩墩的砖砌烟囱鳞次栉比地排列，构成一幅典型的动人画面。此外，在一些大型公共建筑中，散热器已经得到大面积应用，如一面坡中东铁路医院、哈尔滨南岗区联发街1号住宅等（图3.97）。

（3）建筑的采光、纳阳、通风处理　　在建筑内部空间的采光纳阳处理上，中东铁路建筑师结

图3.97 一面坡铁路医院主楼梯间与散热器

合传统技术和做法创造性地总结出一整套高效的做法。中东铁路建筑的窗洞开口面积都偏小，形式多为竖向窄长窗，这种做法可以减小室内墙面冷桥的散热系数。中东铁路的建筑师巧妙地挖掘减小窗洞和增加通光量之间的关系，把文章做到了窗口侧壁的形式上。如图3.98所示为典型的中东铁路建筑窗洞口构造，这种洞口内大外小的梯形截面做法使自然光线通过较厚的墙体时可以更大范围地投射到建筑内部，在保证洞口面积最小的前提下，一定程度上改善了室内的光照效果。这是艰难选择中创造的奇迹，因为在冬季温暖的阳光是维持室内温度的最有效手段之一。

通风换气作为功能建筑重要的性能要求，在一些容易产生特殊气味的建筑类型上具有突出的表现，如厕所、护路军骑兵兵营的马厩等（图3.99）。中东铁路工程局的建筑师在这些非常实用的细节设计上下了很大的功夫，最大限度地实现了用设计代替设备的办法解决物理性能的要求，是100多年前非常具有原创意义和技术水准的设计实践。

与此同时，一些级别较高的别墅和住宅建筑则专门设置围以大面积玻璃的阳光间，创造形式上虚实对比的同时，大大改善了整栋建筑自然光照相对薄弱的情况，吸收更多的阳光，成为漫长冬季中一个温暖明媚的半室外场所。这一做法与内部紧凑刻板的空间形成鲜明对比，是设计处理的一个浪漫之处。这一点还体现在建筑师巧于因借阳光的技巧上：中东铁路沿线建筑外立面普遍带有丰富的细部，富有节奏的凹凸细部巧妙地以阴影的形式将阳光清晰地勾勒出来，而温暖的阳光正是平衡寒冷的一个有效力量。

（4）建筑的排水防潮技术处理　中东铁路建筑的排水属于有组织排水，建筑坡屋面的檐口凸起式边沟、落水管、防溢雨水池等都有很系统的设计。在防止渗漏、防止窗台和雨篷返水的相关考虑和技术设计上表现出良好的技巧和设计感，如扎兰屯机车库、阿什河糖厂住宅的扶壁柱和女儿墙垛口封顶板铁皮做法等。日控时期的建筑在类似技术上也表现得非常成熟，如在坡屋顶的檐板下部

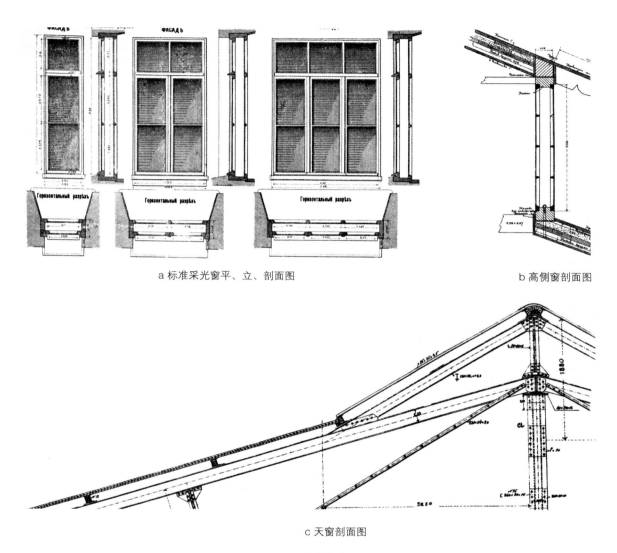

a 标准采光窗平、立、剖面图　　b 高侧窗剖面图

c 天窗剖面图

图3.98　中东铁路建筑的采光口构造

开设通风孔，混凝土雨篷底面封闭图形的范水槽等（图3.100）。其中屋檐出挑的板面下部的通风孔设计非常隐蔽和精致，突破了一般坡屋面做法中升起通风老虎窗的做法，使建筑的轮廓更为简洁。此外，一些特殊的构造既有功能性考虑，又充满了人性化色彩，如中东铁路浴池标准设计图纸中，对平面的角部处理全部采用抹圆角的方式，表现出对多水环境及使用者安全性的考虑；而大多数弹药库抹圆角的方式应该是对坚固性的一种补充和强化。

3　中东铁路建筑的文化载体揭示 | 191

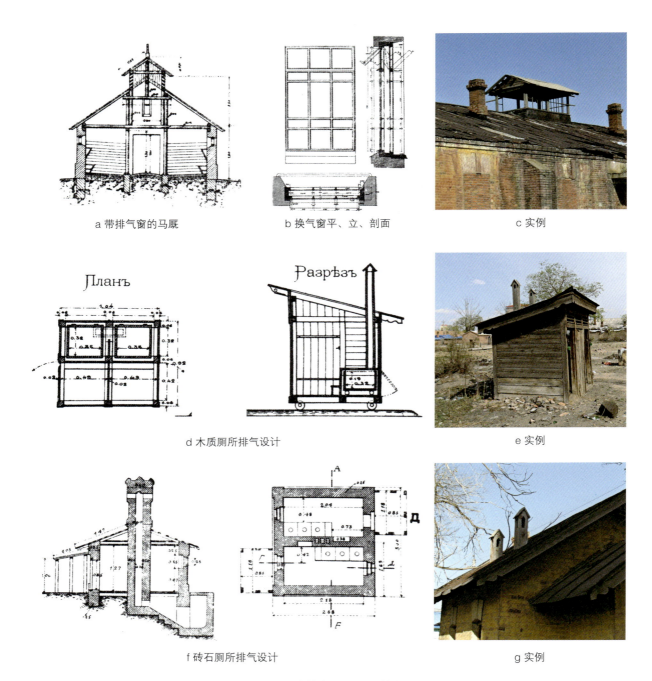

图3.99 中东铁路建筑的通风换气构造

a 屋面泛水板

b 雨篷泛水槽

c 雨水池

d 屋顶排气孔

e 住宅屋面排水口

f 住宅屋面排水口

g 机车库排水口

h 机车库排水口

图3.100　各种形式的排水、防潮、通风构造

3.4.3　技术形态的文化特点

中东铁路建筑的技术形态反映出的首先是时代特征。由于这条文化线路的主体文化之一是工业文化，因此带有强烈的技术色彩，这种色彩突出地体现为前所未有的建筑空间尺度和结构形式、构造做法。与此同时，传统技术和地域技术也在这场场面壮阔、规模庞大的建筑文化传播中找到了大量实践机会，因此，中东铁路的建筑技术形态具有某种集成式的特征。

（1）作为文化线路的动态表现，工业技术在建筑技术上的各种创新成果是随着时间的推移而呈现某种持续的发展变化的。

（2）建筑技术是中东铁路建筑文化根植于文化发生地的中国东北广大地区的一个特殊媒介，也是一个最佳的载体。因为建筑技术中对气候条件的呼应必须求助于大量成熟的地域技术经验，因此，建筑技术的一定比重都是隶属于传统地域技术或新兴地域技术的范畴。

（3）中东铁路建筑技术有一个鲜明的特征：技术创新与高技术、低技术多管齐下的倾向。尤其是低技术的做法在特定的时代背景、特定的环境条件和特定的政治气候、特定的交通工业运作模式下，都显露出其强烈的优势和成熟的理性。

3.5 本章小结

建筑文化载体通常包括直接承载建筑文化的建筑及间接承载建筑文化的建筑制度两种因素。由于中东铁路特有的工业产业特征和标准建设的特点，这两种因素最终都体现在具体的建筑形态上。中东铁路建筑的基本形态包括功能形态、空间形态、材料形态和技术形态四个方面的内容，这些内容构成了建筑文化表现的基本载体。

中东铁路建筑的功能类型非常丰富，按照铁路交通工业所特有的行业特点进行分类，可以得到中东铁路建筑的五个大的类别：铁路交通站舍与附属建筑、铁路工矿建筑及工程设施、护路军事及警署建筑、铁路社区居住建筑、市街公共建筑与综合服务设施等。其中，铁路交通站舍与附属建筑包括工业厂房、火车站舍、水塔、机车库等建筑；铁路工矿建筑及工程设施包括桥梁、隧道、碉堡、涵洞等工程设施；护路军事及警署建筑包括司令部、警察署、监狱、兵营、马厩、库房、哨卡等建筑；铁路社区居住建筑包括官邸、别墅、独栋住宅、联户住宅、公寓宿舍类集合住宅等建筑；市街公共建筑与综合服务包括行政办公建筑、教科文卫建筑、金融商业综合服务、疗养院所建筑等建筑类型。在这些类型中，工业建筑和居住建筑看似级别不高，其实占据了铁路沿线最大比例的建筑遗产，因此具有重要的类型意义；而公共建筑类型虽然只概括为三个大的系列，实际上包含着数量众多的具体类型，如办公楼、教堂、学校、图书馆、俱乐部、剧场、电影院、气象站、医院、旅馆、银行、商场、饭店、邮政局、电话局、公厕、浴池、运动场等。

中东铁路的建筑空间包括单体建筑空间和建筑群体空间。单体建筑空间分为常规空间和特殊空间两种，前者有规则的空间形态和尺度，后者的形态和尺度则较特殊，如狭长、高耸、封闭、开放、透明、异形空间，以及大型厅堂、透空走道等。两种空间的平面形态多为独立式、中心式、放射形、线形、组团式、网格式、合院式等，内部交通流线也各具特色。常规空间的空间模式有厅廊梯系统式、中心大厅式、组合式、穿套式、自由空间式等，后者的空间模式包括：平行并联、平行串联、放射并联、中心环状、独立、组合式等。常规空间建筑的特色是划分清晰、空间通用性强等，常通过室外阳台、采集天光、屋面变化、尺度收放等手段塑造空间。而特殊空间往往采用极简的划分方式，并注重通用与专用空间的高效组合。建筑群体空间是由不同的单体建筑组合而成的空间聚落，包括铁路站区、军事工业区、生活社区及公共服务区。较大规模的群体空间具有规整的街道结构系统、街坊内的每个居住单元有统一的排列方式和内容配置，区域功能明确、道路结构清晰，空间节点和标志性的塑造非常充分，只是边沿空间的界面显得比较松散。这些特征的最佳实例是哈尔滨和大连的城市规划方案。这两个城市规划案例都具有以铁路为核心的西式美学设计理念，并且有分期、分区经营设计过程，同时拥有尺度开阔、融合自然的空间特征。

材料形态和技术形态构成了与建筑艺术及技术特点有关的主要内容。中东铁路的建筑材料既有传统材料，也有现代材料，前者包括木、石、砖、瓦、陶、釉；后者包括金属、混凝土、玻璃、油漆、涂料等。这些材料的组合使用十分灵活，包如砖木、石木、砖石、砖石木与混凝土、砖木与混凝土、石材与钢铁、砖与钢铁、木与钢铁、砖木与钢铁组合等。材料组合的原则是确保各种材料的优势互补和突出建筑的表现力，不同材料组合创造出不同的构造做法。中东铁路的建筑技术形态包括结构技术和构造技术两种不同技术类别的形态，结构技术除了传统结构形式，如砖构、石构、木构、拱等之外，还采用了许多新结构形式，如框架、桁架、钢混、波形拱板、悬索结构等。建筑构造上以物理性能型的构造最为突出，如建筑入口踏步内置与防风门斗的做法、建筑的保温采暖体系——闷顶、地面架空层、保温填充墙、火墙、壁炉、火道的运用、建筑的采光纳阳处理——梯形窗、阳光间等，表现出在当时条件下的设计智慧。材料及技术形态的特点很大程度上反映了中东铁路建筑文化的特点。

4 中东铁路建筑的文化现象辨析
An Interpretation of the Cultural Phenomenon of the Chinese Eastern Railway's Architecture

The Chinese Eastern Railway buildings contained a wealth of cultural phenomena, of which there were three most representative cultural phenomena, namely: module phenomenon, synthetic phenomenon, rheological phenomenon.

"Module" phenomenon was a kind of architectural cultural phenomenon with modern design consciousness and the rail industry features, demonstrated through single building and site stereotyping, architectural decorated elements, standardized spatial units and construction, and symbolic approaches. With these methods, building modules could create countless buildings and concrete plan of settlement space, "design type" and "custom design" could be designed in coordination between standardization and personalization through distinction.

"Synthetic" phenomenon was the most "Chinese Eastern Railway" feature architectural cultural phenomenon, and its main Russian traditional architectural style and Chinese traditional architectural style of mix and match styles—the "Russian style synthesis", was tailored for the Chinese Eastern Railway special style. This style of performance included the native form of the surface dialogue, space and the overall depth of the dialogue at two levels. From the point of view of synthesis rules, in the form of integration and cultural juxtaposition of two different logic rules; from the point of view of effect, the synthesis of the two cultures could produce cultural affinity with the proliferation of important cultural effects.

The third cultural phenomenon called "Rheological" phenomenon. Rheology referred to a phenomenon that architectural style, architectural form, architectural and cultural taste and other factors constantly changing with time and environment. The form rheology of single building was by means of two ways which caused by the original image updated and transformed by consumption; and culture in addition to reflecting the overall style of the rheological North and South over the full characteristics of each, but also reflected from a compromise freedom domination to the transformation process of the flood of modern nation. Paper summarized the three rules of rheology and creatively found three cultural effects of rheology, namely: shadow effect, sieve effect, and mirror effect.

Overall, the module phenomenon showed the overall design operation skills, the synthetic phenomenon demonstrated the cultural synthesis collision with railway subsidiaries blended in "dialect" results, the rheological phenomenon revealed the evolution of the overall trend of cultural transmission and objective process.

文化现象是呈现在文化线路上的文化过程及其成果的集中表现。中东铁路的建筑文化中有三个十分突出的现象：模件现象、合成现象、流变现象，它们代表了中东铁路作为文化线路所具有的典型特征。模件现象是中东铁路"线性"特征的表现，它以标准化和模件化的设计策略和配置制度来解决铁路交通的重复性作业方式和漫长铁路线的快速建设问题，同时大大促进了全线建筑风貌的统一效果；合成和流变现象是文化线路"文化过程、文化多样性、多元价值构成"等特征的展现，因为文化迁移和交往不仅促成了建筑样式的"合成"机会和成果，还促成了建筑文化的整体"流变"表现。这是文化多样性和多元价值的重要物证，也是文化线路动态特征的最好诠释。

　　从促成这些建筑文化现象的传播过程的线索上分析，三种文化现象都同时受"技术、资本"与"文化、意识"的双重制约，但又各有侧重。其中，模件多来自于设计方法和建筑规模配置的技术路线，属于操作技巧层面的选择；合成多考虑文化与意识的综合因素，属于主动性的文化选择；流变现象是文化、意识和技术、资本因素的综合影响，属于客观形成的文化效果。

4.1　模件现象

　　中东铁路建筑设计有一个独特的做法，就是用"定型设计"（或称标准设计）来满足数量巨大的建筑项目对方案的需求。可以说，中东铁路建筑文化中包含了非常普遍的"标准化、定型化、模式化"元素，其背后透显出的是基于建筑符号意义的、变幻无穷的形式句法和空间句法衍生逻辑。中东铁路建筑的语言体系是一套模式语言的体系，本书将这个现象命名为"模件现象"。

　　模件的概念常见于机械工程中，生物化学与分子生物学中也用其作为基本构成单元的代称来说明蛋白质和细胞基因的构成情况。在艺术史学界，模件的概念被著名的德国汉学专家雷德侯用来说明中国艺术中的标准化与规模化生产。从根本上讲，模件现象存在于文化世界中。文化"是一种通过符号在人类历史上代代相传的意义模式，它将传承的观念表现于象征形式之中"[29]。因此可以说"文化世界实际上是一个符号世界"。符号是文化的重要载体，模件与符号又有着深厚的亲缘关系。美国文化人类学家A.L.克罗伯和K.克拉克洪对"文化"所做的界定是："文化由外层和内隐的行为模式构成；这种行为模式通过象征符号而获致和传递；文化代表了人类群体的显著成就，包括它们在人造器物中的体现。"可以推想，由于承载"人类群体显著成绩"的中东铁路建筑文化正是体现在建筑这一"人造器物"中；因此在中东铁路建筑文化的形成、传递和发展过程中，作为符号的建筑模件起到了重要的载体作用。

4.1.1　模件的构成与表现

　　中东铁路建筑文化的符号是以建筑模件形式存在的。文化的作用方式要借助于传播，传播"是一个系统（信源），通过操纵可选择的符号去影响另一个系统（信宿），这些符号能够通过连接它们的信道得到传播"[30]。由于文化的创造可以近似地看作"符号的创造和运用符号进行的创作"，因此，丰富多元的模件作为文化符号的具体表现已经构成了中东铁路建筑文化的大致轮廓。那么，"模件"的具体表现是什么呢？它的种类和组合机制分别是什么呢？

中东铁路的建筑模件出现在各个层面：从建筑细部语汇、单元构件、空间单元到建筑整体；从单体空间构成模式到群体布局；从建筑的不同规模到不同功能类型；从铁路住区的标准功能构成到铁路附属地的分区原则；可以说，符号、母题、标准空间及形体构成、典型功能及空间组合方式已经成为一种基本的建筑设计方法。

4.1.1.1 内容构成

（1）模件的系统性与层次性　　"模件"具有系统性和层次性。

从系统性上讲，中东铁路的建筑模件构成具有"原型"与"变体"的系统特征，这个系统限定衍生的逻辑而不限定具体形式，因此具有无限衍生的能力。不断持续的建造活动可以方便地使用这些衍生出来的模件进行表现，因此只要建造活动继续存在，模件的系统内容就会不断地丰富。

模件的系统性和层次性还表现为同一层次的模件也带有等级、规模等属性的差别。例如，当将一栋完整的建筑作为一个模件单元的时候，我们会发现，同样是模件，单体建筑却有不同的等级、规模和阶层属性（图4.1）。例如，标准火车站等级就分为一等、二等一直到五等和会让站；公共厕所的规模从一个、两个、三个蹲位，到几十个蹲位的大型公共厕所；兵营也是从十几人，到几十人、一二百人、数百人床位；而标准设计的住宅也分为官邸、铁路职工住宅、中国工人住宅等适合不同阶层的居住建筑类型。从层次性上讲，中东铁路的建筑模件具有从砌块单元到建筑单元直至建筑群体的完整层次（图4.2）。可以说，建筑模件可以小到一种建筑装饰的细部语汇，也可以大到站点和铁路社区的功能构成与空间布局。德国学者雷德侯（Lothar Ledderose）曾经把中国的文字分解成"以五个由简而繁的层面构成的形式系统：元素（element）、模件（module）、单元（unit）、序列（series）、总集（mass）"[31]。一栋典型的中东铁路建筑也常常可以分离出多个层面的构成要素，比如：模件化的建筑装饰符号；模件化的门窗、阳台等建筑构件；模件化的建筑空间构成；作为一个标准模件在中东铁路沿线反复出现的单栋建筑；模件化的建筑附属环境配置；一个经过标准设计的铁路社区等。

（2）模件的标准语汇构成　　语汇是词和短语的统称，是语言符号的一种聚合体。在语言学中，语言符号包括语素、词和固定短语，而语汇中基本囊括了语言符号的全部信息。如果将一座完整的建筑比作一个完整的句子，那么，建筑语汇就是构成这座完整的建筑句子的词和短语。正如语言学中的语汇也可以在不同层面、不同角度上界定其有效范围一样，建筑空间与形式的语汇也有自己对应的有效范畴，如俄罗斯建筑语汇、中国古典建筑语汇、现代建筑语汇等。本书研究的是在19世纪末到20世

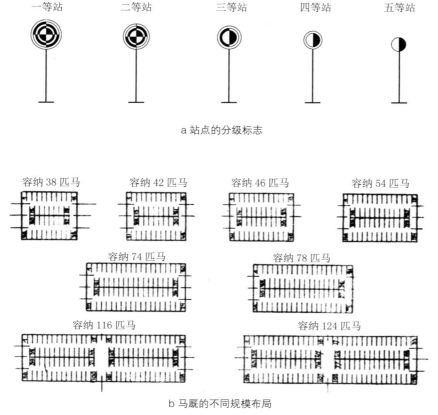

图4.1 站点的分级标志及马厩的不同规模布局

纪中叶近半个世纪时间段内，出现在中东铁路附属地范围内的建筑文化，因此，我们所指的建筑语汇可以定义为中东铁路建筑语汇。

从模件的角度看，中东铁路建筑语汇的构成具有高度的模式化特征，拥有种类繁多的标准化语汇单元，这些语汇单元分别从俄罗斯建筑语汇系统、中国传统建筑语汇系统、现代建筑语汇系统，甚至日本近代建筑语汇系统中提取出来。雷德侯在《万物》一书中提出了一组概念：模件、模件体系、模件化。我们发现，中东铁路模件的标准语汇构成就具备这种构成规律和作用机制。中东铁路建筑的标准语汇体现在从局部到整体的诸多层面，从微观向宏观、从局部向整体的集结过程其实就是一套编码系统逐渐编制成"成品"的过程。建筑空间和形式的变化和衍生过程既是建筑符号（微观建筑语汇）自由组合的过程，也是这些建筑语汇拆解、变异的过程。这个双向的过程推动了中东铁路建筑风格和

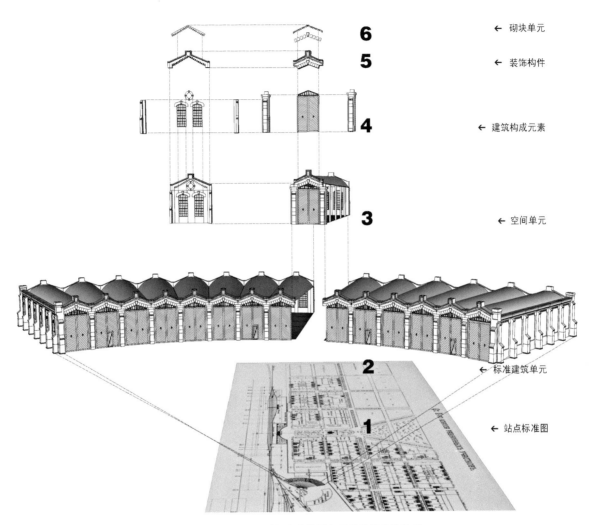

图4.2 从标准站机车库的拆解看模件的系统构成

样式的统一性和多样化,也证明了模件的标准语汇构成是一个极其重要的文化现实。下面,我们从中东铁路建筑模件微观标准语汇开始,系统考察中东铁路建筑的模件。

首先是标准形式细胞。细胞是物质构成的基本单位。在任何一个形式模件的系统中,我们都会发现,再复杂多样的形式,都可以按照编码系统的原理逐层拆解,最后获得那些无法再被分解的形式构成基本单位——形式细胞。正是这些形式细胞的复制、叠加、组合,才构成了变化无穷的建筑样式。对于以砖和木工艺作为主要类型的俄罗斯传统建筑来说,找出这些形式的基本构成细胞,对于理解中东铁路建筑模件的构成和文化特点非常重要。

中东铁路建筑的主体风格是俄罗斯传统建筑风格，因此建筑细部上多采用俄罗斯传统建筑语汇。最典型的是被称为"三檐"的木雕装饰。木建筑镂空雕刻装饰具有最典型的标准形式细胞构成特征。这些精美的图案化装饰来自传统的雕刻工艺，并由带有民族韵味的模式化图案组合构成，通过这些工艺制作出的建筑装饰图案美轮美奂。木装饰图案也分为平面镂空图案和立体图案，其中，平面镂空花格的图案样式最丰富，也已经形成了经典的形式语汇（表4.1）。概括起来，这些平面木雕中间的镂空图案包括：心形孔、菱形孔、矩形孔、十字孔、圆孔、条状孔、菱形孔、M形、V形、扁圆形，轮廓形象包括圆形牙子、尖角牙子、树叶形牙子、凹凸纹牙子、Y字纹牙子等。

另一种是标准工艺做法。建造标准工艺做法也是建筑模件标准语汇的形成途径之一，三檐镂空雕刻装饰图案是标准工艺做法的成果之一。标准工艺做法的另一系列是砖工砌筑墙身线脚及山墙落影装饰。

砖砌落影装饰是中东铁路建筑的精彩形式处理手段之一。落影装饰图案虽然形式上千变万化，其实是由简单的砌筑方式建造出来的，操作工艺也非常简单，除运用了一些异型砖之外，主要是将砖块充分进行叠砌、出挑、错位等方式的组合砌筑。从形式上看，落影装饰分为平行纹、直纹、阶梯纹、垂带纹、花样纹等若干种。由于山墙的端部轮廓是三角形的，落影图案属于镶边装饰，因此纹样的基本走向是倾斜方向的。从形式细胞的连接逻辑上讲，落影装饰总体走势上属于一种平行纹样，不同形式只是平行纹的各种变体，实际建筑立面装饰中的复杂变化都是由这些简单形式细胞的变化组合后形成的效果。

建筑主体墙身上的水平向线脚也是这种标准砌筑方式创造的形象之一。与山墙落影装饰非常相似的是，除了使用少量经过打磨处理的砖块之外，大部分线脚也是使用叠砌、出挑、错位这些标准工艺做法来创造形式变化。就整体而言，线脚的出现是砖块连续出挑、上下层不等距出挑，以及横向间错出挑造成的，对位、叠加、交错、疏密、节奏、韵律等，许多形式感的具体关系在这里都派上了用场。加上砖的顺面和丁面的组合规律、少量异型砖的点缀，最终形成的线脚种类异常丰富、灵活，在塑造形象上起到了重要的作用。同样的过程也创造出了异常丰富的竖向装饰线脚。

更细小的单元构件也可以视作一种独立的模件，如日式建筑的窗台（图4.3）。这种标准构件是设计中标准构造做法的直观表现。与中东铁路沙俄时期建筑的窗台做法相比，日控时期的建筑窗台做法具有强烈的技术目的性和独特的形式感。日式窗台有三种做法，一种是挖圆口凹槽的池形窗台，材料为水泥及石质；另一种是台面向外部倾斜的平面窗台，材料为清水砖或砖外加混凝土罩面，还有一种就是突出墙面的筒状窗套形成的底面，砖砌或水泥罩面。

标准工艺做法不仅包括具体的建筑形式，也包括建筑单元构件组合在建筑材料运用上的典型方式等。如在砖石混合砌筑的建筑中，典型的做法是主要墙面用石材砌筑，窗口边缘、门口边缘及建筑的转角采用砖材砌筑；门窗口边缘的砖砌样式做成凹凸边纹效果，形成一种类似隅石的形象。这种建筑

表4.1 俄罗斯传统建筑檐部与屋顶端部木构装饰基本形式

檐部		
名称	图示	实例
圆牙    		
尖牙   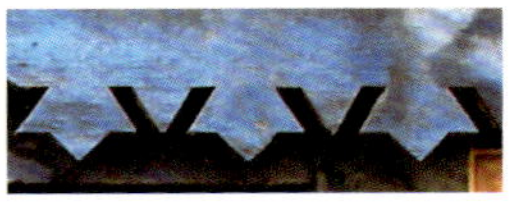 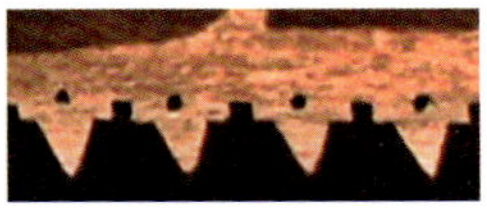		
方牙    		
牙   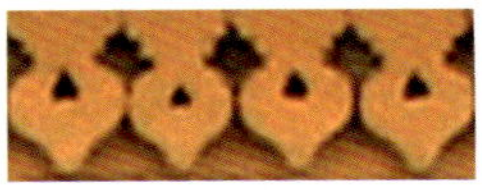 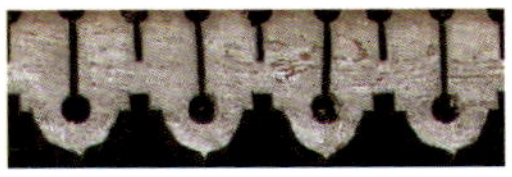		
反转牙    		
组合牙 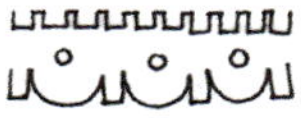   		

屋顶端部		
名称	图示	实例
雕花    		
竖棱 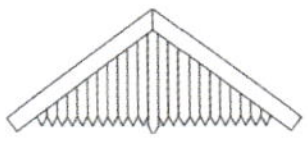   		
斜棱 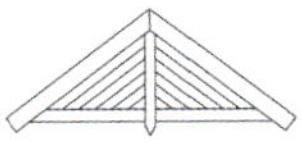   		

4 中东铁路建筑的文化现象辨析

a 扎兰屯　　　　　　b 大石桥　　　　c 昂昂溪一　　　d 昂昂溪二

图4.3　日式窗台的典型样式

构件单元与不同材质结合的方式创造了一种带有符号化特点的建筑形象，成为中东铁路沿线建筑中一种典型的文化信息。如中东铁路小浴池，经典形象就是砖和石头等不同材料塑造不同建筑构件的组合形象。

标准单元构件是标准语汇构成的第三种重要内容。建筑语汇模式化的形式细胞通过编码的过程最终获得了不同层级、不同复杂程度的建筑成品构件，而这些构件的存在正是促进中东铁路建筑整体性和多样性产生的重要原因之一。中东铁路建筑的单元构件样式很丰富，堪称一个庞大的模件系统。其中，窗、门、烟囱、雨篷是四种最典型的建筑构件。中东铁路建筑的窗型虽然多样，但有共性特征，如：比例竖长、带有贴脸装饰、窗洞平面外窄内宽、带有可开启的小气窗等。门分为外门和内门，外门上部通常设有雨篷，门外有台阶。门绝大多数是木质的，有门扇的条块划分，门面分为宽条竖向拼板门、窄条斜向拼板门、回字形木条拼板门和带凹凸划分的平板门，级别配置较高的建筑还有装饰丰富的拼花木门。通常情况下，中东铁路建筑门上的把手和包角铸铁构件、合页也是标准设计的一部分，人们可以从现存门扇的合页及包角铁件的形状和尺寸来判断其年代和历史背景。表4.2展示了建筑的木门样式及实例。

烟囱也是标准单元构件之一。中东铁路建筑的烟囱大概分为两大类型，一种是沙俄时期建造的烟囱，另一种是日控时期建造的烟囱。沙俄时期建造的烟囱基本都是清水砖造，普遍的特点是体积宽厚饱满，出屋面较短，带有基座、囱身、带有遮雨及装饰的出烟口等三段式竖向构成。尤其是出烟口的形式及建造工艺十分巧妙，用最普通的砖和砌筑工艺实现了功能与形式美的高度统一。这一时期的烟囱还有另外一种更接近中国式烟囱的形式，就是大部分带有中国式大屋顶的火车站舍的烟囱。这些烟囱的典型特点是整体轮廓模仿中国传统民居的烟囱，出烟口形似中国民居的起翘屋檐，带有更多飘逸飞扬的装饰构件（表4.3）。日控时期的烟囱带有更多现代主义风格的倾向，同时更多地以功能性为出发点，建造方式也分为清水砖砌筑和混凝土砌筑以及混合砌筑几种类型。

表4.2 木门样式及实例

名称	图示	实例
斜条拼板	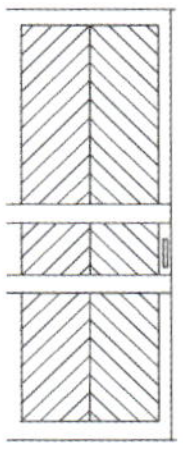	
回字拼板		
分块整板		
竖条拼板	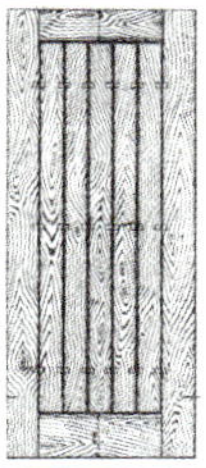	
花样木板	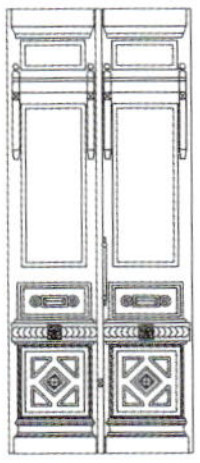	

表4.3 烟囱类型与实例

名称	图示	实例	地点
俄式	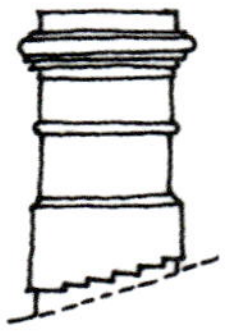		德惠 富拉尔基 横道河子 马桥河
俄式	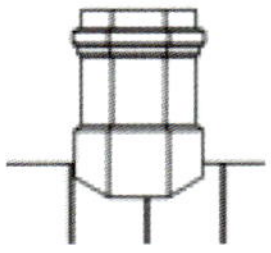		哈尔滨 横道河子 哈尔滨 扎赉诺尔
俄式			横道河子 亚布力 哈尔滨
日式	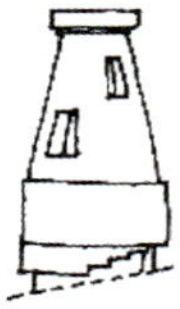		陶家屯 铁岭 陶家屯 旅顺
日式	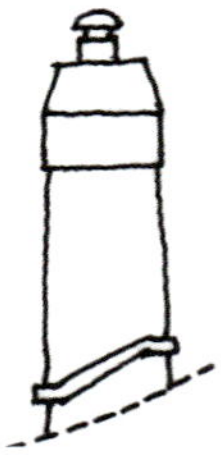		昂昂溪 安达 昂昂溪 昂昂溪
中式		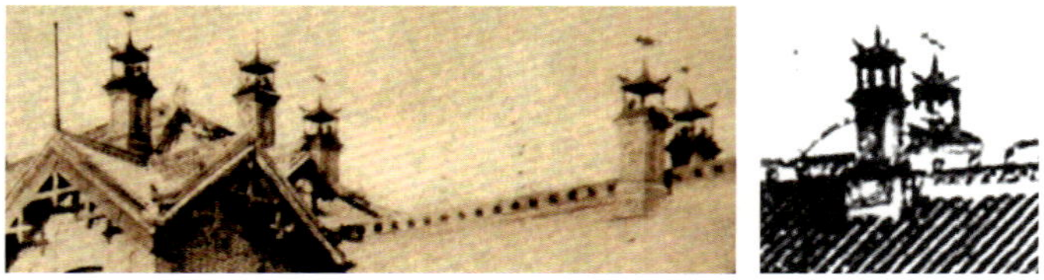	公主岭

当建筑构件放大到一个空间的时候，就成为一种更大的模件——空间单元模件。典型的空间单元模件是阳光间和门斗。阳光间在中东铁路职工住宅建筑中很常见，这是一种活跃建筑形象、改善室内光照环境质量和保温防寒措施的重要手段。阳光间多是由带有细部装饰的木框架和数量众多的小块玻璃窗组成，木构架装饰通常被涂成鲜艳的色彩，在阳光、绿树和建筑黄色墙面的映衬下显得格外动人。阳光间非常好地调节了建筑主体封闭的形象和拘谨的表情，成为充满人情味的对比要素。门斗也是这样一种典型的建筑空间单元模件。同阳光间一样，门斗不仅很好地解决了保温防寒的问题，还是建筑的重要形象装饰，使建筑充满人文色彩。

（3）模件的标准样式构成　模件的标准样式很多，标准建筑单体是最常见的一种标准样式。

在铁道线上乘车旅行时，给人留下最直观印象的建筑模件是那些重复出现、几乎完全相同的单体建筑。这些建筑由一套标准设计图纸发展而来，经过在表面装饰细部上的有意变化和建造过程中不同的材料运用、色彩搭配、工艺处理，产生了种种奇妙的关联效应，给人以既似曾相识又明显不同的视觉感受。标准建筑单体的种类很多，从功能类型上看，涉及火车站舍、教堂（图4.4）、医院、铁路官员住宅、铁路职工联户住宅、铁路员工公寓、机车库、浴室、公厕、兵营、马厩、水塔、仓库、桥梁等。

中东铁路沿线许多站点的教堂学校都是这种标准设计的产物。根据早期的设计图纸和建成照片判断，这些高度相似的设计方案最早源于一套设计定型图。根据历史文献对当时在中东铁路工程局技术部建筑师团队的构成描述分析，可以推断这些定型图在总建筑师整体指导之下，由那些从莫斯科和彼得堡建筑院校

a 平面图

b 立面图

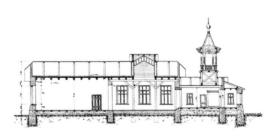

c 剖面图

d 昂昂溪教堂

图4.4　标准样式的教堂设计图及实例

刚刚毕业的青年建筑师具体深化、发展成为不同的个体方案。这些建筑方案具有几乎完全一致的平面布局、体量关系和建筑形式语言，只是在门窗、钟塔等建筑构件的尺度、形式和山墙落影装饰、装饰三檐的木雕镂空图案，以及建筑材料上进行了不同的处理。

标准建筑聚落也是标准样式的一种具体类型。标准建筑聚落是指铁路附属设施中必不可少的、具有标准化配置的建筑功能组团。护路队兵营、水源泵房及守卫兵营房、铁路医疗所等功能单元都具有标准建筑聚落的特征。它们的共同特点是：聚落都是由不同的几座单体建筑组合而成，这些建筑分为功能性主体建筑和辅助建筑，按照固定的功能关系及交通联系整合在一起，并通过室外路径、庭院、绿化，甚至带有防护性堡垒的围墙形成一定规模的院落（图4.5）。相同功能的建筑组团使用同样的标准设计和规划图纸，只是在适应不同的地貌条件或在针对不同规模做适当的调整。

更大规模的一种标准样式是标准规划方案。中东铁路的站点是分等级设置的，不同等级站点的站区和生活区都有标准规划方案（参见第三章），具体实施过程中只要将标准规划方案做适应性改动就可以直接使用。这些标准化的规划方案遵循了简单高效的规划原则：体现功能逻辑和保证基本的环境质量。因此，从规划的布局上看，标准模式的突出特征是街道及社区都是用秩序感强烈的矩形网格即垂直交叉道路系统进行划分的；通常具有横向主次街道的划分和纵向主要交通及景观轴线的设定，整体空间关系简明有序。

4.1.1.2 表现机制

从不同层面上看，模件是以两种方式组合出现的：其一，作为具体形式的建筑模件及广义的建筑模件，如聚落、社区、站点等；其二，作为建筑模件及广义建筑模件的功能集群、空间集群或形式集群的构成逻辑或结构关系。前者，我们将之概括为"话语母题"，后者，我们将其概括为"形式句法"。前者是就单元模件、群体、整体的要素本身而言，后者是针对单元模件、群体、整体自身内部各元素及与外部其他同类要素之间的相对关系而言。

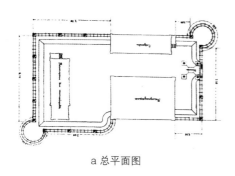
a 总平面图

b 历史照片

图4.5 标准建筑聚落总平面图及历史照片

（1）话语母题和形式句法的概念 "话语是特定社会语境中人与人之间从事沟通的具体言语行为，即一定的说话人与受话人之间在特定社会语境中通过文本而展开的沟通活动，包括说话人、受话人、文本、沟通、语境等要素。"作为一种语言学的术语，话语同时指代运用过程中的语言。这种语言的构造单位包括句子或由句子组织起来的言语作品，如现代"话语语言学"就是专门研究"从对话片断到完整的长篇小说的超句法的语言结构。"如果把整条建筑线路比喻成一段连续的篇章，那么，一个城市、一个站点、一个社区就是构成这个篇章的一段文字或一个句子。如果把一个站点或社区比喻成一段文字，那么单体建筑就成了构成这段文字的词汇。甚至如果我们把一个完整的建筑形式看作一个句子，那么组成这个形式的各个局部形式单元就是构成这个句子的词汇。这个分解层级的方法可以一直分化下去，直到最小的形式单元。

从形式控制的角度考察中东铁路建筑时，我们会发现，建筑师在整条线路建筑形式美的塑造上是成功的，因为他们很好地调动了一种高效的形式手段——母题。建筑形式母题的运用大大地提高了整条线路原本分散的建筑形象的整体性，在视觉感受和场所精神上产生了强烈的节奏和韵律，给人一种优美、连续的审美感受。这是建筑模件在塑造建筑形象上的一种贡献，也是建筑模件的组合机制的直接表现。

在文学和语言学中，构成母题的内容包括某个主题、人物或某个故事情节及字句样式，只要它是反复出现在文学作品中，能够"成为利于统一整个作品的有意义线索"，加强整个作品的脉络感。中东铁路的建筑模件形成了绵延数千里的"母题"展示。"主题、情节、字句样式、一再出现、统一、线索、意象或原型、脉络"等关键词生动地描述了具有母题特征的建筑模件的角色和作用。母题的出现是一种建筑形式规律的组合作用机制，由此，分散的建筑单体有了贯穿始终的线索和秩序，并继而产生了某种故事情节。

句法"研究句子的个个组成部分和它们的排列顺序。句法研究的对象是句子"。按照这一逻辑，形式句法就是指一个形式的整体中各个组成部分之间的结构、关联、组合逻辑乃至各自所起的作用。这个形式的整体可以是一栋完整的建筑，也可以是一个建筑的局部，还可以是由多栋建筑构成的一个社区或群体空间聚落。当这个形式整体的范围扩展到一个市街甚至一座城市的时候，形式句法就自动具体化为空间句法。正是在这个层面上，英国学者比尔·希列尔（Bill Hillier）教授的研究打开了建筑与城市空间形态研究的一个新领域。

（2）模件中的话语母题 母题现象的典型出现方式被称作"母题重复"。由于具有母题特征的建筑形象的反复出现，散落在铁路沿线的建筑具有一种伴随火车行驶速度而出现的视觉节奏和韵律，而最终，由母题形成的"统一"和由非母题形成的"变化""对比"使整条建筑艺术廊道达成了某种协调和默契。

中东铁路建筑文化中充满着各式各样的形式母题，包括门窗、烟囱、山墙落影装饰、门斗、阳光间、承托屋面葫芦状木梁，乃至砖、石、木建筑材质等，种类繁多、形式各异，蔚为壮观。这些建筑形式母题高频率地出现在中东铁路沿线的各个站点，通过反反复复的影像重复和视觉刺激建立起稳定、统一的建筑风格，同时也标示出铁路附属地这一特有的空间领域和移民文化圈范围。

其实，就单一的一座建筑来说，建筑的各个构成要素自身也存在模件系统构成的"母题重复"现象，如具有典型俄罗斯田园建筑风格的传统木建筑檐口镂空雕刻装饰。中东铁路西部线的木建筑数量非常多，其中，许多木建筑的屋檐、门檐、窗檐都有精美的图案化装饰。屋檐、门檐、窗檐被人们习惯性地称为"三檐"，三檐装饰本身就是一个装饰母题组合运用的集中展示。西部线伊列克德站铁路职工住宅建筑的三檐装饰为平面镂空雕刻，内容都是抽象的图案化纹样。镂空雕刻的负形（掏空部分）样式包括：M形、竖向一字形、三角形、十字形（X形）、波浪纹（或称卷草形）等。由这些正负形图案装点起来的整座建筑堪称一件木雕建筑艺术的精品。还有数量巨大的木建筑在三檐装饰上选择了相对简洁的装饰母题，如满洲里的木制铁路住宅。这些建筑的三檐装饰没有使用过于复杂的镂空图案，而是采用了简单明了的线性装饰构件，同时辅以鲜艳色彩的大胆运用，同样取得了动人的艺术效果（图4.6）。线性装饰在这些建筑中的作用除了勾画建筑轮廓外，还有保护建筑构件的端部

a 伊列克得住宅门檐

b 伊列克得住宅窗檐

c 满洲里住宅气窗窗檐

d 满洲里住宅窗檐

e 满洲里住宅屋檐

图4.6 不同风格的檐口装饰

不受损伤的加固作用，其中，窗口的外部装饰具有画框的艺术效果。除了三檐，一些木建筑的墙身也被装饰以水平向、带有多重凹凸或宽窄变化的线脚，这些线脚在加固外部墙面的同时，起到了形式划分的作用。

对于火车的行进速度而言，以频闪的方式相继出现的火车站舍、水塔、机车库、大型仓储建筑，以及铁路站区护栏之外栉比鳞次的带有俄罗斯或日本近现代风格的铁路住宅等，基本构成了整条铁路沿线人工环境的话语母题。构成这种话语母题的不仅仅是建筑的形象，还有功能类型的配置、相互之间的布局关系、所有建筑及构筑物所共同形成的场所表情与气氛，都是这个话语母题的一部分。话语母题的运用构成了原生态环境中，大工业文明及异族文化的重要文化信息集散场所，而且整体上形成了相似的文化信息与不断变化的自然景观背景之间的节奏和韵律。更多的母题现象出现在铁路站点或某一类铁路社区的建筑聚落中，如工厂、工区、医疗区、兵营、住宅区等。这种小规模建筑群落的特点是，往往单体建筑都有相似的样式、风格、建筑材料与结构技术，而且许多建筑的单元构件和装饰语言都具有强烈的相似性（图4.7）。

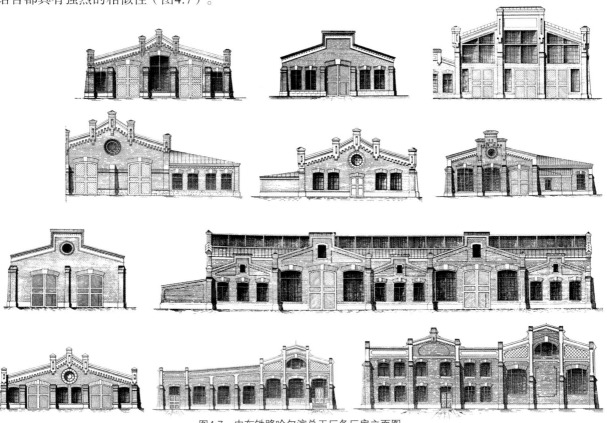

图4.7 中东铁路哈尔滨总工厂各厂房立面图

4 中东铁路建筑的文化现象辨析

（3）模件中的形式句法　　建筑上的形式句法指的是一栋建筑的各个组成部分在形式组合过程中呈现出来的构成逻辑。正如伦纳德.R.贝奇曼所说："这些系统整合在一起，形成了对一个建筑类型的原型的描述。"[32]由于模件本身可以分离成标准的做法、样式、构件、单体乃至标准社区空间构成模式，因此，这些不同层次的模件在形式的整体中发挥作用时的典型方式、作用、位置乃至与之配合的其他形式或建筑元素类型就分别有了自己的特点。换言之，模件中存在的形式句法体现在不同构成元素之间，也体现在模件与外部形式背景的关系上。模件内部的形式句法可以标准做法及标准样式为例。在标准做法中，句法描述的是一种构成逻辑。比如建筑材料组合，不同的建筑材料分别塑造哪些建筑构件、建筑材料之间的组合使用具有什么样的方式。当模件是一个更大规模的站点或社区规划的标准方案时，句法就体现为典型的铁路站点场所构成、铁路站点生活社区与铁路站点的空间关系、铁路外围的市街公共中心的功能配置与环境关系等。

模件与其他形式或建筑要素之间的形式句法有更多的体现。如果我们把一个标准设计的火车站舍、机车库房、站台雨篷、水塔等建筑物都看作不同的模件，那么这些模件在组合过程中所依循的逻辑就是这个群体空间的形式句法。由于铁路站区建筑群是铁路交通工程的配套设施，因此设计逻辑从最开始就被确定为功能至上。开始出现的每一个不同规模的建筑群都承担着一定的功能内容，能否建立紧密、合理的功能联系就成为衡量一个建筑群设计是否成功的第一条原则。在这一指导原则下，中东铁路站点社区的规划设计也普遍采用了最为简洁高效的矩形网格道路系统，空间秩序趋近于军事化建筑的排布方式。任何一种群体空间布局其实都很像是一个由单元模件构成的句型。各种句型最终组合成完整的话语，而词汇则是构成句型的单元要素。完整的铁路社区和市街空间由各种不同形制的建筑聚落构成，正如完整的一段话需要有语意鲜明、结构清晰的句型相互连接而成。话语表达的自由度与丰富性需要取决于句型的构成方式和表述特色，而优美、独特的城市空间也需要具有场所感的建筑聚落相互关联、协调配合。

在中东铁路沿线城市和社区空间的构成话语中，空间句型的常见种类很多，如带有准军事特征的社区空间构成模式。直接从自然河流中取水的水源地、泵房就建有守卫的军事设施，这些设施后来也被用作护路队的小型兵营。东部线有若干配置了这种军事设施的规模不大的站点，南线有这种设施配置的站点更多。表4.4给出了中东铁路建设初期站点小型水源军事防护设施的明细，从中可以看到这些防护设施的普遍性。

除了空间的高度规则秩序之外，真正的"军事化"特征来自于铁路站点如影随形的驻兵及大型兵营。大规模安扎军事力量既有沙俄强占满洲土地的长久图谋，也有当时沙俄历经义和团抗俄运动、日俄战争并遭受惨痛损失后留下的心理阴影。因此，中东铁路居民点与军事区的结合布置就成了中东铁路市镇规划的一大特色。除了兵营之外，大型食堂、弹药库、马厩、司令部甚至军事将领的住宅也常常出现在一些规模较大的居民点周边（图4.8），如西线的博克图和东线终点站

表4.4 主线水源地军事防护设施配置明细

线属	西线		东线				
站名	完工	乌固诺尔	山市	海林	牡丹江	磨刀石	代马沟
设施配置	Ваньгунь	Угунорь	Шаньши	Хайлинь	Муданьцзянь	Модоши bis	Даймагоу

a 大型食堂（海拉尔）

b 小型食堂（成吉思汗）

c 弹药库（一面坡）

图4.8 护路军事区设置

4 中东铁路建筑的文化现象辨析

绥芬河等。

当句法展现在一个更大的空间范围内的时候，每一个站点都变成整个句法中的一个小的语言节点，站与站之间的空间范围成为一个个小的句子，或完整乐曲中的一个小节。站点空间展现方式的节奏与韵律本身也成为形式句法的一部分，这个形式可以扩展到整条路线，如东部线、西部线、南支线等。中东铁路沿线站点及社区与铁路走向平行展开的方式带给体验者独特的空间感受，尤其是以火车的速度连续感知不同站点的时候更为强烈。铁路经过的广大地域具有优美的自然风光和丰富多变的地貌环境，而标准设计形成的站点建筑群通过间歇突现的方式给观赏者一种信息上的反复刺激，最终形成了跳跃的节奏感和由人文景观构成的韵律。这种韵律介于相同和相似之间，因为即使经过标准设计的站舍和住宅建筑，也找不到任何完全相同的形象，加上不同的自然环境的烘托和对比，因此产生了戏剧性的空间效果。

4.1.2　模件的规则与理念

模件的类型和表现异常丰富，这些都是在明确的生成规则下出现的。在"定法"与"定式"的策略下推动形式的不断衍生，成了一条高效的设计规则。这直接传递了模件的设计理念——根据不同情况选择"定型设计"和"订制设计"。正是基于这些原则和理念，中东铁路建筑模件形成了对比统一的美学效果，同时达成了标准化和个性化之间的良好平衡。

4.1.2.1　规则

中东铁路建筑的模件突出体现在外在形式上，从形式的角度去考察建筑"模件"十分重要。模件的标准形式具有强烈的符号性，由模件化的建筑样式构成的建筑或社区空间具有形式上的共性特征，这个共性来源于它的形式构成逻辑。可以说，从理论的高度看，"构成逻辑"成为隐藏在形式背后的真正"模件"，而它受制于模件的设计规则。在处理建筑形式的时候，设计规则给中东铁路的建筑师们提供了最大的方便。研究形式美学的学者习惯于将形式置于"式"和"法"的两个层面去考察。其中，式是形式本身，法是形式背后的逻辑和达成形式的方法。我们的讨论就在这两个层面展开。

（1）"定法"之下的形变　前文说过，当我们站在"形式句法"的角度观察标准做法、模式化社区空间等模件的时候，我们发现此时的建筑"模件"呈现为一种符号系统，这个系统限定形式的构成逻辑而不限定形式本身，因此普遍具有高度的应变能力。逻辑层面的模件其实就是一个"操作方法"，包括建筑材料的使用与组合形式（表4.5）、建筑构件的内容构成、建筑的典型构造做法等。在这里，形式构成逻辑就是一种稳定的操作原则和这个原则派生的众多具体机制，成为上升到"法"的高度上的一种表现，而在此逻辑之下出现的具体做法和相应的形式则是自然而然出现的个案表现。从这个角度可以说，中东铁路建筑形态的多样化一定程度上不是设计出来的，而是自然而然出现的。

表4.5 砖石砌筑的组合形式

名称	实例
石托砖	
砖包边	
砖包门窗	
砖石交错	
石包边口	

拿"标准做法"来说，加设防风门斗和阳光间分别可以算作独立的标准做法（表4.6）。这种做法的依据是东北寒冷地区的自然气候条件，因此无论是门斗还是阳光间，"防风、保温、纳阳"成了这两种标准做法的逻辑依据和评判独户宅标准。尽管"防风、保温、纳阳"的性能要求并不直接驱动门斗和阳光间形式的确定，但却能实实在在地否决不合理的形式，淘汰低效能的形式。例如，门斗的形式可以采用木制、砖石砌筑，也可以采用矩形平面、多边形平面；可以用建筑材料的本色，也可以施以彩色涂料，这都不影响对性能的回应。但是，一旦门斗的开口方向出现问题，就立即触动了"定法"的敏感神经，因为门洞开向冬季冷风的方向违背了"防风、保

表4.6 门斗与阳光间的形变

名称	立面图示	实例
双坡木门斗	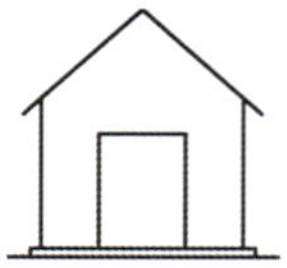	
多样砖门斗	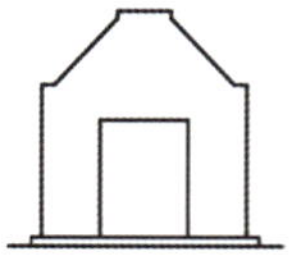	
风格化门斗		
单层双坡面		
单层单坡面	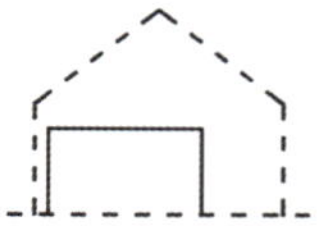	
双层单坡面	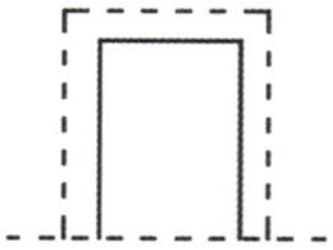	
单坡平行廊	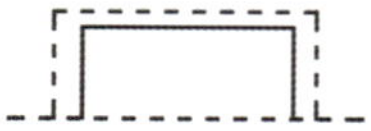	

温"的性能要求。可见，只有在确定与否定的两极之间，才是定法之下的门斗、阳光间形变所能接受的扩展范围。

类似的做法包括在砖石砌筑墙体中，黏土砖和石材在墙体的承重主体结构和门窗洞口的合作与分工上，这要综合考虑建筑既要坚固，又要美观的标准。按照这一性能组合逻辑，石材一般用在砌筑墙体的主要承重部分，而黏土砖尺度较小，磨切方便，因此参与砌筑建筑门窗的贴脸、墙身。这是建造方式和材料组合方法的"定法"之一。在这个基本关系的指导下，石材的色彩搭配、拼砌风格；砖块的叠砌方法、装饰线型等都是可以自由选择的。砌筑工艺、形式样式的变化成为在定法之下的形变。但是，一旦将这两种建筑材料交换使用，那么各自的优势没有得到发挥，而且给具体的施工过程增加了难度，这就是打破合理的"定法"带来的问题。

（2）"定式"之下的衍生　模件的另一种形式规则被称作"定式"。定式是一种稳定和高度相似的样式，也是利用固定样式发展建筑个体及群体的手段。这里指的样式可能是一个有着具体形式构成的建筑构件，也可以是一座完整的建筑，甚至还包括若干座建筑形成的有具体功能属性的某类建筑群。

考察中东铁路建筑文化可以发现，相似的模件常常是按照固定模式建构起来的。当具有同一逻辑的构成方法发挥作用时，"无限衍生"成为一种自然的结果。建筑师很好地把握了这一点，利用俄罗斯建筑传统形式中的经典模式设计出新的模式语言，使数量巨大的建筑单体能快速设计出来。在宏观层面上，定式表现为站点和社区的布局形态（图4.9）。社区等群体空间层面的"定式"规则表现为建筑单体内容和空间环境的配置模式。从大的规模层面讲，一个重要的站点需要配置站舍、水塔、大型机车库、大型仓储建筑、职工住宅区、

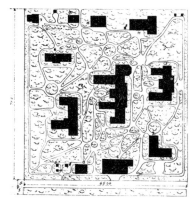

a 海拉尔

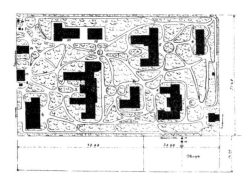

b 横道河子

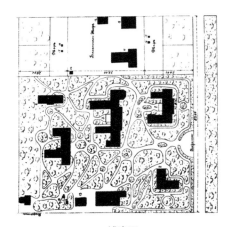

c 博克图

图4.9　铁路医院的不同布局形态

教堂，甚至医疗所、驻军的司令部及营房等。从小的规模来看，一个驻兵的营地包括兵营、指挥部、公厕、浴室、碉堡、带射击孔的围墙等。从实际案例看，同一性质的建筑群体聚落有着固定的单体类型配置和功能关系，但是具体的规模、布局形式却有着各自的特点。显然，定式给设计者带来的便利条件是，只要不违反功能配置模式的原则，具体形式可以根据情况灵活处理。

在中观规模上，定式还表现为一种建筑标准设计样式。在中东铁路附属功能的建筑中，许多功能类型是标准化配置的，只是在规模上根据站点等级的大小而增减。建筑师们只需设计出标准单元的尺度及形象，然后根据规模而自由组合、增删即可。此种建筑类型的特点是平面具有单元空间组合性质，同时对形象性要求不高，如兵营、马厩、公厕等。图4.10展示的就是中东铁路工程局技术部给出的标准公共厕所的建筑设计图纸，可以看出，建筑的形式构成语言是完全模式化的，只是根据厕位数量的多少而增加建筑的开间数量或长度，使实际建设过程中的弹性适应变得异常简单。

在微观规模上，定式表现为标准样式的建筑构件及装饰构件。最典型的装饰构件就是建筑山墙的落影装饰（表4.7）。山墙是砖石砌筑的重点装饰部位。中东铁路建筑山墙的装饰手段具有高度的相似性，但人们很难找到形式完全一样的山墙。造成这个现象的原因是：相似性来自于基本的构成逻辑和建造工艺，而不同点则源于简单砌筑工艺的自由组合。从整体上看，山墙的落影装饰大致可以分为五个大的类型：平行纹、直纹、阶梯纹、垂带纹、花样纹。除了标准的平行纹、直纹和阶梯纹之外，其他纹样的名称只算是给出的一个大致描述，因为很难准确界定它们的归属。现实中的变化形

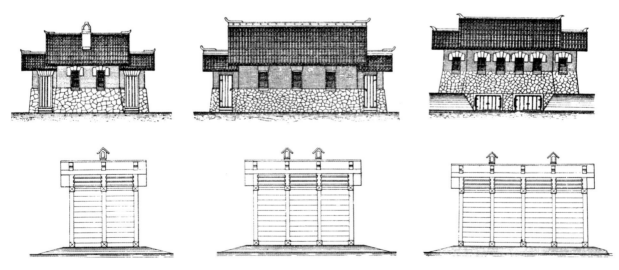

图4.10　砖石公厕与木制公厕的标准立面设计图

表4.7 山墙落影装饰

种类	模式示意图	实例
平行纹		
直 纹		
中间状态		
阶梯纹		
中间状态		
垂带纹		
中间状态		
花样纹		
组合及变异样式		

式和幅度往往介于不同的纹样种类之间，因此无论建筑师还是单纯的施工工匠都可以凭借简单的规则瞬间变换出无穷无尽的花样来。

"定式"作为一种模件化符号具有巨大的衍生力量。正如语言学所认知的那样，符号通过编码、解码、自由组合等过程，成就了一种艺术效果上的辉煌："万万千千说不尽"由此轻松实现。衍生具有一种"传授性"特征，它使符号的使用者不仅能掌握符号系统的组合规律，还能掌握此符号系统的"文化密码"，便于使用者在不同的符号系统之间转换，从而实现借助符号的交流与沟通。从落影装饰的渐变衍生可以清晰地看到由一个符号系统转入另一个或几个符号系统正在悄然进行。正是在这种形式语汇系统与组合模式系统的有机配合下，一整套带有符号化民族表情的建筑形式模件被创造出来，并随时发挥着编码、解码、自由组合的高效演绎作用，在建筑文化的形成过程中不断地"传授"经验、发挥影响，这种效应一直延伸到建筑构件的层面，如单元窗的做法和样式（表4.8）。

装饰构件与某一建筑元素组合运用时，就出现了具有一定独立性的建筑构件。窗户是一种最典型的建筑构件。中东铁路沙俄时期建筑有异常丰富的窗型，这些窗型既有模式化特点，又有独特的形式语言。沙俄建筑的外窗通常具有窄长的竖向特征，窗格分为上下两大部分，上部为固定扇，下部为开启扇；下部的划分同样遵循竖向原则，并在开启扇上留出气窗，提供密封情况下的通风机会。这种窗户在外观上非常注重贴脸装饰（窗套）的运用，并且通过窗口四个边界的轮廓与装饰变化创造出变幻无穷的形式。

面对中东铁路千百种窗型的变化，我们能看到其内在的关联和共性。这种共性不仅仅是贴脸和窗套的形式类型，更准确地说是一种气质，所有传统事物通常所具有的那种气质——优雅、精致、带有装饰趣味和文化表情。这些符号化的形式通过一个或几个人群、一个或几个时代传承延续，影响着人们的审美观念和文化情趣，并最终成为身在其中的人们文化记忆和文化期待的一部分。在形式美领域中，模件化符号最大的贡献是，它不但通过高频率的重复提供了统一的秩序，而且为不具有规律性的事物提供了一种对比和强化效果的参照，这为文化和艺术的发展与提升带来了更多的机会。

4.1.2.2　理念

（1）定型设计与订制设计的组合　　中东铁路建筑文化中既有数量惊人的标准设计派生的建筑案例，又有同样众多的、具有个性化形象的建筑作品。从建筑艺术上看，这两种建筑缺一不可，共同形成多样统一的文化面貌；从来源上讲，这两种建筑来自不同的设计过程，即定型设计与订制设计。

当建筑模件体现为一种具体建筑构件或通用建筑方案的时候，我们看到的首先是一个标准的范式。这是中东铁路工程局建筑师的设计策略：以一当百、以不变衍生万变。在这个浩大的工程中，设计师的智慧为他们成功赢得了快速统筹的主动权。

表4.8 沙俄时期形态各异的建筑外窗

名称	图示	实例
直冠窗楣	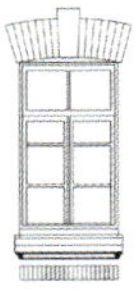	
垂肩窗楣		
连肩窗楣	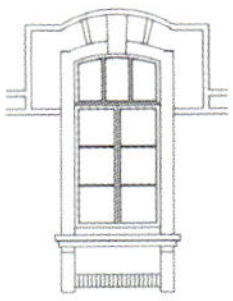	
环套窗楣		
条纹边框	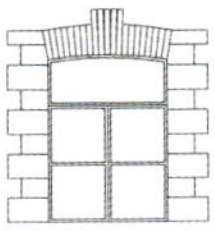	
仿古窗楣	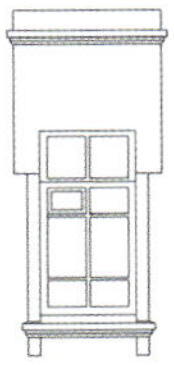	
异形窗楣		

4 中东铁路建筑的文化现象辨析

标准化设计被中东铁路工程师们称之为定型设计。在进行定型设计时，建筑师们基本控制了两个关系：哪些级别的站舍需要定型设计？设计的"定型"控制在什么程度？从实际工程情况看，定型设计主要针对二级与二级站点以下的站舍建筑；具有数量多、普通标准的特点的铁路职工住宅；标准和规模都较低的兵营、浴池、公共厕所等。大部分铁路交通工程设施，如铁路桥、水塔、城市跨线桥、候车雨篷也采用定型设计。这些建筑和交通设施的特点是数量多、分布广、个性化形象要求不高。图4.11为中东铁路石拱桥标准设计图之一，许多技术数据和细部做法已经明确给出。

建筑的定型设计在站舍建筑上体现最为突出，目前二、三等火车站还保存着若干座采用这种通用模式的建筑实例，如铁岭、德惠、扎兰屯、昂昂溪、安达、一面坡、穆棱站主站舍，海拉尔站站舍也采用了这一定型设计的基本空间构成，其形象与前几座建筑的较大差异则突出证实了定型设计给具体的建筑设计及实际建造提供了充分的弹性拓展空间。

按照标准设计图纸，二、三等站舍为局部二层的小建筑，集转运、站长室、候车室于一体，其中候车室仅仅占据了一层不足30平方米的一部分。由于采用非对称设计及楼梯间凸出山墙的形式处理，因此建筑的形象中心非常醒目，轮廓生动而富有变化（图4.12）。建筑的墙身和门窗都分别装

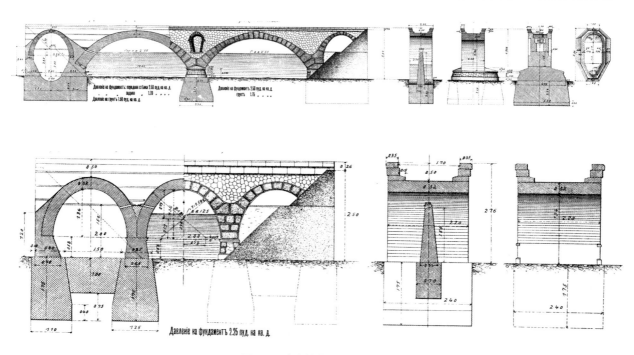

图4.11 中东铁路石拱桥标准设计图

a 标准图

b 德惠

c 昂昂溪

d 穆棱

e 安达

f 铁岭

图4.12　二、三等车站站舍标准立面图与实例

饰以精美的砖砌图案，充满俄罗斯传统建筑的民族韵味。而初建成时建筑的屋顶还大胆使用了中国传统屋顶的做法，不但在屋脊的组合上充分显示随坡就势的高度自由，而且屋脊装饰和垂脊上的坐兽还被俄国建筑师演绎成猫的形象，颇具戏剧性。

与标准设计对应的是"订制设计"，是明确地为单独一座建筑或铁路设施所做的设计，对象通常包括：级别较高的铁路站舍及高级住宅、大型公共建筑；处于特殊地貌或自然环境条件的铁路设施。对于一等站哈尔滨、起点站满洲里和终点站绥芬河、南线水陆交通节点大连、南线终点站旅顺等这样的高等级站舍，建筑师采用了不同于其他站点标准设计的做法，由高水平的建筑师进行量身定做式的专门设计。枢纽哈尔滨站主楼为舒展的一字形布局，空间高大宽敞，外观华美动人，堪称火车站站舍中的经典之作。大连火车站虽然最终未来得及付诸实施，但仅从图纸上就已经能感受到其动人的魅力（图4.13）。

从图4.13可以看到，大连火车站建筑设计方案堪称订制设计的精品。这座停留在纸上的建筑有着华丽而高贵的外部形象和充满趣味性和震撼力的内部空间。建筑师在这里通过充分挖掘自然地貌赋予建筑的机会，巧妙地设计出一座在南北两向具有不同层数、不同进入方式的大型站舍。最流行的新艺术风格的运用不仅诠释了时代的文化走向，还充分展现了大连作为自由贸易港的国际开放都市的特有气质。显然，无论哈尔滨站还是大连站，其站舍唯一性、特殊性的高定位都是模件式的标准设计所无法胜任的。

就中东铁路百余座站舍建筑而言，建筑样式的统一和变化很好地体现了中东铁路的建筑师拿捏

a 站内立面图

b 站外立面图

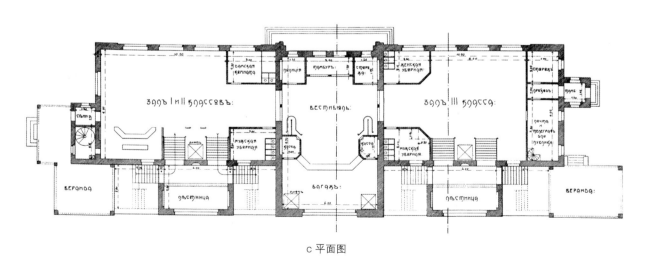

c 平面图

图4.13 大连火车站设计图

整体风格与节奏变化的能力和技巧。这如同一支非常好的乐曲，有主旋律，有高潮和起伏，有序曲与尾声。而所有这一切，都是在"定型设计"与"订制设计"的操作技巧下完成的。中东铁路南线终点站——旅顺车站站舍正是这样一座"订制设计"的建筑精品，它为整条铁路线的建筑艺术之旅画上了一个优美、浪漫的句号。

定型设计与订制设计有一些基本的分配原则：从站点级别上看，级别高的站点往往采用订制的方式设计建造，而级别较低、规模较小的站点则更多采用定型的方式设计建造；从站点所在地区的文化背景和自然环境上看，文化底蕴深厚的地方、自然环境条件独特的地方较多采用订制设计，而文化背景模糊、自然条件普通的地区则更多采用标准设计；从一座站点建筑设施的不同类型上看，与铁路交通运输直接相关的建筑及设施多采用标准设计，而站区外市街及规模较大的公共建筑则采用订制设计的方式。凡此种种，都在中东铁路工程局技术部建筑师的整体设计的掌控之中。

（2）工业思维向艺术思维的跃迁　　从中东铁路房建工程对建筑模件的大量运用，我们看到了一种工业化生产的操作方式。这是应对庞大的筑路和附属房建工程时采用的一套经验做法，带有集约化、批量化生产的意味，确实大大提高了设计工作的效率。事实上，中东铁路建筑设计的总体面貌并不能用工业化生产来完全指代，这是因为：其一，标准化设计只是在中东铁路早期建设阶段用量非常大，而后期进入城镇快速发展阶段后，越来越多的订制设计逐渐替代了标准设计大行其道的局面；其二，除了数量众多的订制设计之外，即使在建设初期，定型设计下的标准设计方案在实施中也不是简单地复制。采用定型设计方案的不同建筑个体之间普遍具有各种微妙的差异，似乎告诉人们，这些建筑的设计方案同样是为这个项目量身定做的。

这个现象给我们的提示是：中东铁路建筑设计的统筹原则中，工业化设计控制并不是终点，在具体操作的环节中，建筑师将设计过程向纵深方向延伸了一大步：超越工业化、趋向艺术化！可见，统筹中的艺术化倾向才是建筑师"设计效率管理"底线之上的真正目标。正因为如此，中东铁路建筑模件就有了文化符号上的特殊意义，一种标准设计的单元构件却成了文化自由发展、无限衍生的基本粒子和文化载体。也正是这些基本粒子和载体的灵活介入，建筑从工业化产品升格为建筑艺术作品。

许多时候，建筑师乃至建造者会巧妙地运用标准模件本身所具有的弹性和机会，对不同的标准个体进行"订制式二次设计"，借以在建筑形象和格局统一的同时形成一定程度的变化。如对于标准设计的铁路职工住宅，改动山墙落影装饰、门窗贴脸、三檐的细部装饰、阳光间和门斗的具体样式的任何一个因素都会得到一个新的建筑形象。正好像是一个符号化的编码系统，利用"码"的单元细胞可以进行自由的编码，生成各种定型的形式"成品"；也可以将这些定型的成品进行解码，从而获得不同的个体或创造整体的变化。

"身体之装饰，为未开化时代所尚；都市之装饰，则非文化发达之国，不能注意"。[33]有意识地创造变化是从机械劳动转向艺术创作的一个基本特征，在这里有意识的"注意"代替了偶然性。从这一点上看，中东铁路沿线到处存在着这样的文化现象，如东部线横道河子火车站前的三栋小型铁路职工住宅（图4.14）。这三栋并排坐落的建筑采用了标准化的设计图纸，建筑层数、规模、尺度、空间布局几乎完全一致，乍看起来是一套图纸复制出的三个单体。但是，仔细观察就会发现，三栋房子的外部形式存在着微妙的差异，山墙装饰图案分别采用直纹和阶梯纹，这是最大、最直观的差异所在。这是对个性化的追求和审美意识发挥作用的结果，在这个过程中，艺术思维起了关键的作用。

中东铁路的建筑师娴熟地把握住定型的标准，在"定"与"不定"之间达成了一种微妙的平衡，给所有经过"标准设计"的建筑和工程设施赋予某种创造自己个性的机会。我们看到的中东铁路给水塔的定型设计图纸具有清晰肯定的所有技术数据和细部做法，从图纸上几乎看不出还有自由发挥的空间。然而，当我们对与图纸肖似的水塔实物一一详细考察时，却发现没有任何两座水塔完全一致。无论是材质、砌筑方法、塔身装饰、门窗洞口、门窗贴脸装饰，每一座水塔都有自己的独特语言和表情。

a 住宅一

b 住宅二

c 住宅三

d 住宅一山墙

e 住宅二山墙

图4.14 横道河子火车站前一排三栋铁路职工住宅

从一定意义上讲，模件本身就是一种模式化了的符号。符号系统具有灵活性和开放特征，以语言符号为例，只要符号的传播者掌握了一定数量的字或字母、短语、句型，它就可以依照规则组合出无数的句子和成段的话语，表达各种各样的感情和意义。因此可以说，符号的组合不仅要依赖逻辑规则和语法规则，还与符号本身的开放性、灵活性和适应性有关。在中东铁路沿线，作为符号的建筑模件一边发挥使建造效率化的作用，一边积极参与个性化的建筑创作和人文情趣的塑造。阿什河制糖厂的集合住宅是最经典的案例（图4.15），西部线昂昂溪的铁路职工住宅在这方面同样是非常好的例证（图4.16）。

文化的符号系统通过各种方式的传播向外"扩张"，这种付诸传播的符号依循了由历史衍生出来的、人们选择而成的关于意义、观念和一系列常规的共同约定。在符号传播的过程中，观念和常规潜移默化地影响着人们对于社会的认知和阐释方式，包括社会人群的价值观念、审美情趣、思维方式，甚至直接影响到民俗、礼俗、制度，乃至法律。从工业化思维向艺术化思维的跃迁真实体现了这一建筑"文化的符号系统"所起的作用。在这里，所谓的"共同约定"恰恰就是建筑模件发挥作用的一个基本前提——定型设计模式和一整套建筑模件系统要素。

从工业化思维向艺术化思维的跃迁还体现在敏感捕捉建筑风格的时尚潮流上，最集中的反应是对新艺术风格的热烈追逐和实践。从中国传统"天时、地利、人和"的理念看，

图4.15　阿什河制糖厂的集合住宅

图4.16　昂昂溪铁路职工住宅

这是对"天时",即时代因素的回应。对"地利"因素的反馈有更多的体现,如中东铁路早期建筑对中国传统建筑文化的积极对话;充分使用中国地方性建筑材料;采用适应北方寒冷气候的保温采暖工艺技术等。"人和"的因素体现更为充分,由于铁路的管理权和附属地的殖民地性质都归属于俄国,因此,俄罗斯民族的建筑文化直接成为中东铁路建筑的主体文化之一。在所有这些因素的共同作用下,建筑模件——建筑文化的符号,就积极担当了文化传播的载体和先锋的任务。

4.2 "合成"现象

中东铁路建筑文化表现在形象上具有一种特殊的语言构成样式,这就是建筑形式的"合成"特征。将俄罗斯传统建筑样式和中国传统建筑样式进行"合成"是中东铁路建筑师团队开创的高效设计方法,由此产生了数量众多的建筑作品。尤其是早期设计和建造的铁路站舍和各种居住、公共建筑,"俄中合成"特征强烈、直观,极富个性色彩。当时,合成文化的介入类型还不仅限于中国和俄罗斯,其他的文化种类也很多。后来,随着铁路沿线站点城市的发展,大型公共建筑不断落成,不同国家、不同民族、不同风格的建筑样式也越来越多,许多大中城市呈现出一种城市整体风貌的"合成"状态。上述两种表现形成中东铁路建筑文化的重要现象,我们将其称为"合成建筑"现象。

4.2.1 合成的生成与表现

"合成"做法在中东铁路房建工程早期阶段的普遍运用，是当时的社会、文化和技术因素造成的。当时，俄罗斯建筑样式第一次大规模、大范围地引入中国东北的铁路附属地，这无论对中国本土还是俄国的建筑文化来说都是一种考验。由于数量过于巨大，加之两国都没有这种建筑形式的范本，因此中东铁路工程局的建筑师选择了一种非常讲求实效的做法——综合运用俄罗斯和中国的传统样式，创造出中东铁路附属地特有的建筑形式。此外，建筑师还在建筑设计中融入了新艺术、装饰主义甚至古典主义等各种不同的风格元素，多种元素合成的结果是创造了中东铁路附属地内多元化的建筑样式。

对于数量最为集中的"俄中合成"建筑样式，由于中俄建筑文化表现在形式上都具有强烈的可识别性，因此合成建筑的形象表现为一种亦此亦彼的形式构成特征，人们常将其形容为"俄中合璧"。合成建筑的实践也有一个从表面形式模仿到空间结构整合的变化过程，这也使这种原本浅白的做法变得富有理性和深度。下面将结合相关案例对这些建筑合成现象分别进行阐述。

4.2.1.1 本土形式的表层对话

"合成"一词用当今的概念可以近似描述为"整合"与"混搭"。从建筑样式合成实验的第一批成果看，俄国建筑师在理解和借鉴中国建筑风格样式方面是从两种形式的直接混搭开始的，显然，这种做法停留在文化形式的表层对话上。从设计的技巧上分析，这种混搭的办法是一种最为简单有效的方法，类似的做法无论在日本还是当时的中国都有大量案例，如南京的金陵大学北大楼就是在新建筑的体量上生硬地拼凑古建筑的大屋顶和其他部件。从设计角度上分析，这种直接移植传统建筑符号和标志性语言的"嫁接"方法是一种捷径，对于回应公众的文化期待能起到立竿见影的作用。

（1）冠盖装饰的本土主题　就俄中合成样式的建筑而言，具体合成做法上的不同体现出俄国建筑师对中国建筑的理解深度和他们在选择这些手段时的直接意图。早期这种合成建筑样式的基本特点是：建筑的内部空间结构主要是俄罗斯式的，外部形象一方面糅合了中国传统建筑及北方民居建筑的形式要素，另一方面在建筑材料的选取上更是直接根植于中国东北广阔土地上的种种方便的物质条件。

在具体形式要素方面，俄中合成建筑首先体现出的是冠盖装饰的中国本土化主题。冠盖装饰涉及的内容包括：建筑的屋顶形式、屋脊（水平脊的形式与垂脊的装饰构件）、屋面的檐下装饰等。俄中合成建筑的屋顶形式相当一部分比例选取了类似于中国传统大屋顶的做法（图4.17）。中国的民居建筑屋顶形式包括硬山和悬山等多种形式。中东铁路附属地的民用及公共建筑较多采用悬山的方式，少量住宅及工业及军事类建筑使用硬山屋顶。

比较标准的悬山屋顶为简洁的双坡面结构，坡面交叉处形成一条水平向直脊。按照中国传统建筑屋顶的形式构成，悬山屋顶"由二庇、五脊组成。正脊是前后庇的交线，四根垂脊是庇在山面的边沿线处理而成的。悬山顶以四根垂脊悬挑于山墙之外为特征"。[34]中国式屋顶有官式建筑和民用

a 郭家店火车站　　　　　　　　　　　　b 公主岭火车站

图4.17　中东铁路早期建筑中的中国传统大屋顶

建筑的等级差别，具体表现在屋脊形式和装饰构件的配置方面。俄中合成建筑的直脊普遍采用中国北方民居的形式，但是两端收头的做法则千差万别，没有固定的模式和章法，呈现出自由组合的状态。直脊的形式被俄国建筑师进行了创造性地运用，形式也出现了分段式和大起翘等不同的做法。垂脊的使用也表现出似是而非的模糊状态。

大部分建筑没有生成垂脊，端部结束时往往采用突然结束的方式。一些较为大型的公共建筑带有垂脊的做法，但是垂脊上的装饰只是示意性地使用了类似仙人走兽的装饰性构件，数量具有很大的随机性，形象也从中国传统屋顶上的仙人走兽变成了一些来自世俗形象的小动物，如猫、狗等。图4.18和图4.19清晰地呈现了俄中合成建筑的形式构成。

表4.9收集了部分中东铁路早期设计图中出现的中国式屋顶形式，可以直观地看到屋脊和装饰构件以怎样的方式和俄罗斯砖砌建筑风格的墙身整合在一起。看起来俄国建筑师在设计中尽量接近中国建筑样式，在建筑屋顶轮廓上花费了很大的心思。

a 公主岭火车站　　　　　　　　　　　　b 窑门（现德惠）火车站

图4.18　合成建筑的形式构成实例

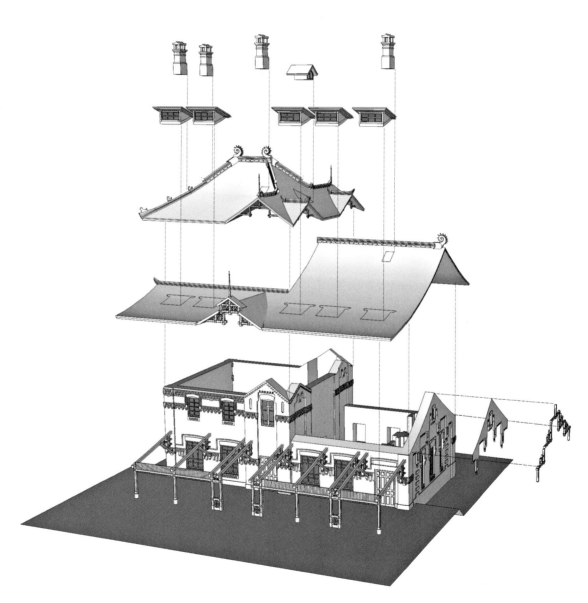

图4.19 中东铁路二等站站舍建筑外观的形式合成分析

表4.9　中东铁路早期建筑设计图中的若干中式屋脊做法

建筑类型	屋脊大样	立面效果
二、三、四等站候车室	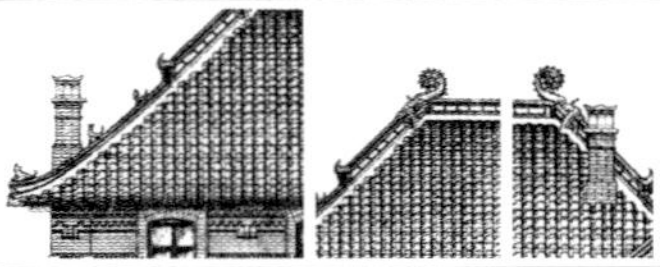	
二、三、四等站站舍	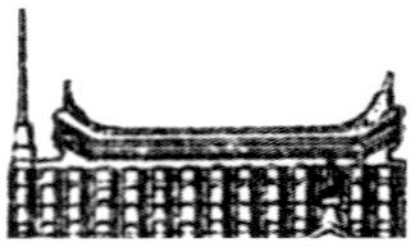	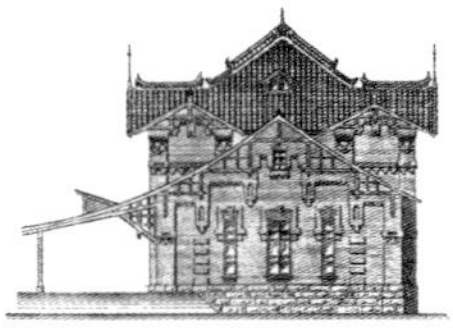
满洲里到哈尔滨（西线）之间五等站候车室	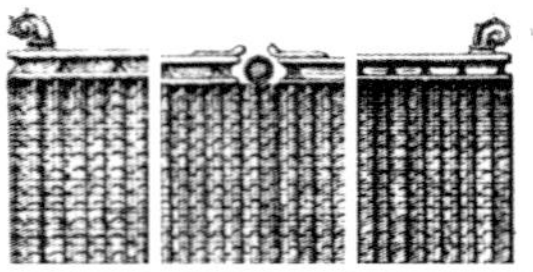	
铁路职工住宅一层独宅		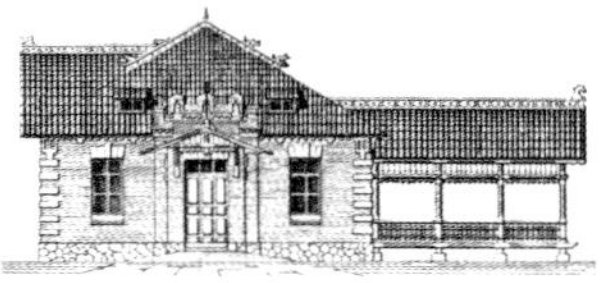
铁路职工住宅二层独宅	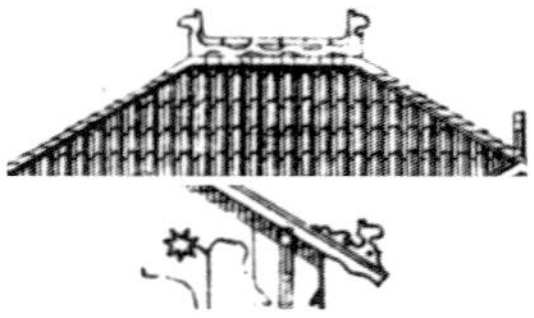	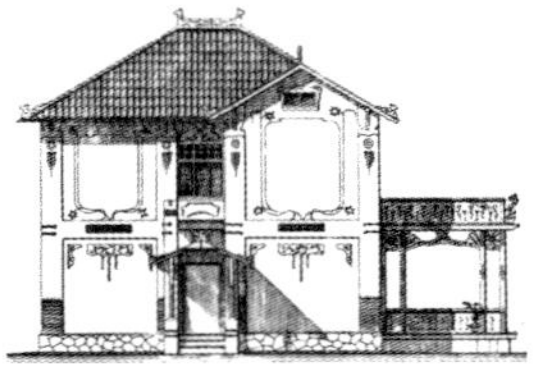
44.38平方米的40/2住宅	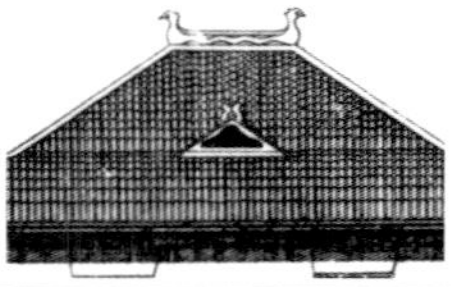	
司令部办公室	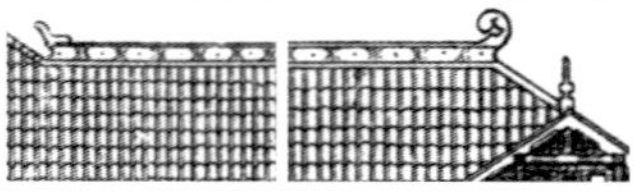	
仓库附属车间	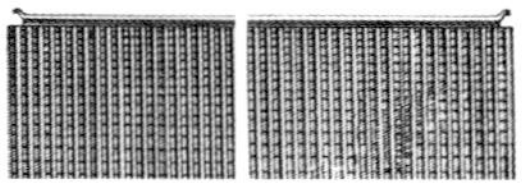	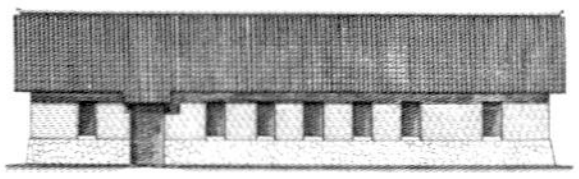

续表4.9

建筑类型	屋脊大样	立面效果
南线公主岭到旅顺五等站中国人专门候车室	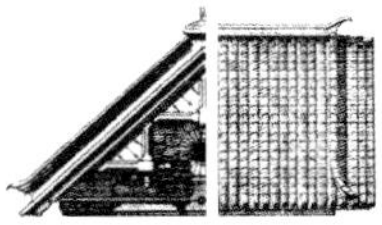	
旅客站台厕所3型4眼（3男1女）	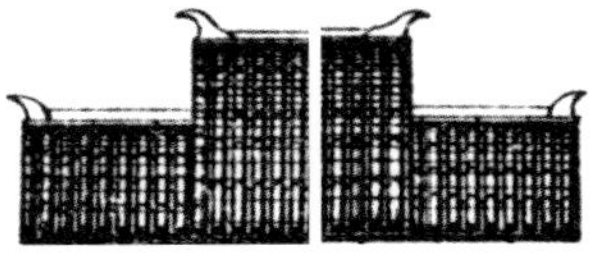	
20平方米的居所（机师，司炉，守卫）	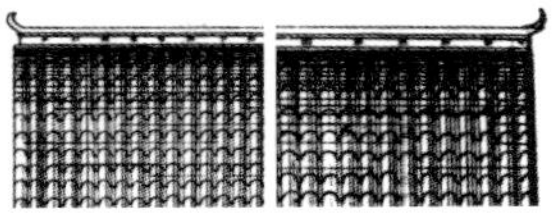	
有守卫的机房	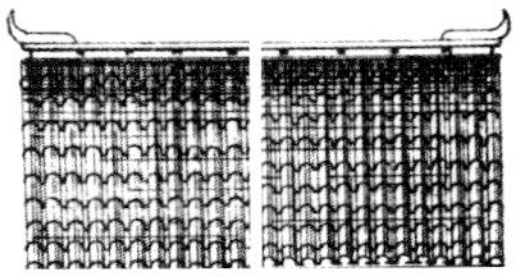	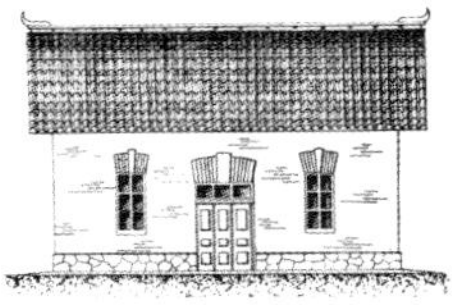
南线四等站候车室	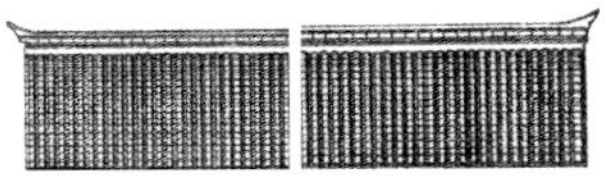	
旅客站台厕所4型6眼（4男2女）	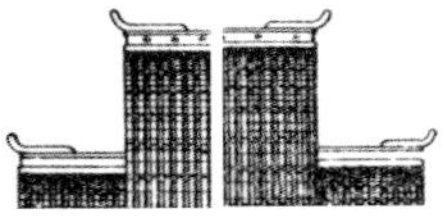	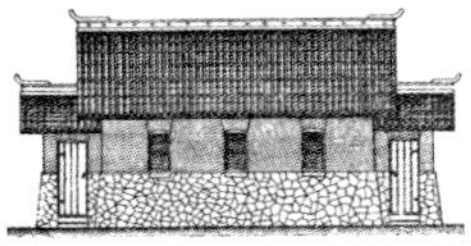
司令部警卫室		
医院放两具棺材的单间	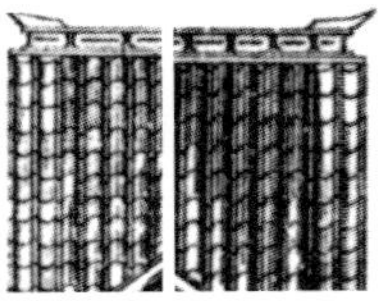	
医院	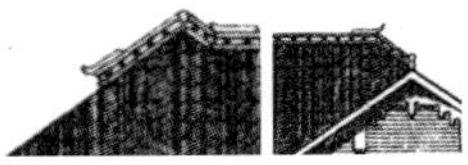	

从逻辑上看，越是平面轮廓简洁的建筑越适合用中国式大屋顶来表现。但是，并非所有的建筑都可以简化成这样的平面形式。由于许多建筑的平面形态、建筑规模、立体轮廓出现不规则和分层的情况，因此在表达轮廓复杂的建筑时，凹曲线坡面的中国式屋顶就显得力不从心。中东铁路建筑师对此做出了退而求其次的选择：屋面仍旧依照建筑轮廓所应有的方式采用直线坡屋面，而直接将中国大屋顶的重要构件——屋脊、走兽组合到直坡屋面上去。为了看起来更有中国味，许多建筑的正脊上还加装了巨大的雕龙装饰，甚至直接把主要屋脊的端头做成巨大的龙头（图4.20）。

檐下装饰也是俄中合成建筑本土化主题表现的一部分。在相关的案例中，中国传统的装饰母题也出现在檐下木雕装饰图案的内容里。如南线一间堡虎皮石墙面巧妙组合的多个桃形石块拼贴图案、西线雅鲁在建筑屋顶木质十字垂带上出现的、象征多子多寿的石榴与桃形收头；烟筒屯在建筑屋顶木质十字垂带及雨篷上雕刻的莲花、寿桃等中国传统吉祥图案等。有的时候，为了在有限的条件下强化中国大屋顶特征，建筑师会将屋顶做法的某一部分夸张、放大，然后很正式地做成中国大屋顶的样子。宽城子中东铁路职工住宅的屋顶挑檐部分就是这样的做法。这些从屋顶角部以放射状伸出的木构件完全与中国大屋顶（或尺度较小的亭子）密椽的做法如出一辙。

以上以俄中合成建筑为例描述了中东铁路附属地内的合成样式建筑在形象装饰层面所出现的一些具体做法。其实，类似的做法同样出现在其他不同类型建筑风格的合成样式中。八大部建筑中出现的中式屋顶加上西式主体的做法就是此类做法的又一个实例。装饰上的合成是设计难度较小的方式，同时成为一种获得最直接效果的合成方法，这也是中东铁路附属地内合成建筑做法一度大行其道的原因之一。

（2）单元空间的整体镶嵌　　比冠盖装饰更大胆的做法是"单元空间的整体镶嵌"，这是一种更直接也更简单的办法。仍以俄中合成样式的建筑为例，单元空间的整体镶嵌就是将中国传统风格的小

a 海城邮便局

b 公主岭火车站

c 双城火车站

图4.20　俄式建筑屋顶上的中式屋脊及雕龙装饰

体量单元空间直接贴合到建筑主体上去，从而获得更直观和富有戏剧性的外观效果。这种做法是一种保留主体和附属体量各自独立性的混搭办法，二者属于一种图底镶嵌的关系。由于独立的小空间单元已经具有味道十足的中国形式，因此在一定程度上替建筑主体缓解了形式压力，使其可以仍旧保持相对简洁的功能化特点和俄罗斯建筑形式特征。

图4.21展示了一栋铁路职工住宅的立面设计方案。在这个方案里，建筑的俄中合成特征表现在两个层面：一是冠盖装饰的本土主题，体现为建筑主体的中国民居式悬山大屋顶、屋面铺瓦做法、屋脊上的端部仿龙尾装饰；另一个层面是单元空间的整体镶嵌，体现为建筑山墙外的木构架式凉廊，形似中国式凉亭，带有木制立柱、围栏、非常具象的四坡顶起翘和垂脊上的装饰构件。在这个方案中，俄罗斯建筑语言和中国传统建筑语言形成了一种相互合作、各司其职的关系：俄罗斯建筑样式体现为建筑主体的砖石砌筑方式、门窗样式、墙身装饰及内部空间的组织方式，是建筑实质空间内容的表现形式；中国传统建筑语言体现为屋顶做法、凉廊做法，以及它们的中式装饰构件，是建筑外表形象内容的表现形式。当剥除后者时，建筑的本质内容不受大的影响。

对于附属地内部的中国人来说，除了一些出于个人喜好和趣味的原因外，将中式的小型建筑单元体量直接镶嵌到建筑主体上的做法还来源于某些更直接的政治姿态和文化意图。如直接在附属地典型西式建筑风格的建筑前面加装一个中式门斗或牌楼的做法。显然，这个中式的单元体量所起到的作用除了增加了空间的层次感和界定了场所范围之外，更主要的作用是标示出建筑的主权姿态和民族的文化属性。

如上文所言，合成现象体现在两个层面：建筑单体层面、由众多建筑组成的整座城市或街区的群体空间层面。正如一座建筑的局部可以镶嵌一个传统中国建筑式样的单元空间体量那样，一条完整的线路、一个完整的街区乃至一座完整的城市也可能镶嵌进若干纯正中国传统样式的建筑物甚至建筑群。这是在更大范围内出现的合成表现。在中东铁路沿线的百余座站点中，确实出现了少量这样的站

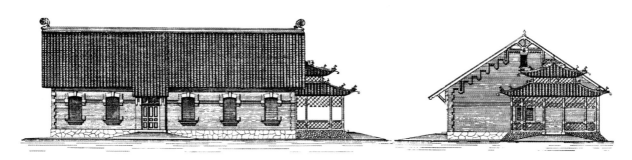

图4.21　中东铁路独立式职工住宅立面设计图

舍建筑，如阿什河火车站、双城堡火车站。这是将完整的线路看作一个整体背景时，作为空间单元的建筑单体对这个建筑集群的镶嵌和点缀。当然，就这座建筑单体自身而言，它的合成已经不再是装饰性的表面文章，而是进入直接仿古设计的完整呈现了。

上述合成做法是在建筑设计或城市规划的过程中产生的，基本都属于原创型的设计合成类型。还有一种合成方式并未经过设计，而是在建筑建成后的使用过程中出现的，我们称之为"突变型"合成。最典型的就是日本占领整个中东铁路附属地以后，随着日本侵略者和移民对原有沙俄时期建筑（特别是住宅）的适应性加建而出现的小型附加体量。这个小体量的加建促使中东铁路沿线大量出现突变型的合成建筑。

中东铁路沿线存在的这种住宅建筑数量很多，其基本形象是：矩形平面、双坡屋面、俄罗斯传统风格的铁路职工住宅建筑主体加上两个甚至四个带有高耸的砖砌烟囱的单坡面附属体量(图4.22)。主体一般有砖石砌筑和全木两种，门窗带有典型的俄罗斯风格贴脸或窗套，山墙具有落影装饰图案，屋面檐下有带葫芦形曲线收头的巨大木梁。附属的体量全部为砖砌，开窗方式简洁，没有窗套贴脸，墙面没有砖砌装饰。对于规模稍大的铁路住宅，一般附属体量会加建在主体的两个端部，呈对称布局。这两种体量的分工是：主体为居室、厨房和卫生间，附属体量为浴室。造成这种带有分裂形象的原因并不在于俄罗斯和日本两个民族建筑形式上的差别，而是归因于日本人对住宅功能的要求。每天洗澡是日本人的生活习惯中重要的一部分，因此，浴室成了日本住宅建筑中必不可少的一个空间单元。而俄罗斯人并没有这样的生活习惯，因此原有的站点居住社区可以用不同规模的公共浴池来替代家庭浴室。

当原有的主体建筑平面形态具有主辅体量组合的特点时，再次加建的小体量就会与原有的附属体量形成一种并列排布的关系。相似的体量、迥异的风格和形象，这种强烈的对比会产生一种戏剧性效

a 昂昂溪住宅

b 哈尔滨住宅

c 德惠住宅

图4.22 加建小型浴室后的日俄合成住宅建筑

果，从而构成某种情节性的场景。这是中东铁路建筑文化的独特趣味之一。

4.2.1.2 空间与整体的深度对话

总体看来，初期对异族形态的复制奠定了未来中东铁路合成建筑体系的基础。中国建筑元素的引入开始于外形，这部分外形同时又是结构上的元素，最后外在的表现形式带来了内在的亚洲建筑体系的特点。中国式的细部在表面上的使用不可避免地带来了中东铁路建筑在结构上的引用和借鉴。在这种表面模仿的过程中，建筑师逐渐有了更为深刻的发现，俄中合成的水平和理念也逐渐走向成熟。

（1）空间结构的合并叙述　　在空间结构上的合成使俄中合成建筑这一"临时"创造的建筑样式有了颇具深度的建筑逻辑和意义，从而将这一文化现象推向了发展水平的高端。空间结构的合并叙述大致有四方面表现：其一，结构体系上的组合使用；其二，空间层次上的借鉴与丰富；其三，院落空间模式的借用；其四，空间构造技术的整合完善。

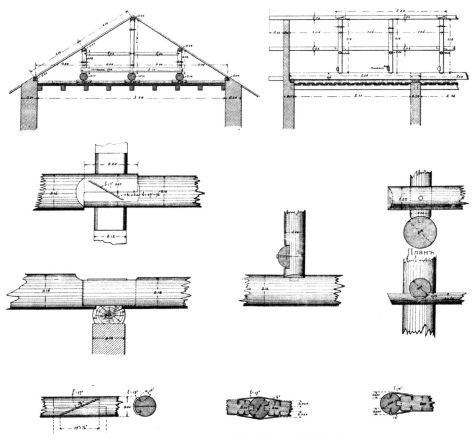

图4.23　中式人字屋架与梁柱结合方式

结构体系上的组合使用是第一方面内容。中国传统建筑的结构体系是木构架体系(图4.23)，近代出现了砖石砌筑的方式。木构架体系的建筑具有流动的空间和空间分割自由的特点，具有使用上和空间复合效应上的潜在价值。汉宝德把这种木构架体系代表的文化称为"棒棒文化"，其与西方的"叠木"体系（木刻楞）相比具有技术水平上的巨大优势。[35]而俄罗斯传统建筑的空间划分是一种高度清晰、明确的模式，这种封闭式的单元空间对于使用的完整性、私密性和保温效果都比前一种更好，但建筑一旦建成，空间的关系和使用方式就等于彻底固定下来，不再具备自由改换空间模式的可能。两种空间模式各有利弊，因此，组合使用会带来更好的效应。许多大型工厂和兵营建筑就是采用这样的方式。这些现代出现的大空间建筑类型包含两种完全不同的空间形式，大跨度、大进深的空间用来做车间或兵营的床榻区，小跨度、小进深的空间做工厂的辅助空间，如休息间、储藏间或兵营的管理室、储藏室等。

空间层次上的借鉴使用是第二方面的内容。相对来讲，无论是中国古典样式的宫殿、坛庙、官式建筑还是民间的民居，中国的传统建筑空间都是流动或半封闭格局的，这与俄罗斯传统建筑空间模式有很大的不同。除了内部空间的流通性之外，中国传统建筑还具有异常丰富的半封闭空间类型和增加空间层次的处理手法。典型的空间手段是积极利用外廊等檐下空间及高台、平台等抬升的空间。哈尔滨的官邸和中东铁路的其他住宅设计中就以中国式的方式融入了自然环境，使用通透的阳光间、凉廊、外廊等界面实现了"环境—建筑—内部"的三合一（图4.24）。

上文已经讲过，使用中国大屋顶及脊上、檐下装饰是一个最简单的合成方法，做出这种选择所付出的代价是：要承担中国大屋顶曲线形态和俄罗斯传统建筑直线坡屋面之间形式上强硬合成所出现

a 哈尔滨铁路住宅

b 带有中国菱花格的敞廊

图4.24 中东铁路住宅外部的敞廊

的尴尬局面，同时要弥合俄罗斯砖石建筑实体形象与中国传统大屋顶建筑的廊柱及木质隔扇窗空间界面之间的巨大反差。聪明的俄罗斯建筑师发明了一种堪称两全的办法：为了延长屋面长度从而创造形成反宇屋面的机会，将屋面与候车雨篷连接起来，这样大大延长了建筑屋面的绝对长度，在此基础上适当弯曲形成舒展的弧线。同时，被利用的候车雨篷刚好形成了建筑实体墙面外部的过渡空间，与中国传统建筑的檐廊空间非常相似。最后，再将大屋顶的两个尽端出挑出山墙，形成悬山屋顶效果，山墙外屋顶垂脊下装饰有阶梯状交叉木构架，脱开屋面与山墙的距离，同时增加某种层次感，并将大屋顶的完整形象从山墙上方彻底独立出来。

院落空间模式的借用也是深度合成的方法。在中东铁路建筑中出现的院落空间分为不同的类型，包括全封闭式、半封闭式、自由开敞式院落等。全封闭的院落在中国和俄国传统建筑形式中都有，因此这是一个兼具东西方特色的空间模式。一般这种模式的院落平面布局都非常规整，如绥芬河铁路交涉局大楼和哈尔滨中东铁路管理局大楼。还有一种封闭式合院是完全不同的组合形式。事实上，这种院落的封闭性并不完全是由建筑围合出来的，而是借助了专门的围护墙体。这种建筑的布局模式与中国传统建筑尤其是民居建筑的群体空间模式，除了空间秩序上的差异外，具有高度的相似性（图4.25）。当然这种院落的出现并非出于空间意象的追求，而是完全出于对功能和使用方式的考虑，因此，其空间的水平和层次感

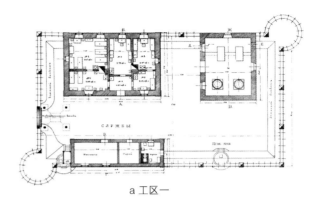

a 工区一

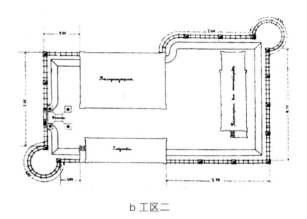

b 工区二

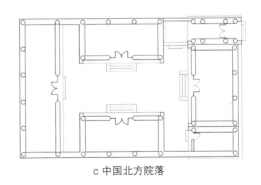

c 中国北方院落

图4.25 工区建筑群与中国北方院落空间比较

与中国传统院落相比要逊色很多。

半封闭院落的典型实例是铁路住宅。几乎所有的铁路住宅都附带一个室外花园,被木栅栏简单地围护起来。这个做法与中国东北民居的做法很相似,建筑与室外院落的关系、围护方式、围护材料的选择都大同小异,只是中国东北民居的主体建筑不临街,建筑与院落的前后关系与中东铁路住宅有差异;同时中国东北民居用的木栅栏无须细致加工,常用原木或厚木板连缀树立,而铁路住宅的围栏经过装饰性加工。

最后一种合并叙述的方式是空间构造技术的整合。中国传统建筑设计中考虑了气候的特殊性,因此有一些特殊的做法,如人字屋架、外廊做法、檐下装饰等。在合成建筑中,人字屋架有时会随同屋顶的中国装饰一起使用(图4.26),有时会交叉或单独使用,有时完全是隐含在俄罗斯田园建筑坡屋面的形象之下。

对中式屋顶做法的研究帮助俄国建筑师完善了俄罗斯传统的建筑屋面构造做法,使他们对中国东北的建筑材料——烧制瓦也有了深入的理解。同时,俄罗斯建筑技术的一些典型做法也通过深度合成的方式出现在中国建筑样式的建筑中,如双城堡火车站大屋顶上的通气老虎窗、极乐寺院内的中西合璧样式砖砌佛塔等,都是两种文化深度合成的例子(图4.27)。

(2)本土形式的深度再现　俄中两种风格合成的过程从尝试到成熟经历了表面装饰到空间结构合成两个阶段。在这之后,随着对中国传统建筑的深入理解与基本掌握,俄国建筑师开始尝试完全用中国传统建筑形式的方式来设计建筑。最典型的几个实例分别是哈尔滨普育中学、双城堡火车站和阿

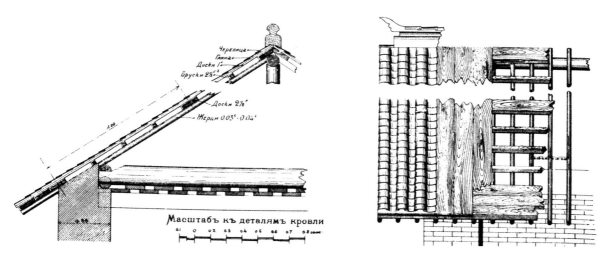

图4.26　俄国建筑师对中国传统屋顶做法的研究与运用

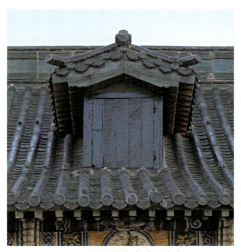 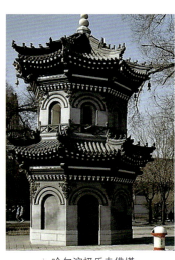 

a 双城堡火车站老虎窗　　b 哈尔滨极乐寺佛塔一　　c 哈尔滨极乐寺佛塔二

图4.27 深度合成的建筑实例

什河火车站,这三座建筑都建于20世纪20年代。其中,双城堡火车站和阿什河火车站曾经有原来的站舍,重新设计建造时选择了中国传统样式作为站舍的建筑风格。

将双城堡火车站和阿什河火车站的站舍建造成中国古典建筑的样式是因为这两个站点所在地都是历史上著名的古城。其中,双城堡镇临近金代的两座古镇"达禾"与"布达",而阿什河站所在地阿城是金朝的发源地。阿城的原名叫"阿勒楚喀城",阿什河也称作阿勒楚喀河,金朝的上京会宁府就坐落在阿城市郊。由于具有这样深厚的历史文化背景,因此两座车站的站舍一开始就刻意使用了俄中合成的建筑设计手法,在建筑屋顶的装饰上突出体现了中国传统文化特色。阿什河火车站不仅在主屋脊上使用了二龙戏珠的浮雕装饰,而且在入口的门斗上方还使用了重檐庑殿顶的古典做法,形象非常突出。双城堡火车站则直接在主屋面的直脊两端装饰以巨大的龙头,用这种具象装饰构件强化出建筑所在地的文化底蕴(图4.28)。

为了将历史文化的因素提升到最直观的效果,20年代重建的双城堡火车站使用了纯粹的中国古典建筑语言,形成了恢宏大气、跌宕起伏的传统建筑形象。建筑师斯维里多夫在设计这组建筑的时候没有拘泥于中国古典建筑中规中矩的轴线布局模式,而是巧妙地运用了建筑形式和空间布局之间的互动关系,创造出一种富有变化的场景,给人丰富的视觉体验。建筑的突出特点是:外观形式是古香古色的中国建筑样式,布局方式则采用现代平面布局的非对称形式。这样做的结果是建筑的稳定平衡被打破,高低错落的形体组合成为控制性秩序,使这组建筑既充满古典建筑的韵味,又饱含现代建筑的丰

a 1903年双城堡火车站

b 1932年双城堡火车站

c 1903年阿什河火车站

d 1923年阿什河火车站

图4.28 中国建筑形式的深度再现

富变化。

中东铁路普育中学于1925年竣工，由著名建筑师斯维里多夫设计。据资料记载，建筑师斯维里多夫为了设计好这座建筑，专门去中国南方调研参观中国古典建筑的实例，深入理解与思考中国古典建筑的基本构成及文化意蕴。这座建筑的布局为半围合的U字形，两侧采用中国式琉璃屋顶加简洁的两层半高体量，立面构成为墙面带有水平向装饰线脚的窗墙构成样式。中心主体量为更富有中国古典建筑的立面形式，竖向立面构成基本遵照中国古典建筑"上分、中分、下分"的三分法，下分基座做成半地下空间，顶层与其下的一层做成重檐效果，强化了整座建筑宏伟的气势。

普育中学的建筑设计提供了一个很好的案例，从中我们可以看到外国人做中国传统建筑样式的设计时表现出来的一些有趣的现象。最突出的是建筑主体外部的两层高的檐廊的做法。作为中国传统建筑的重要空间构成元素，带有列柱的檐廊是一个标准的模式化空间。但是，中国传统建筑檐廊外部界面的列柱一般都是等间距分布的，出现的柱距变化也是被轴线穿越的中间两柱间距加宽，左右两个尽

图4.29 普育中学高两层的柱廊

端柱距变窄。而普育中学的外廊柱距则呈现出一种更为随意的变化,中间跨柱距甚至比两侧的主要柱距还要小很多,而最窄的柱距也同时出现在左右两个尽端及中心柱距的两侧(图4.29)。显然,除了建筑师对于中国古典建筑极为严格的程式化规范没有先天的敬畏之外,更主要的原因是建筑师把空间和功能放在了非常重要的位置。柱距的变化与内部空间开间的变化形成了表里如一的关系,建筑师"自然而然"地将列柱与内部的开间进行了对位。

另一个有趣的现象是:中国式柱子与梁交接下部出现的雀替大部分是横向扁长的轮廓,普育中学的外廊雀替却采用了中国传统样式中不常见的竖向窄高的外形。显然,这是综合考虑整体外观比例和小开间柱距条件所采用的折中做法。可见,即使采用中国传统建筑语言进行设计,外国建筑师也会融入自己的设计原则从而打破固有的范式,这本身也成为不同文化的建筑思维"深度合成"的见证。有趣的是,竖向雀替的出现将两柱之间的顶部轮廓修饰成拱形图案,柱廊也由此呈现出某种程度的拱廊意象。

普育中学堪称铁路附属地内合成建筑风格的典范。在它落成之后,1927年12月7日的《霞光报》就给予充满溢美之词的报道,充分肯定这种文化互动成果的价值与意义:"前所未有的建筑风格,和谐优雅的建筑特色,雕梁画栋的宏伟气势,所有这些都引起了社会的广泛关注。……普育中学这座建筑的超群之处还在于,它是将中国传统建筑风格与欧洲建筑风格融合到一起的第一次成功尝试。"其实,早在普育中学建成前(1921年),满铁附属地内的满铁奉天公所就已经成功地采用了这种深度借鉴中国传统建筑样式的方法。设计者荒水清三在日本的中国建筑研究专家的指导下,成功完成满铁奉天公所设计(图4.30)。这座主体二层、局部一层、占地4 100平方米的建筑虽然内部空间被处理成西式拱形柱廊的样式,但是,整座建筑无论从合院式的布局还是丰富的琉璃大屋顶组合来看,都非常具

a 内院　　　　　　　　　　　　　　　　　　　b 入口

图4.30　满铁奉天公所

有中国传统建筑的韵味，确实达到了设计者希望与周边沈阳故宫建筑群相协调的目的。

深度合成在这一阶段做法上的另一个表现是形式与新技术、新材料的合成。除了中国传统建筑的立面格扇被改成点式窗和墙面的组合体、间壁墙（非承重墙体）被换成砖石和混凝土砌筑的承重墙体之外，外檐柱廊的列柱也从木质改成覆盖彩色油漆的钢筋混凝土柱。显然，中国传统建筑样式的"再现"已经是不完整信息的"重构"再现了。

无论如何，中国传统建筑样式在中东铁路附属地内的多个案例说明了中东铁路工程局和管理局的建筑师们对中国本土文化的关注和尊重，也体现了这些人作为有文化素养的建筑师的职业意识。因此，尽管其做法并不具有普遍性，但是，仍然是中东铁路建筑合成模式的深度发展的重要表现，同时也是中东铁路众多站点中的跳跃元素和精彩点缀。

4.2.2　合成的规则与效应

合成建筑现象的出现有其深刻的历史原因。无论是装点门面的表层对话，还是寻求空间和技术的深度融合，合成建筑的获得都需要遵循相应的设计规则。与此同时，作为一种带有主动性的文化适应举措，合成建筑的出现产生了巨大的文化效应和深远的文化影响。在中东铁路附属地多元文化融合和现代演进的过程中，这种文化效应也是重要的推动力量之一。

4.2.2.1　规则

合成样式的形成具有一定的技巧和规律，这些技巧和规律具体化为一系列操作规则。概括地说，合成样式建筑大致遵循了两个大的规则，一是形式上的整体化，二是在文化语义上的平等关系。我们将其描述为：形式整合与文化并置。按照这两个规则，合成样式的建筑可以分为两种基本的类型：整合式合成与并置式合成。

（1）整合式合成　整合式合成主要体现在建筑内部空间和外部形式的组合上。当不同的个体元素被集中选择、重新定位其意义及形式角色，并使它们成为一个良好的整体时，整合式合成就出现了。不同的个体单元能有机地组织在一起，在新的组合系统中互相协作，积极发挥自身的优势，这是整合的理想目标。依照整合过程的水平和结果，整合可以分为三种类型：表里式整合、结构式整合、融合式整合。这是整合式合成的三种设计深度和艺术境界。

停留在表里构成层面的整合属于初级阶段的合成，具体化为形式上的一种混搭关系。形式合成作为外在形象上的结合，具有强制性并带有目的性。由于设计的直接目标是"看起来像中国的房子"，因此在实施这一做法时，潜在的规则是：中国元素要出现在建筑的端部和轮廓，以及外部装饰常出现的典型位置。前者，用来为整栋建筑形成一种本土属性的印象性；后者，用来将这种熟悉感和亲和力放大、精致化。

从中东铁路工程局的施工图纸中可以看到，110多年前彼得堡建筑师给中东铁路附属地建筑设计的方案中，各种各样的中国式屋脊和中国建筑装饰构件已经十分普及。这些样式各异的屋顶装饰（尤其是屋脊端部装饰构件）模仿自不同类型的中国传统建筑，从官式的宫殿到民间的民居、从北方满族建筑简洁厚重的屋脊到江南建筑飘逸的飞檐。与此同时，通过中式建筑屋脊原型与中东铁路屋脊样式的对比，我们可以明确感受到俄国建筑师在面对这些屋顶装饰构件时的随机性和自由放松的心态。对他们而言，这些都只是一种装饰形式。当然，根据这些图纸不能确切断定是否所有屋顶做法都是俄国建筑师的主动选择，因为从图纸出版的时间判断，这些建筑大多已经建设完成，因此作为竣工之后的图纸有可能根据实际效果重新绘制。如果是这样的话，俄中合成样式的创造者中还要为中国的工匠记录上一笔。

除了屋顶形式和屋面装饰之外，建筑师还敏感地发现并充实进一些典型的中国民居建筑语言，如富有装饰特点的窗框和兼有实用和装饰性质的室外平台。在一些集中了更多创意的设计方案中，还可以看到建筑师在极为有限的条件下所做的努力：坡屋面的屋角被向斜上方掀起，下面排满了放

a 宽城子将校营檐口　　　　　　　b 双城堡火车站传统中式檐口

图4.31　仿中式檐口做法与中式檐口做法对比

射状的圆柱形木条——这是更大程度上接近中国大屋顶檐口做法的典型实例（图4.31）。从设计图纸及建成建筑的照片上看，这一阶段的合成形式虽然具有一定的整体性，但是仍然避免不了貌合神离的弊病，因为参与合成的不同个体单元之间还没有建立一种深层的关联。中东铁路附属地最早建设的一批火车站和铁路职工住宅比较集中地使用了这种合成方式。

与前者相比，结构式合成是程度更深入、水平更高的合成类型。这里的结构既包括建筑的空间系统，也包括具体的结构体系、建筑技术和构造方法。空间上的综合特色来自作为中东铁路主体原型的俄罗斯建筑对中国传统建筑空间模式的借鉴，这集中表现在针对夏季气候所设置的特殊空间内容上。许多铁路住宅和不同种类的公共建筑都设置了凉廊和宽大的室外门廊，这种空间除了增加夏季的阴凉之外，还大大丰富了建筑的形象和空间层次。类似的空间还有火车站候车室的室外敞廊，这是半封闭的候车空间，能改善雨季、夏季酷暑天气以及冬季暴风雪对乘客的侵袭。这个空间同时还提供了一个特殊的机会，由于它的出现，巨大的屋面可以一直延伸很长一段距离，使得建筑师有机会将其处理成中国古典样式的反宇曲线坡屋面。

在构造技术和结构技术上的合成已经越来越成熟。如上文所言，空间的构成模式融合了单元划分清晰的俄罗斯式封闭空间和中国式的半封闭流动空间，同时建筑结构中也相应的出现了砖石砌筑的承重墙、木屋架组合体系与柱梁木构架体系的混搭形式，使得空间划分和功能适应更加自由。由于两种文化都对砖和木材有足够的表现力，因此，在材料的适应上基本没有任何矛盾。后来，随着钢铁金属材料和混凝土材料的出现，中国传统建筑样式反倒获得了重新崭露头角的机会。构造技术中的精细部分——建筑装饰集中展示了两种文化各自的最优秀成果：中国式的木雕传达文化意味，并增加近人尺度的建筑构件的艺术性和观赏性（图4.32）；俄罗斯式的砖砌装饰图案则表现动人的光影变化，让建筑充满雕塑感和装饰味道。

深度合成的特征还表现在建筑回应中国东北气候条件所做的努力上。除了加强俄国西伯利亚地区同样存在的防寒保温做法和构造技术外，中东铁路建筑还特别表现出对排水设施的重视和努力。建筑的外排水构件被做了特殊的系统安排，建筑雨水集散的总体规划、屋面排水效果的组织、落水管道的设计和安装，地面落水槽的配合，甚至住宅前的明沟排水系统等，一切都是井井有条地处于深思熟虑之中。

融合式整合是第三种整合类型。在这一类型中，建筑的主体风格、空间形态、建筑材料以及建筑技术都以一种更紧密的关系联系在一起，甚至从表面上无从判断哪一部分属于哪种属性。这种合成方式不仅仅是一种具体做法，更大程度上是文化传播后期的一种文化意识与文化认同、文化交流、文化互动的基本姿态。用现代的技术手段和美学理念去诠释俄罗斯、中国、日本传统文化，乃至任何一种民族传统文化，这是建筑文化发展演进的成熟标志，也是中东铁路附属地内部建筑文化遗产多元性和包容性的直接来源。

a 烟筒屯住宅一　　　　　　　　b 烟筒屯住宅二　　　　　　　　c 阿什河住宅

d 烟筒屯住宅三　　　　　　　　　　　　　　　　　e 雅鲁工区建筑

图4.32　中东铁路住宅的檐部木雕

中东铁路建筑的合成实践已经形成一套比较成熟的做法。从合成的发展走向上看，草创期冠盖装饰的表层对话属于"形式上的直接合成"，其间形成了模件化的形式组合技巧，建成案例数量巨大。成熟期的空间结构上的深度对话属于"建筑逻辑上的内化合成"。显然，这是两个完全不同的思考水平。

更多文化类型之间的样式合成也具有相似的特点和发展、深化、成熟的环节。但是相对而言，其他民族文化体系的冲突和矛盾没有俄罗斯民族文化与中国民族文化之间的冲突那么剧烈和紧张，甚至许多参与合成的建筑文化类型本身就属于一个大的文化系统，因此大部分这类建筑风格和样式的合成更趋近于风格的"折中"，我们将在后面专文讨论，这里不做赘述。

（2）并置式合成　　与"整合"方式相对应的，是"并置"方式的合成。中东铁路建筑文化中的并置式合成现象存在于建筑单体和城市风貌两个层面，这两个层面的具体表现构成了铁路附属地内独特的文化景象。在建筑单体层面存在的并置式合成的生成逻辑比较简单：具有独立风格样式的不同建筑空间和形体单元以一种并列排布的方式拼接、镶嵌在一起，从而构成一座完整的建筑或一个小规模的建筑聚落（图4.33）。这是一种特殊的表现形式，浓缩记录了不同类型的建筑文化的传播和碰撞、接受和选择的发生过程。

a 公主岭火车站

b 大石桥邮电局

c 莫斯科商场

图4.33 文化并置下的建筑景象

以文化"并置"的方式出现的合成建筑产生于两种完全不同的过程，一种存在于整体设计过程之中，另一种则不是一次性设计出来的，甚至与设计没有关系，只是一种附加建造行为的结果。前文描述的案例集中说明了这一点，同时也明确显示了二者之间的区别。就后者而言，由于没有后期加建的考虑，因此第一次建造完成的是一座完整的单一风格建筑。从大多数情况看，第二次建造归因于某种调整了的功能或技术要求，它的出现采用"突变"的方式。这种情况具有很强的随机性，建筑形象上表现为一种功能性组合。与前者相比，大多此类建筑具有形象"拼贴"特征，外观看起来并不协调。功能或技术因素导致的后期合成也对建筑的整体形象产生影响。从实例中可以看到，由于功能完善或调整，在原有俄罗斯风格建筑上加建日本烟囱的做法也很常见，烟囱成为唯一识别这种合成过程的媒介。这个由日本人加建的烟囱充满雕塑感和现代气质，与所在的建筑主体形成一种强烈的反差和对比（图4.34）。

虽然这种强硬拼凑的建筑样式"各说各话"，但它们仍然可以以某种奇妙的方式友好相处，因为在内容上它们有联系纽带，即更新了之后的功能和空间关系。这种功能上的联系产生了有效的黏合作用，使看起来生硬的拼凑具有坚强的生命力，并历经岁月的锤炼顽强地生存下来。今天，当行走在原中东铁路沿线的时候，人们会发现大量日俄样式并置的建筑物和桥梁类铁路工程设施（图4.35），它们依旧完整地保留着历史过程中两种风格样式镶嵌在一起时的状态。这种用功能来维系不同文化样式共生共荣状态还表现

a 铁岭俄式火车站与日式烟囱

b 一面坡铁路住宅

图4.34 日俄并置式合成建筑

a 绥芬河双桥

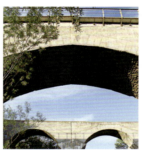
b 细鳞河双桥

c 磨刀石双桥

图4.35 日俄两种风格并置的桥梁

在建筑数量更为众多的铁路社区、市街乃至整座城市上。

城市环境的多元建构是并置式合成的另一方面表现。中东铁路建筑文化的特色之一是文化的丰富性。在中东铁路枢纽城市哈尔滨及其他一些重要的大中城市，不同民族、不同风格、不同类型、不同样式的建筑形象混居杂处、繁荣共生的场面是中东铁路建筑文化的一大特色。其中，不仅有众多建筑单体本身就是不同建筑样式合成的产物，还有众多建筑分别从属于完全不同的建筑风格或不同国家、不同民族的经典形象。可见，中东铁路附属地城市的整体风貌是由多元建筑文化的并置奠定起来的。

哈尔滨中国大街（现中央大街）就是这样一个多元建筑文化并置共生的精彩街区。在这条有百余年历史的老街上，古典主义、折中主义、文艺复兴风格、哥特风格、新艺术风格等，各种各样风格样式的建筑争奇斗艳、交相辉映，堪称一座建筑艺术的大型博物馆（图4.36）。更多小规模的铁路城镇

a 松浦洋行

b 密尼阿久尔茶食店

c 马迭尔宾馆

图4.36 哈尔滨中国大街

也拥有这种文化并置的景观，如下城子、博克图等。与此同时，从横跨5 000华里的漫长铁路线上，人们不仅对铁路建筑形象的"各式各样"建立起强烈的体验，还可以直观地感受到这些建筑样式的设计水平和建造质量的良莠不齐。可以说，中东铁路建筑群的群体风貌处于一种多层面的"混搭共生"状态，而这种状态也成为文化并置的一种典型模式。

即使在一些较小的社区，文化并置的现象也是随处可见的，这一方面有城市发展的文化策略与规划，另一方面也来自历史的不可预见性和社会环境及政治环境的变革。图4.37展示的场景是阿什河制糖厂住宅社区的两栋相邻的建筑和谐共生的场景。画面远处的建筑是一座日控时期的二层建筑，形式极为简洁，具有早期现代主义的倾向；画面左侧的建筑是更早年代由俄国建筑师设计的、阿什河制糖厂管理人员住宅，是带有欧洲中世纪城堡风格的经典的折中主义建筑。两座建筑平静地坐落在相邻的一块用地上，共同塑造了这个简单但充满感染力和浪漫情调的文化场所。

4.2.2.2 效应

合成建筑现象在文化上有着重要的作用和意义。除了鲜明地标示出发生在中东铁路附属地内多元文化的传播、互动过程和各阶段成果之外，合成建筑还大大丰富了整个近现代转型时期中国东北铁路沿线城镇的文化构成和文化积淀，成为跨文化传播的一个经典案例。文化合成的直接成果还客观上起到了一种抚平社会矛盾和民族裂痕的作用，使当年那段夹杂着血与火、耻辱与仇恨的历史一并也具有了超越民族情绪而存在的艺术的客观尺度。

（1）文化亲和效应　合成建筑现象的出现首先在中东铁路附属地内营造了一种看起来自由平等

图4.37　阿什河制糖厂住宅社区的俄日建筑文化并置场景

的文化亲和气氛。俄罗斯建筑师设计的标准图纸堂而皇之地大量出现中国建筑元素，在当时的时代和社会背景下确实显得耐人寻味。有一点可以肯定，这一阶段的设计工作尚没有任何中国技术人员可以参与进来，甚至他们早前根本想不到不久的将来会在中国的土地上出现俄国人设计的房子。因此，尽管做法的背后有俄国沙皇政治集团的隐秘权算，这种选择仍旧可以看作是外来民族对中国建筑文化的一种自发性的文化适应。

任何一种民族文化向该民族、该文化圈的范围之外扩散都面临着文化碰撞和文化排异的危险，这不但是一种基本的文化传播规律，同时也是不能跨越的一个关卡，文化传播学称之为文化栅栏。这一点在中东铁路尚未开始修筑之前的线路地质勘测过程中就已经成为一种看得见的难度。因此，还在俄国本土进行集中设计准备的建筑师就已经被告知需要通过设计的手段最大限度地淡化俄罗斯文化对中国本土文化的入侵和覆盖色彩，以换取中国平民和地方官员的心理认同。按照创新扩散理论权威罗杰斯（Everett M.Rogers）的理论，当铁路建筑师发现自己发明的这项创新形式——俄中合璧式的建筑样式具有很多的兼容性、可试验性、可观察性，并在做法上具有简单、易操作的特点时，这项创新就比其他创新更快、更普遍地被众多建筑师所采用。

事实上，俄中建筑样式合成的手段确实起到了一定程度的润滑作用。中东铁路最早一批建筑的形象看起来非常像当年东北地区的民居，因为在轮廓上中国式的屋顶起了关键的作用，这种做法同样被日本人所效仿（图4.38）。俄罗斯人引述中国平民的说法"我们的长官让他们按中国的方法盖房子，可是他们不会"。中国人的这种反应是俄国和日本政府都希望看到的，因为他们选择合成样式的初衷之一就是要将殖民入侵的真实目的隐藏起来，争取获得一个相对宽松稳定的环境，以达到俄、日民族文化和扩张企图的"暗渡陈仓"。

a 四平火车站

b 大连公会堂

图4.38 合成建筑实例

俄国建筑师为此确实费了一番苦心。在最早的时候，中东铁路附属房建工程作为筑路工程的附属项目，尚处在一种模糊阶段。由于这是一项跨国工程，又是沙皇尼古拉二世指认的国家级工程，因此除了工程的设计质量、建造质量和工期控制外，还要面对在外国的领土上进行房屋建设所触及的外交关系和民族感情等敏感话题。工程的质量及进度控制用标准设计的方式基本得以解决，当时俄国修建西伯利亚大铁路等境内铁路工程的经历已经积累了足够的经验。对于第二个问题的解答和经过职业教育的建筑师已经具有的文化意识和环境观念不谋而合，建筑师于是将目光同时投向自己民族的建筑形式和中国的传统建筑样式。

最初，俄国建筑师对如何"合成"俄中两种建筑文化尚处于尝试的阶段。按照他们的说法，在对中国建筑所知甚少的时候，中东铁路建筑中的中国元素用法是郑重其事的。建筑师让自己的设计先是在外形上向中国建筑靠近。为俄罗斯建筑穿戴上中国的衣服和帽子，这种做法事实上也取得了直接的效果。梁思成曾经说过："屋顶在中国建筑中素来占着极其重要的位置。……它的壮丽的装饰性很早就被发现而予以利用了。……屋顶不但是几千年来广大人民所喜闻乐见的，并且是我们民族所最骄傲的成就。"[36]中东铁路的建筑师敏感地发现了中国传统建筑的大屋顶，因此如获至宝，给许多火车站站舍都加上了这样一座屋顶。这种做法具有逻辑上的必然性，因为从某种意义上讲，合成地域文化和场所精神比体现时代精神更为重要。从日本欧化时期以后的建筑发展过程中也看到类似的情况，这种影响一直波及满铁附属地的建筑样式上。

《哈尔滨——俄罗斯人心中的理想城市》一书的作者克拉金教授发现，在俄罗斯民宅屋脊部位经常可以见到的传统马头装饰，在哈尔滨的铁路建筑中常常被中国龙的主题图案所代替。他对此做了如下判断："在这些俄式建筑中掺杂了一些中国式的建筑元素，还有一个最重要的原因，就是在施工人员中，来自俄国的技术工人十分有限，因此在施工过程中只能雇佣当地的中国居民。而他们对欧式的房屋建筑工艺几乎一无所知。"克拉金教授的这段描述向我们传达了两个信息：中东铁路附属地内部的俄罗斯建筑上出现了中国式的建筑元素；这个现象的重要原因之一是参与施工的中国工人不懂欧式建筑屋顶的施工工艺。第一个信息在历史照片和当年的设计图纸中得到了广泛的印证，而后面解释原因的说法目前还只能算作一种猜测，因为虽然中国工人在建房过程中会将中国本土的建筑技术及审美情趣流露出来，但毕竟中东铁路的房建工程是按图索骥，工匠们不可能早在设计之前修改图纸，况且《中东铁路建设图集》中的中国式屋顶不仅体现在屋脊装饰上，一些建筑具有完整的中国风格。

俄中建筑的合成方式，是两种民族文化都做了一定程度的妥协和相互模仿，用以换取整体性并达到"看起来像一栋建筑"的效果。两种民族样式平和共处是一种刻意追求的目标和衡量标准，还要尽可能避免出现建筑样式"精神分裂"的弊病。建筑师的职业素养在此时起到一种"自律"的作用：新设计出的建筑在体现两种文化时需要具有某种形式和表情方面的内在联系，这样可以避免产生生硬的拼凑感。

文化的中立性原本是沙皇俄国为了掩人耳目而刻意制造的一种姿态。而另一方面，从李鸿章坚持铁路冠名"大清东省铁路"看，清政府也确有主权和文化上的限制和要求。正是在双重文化和政治力量权衡的制约下，中东铁路的许多建筑选择了以中俄合成的样式塑造形象（图4.39），而且俄国人也偶尔建造几座完整的中国传统建筑，以主动做出尊重中国文化的姿态。虽然今天中东铁路沿线保留下来的火车站站舍看起来更趋近于俄罗斯风格，但是，历史上这些建筑的原貌曾经具有突出的中国本土特征。这种俄罗斯和中国传统建筑样式的杂糅现象甚至成为中东铁路的标志性形象，建筑文化因此罩上了浓重的中东铁路附属地"方言"色彩。

俄国建筑师的俄中建筑合成实践还曾经扩展到整个城市的层面，大连早期城市规划的中国城建设就是在恢复中国民居历史风貌方面的尝试。虽然将中国人的社区单独设置也包含着文化歧视的成分，但是，对于一座移民城市和由俄国人管控的新城市，中国社区的完整环境仍旧显示出对中国建筑文化的一种客观认定。对中国人来说，完整的社区有更好的归属感和安全感，而对于不同文化背景下的侨民而言，也有了了解中国文化和与中国人交往的机会。

此外，由于整体文化环境的融合，建筑文化相关的艺术形式也不断涌现，从而使这种亲和效应逐渐走向深入，并过渡到自生长的可持续阶段。最典型的就是哈尔滨文化艺术界出现的俄中合成的文化现象。建筑师乌拉索维兹同时又是一位优秀的水彩画家，他的画风优美，主题尽是哈尔滨充满合成风格情调的建筑风光。而他的建筑设计代表作哈尔滨友谊宫本身也是一座优美的合成风格作品，是中国传统建筑屋顶艺术与欧洲厚重建筑体量的结合。哈尔滨荷花艺术学校的教师基奇金是俄国名牌艺术院校毕业的艺术家，他的许多作品以中国人物肖像为题材，而且水平高妙，姿态传神（图4.40）。

总体上看，建筑文化亲和的效果来源于两种"原创"过程：设计过程中的原创合成与建造过程中的原创合成。其中，设计过程中的原创合成包含着设计思维与审美情趣，是建筑师在设计构思中着意选择的方式，我们在图表中列举的中式建筑屋顶实例都属于这一类。后者是一种建造思维和工艺审美情趣的随机流露，是建筑在被建造过程中由工匠（或由施工组织者指挥）随机发挥而创造的艺术效

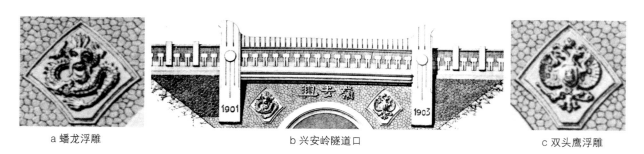

a 蟠龙浮雕　　　　　　　　b 兴安岭隧道口　　　　　　　　c 双头鹰浮雕

图4.39　兴安岭隧道口中的中俄传统装饰设计

a 乌拉索维兹：哈尔滨街道

b 乌拉索维兹：哈尔滨圣母安息教堂

c 基奇金：观众

d 基奇金：老书法家

图4.40 哈尔滨俄侨艺术家的作品

果。这个过程似乎可以回应克拉金教授那段评述中的观点。但是事实上，这样的合成作品在中东铁路建筑遗产中数量并不很多。

（2）文化增殖效应　合成建筑现象的另一个文化效应是增殖效应。文化增殖是文化传播过程中出现的一种特有的文化现象，"是文化在质和量上的一种'膨胀'或放大，是一种文化的再生产和创新，是一种文化的原有价值或意义在传播过程中生成新的价值和意义的现象"[19]。简单地说，文化增殖就是文化传播结果中出现的文化类型多于参与传播的文化类型的数量总和。

文化增殖效应的前提条件是文化传播过程的出现，对中东铁路附属地来说，特别是借助了铁路城镇开埠以后多元文化的涌入式传播。首先进入中国的是俄罗斯建筑文化，由于俄罗斯建筑文化经历了一种合成欧洲多种文化的演变过程，再加上俄国建筑师对新艺术建筑潮流的追捧和刻意迎合中国本土文化的形式，因此，进入满洲的建筑文化本身就已经带有多元文化的性质。

1907年以后，"门户开放"政策为铁路附属地带来了世界各国、各民族的建筑文化，其规模堪称一场盛大的多民族建筑样式的盛宴。在开埠城市，不仅使馆建筑可以任由各自国家按照自己的风格建造，而且代表西方文化核心价值的宗教文化也大行其道，各国富商们的豪宅更是异彩纷呈。这是殖民的需要，也是平衡当时西方列强在中东铁路附属地内利益的一种努力。对于沙皇政治集团而言，这种在建筑风格和样式上的中立性是刻意维持的，只是客观上为文化的自由传播和互动提供了一个相对宽松的环境。

多元文化传播的总体结果是文化类型超过了参与交流的文化类型数量的总和。因为在传播过程中，不同类型的建筑文化间出现了文化单元的重组、合成、融合与变异。借用文化符号学的理念，每套文化系统的标准语言都有一整套编码系统，文化传播过程中，这套编码在发挥作用时经常随机生效或根据具体环境和条件进行解码和重构。当重构的过程中夹杂进异类文化编码时，文化的面貌和性格特征会发生一定程度的变化。这个过程就是文化增殖的过程，也是新的文化类型产生的过程。

文化传播派生了文化变迁，促成了文化增殖。"在空间维度方面，文化增殖主要表现为文化传播溢出了民族国家的疆界，衍生出新的价值和意义。"[19]文化增殖对应着文化意义和文化样貌上的丰富性，表现在一座建筑和众多建筑组成的城市环境里，建筑文化多样性本身就涵盖众多的层次：建筑的风格、流派以及背后的设计理念、时尚潮流和艺术取向各不相同；民族文化及相应的技术传统各不相同；精神层面的崇高与世俗之间的关联与差别各不相同；社会阶层与文化地位之间的品类各不相同；设计、建造的水平和质量各不相同。

文化增殖所带来的文化的丰富性，常常使新兴文化类型从参与传播的文化原型的典型样貌上剥离开来，形成一种"文化变迁"（cultural change）的趋势。文化变迁是一个客观过程，指的是文化"经历的产生、发展、变化、衰退和再生的过程"，是"文化特质、文化内容和文化结构"的动态发展和变化过程。文化变迁有内部和外部两种因素，内部包括"文化的接触和传播、新的发明和发现、价值观的冲突等"；外部则包括"社会关系和结构的变动、人口和自然环境的变化"。从中东铁路建筑文化的发展讲，文化变迁成为客观存在的自然趋势，这是由政治、经济、文化、社会气候共同作用所引起的一种律动[19]。

合成是一种新兴文化事物，是区别于参与合成的任何文化原型的新文化形式。合成建筑的艺术特色突显了建筑文化在发展形成过程中的人文环境影响以及这种影响的不完全规划性,同时清晰地传递了建筑文化的民族情感、技术意匠、平民趣味与时代风情的综合表现。不可预知和不完全规划性是这一文化过程的发展特点和基本规律,除了文化本身的规律之外,这还要归因于所有参与其中的主体——人的作用。一栋建筑作品的设计者和建设者都会把自己的理念和文化积淀融入这座建筑,这个过程正好是文化增殖的关键触发点。

所有的跨文化传播过程都不可避免地遇到这种情况。以日本为例,当年的明治政府为了对外塑造欧化主义的开明形象,一度将重要的公共建筑设计成纯粹的欧式建筑形象。但是,当明治政府将鹿鸣馆、游就馆和上野博物馆委托给西方建筑师,明确表达希望获得纯粹的欧式建筑时,得到的最终设计成果仍然在很大程度上掺杂了东方建筑的特征,其中上野博物馆的立面形象就直接借鉴了伊斯兰风格。

另一个典型的增殖现象是建筑文化在发展过程中由于一些技术手段或审美理念的变化而沉积下来的文化现象,如砖石建筑的外部装饰上出现木装饰构件所擅长的切削处理和用木材仿照砖石及铸铁效果设计建造的建筑及建筑构件(图4.41)。森佩尔将这种现象叫作"材料置换"现象。"为了保持传统的价值符号,一种材料方式的建筑属性出现在另一种材料方式的表现之中,比如古希腊神庙石料切割和砌筑方式就是对木构建筑原型的一种诠释。"[37]而这种做法的结果,就是使文化信息更为丰富,更具有情节性和历史性。

俄中建筑的合成现象与俄中人种出现的混血现象最终构成了某种相似性。一些早期建成的大型公共建筑也采用了这种方式。尽管随着岁月的沉淀,昔日纯粹装饰性的中国式建筑装饰和木雕构件已经消失殆尽,但是剩下的建筑也不再是单一的建筑文化类型元素的集合了。文化的因素一旦曾经施加过影响,建筑载体已经无法还原成纯粹单一的建筑。

文化增殖的另一个表现是:合成建筑文化推动了技术集成与技术增殖效果的出现。技术是建筑

a 哈尔滨中东铁路俱乐部

b 哈尔滨铁路住宅阳光间

c 原哈尔滨工业大学学生宿舍

图4.41 木仿砖石和砖石仿木建筑做法

文化中的软传统和软遗产，不同地区、不同民族建筑文化的传入同时携带着他们各自的建筑技术和工程经验，因此，风格的荟萃也带动了技术的集成式实践和互相启发运用。这是文化增殖的收获之一。在整个过程中，现代化中所有的革新方向在中东铁路都能得到完全意义上的实现。高难度的兴安岭隧道施工工程；第一松花江大桥、第二松花江大桥及嫩江大桥的结构技术，甚至中东铁路列车车厢的豪华设计以及精工细作，这一切无不伴随着激情的创作灵感和巧妙的方案设计。

4.3 "流变"现象

"流变"是从物理学引入文化学的一个概念。流变的原意是指在外力作用下物体的变形和流动。流变学则研究材料在应力、应变、温度湿度、辐射等条件下与时间因素有关的变形和流动的规律。导致流变的因素除了外部条件及受力情况外，最主要的因素是时间。人们将流变学应用到地球科学中，作为一种物理、数学的综合工具考察地壳中的物理现象，这些现象包括：冰川期以后的上升、层状岩层的褶皱、造山作用、地震成因以及成矿作用等。流变还作为一种试验方法用于研究地球内部过程，如利用高温、高压岩石流变试验来模拟岩浆活动、地幔热对流等。

近些年随着交叉学科研究的扩展，流变的概念被引入文化学和艺术研究领域。事实上，文化过程作为人类精神和物质双重遗产的发展、演变过程，其环节和作用机制与物理学中物体伴随外界环境条件变化的作用机制非常相似。文化领域存在流变现象，建筑文化自然也不例外。因为有了时间的延续，建筑文化会发生许多微妙的变化，体现在具体的建筑上就是样式、风格、标准、规制的变化。在百余年过程中，中东铁路建筑文化出现了各种各样的变迁，以至于"流变"成了中东铁路建筑文化中一个重要的文化现象。下文将试图深入这一现象，并探究其背后的规则与意蕴。

4.3.1 流变的生成与表现

中东铁路建筑文化的出现是典型的跨文化传播事件，对转型社会的影响是跨文化传播的要害所在，"这些影响显然受到其文化传播和文化传播对象的修正，以及接受主体的行为和反应，并随着整个文化传播环境的改变而改变"。显然，文化传播过程和结果都牵扯到传播符号的延伸衍变、时空距离的虚拟呈现、经济因素的互动变化、文化冲突和骚动的交织反复、文化适应的艰难困境等各种问题，还有不同社会群体之间的相互渗透，以及文化传播生态环境的不稳定性等，这都是跨文化传播逃避不了的现实[19]。

4.3.1.1 建筑单体的样式流变

流变体现在建筑单体上归结为建筑样式的改变。一种改变是经过认真设计的刻意改变，是建筑的使用者或决策者主动选择的结果，因此带有原创的色彩。另一种是建筑在使用过程中通过正常的消耗、破损、维修、变更而产生的形象变化，属于新陈代谢的客观结果。这种流变往往并未经过使用者，尤其是建筑师的主动修改创作，而是结合具体情况所做的临时修缮或随机改建，带有某种程度的蜕变色彩。

（1）形象的原创更新　　原创式更新是样式流变的主要来源之一，这种现象在中东铁路建筑中大量存在。促成这种更新变化的原因有两个，一是建筑的改扩建和提档升级；二是突发事件造成建筑损毁而带动的较为彻底的更新设计。由建筑规模变化和功能转换带来的形象更新是常有的情况，这方面的实例非常多，最典型的要数哈尔滨中俄工业学校（哈尔滨工业大学前身）建筑群的变化过程。

哈尔滨中俄工业学校建筑群的发展演变足足经历了一百余年的历史，从1904年的单栋二层建筑到今天哈尔滨工业大学建筑学院整座街坊，充满了传奇色彩。如图4.42a图纸所示，这是一栋两层楼，建于1904年。当时，这栋楼里开办有技术学校，中东铁路俱乐部也设在这里。1909年，临近这栋楼的位置又兴建了一栋新的二层小楼作为俄国驻哈尔滨的总领事馆。1920年，所有这些建筑全部转交给哈尔滨中俄工业学校。不久，这所学校更名为哈尔滨中俄工业大学校，分散的建筑群也在几年后被重新设计成为一栋规模更大的建筑。新建筑的设计方案是在原有建筑的基础上改建、扩建完成的，建筑风格延续了原有建筑的新艺术风格，只是在具体形式上更倾向于优雅的比例和尺度。

虽然整个设计和建造过程保留了原有的建筑风格和形式元素，但是，由于整个建筑体量的巨大变化和众多形式语言的调整，人们看到的仍然算做一个新建筑。这个变化表明俄国建筑师在对新艺术风格的把握上日趋成熟。1953年，一座带有古典主义色彩的、更加宏伟的大型教学楼沿着大直街拔地而起，整座街坊彻底成为一个巨大的封闭合院。新建筑没有延续原有校园的建筑风格，是因为此时的新艺术运动已经进入了尾声，那场来自欧洲的盛大建筑文化传播实践已经基本落下了帷幕。

外阿穆尔军区总司令部大楼的形象改造工程是第二种更新类型的案例。一场毫无准备的大火灾彻底破坏了整栋建筑完整的形象，而再次改建完成之后的建筑形象不但更换了原有的中式屋顶形式，还通过屋面垜口装饰的运用与原有的主体墙面及门窗形成了非常整体的风格联系。具体内容在4.3.2.1一节的"合璧混搭与拆璧提纯"中详细阐述。

在中东铁路时期的几十年间，许多大型公共建筑经过了一次甚至更多次的改建、加建或大规模装修改造。每一次改造都给原有的建筑提供了一个改头换面的机会，而大型公共建筑对形象的重视也促成了这种机会。这是另一种基于文化因素的风格流变，这种流变更多地体现了建筑管理者和决策者的审美趣味和所在时代的流行风尚，因此成为社会文化潮流的记录。当一座建筑历经数次形象上的变化时，整个过程就成了样式流变的载体和见证。这些流变也许只停留在"样式"的层面，但在适当时机有可能蓄积成整体风格的变化。

一个典型的案例是中东铁路管理局宾馆，这座中东铁路建设初期哈尔滨车站街最早的二层建筑

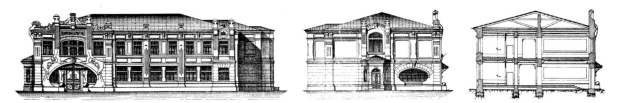

a 最早的校舍设计图

b 扩建时侧立面图

c 扩建时正立面图

d 1959年新校舍测绘图

图4.42 哈尔滨工业大学教学建筑演变

于1904年2月建成，建筑高度12米，由中东铁路管理局办公室直接管辖。整座建筑初建时为带有新艺术风格倾向的折中主义风格，使用面积3 700平方米，地上二层、地下一层，结构形式为砖木结构。建筑设有客房53间、会议室1间、浴室等其他用房8间、餐厅1间、台球室1间、办公室3间、更衣室、浴室等其他用房12间，另有花房2处、仆人宿舍1间、酒窖、食品库等其他用房5间。作为哈尔滨最早和当时规模最大、设施最完备的旅馆，这座建筑立面语言流畅优美，外部充满曲线形态的装饰，植物主题的铁质花饰使建筑细部装饰充满浪漫情调。

这座哈尔滨最早的大型宾馆有着异常丰富的功能转换经历，做过宾馆、俱乐部、医院、办公楼、公寓。如图4.43所示，每一次功能转换都得到了建筑形象的支持——这座建筑设计得如此奇妙，以至任何功能都能吻合而没有尴尬勉强之意。1926年的第一次大规模装修前，整座建筑还保留着高度优雅简洁的建筑语言。这种语言的具体形式强调墙面的竖向划分，同时结合这些竖向划分过程中形成的凹凸装饰获得整座墙面优美动人的节奏和光影的韵律。1926年的装修在室内空间和

a 1905年形象

b 1907年形象

c 1926年形象

d 1937年形象

图4.43 中东铁路管理局宾馆各时期的形象比较

建筑转角处的主入口上方墙面装饰做了大的改变，增加了二层走廊的天窗，而且门面也从参照沙皇行宫——彼得堡的冬季花园的样子重新装饰，增加了椭圆形曲线主题装饰，增加了女儿墙的顶部装饰和入口上方大窗的浮雕图案及花样扶壁装饰。门斗由原来的左右分开变成了与墙面平行的宽阔、封闭式的门廊。这一次的变化既有空间效果的优化和入口空间的完善，也有形象上的混搭和杂糅成分，在一定程度上削弱了建筑艺术的完整性和简洁性，但是增加了华丽的效果。

到1936年时，建筑的入口形象又有了大的变化，巨大的金属雨篷从墙面向外伸展开来，形成了一个宽阔的檐下空间。入口门斗的两侧延续加宽，直接绕过转角与原有一层体量的突出部分相接，大大扩展了一层的使用面积。这座建筑重新装修以后成为日本大和旅馆，1937年1月31日开业。报纸报道："大和旅馆的内部装饰和布局风格给人的第一印象就是豪华、阔气、时尚，令人惊叹不已。"[14]

从一开始的新艺术清雅优美的风格，到后来的冬季花园的秀美细腻，再到大和宾馆的豪华时尚，这座建筑见证了城市发展和社会生活变化的过程，也记录了中东铁路建筑文化变迁和建筑样式流变的轨迹。可以看出，随着经济条件的完善和商业活动的繁荣，建筑文化在一定程度上会受到时尚潮流的影响，而趋于世俗化和商业化，这也是建筑文化在风格流变上遇到的困境之一。

（2）形象的消耗蜕变　形象的消耗蜕变是指在建筑使用过程中，随着时间的推移和自然力量的侵蚀，建筑形象改变导致的风格变化。这是中东铁路建筑样式流变的另一种重要原因，主要表现在中东铁路早期建成的站舍和住宅建筑中。具体表现是，原有特色鲜明的中国式屋顶和装饰构件出现变化，随着许多瓦屋面被铁皮屋面所代替，屋脊、鸱吻及垂脊上的仙人走兽陆续消失，原来轮廓鲜明的中国传统样式的屋顶日渐平直、简洁，最终化为纯功能性的一种直坡面屋顶做法（图4.44）。

从中东铁路东部线海林站站舍屋顶形象的新老照片中，我们可以做一个直观的比较。可以看到，整座建筑形象变化主要集中在屋顶及檐部做法部分。老照片中的海林站站舍建筑是一个典型的早期建筑样式，厚重的、带有俄罗斯砖砌装饰的墙身，巨大、曲线型、带有屋脊和垂脊坐兽装饰的巨大坡屋面和檐下宽阔的敞廊空间。在这座完整形象的建筑中，不仅可以直观看到中国建筑的经典建筑构件，还可以看到俄罗斯传统建筑典型的实墙面和带有俄罗斯木构样式的檐下柱廊和承托构件，与此同时，给旅客以强烈印象的还有敞廊空间上部简洁的天窗以及这种做法给人带来的人文关怀表情。

当具有中国传统风格的曲面屋顶及屋面装饰构件全部消失以后，整个建筑的轮廓变得趋于平淡呆板。虽然墙面装饰和石材砌筑本身带来的质感和肌理仍然有一定的表现力，但是，与建筑早期建成时期的形象相比，无论是空间层次、文化韵味还是形象特征都已经大大弱化和浅白化。尤其对于那些小规模的住宅建筑或小型站舍建筑来说，形象的这种变化几乎导致建筑的文化感基本消失，更

a 早期海林火车站

b 海林火车站现状

c 早期陶赖昭火车站

d 陶赖昭火车站现状

图4.44 中国式屋顶与装饰构件的蜕变

趋普通民宅甚至铁路设施功能用房的模样。这是原有建筑的外部装饰构件被移除所带来的信息减少、形象平淡化的情况。从建筑空间层次、装饰要素的构成等角度看，这个过程可以视为一种减法式的形象修改过程。

还有一种过程完全采用了相反方式，就是加法式的形象修改过程，但效果同样是起到了蜕变的作用。这种情况较多发生在日俄战争之后的满铁附属地沿线站点和后来的日据时期中东铁路沿线一些小站。具体表现是：原有的沙俄时期砖石砌筑的建筑被大面积做水泥砂浆抹面处理，整座建筑从屋顶轮廓和山墙落影装饰、门窗贴脸装饰的基本轮廓上还能判断出是沙俄时期建造的建筑样式，但是，所有的清水砖、石材砌筑的肌理和质感都已经被深深掩埋在厚厚的水泥抹面背后了，这也使建筑的原有材质色彩、表情高度模糊甚至丧失殆尽，形象降低成普通坡顶民宅的效果。

当上述两种情况叠加在一起的时候，建筑形象就越发显示出蜕变带来的巨大影响。图4.45所展示的是扎兰屯火车站和一面坡火车站主站舍的现状及历史上曾经拥有的形象。从前后不同形象的照

a 早期扎兰屯火车站

b 扎兰屯火车站现状

c 早期一面坡火车站

d 一面坡火车站现状

图4.45 两座火车站形象变化对比

片可以清晰地看到，建筑不但失去了典型的俄中合成样式的屋顶装饰，也失去了原有的轮廓变化，因为使用过程中的功能性加建已经彻底改变了原有的面貌。

4.3.1.2 文化整体的风格流变

流变体现在中东铁路建筑文化的整体面貌上就是铁路附属地内建筑风格和城市风貌特色的流变。从铁路沿线建筑聚落的地理分布上看，南满和北满沿线风格流变的表现有所不同。按照时间轴观察，南北分治时期和日本占领整条铁路时期的风格流变又有所不同。另一方面，建筑风格流变分为两个大的类别，一个是原有建筑集群在不同时期自身形象的流变，另一个是新建筑风格与原有建筑风格之间的变迁。下面分别对这两种建筑集群进行风格流变的分析。

（1）北满兴中去中与南满用俄去俄　日俄战争以前，中东铁路主线及支线都是存在于一个完整的框架中，其建筑文化发展是一个"一统格局"的形式。就这个格局而言，除了早期遭遇义和团运动的抵制之外，基本过程是比较顺畅的，因为处于中原建筑文化边缘地带的东北大部分地区原有建筑文化并没有强大的势力，因此新建筑文化没有遇到铁路附属地内部建筑文化的特别抵抗。就流变而言，当时整个铁路附属地内的文化传播基本是奠定整体风格的阶段，刚刚形成的风格本身没有流变可言，只是对于附属地所在区域的满洲本土建筑来说是一次剧烈的流变过程。当然，对于俄罗斯本土的传统建筑风格来说，具有俄中合成特点的中东铁路建筑风格对其也构成了一定程度的颠覆，因此也算它的流变成果。

在合成现象一节中已经描述了中东铁路早期建筑样式的特点。这种带有俄罗斯和中国两种传统文化色彩的建筑样式整合在一起，客观上已经构成了一种全新的风格。因此，抛开建筑形象出笼的过程看其客观存在，可以将其视作中东铁路建筑文化的一个基础风格和流变演进的原点和起点。日俄战争之后南北两线的风格变化，正是在这样一个基础上开始的。

日俄战争以后，北满主线既有建筑在风格上的变化是一段时间以后出现的，它呈现出一种两面性：一方面是积极尝试更为完整纯粹的中国传统建筑类型，另一方面是淡化中式装饰的运用和对原有合成建筑的中式构件实施减法处理。这个过程的具体表现包括：新建建筑不再大面积使用中国传统建筑样式的装饰；越来越多的早期俄中合成风格的建筑形象的消耗蜕变。前面这种变化是俄中合成走向深入和理性的必然阶段，合成的方式是表面装饰的摒弃和内在逻辑的影响和继承。后面这种变化的周期延续的更长久一些，由于这种变化，许多拥有精美装饰的中国传统式大屋顶做法被简单的铁皮屋面所代替，屋脊、鸱吻及垂脊走兽彻底从建筑轮廓线中消失。这个变化的整个过程延续了很长的时间，给人一种靠自然力量（如屋面风化破损）淘汰的印象。尤其是双城火车站的临时站舍拆除后新建为更纯粹的中国传统建筑式样，都看似对本土文化的尊重和积极弘扬。但是，从一些同样发生在重要建筑（如哈尔滨外阿穆尔军区总司令部）上的去除中国式样的变化中，人们可以约略猜测这一变化背后决策者的心态和意图在微妙显露。

俄中合成建筑现象可分成三个大的阶段，第一个阶段（1897—1903）是俄中两种建筑风格全面合成、大量实施建造的阶段；第二阶段（1904—1918）是俄中两种风格互相影响、深度合成与低调减除的阶段；第三阶段（1919—1935）是俄中两种风格各自独立发展、解除合成的阶段。将这三个阶段做一个基本的概括，就是铁路主线建筑的流变发生环节：从合成中国元素做法的兴起到逐渐淡化甚至着意删除其影响，转而走向多元发展和现代建筑文化的兴起。

南支线各站点原有建筑的风格变化则呈现了一种更快捷、更简单的方式。这种方式兼具平和理性和简单粗暴两种色彩，因此可以归结为尊重、使用和改头换面两种完全不同的方式。从大连和旅顺等大站沙俄时期许多大型公建及住宅看，日本人对俄国人留下来的建筑物全面接收、不加改造地充分利用，并没有呈现带着民族情绪的破坏和修改。但是，由于一个社会文化系统需要"人口、自然生物环境、社会组织和技术"四种因素共同支撑，因此，当沙俄势力撤出之后，俄罗斯建筑文化也瞬间凝固在日俄战争结束的那一天，不再发展。此外，在许多站点的小型建筑中，维修扩建成了一种最常见的做法，维护的典型手法就是用水泥对建筑进行全面抹面处理。这个做法看似只是建筑加固的技术做法，实际上起到了清除俄罗斯建筑文化影响的作用。

依据《满洲建筑协会杂志》1936年第16卷记载，对于南满铁路沿线的沙俄遗存建筑物，日本接管以后采取了保留的意见，其中沿线站舍类建筑物41栋；机车库7所，水塔等扬水设备共计45筒（包括临时29筒）；从业官员用房31栋（包括机车司机住宅、洗浴及医院疗养建筑）；各驿站将校营用宿舍159户，兵营等55栋，各驿附属小型宿舍36栋。

另一个做法是标准功能配置的建筑加建，就是在原有沙俄住宅的端部加建现代风格的小型浴室。这种做法直接产生的效果是：其一，原有建筑的俄罗斯传统表情被削弱；其二，改造后的建筑与同时期日本引入的大量现代风格住宅遥相呼应，呈现出高度统一和融合的表情。更主要的是，在满铁附属地内，日本势力操控下的满铁株式会社以巨大的热情和资金投入进行铁路城镇的市街建设和大型公共建筑的新风格实践，这在很大程度上彻底改写了所有铁路城市的建筑文化风貌，这也在客观上起到了削弱俄罗斯建筑文化影响的作用。

（2）自由折中一统与民族现代风潮　　日俄战争以后，南北两线建筑的风格差异更多地反映在新建建筑的样式上。纵观全线，由于两个铁路附属地系统都已经进入比较稳定的发展时期，因此，站点的完善扩建、铁路城镇的快速城市化、附属地社会经济文化事业的整体建立成为当时的根本任务和建设重点。这一时期，更大的建设项目来自于教育、科技、文化、医疗、卫生等城市公共事业与道路、桥梁、广场、公园设施建设，此外还有大型工厂企业、商业金融及综合服务性建筑的建设。

一旦进入城市建设的大格局，建筑类型的多元走向以及投资来源、业主的阶层类型乃至文化丛属关系、服务人群的文化接受需求差异都使"一种风格样式统摄一座城市"的想法变得不现实，因此，多元化的局面不可避免地出现。拿枢纽城市哈尔滨来说，城市快速崛起时期核心区的主要建设大部分是20世纪的前20年完成的，那个时期正是折中主义风格占主导地位的时期。"虽然推崇摩登时尚在各式各样的建筑物中备受青睐，但折中主义时期最典型的多样化风格在哈尔滨这座城市建设中体现得最为鲜明。"[14]

在俄罗斯民族势力掌控中东铁路时期，新建筑风格变化的总体脉络历经了从俄中合成风格、俄罗斯传统建筑风格、新艺术、装饰主义、早期现代主义等风格，到带有早期现代主义特征的折中主义风格的变化过程。其中，折中既作为一种风格类型出现，同时也是一种塑造建筑形象的典型手法。从经典的传统建筑样式到新潮的流派手法，都被中东铁路的建筑师们顺手拈来，自由组合在一起。直到1935年，日本从苏联人手中拿到北满的中东铁路线以后，主线的建筑风格才开始大面积向现代主义风格样式的方向迈进。

南满铁路附属地的新建筑风格从日俄战争以后基本上走了一条民族与现代结合的道路。在满铁各大城市，早期的大型公共建筑较多地采用了带有欧洲传统建筑样式的折中主义风格。后来，随着日本建筑师在近现代化道路上与西方国家的快速接轨，满铁沿线的新建筑越来越多地采用了简洁明快的现代主义样式。在此期间，融合了日本民族风格与现代风格的帝冠式、官厅式、辰野式、兴亚式建筑样式出现在中东铁路沿线城市，以伪满洲国八大部为炫耀式表现的最高潮。即使如此，随着时间的推移，现代主义仍旧成为日本在中东铁路附属地内新建筑发展的主流及根本方向，在日本占据全线之后更是如此。一些大型的公共建筑已经采用了纯正的现代建筑语言，只有规模和尺度都很小巧的铁路职工住宅由于采用了平缓的坡屋面和带有民族表情的低矮尺度和清冷的整体用色，才让人能大概看出日本民族建筑的影子。

4.3.2 流变的规则与意蕴

"流变"之为流变，在于事物的变化和承载这些变化的时间过程。在此过程中所有客观条件相互作用，产生了一种具有指向性的力量，这种力量背后隐藏着深厚的历史因果链条和文化作用机制。因此，虽然流变有着庞杂的表现，但却总是以某种固定的规律发生，这就是流变的规则。透过流变现象的表面，我们可以看到隐藏在后面的社会、时代的广阔背景，看到流变现象的文化意蕴。

4.3.2.1 规则

流变的规则是指流变的发生方式，是对过程起控制作用的典型机制。规则不是一成不变的，但同一时期、同一地域发生的流变往往具有某种相似性。中东铁路建筑文化现象中的流变同样具有清晰的规则，我们将其概括为三个方面：

（1）合璧混搭与拆璧提纯　流变具有完整的过程性。对于中东铁路建筑而言，这种过程性一直可以追溯到第一批中东铁路建筑刚刚诞生在图纸上的时候。中东铁路建筑文化中的一个创举是创造了一个几乎全新的建筑样式——俄罗斯传统建筑风格和中国传统建筑风格合成的样式。显然，对于参与合成的两种民族风格的原始样式来说，新样式就是原型的一种流变形式。这段流变过程虽然经历的时间周期不长，但是，它符合流变产生的另一个关键条件——"应力、应变、温度、湿度、辐射"等诸多外部环境因素。当时国际间盟友与敌对国之间的频繁变换与重组、中国清政府的日益败落、欧美列强的殖民扩张野心等这些复杂的内外力量形成了强大的应变力和辐射温度，导致流变在极短的时间内以"骤变"的形式发生。

中国传统理念将两种力量巧妙地整合在一起的现象称为"珠联璧合"，因此，经由这个过程产生的成果被称作"合璧"。俄中两种民族风格流变为合成风格的过程其实就是一个合璧的过程，只是因为时间过于仓促、政治压力高过了技术压力，因此这个合璧的成果有某种生硬的表情特征。合成样式建筑的各个组成部分被以不同民族风格的手段来处理，仔细观察会找到有强硬搭配的不协调之处。虽然如此，合璧混搭仍旧是一种典型的流变方式。

与这个过程刚好相反的变化是将混搭在一起的形式重新拆解、分离。这个过程类似于化学反应中的析出和萃取。对应前一个过程的合璧，这个过程可以形容为"拆璧"。从变化和性质上说，前者是混搭，后者是提纯。这样的实例也有很多，对比同一栋建筑不同时期的两张照片，可以看出曾经的合璧混搭和后来的拆璧提纯效果之间存在强烈的对比与反差。

集中承载着两个过程的典型实例是中东铁路外阿穆尔军区司令部形象的转变过程。这座建筑的形象曾经历过一次根本的改变，改变前后的建筑形象形成了鲜明的对比（图4.46）。坐落于哈尔滨新市街的这座建筑建于1904年。大楼的原设计具有典型的俄中合成风格，建筑平面布局舒展简洁、轮廓清晰，带有中国传统屋脊装饰的大屋顶十分醒目。当时这座大楼是大直街上非常重要的大型公共建筑，整体形象气势宏伟、形象肃穆、庄重，具有地标性特征。除了墙身线脚和门窗贴脸等装饰形式带有俄罗斯砖石建筑的风格特点外，整座建筑非常简洁，没有过多的形体变化和细部装饰。从远处看，巨大的带屋脊装饰的坡屋顶从山墙面悬挑出来，形象极具个性色彩。改造后的新形象摒弃了原有的中式屋面装饰及出挑屋檐的做法，将墙面通过高低错落的女儿墙垛口一直延伸到屋面以上，并在重点部位集中使用了复杂精美的凹凸纹图案装饰。新形象突出了主入口，增加了兼做入口雨篷的装饰性阳台，同时强化了形体交接处的角部处理，转角升起后与屋顶女儿墙的凸出式垛口共同形成富有节奏感的端部形象。从改造前后的不同形象看，外阿穆尔军区司令部大楼的风格流变过程同时包含了两种典型的流变模式。原始设计和建造的过程主要使用俄中合成建筑的手段，是合璧混搭的模式；改造重建的过程是去除中式元素、回归俄罗斯砖砌风格的过程，是拆璧提纯的模式。

从整体上看，中东铁路附属地早期建筑的风格流变有一个大致的阶段划分，初始建设时期走了

a 司令部大楼初始形象

b 改建后的司令部大楼形象

图4.46 外阿穆尔军区司令部不同时期的外观

合璧混搭的道路，运营发展期和城市化时期走了拆璧提纯的道路。那些曾经建有俄罗斯和中国韵味的"合成建筑"经过岁月的历练，几乎全部从"合璧"走向了"拆璧"，最终简化为基本单一民族特点的样式。曾经在东北铁道线上勾勒出中东铁路建筑方言特色的中国式大屋顶，也随着时间的流逝渐渐远去，最终定格在沙俄时期明信片的老照片上了。

（2）整体覆盖与局部更新　　如果拆璧提纯是一个减法过程，那么中东铁路沿线建筑的风格流变也包括加法模式的实际案例。加法模式在制造风格流变的过程中操作简单、逻辑明确，实施的效果也分为两种：一种是建筑的整体面貌发生重大变化，另一种是建筑的整体形象变化不大或呈现拼凑的合成形象。

使用加法原则实现建筑形象重大变化的案例数量比较多，而且从时间阶段和地域分布上看也比较集中。形成这种变化的手段其实非常简单——就是用一种全新的建筑材料将整个建筑的外观整体覆盖起来，使该建筑原有的色彩、材料质感、肌理乃至构造细部全部消失或变得模糊（图4.47）。俄中合成风格的此类建筑实例分为两类：一类是南满附属地内经过水泥抹面处理的原有沙俄时期砖石砌筑的铁路用房，另一类是中东铁路干线附属地内经过砖砌覆盖处理的原有木刻楞（原木）铁路用房。后面这种类型还包括原始的建筑敞廊被封闭化处理后形成的木构架体系外露的封闭式抹面建筑做法。

满铁附属地对原有的沙俄时期铁路站舍及住宅的这种处理办法非常普遍。具体做法是用水泥抹灰将整座建筑的垂直表皮——外墙面全部覆盖处理，包括墙身装饰线脚、门窗口、山墙落影装饰等具有立体凹凸变化的地方。由于用水泥覆盖后使处理过的建筑材料和表面肌理趋于单一和模糊，因此与满铁时期日本人设计建造的现代风格铁路建筑形象非常相似，有时甚至很难明确区分这两种建筑的年代与归属。这种做法后来在日本占领中东铁路全线之后也出现在主线的一些站点，如东部线横道河子镇的个别住宅就是将石砌墙面全部覆盖以混凝土形成现在的形象。

在中东铁路主线，更为特殊的"砖盖木"做法很早就出现了，就是在原木建造的木刻楞建筑或混合材板式木住宅外部贴砌一层砖。这种做法可谓费时、费力、费材料，而建成之后的建筑形象

a 旅顺日式住宅墙面　　　　b 旅顺日式住宅　　　　c 一间堡住宅　　　　d 横道河子住宅

图4.47　剥落水泥抹面的砖石墙面

与真实的木建筑可谓彻底改头换面。这样的住宅在西部线铁路职工生活区非常多见，如昂昂溪、博克图等地。随着岁月的流逝，一些此类两层皮式的建筑在东北地区苛刻的自然气候条件下已经呈现"骨肉分离"的状态。今天在昂昂溪火车站铁路社区的一些抹面住宅，正是外部砌筑的黏土砖全部剥落之后，重新修缮而形成的效果。从某种程度上讲，这种案例也可以被视作通过流变使形象得到了提纯。

形象的蜕变包括使用过程中依照功能的调整所做的改建，这种变化有加减法之别。日本人加建小型浴室的做法是一种加法，而俄侨自己所做的改建常常只限于层数的增加和对门窗洞口的修改，这是内部空间的变化导致的。哈尔滨铁路住宅社区的建筑上有许多类似情况，改建之后的效果与之前的形象叠加在一起，产生一种重叠、错落的形式，富有特殊的情节性和历史印记。

与整体覆盖的做法互为补充的是局部更新的做法。比如对原有沙俄建筑进行局部更新的处理，以及通过加建、改建等方式改变原有建筑局部面貌的做法。最典型的做法就是哪里破损了修补更换哪里，或者是根据功能改变增加一些建筑构件，如烟囱、门窗等。在南满铁路及日本人占领中东铁路全线以后的主线站，日本人做此类修缮及加建扩建的事情时完全停留在实用主义的层面，用最简单的做法或当时最熟悉的新做法来进行施工，丝毫不考虑新样式与原有建筑的形象是否协调。在俄罗斯传统建筑风格的站舍上加建一个具有现代雕塑感的烟囱，或给一栋优美的俄罗斯木质田园住宅的转角加上一间红砖砌筑的小浴室，这些都成了典型的局部更新方式。

在建筑的原有风格不变的情况下做加法的情况在中东铁路附属地内的沙俄建筑身上普遍存在，这种变化多是内部功能的变化或建筑空间的扩展需求所带来的。这种情况的客观效果是建筑的风格未变，但形象发生了变化，加建带来的轮廓变化同样使原有建筑的部分历史信息丧失。中东铁路中央医院药剂师住宅就是这样的例子（图4.48）。

a 药剂师住宅的初始形象　　b 经过局部加建之后的建筑形象

图4.48　中东铁路中央医院药剂师住宅的形象变迁

（3）自由折中与现代风潮　　风格流变在中东铁路建筑中的一种典型模式是运用折中手段创造新的建筑形象。这种做法在中东铁路附属地的市街建设中有大规模的实践，尤其是大型公共建筑更是如此。中东铁路建筑文化中的折中手法运用得非常自由，无论是欧洲各民族、各历史时期的传统样式都可以被拿来进行建筑语言的重新组合；甚至最新的流行式样，如新艺术、装饰主义风格等，也都成了参与折中处理的一种风格选项。在铁路沿线的许多大中城市，总会有花样众多的公共建筑形成热闹华丽的城市中心。在枢纽地哈尔滨，著名的中国大街就是这样一处折中主义建筑荟萃的场所。

到中苏共管时期，铁路沿线更新扩建的一批新站舍（主要是东部线）均摒弃了以前通行的俄中合成样式，采用了强化美学形象、弱化民族特征的折中主义风格。这次新建站舍的样式大大丰富了中东铁路火车站舍的建筑风格与样式，成为中东铁路建筑文化中重要的风格流变成果。

从整体上看，中东铁路建筑风格流变的大趋势最终不可避免地指向了现代主义。虽然早期建设的一个根本手段是借用俄罗斯和中国两种传统建筑风格的合成样式，但是，即使在当时，与俄中合成做法并行地出现了从属于现代意识范畴的新艺术风格设计。这种全新的风格不但占领了许多大型公共建筑的设计领地，而且作为一种流行样式带动了众多建筑师在住宅建筑上的尝试运用。这种趋势后来以符号的方式蔓延到各种规模、各种类型的建筑物的外部形象上，从而也形成了真正现代主义正式来临之前的铺垫。

尽管俄国在铁路沿线主线曾经包揽了绝大多数重要建筑的设计和建设，最终还是没有限制得了日控时期现代主义推广的速度。这是历史发展必然的大趋势，铁路带动的运输速度、信息的集散速度、文化的交往速度与世界范围差距的减小速度都在空前加快，建筑风格流变的速度和程度也都在加快、加深。与最终的现代主义风格相比较，再自由的折中主义都显得过于拘谨和复杂，现代主义带来了更加简明直白的功能主义理念。日本人通过随机的修缮、改建、扩建、新建等手段带给中东铁路附属地全新的气象——现代主义风潮已经来临。

自由折中和现代风潮在城市规划领域也成为一种趋势。中东铁路初期沿线各站点生活社区的规划可以看到折中主义的影子。即使是很小的站点，生活区的街道关系和城市空间系统也已经有意识地使用了轴线和简单的放射状对称道路的形式。这种带有图案化的规划风格在哈尔滨的新市区和大连的城市规划中得到完美的展现。城市的主要街道系统被编织成优美的街道和广场空间体系，具体化为放射状的街道网络、巨大的街心花园或广场、处于环岛中心的教堂、优美的轴线和大型公共建筑的围合式布置、宽阔宁静的弧线型林荫道。总之，图示化的理想花园城市空间模式在中东铁路附属地内渐次展开了。

这种图案化城市美学建构方式的总体趋势最终迅速被日本设计师所终止和修改。在日本占领满铁附属地和中东铁路主线附属地以后，日本人为许多城市做了大量的城市规划方案，这些方案在一定程度上更具有现代主义的风格和韵味。尤其在哈尔滨，后续出现的规划方案选择了完全不同的规划风格。在日本工程师和哈尔滨市政府达成的共识中,"大哈尔滨都邑"的所有街道都需要尽可能地采用互相垂直平行的"直角网格"秩序。日本设计师甚至宣称要"让斜角线和圆弧线在图形上彻底消失"[14]。

现代主义的风潮在城市规划和经营上的体现渗透到许多大城市的后续建设上。新京(现长春)市街规划虽然也有大规模的广场、转盘道、轴线以及放射状的道路系统,但是这些具有图案化的空间控制系统只存在于城市第一层级的空间关系上,一旦进入第二层及系统的街区和次一级街道,这些放射关系立即转换为正交网格的街道网。因此,总体来说,中东铁路附属地城市发展的后续风格完全走向了以功能至上为基本原则的现代主义道路。

当然,自由折中也体现在建筑风格流变过程的交互性上。当时,虽然南满铁路附属地内部的现代主义风格具有最新潮的理念和强大的影响力,但是,作为已经落后于它的新艺术风格仍然在满铁附属地内部找到机会,影响那些具有原创精神的日本新一代建筑师,用他们的创作展现新艺术的优美形象。鞍山的井井寮就是这样的案例。风格流变过程中的这些细节和交互作用派生了中东铁路附属地内部多元的建筑文化和充满情节性的文化传播历史。

4.3.2.2 意蕴

流变现象是文化传播过程中展现出来的一种特殊的文化现象,是所有文化现象中与时间关联最紧密的一种。促成这种现象的原因很多,这些原因及带动的表现共同形成了整个中东铁路时期社会文化的变迁和城市面貌的改换。考察流变现象背后的意蕴,我们发现一些有趣的规律,这些规律最终通过种种文化效应表现出来,我们将其概括为"影子效应""筛子效应""镜子效应"。

(1)影子效应——殖民国文化的同步投射 影子是客观物体的一种派生形象,随着物体自身状态的变化而变化,同时也随着自然环境条件如光照条件的变化而变化。影子和产生影子的事物之间有一种紧密的关联,所谓"如影随形"就说明这个关系。中东铁路建筑文化中的流变现象就存在着这样一种"形·影"关系。在这个关系中,俄国和日本国内的建筑文化发展演变是原型,中东铁路附属地内的建筑文化发展演变是原型规律的一种投射,是影子。

影子效应是文化传播的一种典型效应。从理论上看,受主体文化驱动之后的文化传播活动可以脱离主体,而将主体的这种文化力量和意义自行传播,并在与阐释主体(或称被传播主体、接受主体)文化的互动过程中建立一整套新的文化形态。这种新的文化形态是在原有的传播主体文化形态之上产生的,可以称之为传播主体文化原型的次生文化形态。显然,这个次生的文化携带了原生文化形成过程中的主要信息,客观上成为原生文化在新的文化区域中的影子。

如果我们将建筑文化的风格样式和符号系统看成建筑文化传播的文本,就会发现如下的规律:文本的传播活动在传播主体的驱动下,将传播主体设定的意义文本向另一极投射。"文本则带着全部活动的符号系统，作为脱离主体的独立环节，游离于主体间的传播场中，成为意义的载体。这个传播场也就是传播的意义结构。"可见，中东铁路建筑文化传播的过程脱不开主体文化原型的全部信息，这也正好有力地保证了传播之后的阐释文化与传播主题文化之间的内在关联。

中东铁路作为俄国在中国境内"借地"修筑的铁路，早期附属地内的所有工程建设都是俄国设计师和工程技术人员一手操作的，这决定了其建筑文化的风格和样式不但具备了浓郁的俄罗斯建筑特点，也与俄罗斯国内当时的审美取向、设计潮流遥相呼应、一脉相承。及至后来，日本占领满铁以及中东铁路全线以后，铁路附属地成了日本在建筑设计实践和城市规划设计实践的重要基地，建设势头甚至高于日本境内。许多留学归来的建筑师和规划师把最先进的设计、规划理念都同时运用在满洲地区和日本本土。可见，通过中东铁路建筑文化的流变，我们可以猜测出同一时期俄国及日本本土建筑文化的基本走向。

这种投射有一个具体前提，俄国和日本这两个文化输出国其实也是两个发动殖民侵略的国家，因此，中东铁路早期的文化投射自动带有推行自己民族文化和掩盖这种文化殖民的暴力性质的趋势。俄中合成建筑就是这种两种复杂而矛盾的心理下挤压出的一种特殊样式。新艺术和后来的装饰风格、早期现代主义也是俄国正追随欧洲积极实践的新建筑风格。这种风格的出现既满足了建筑师追求时尚流派的职业愿望，又通过国际通用的流行风格渲染了中东铁路建筑"中立、开放、公正"的色彩，符合政治包装的要求，因此成为风行于中东铁路各大站及大型公共建筑的典型样式。中苏共管时期，一批新建的站舍采用了淡化俄罗斯传统风格的折中主义样式，同样也是以一种平和的面目示人。

日本的近代建筑风格流变经历了节奏快、变化多的过程，从全面欧化到对欧式风格的反思；从创造帝冠式、辰野式、兴亚式到引入美国草原住宅风格，再到现代主义。这一系列变化在南满铁路沿线的城镇之中都有反映，铁路附属地成了日本近代建筑演进历史的一个浓缩画面。尤其是到了后来，带有国际化色彩的现代主义风格建筑在带有线条装饰的早期现代主义建筑之后开始大行其道，新建筑活动除了在沈阳、大连、长春等大城市广泛铺开之外，还在哈尔滨、富拉尔基、穆棱、下城子等主线站点大量出现，成了中东铁路建筑文化最后阶段的主要风格样式。

（2）筛子效应——实用需求下的理性修正　　流变现象形成的另一个原因是来自于"优胜劣汰"的自然法则。遭到这一规律性力量考验的是俄中合成样式建筑的中国式大屋顶及屋面、檐下装饰。由于整个样式流变的过程具体化为拆壁提纯式的减法操作，因此，根据其与过滤、净化过程的相似性特征，我们将其命名为"筛子"效应。

筛子是一种带有过滤功能的工具，主要针对的物体是带有多数量、标准物理性能（尺度、比重、形状等）特征的颗粒状物质，用以进行将物质类型简化和纯粹化。筛子发挥作用的过程需要伴随着外部力量的震荡，这种力量起到一种驱动、强制力的作用，从而使筛子发挥选择、淘汰的作用。作为标准模件的中东铁路建筑形式单元要素就是这样的颗粒,这些短时间内汇集到一起而形成的形式要素最后也要经受使用功能、气候条件甚至社会文化的考验,从而确保去粗取精、去伪存真。这就是建筑形式在使用需求下的理性修正所带来的流变现象,整个过程表现的是一种筛子效应。

导致中东铁路建筑风格发生流变的部分原因来自于原有建筑在使用过程中所受到的实用性能检验和由此进行的修缮改动。从事实上看,这种带有实用主义色彩的变化是顺应自然力量的选择规律的,因此大多数情况下将修正的对象放在原有建筑最表面化的建筑元素上。对于一栋建筑来讲,这些部分是与建筑本身的实际功能关联最少的部分,大多数情况是逐渐淘汰纯装饰的内容。装饰性构件的作用是标签式的,带有附加、修饰的色彩。作为一种外部装扮,从一开始就带有了更换和去除的潜在可能。如果对于一种功能类型来说,装饰与内容没有太多关联的时候,去除装饰倒是成了一种还原建筑真实逻辑的过程。这个过程的实质可以提炼为"筛子"原理。从理论上讲,这个过程具有理性的特征。

其实,借助中国式大屋顶、屋脊龙形、垂脊走兽等装饰性的形式要素表达中国地域特征的做法是属于形式化的做法,因此最终从实际使用性能的角度受到普遍诟病。尤其是身处寒冷地带,在历经若干年每年半年冰雪期的严酷气候条件检验之后,铁路沿线站点那些中国式反宇曲线屋面做法暴露出对冬季雪荷载及融雪排水不利、大尺度木结构屋面腐朽等弊端,最终这种融合了俄中两种形式的特殊屋顶形式全部退出了历史舞台。其后出现的屋面形式,完全是简单的直坡铁皮屋面,下部仍由伸出的带有葫芦曲线收头的俄罗斯风格木梁所承托。这样,砖石砌筑的实墙面和带有俄罗斯传统样式贴脸的门套窗套也更显得突出,尤其是山墙上参差跳跃的落影装饰更是将俄罗斯传统建筑砖砌艺术的特点彻底呈现出来,不再遮遮掩掩了。与形式合成相比,逻辑合成则常常被完整地保留下来,包括在空间构成、结构形式、建筑技术方面的合成模式,这同样是使用需求检验的结果。

筛子效应证明了,游离于技术理性之外的表面形式并不具有真正持久的生命力。除了达到文化适应和降低殖民色彩的目的而采用建筑设计角度最简单的做法之外,我们尚不能确认这种形式的选择是否掺杂其他想法。但是有一点可以推测出,装饰性的中国样式在时间和自然力作用下的蜕变客观上会与当年俄国人修筑中东铁路的真实心理不谋而合。无论如何,俄国人打算修筑的是为自己服务的铁路,因为他们更长远的打算是建立一个"黄俄罗斯"。因此,去除中式符号和形式要素之后,他们的第二故乡——中东铁路附属地的建筑风貌对他们来说更有亲切感。

(3)镜子效应——时代大趋势的完整呈现　中东铁路建筑的风格流变有一种总体趋势,即从用建筑形式平衡民族形式关系,到开放风格局限,创造多元文化并置的局面,到最终逐渐淡化民族形式,走向折中与现代主义风格大一统的时代。这个过程虽然受制于各种各样的外界和内部制约因素,但是最终依旧走上了时代建筑文化演进和国际范围的文化发展趋势所指引的方向。因此,我们说，中东铁路建筑风格的流变呈现出另一种效应——镜子效应，这面镜子不断折射出建筑文化的现实世界五光十色的变化和兴衰起落的走向，是时代风尚变迁的特殊方式的记录。

文化传播是在一个具有综合构成特征的具体文化环境中展开的，对于处在传播初期的中东铁路建筑文化来说，这个环境本身也带有重重制约和影响因素，尤其是在20世纪之初那样一个转型时代和跨越国界、充满民族争端的历史关头。文化传播理论认为，跨文化传播过程中会遭遇不同的社会制度和文化观念所形成的"信息栅栏"，因为跨文化传播和表现的场所是受制于社会的政治结构的，社会空间的政治维度决定着政治意义上的选择范围，也决定着文化信息"选择和决定的程序"。具有中东铁路附属地特色的跨文化传播空间就是在这种"无穷无尽的利益和信念的游戏"中建立起来的。

建筑风格的流变首先归结于中东铁路附属地城市发展阶段的变化。以哈尔滨为例，从政权的归属上看，铁路附属地的发展经历了三个时期：第一个阶段是从1896年到1918年，是沙俄城市建设时期；第二阶段是中苏共管中东铁路时期，第三阶段自1932年开始，是日本侵华时期[14]。

1890—1910年间，世界建筑领域出现了一股新鲜的空气，这是在文学艺术界同步出现的一种新的艺术形式，带有强烈的现代意识和浪漫唯美的情调。在中东铁路附属地这个特殊的自由王国里，新艺术之风掀起了一个空前的高潮。新艺术风格在最新的建筑项目中占据着主导的方向，多姿多彩的新艺术作品不断涌现，从而使年轻的哈尔滨更显得开放和时尚。克拉金发现，哈尔滨在20世纪初期建设的几乎所有大型建筑，"现代建筑风格"都表现得极为明显，尤其是铁路高级官员的住宅。他所说的现代派建筑其实就是新艺术风格建筑。俄语中借用了现代一词指代新艺术，也突出显示了新艺术与此前的建筑风格的本质差别。虽然仍然带有强烈的装饰性，但是，对于此前复杂固定的传统建筑形式法则来说，新艺术建筑还是带动铁路附属地内的建筑风貌朝向现代的自由和简洁大大迈进了一步。

即使是动荡的时期，哈尔滨的城市建设也从来没有停止过。1925年建成的石头道街花旗银行新大楼采用了与以前的银行建筑非常不同的建筑风格。这是一座典型的带有现代意识的新建筑，1925年11月10日《霞光报》描述："这栋楼的楼面设计简洁明快，既不使用伊奥尼亚式的双体圆柱，也不使用宽大的修饰卷檐及其他过多的赘饰。因此可以说，新楼在全市众多的一流建筑中超凡脱俗，使人过目不忘。"

现代主义在全方位的渗透直接影响了中东铁路附属地的城市风貌及规划风格。不但通行的建筑风格样式在逐渐向现代主义靠拢，连城市的格局和规划理念也走下了原来追求古典主义的恢弘气势、注重城市空间美学艺术的形式主义层面，实实在在地站到了真正解决城市功能和空间设施、公共环境的务实层面上。从俄国建筑师想借助古典主义城市空间形式，到日本建筑师集中精力解决城市混乱社区生存环境以及各个城市片区的交通结构整合方面的城市改造，我们可以看到时代的焦点和城市经营理念已经发生了转换。这一阶段的建筑设计行业的格局也发生了与国际接轨的可喜变化，不但积极学习欧美等西方国家的现代意识和手法，而且直接引入了更为丰富多元的技术力量，一些境外的建筑设计事务所在铁路附属地的大城市内开张营业。

折中主义在中东铁路附属地内的几次盛行也带有时代的烙印，尤其是20世纪20年代开始的中东铁路主线新建和扩建站舍全部采用折中主义风格这一特殊现象更是如此。当时，俄国国内从动荡不安走向了苏联独霸，俄罗斯民族传统文化的使命感和荣誉感已经成为昨日黄花，而对中国本土文化的主动适应也已经无人问津并显得不合时宜，因此，一种兼具现代简约倾向和多元混搭欧洲风格的折中样式有了大规模生存的空间。显然，折中风格正是那个时代整个附属地经济活跃、思想惶惑的直观表现。这一切表明，旧的传统建筑文化已经被彻底摒弃，现代主义的建筑文化还没有全部建立，填补中间过程的就自然推给这种简约、杂糅的建筑样式。

从某种程度上说，中东铁路的建筑文化是19世纪末到20世纪上半叶中国东北部地区社会、政治、经济生活的折射。无论从空间体系还是它形成的文化脉络看，中东铁路都是在非常具体的条件下完成的，铁路框架内的社会进程成为建筑文化形成的基础，也成为建筑文化的一个实在补充。拿沙俄时期的中东铁路建筑文化来说，其最基本的方向是由"国际化、东方化、'新俄罗斯风'"这三部分组成的。"既得体地符合了国际性的要求，又完成了和地方政权搞好关系的必要性，同时又把俄罗斯公民吸引到铁路建设中来"。而中东铁路建筑文化的循序渐进发展的特点，则是建筑体系形成条件的客观表现，因为不断变化的生活方式一直在促使人们寻找独特的设计方案并以普遍性的方式体现出来。就这一段时期而言，"俄罗斯建筑在中国土地上实现的过程和建筑体系的奠定、发展和消失的时期完全相匹配"[10]。

4.4　本章小结

中东铁路建筑中蕴含着丰富的文化现象，其中，有三个文化现象最具代表性，分别是：模件现象、合成现象、流变现象。

"模件"现象是一种具有现代设计意识和铁路工业特点的建筑文化现象，是通过建筑单体和站点定型化，建筑装饰构件、空间单元及工艺构造标准化、符号化做法所表现出来的现象。建筑模件的内容构成具有丰富的系统性与层次性，不仅包括"标准词汇"，还包括大量的"标准样式"，这些形式通过"话语母题"和"形式句法"的方式得以自由表达。其中，话语母题是指建筑形式或模件重复运用的现象；而形式句法则涵盖了建筑要素在形式组合过程中呈现出来的构成逻辑范式。建筑模件具有明确的设计规则，即"定法之下的型变"和"定式之下的衍生"。借助于这两种方法，建筑模件可以创造出无以计数的建筑及聚落空间的具体方案。透过模件现象，我们可以发现当一项工程具有数量巨大的设计需求的时候，通过区分"定型设计"与"订制设计"可以取得设计标准化和个性化之间的协调。

"合成"现象是最具"中东铁路"特点的建筑文化现象，其主要表现是俄罗斯传统建筑样式和中国传统建筑样式的混搭风格——"俄中合成风格"，是为中东铁路量身定做的专用风格。这个风格的表现包含了两种不同的层次：一是本土形式的表层对话层次，包括冠盖装饰的本土主题和单元空间的整体镶嵌两种做法；二是空间与整体的深度对话层次，包括空间结构的合并叙述与本土形式的纯正再现两种做法。从合成的规则上看，形式整合与文化并置是两种不同的逻辑规则；从效应上看，合成可以产生文化亲和与文化增殖两种重要的文化效应。

第三种文化现象叫作"流变"现象。建筑文化中的流变是从物理学中借用的一个概念，指的是建筑风格、建筑样式、建筑的文化品位等因素随时间和环境的变化而发生持续变化的现象。流变的生成与表现辐射到建筑单体和建筑文化的整体范畴，单体的样式流变是由建筑形象的原创更新和消耗蜕变促成的；而文化整体的风格流变除了体现为北满和南满的各自特点外，还体现为从自由折中一统天下到现代风潮兴起的转变过程。本书总结出流变的三个规则：合璧混搭与拆璧提纯、整体覆盖与局部更新、自由折中与独立发展，并创造性地发现流变的三个文化效应，即：影子效应——殖民国文化的同步投射；筛子效应——实用需求下的理性修正；镜子效应——时代大趋势的完整呈现。总体看来，模件现象展现了设计操作的整体技巧，合成现象展示了文化碰撞与交融的铁路附属地"方言"成果，流变现象揭示出文化传播演进的总体趋势与客观进程。

5 中东铁路建筑的文化特质解读
The Cultural Interpretation of the Buildings of the Chinese Eastern Railway's Architecture

This book answered the four questions in this chapter: What kind of culture was Chinese Eastern Railway architectural culture in the end? What were the artistic features of this culture and technology concepts? What ethics revealed the spirit?

The constitute nature of the Chinese Eastern Railway building culture could be summarized as "Acculturation and Transformation". The cultural dissemination and implementation of Chinese Eastern Railway building were characterized with replace and mandatory nature and with the cross-cultural acculturation process of a sudden. This process was accompanied by the construction of modern culture towards a comprehensive restructuring, which spanned the ancient and modern times, crossed the whole territory of the Northeast, but also covered all aspects of social life. From the results of view, the transition was characterized by: strong regional characteristics, rich cultural heritage, soft and hard transition occurred simultaneously with the transition.

The artistic features of Chinese Eastern Railway building culture could be summarized as "Inclusive and Innovation". The inclusive performance represented by style diversity, including: immigrant alien culture and traditional classes; industrial civilization era of fashion and class; native culture and geographic technology classes and so on. These styles demonstrated the dynamic nature of culture, coordination of technology and art, culture, temperament inclusive. The innovation performance was another important aspect of the art features, including innovative technology, style and space. These innovations had a unique mechanism and implication.

The technology concepts of Chinese Eastern Railway architectural culture could be summarized as "Frugal and Dependent". The frugal performance was a rational industrial design thinking, including thrift, efficiency and standardization of production. The dependent performance meant a strategy of building materials choices and architectural layout, which represented by an environmental concept of maturity, such as: made full use of local materials and circumstance to create an entirely local architecture and harmonious environment; according to local conditions, actively adapted to condense into a unique regional style.

The ethical spirit of Chinese Eastern Railway architectural culture could be summarized as "Classified and Unbounded". Property differences of nationality, race, class, class, the importance of "Classified" emphasized architectural culture; the "Unbounded" clarified the Chinese Eastern Railway architectural culture in style highly liberal humanistic characteristics. In terms of human temperament, the architectural and cultural expression were not only multi-ethnic culture intertwined integration, but also to become a full carrier of specific times, specific areas, specific social environment, to achieve a two-way response to the spatial and temporal context.

中东铁路的建筑文化是一份珍贵、独特的文化遗产，是整条文化线路最炫目的文化表现之一。特有的动态过程和线性布局决定了中东铁路建筑形态的整体特点，同时也派生了富有个性的文化现象。在这些形态和表现的背后，是中东铁路建筑文化在承载文化交流互动过程中所形成的特有品质。本章将针对四个方面的议题展开讨论，力图接近这份文化遗产最本质的内涵。这四个议题分别是：中东铁路建筑文化的构成性质、艺术特色、技术理念与伦理意蕴。

5.1 涵化－转型——建筑文化的构成性质

中东铁路建筑文化发展过程的实质是什么？这份文化具有什么样的性质？这个问题触及了这份文化的根本属性。当人们把目光投射到18世纪下半叶至今的140余年历史过程时会发现，对于建筑文化自身的发展而言，中东铁路时期是一个建筑文化"涵化－转型"双轨道、双环节并驾齐驱、交相辉映的特殊时期。从建筑文化的构成上来说，"外来文化涵化"和"近现代转型"是这份建筑文化的实质所在。

5.1.1 一场突发的跨文化涵化实验

中东铁路建筑文化的传播是一场自由的跨文化传播实验，更是一场突如其来的跨文化涵化实践。作为文化主体的俄罗斯建筑文化、参与传播的日本建筑文化与中国本土建筑文化之间的交流互动不但跨越了国界，还跨越了洲际。中东铁路附属地内的建筑文化形成了独立于中国清政府管辖范围之外的一个自由体系，各种外来建筑文化不受局限地在这里传播和表现。但是，这个所谓的自由体系对原有的中国本土建筑文化来说却并没有真正的自由空间，而且对本土建筑文化已经构成了一个巨大的冲击。因此，这场传播不是一场真正平等的传播，而是一场带有强制性和取代性的推行。在文化学和人类学领域，人们称这种文化过程为"涵化"。

文化涵化是指不同类型的文化在传播互动的过程中，分别承担支配地位和从属地位的文化类型在长期接触之下各自发生文化上的规模变迁的情况。涵化大多产生自军事征服或殖民统治的外部压力之下，是一种诸多文化因素的变化。美国著名人类学家M.J.赫斯科维茨和R.雷德菲尔德、R.林顿3人给出的"涵化"的定义是"由个体所组成的而具有不同文化的民族间发生持续的直接接触，从而导致一方或双方原有文化形式发生变迁的现象"；按照W.A.哈维兰的说法，涵化有诸多可变因素，包括"文化差别程度；接触的环境、强度、频率以及友好程度；接触的代理人的相对地位；何者处于服从地位，流动的性质是双方相互的还是单方面的"。文化涵化可以导致不同的结果，包括：取代、整合、附加、没落、创新、抗拒等。其中，后两者在一定程度上已经突破了涵化自身的范畴，只能算涵化过程导致的结果。我们可以从两方面来考察中东铁路建筑文化的涵化过程：取代、抗拒、没落——独立环境下的殖民建筑实践；政策、机制、策略——跨文化涵化的自由实验保障。

5.1.1.1 独立环境下的殖民建筑实践

（1）取代——密约打开"国中之国"，外来文化反客为主　文化涵化中的取代，是指"以前存在的文化因子或因子丛被来自异民族的另一因子或因子丛取代，代行其功能，并产生一定的结构性变化"的现象。中东铁路建筑文化的形成是异族文化因子取代本土文化因子的典型案例。文化取代的过程归因于作为"国中之国"的中东铁路附属地独立环境的建立，这是异族文化全面覆盖式传播的制度保证和社会环境基础。无论是沙俄的中东铁路用地还是日本的满洲铁路附属地，在表面上都属于一种"租借地"的形式。但是，正如俄国阿穆尔总督杜霍夫斯科鼓吹要"购买"土地"以便在此一地带上面建立俄罗斯居住地"那样，俄国人在内心中极力要把借来的土地变成自己的家产。为此，《合办东省铁路公司合同》里中国赎回铁路条款"是极其苛刻的，以至于中国政府将来很难赎回"[38]。在这种态度的驱使下，俄国人不断在已经获取的铁路用地外围"辄自侵占，漫无限制"[39]。由于清政府的软弱无能和俄日两国变本加厉的侵略运作，铁路附属地实质上已经成为俄日两国的殖民地。

中东铁路附属地内的建筑文化首先见证的是俄国当时的文明成就。铁路的肇始者从欧洲大陆远道而来，将借来的土地圈定出来，制定了具体的管理制度和发展规划，一步步地吸引更多自己的同胞来这里安家落户，一步步将原本荒芜的土地建设成优美的市街和繁荣的社区。这些社区几乎呈现着完整的俄罗斯景观，显然，除了用地在中国境内，铁路附属地内的其他事务与中国人并无多大关联，附属地内的社会文化及人群主体都已经被异族文化和人群所代替。

中东铁路管理局代替中国地方政府行驶各项权力，成为俄国政府管控铁路附属地一切事务的最高权力机关。到1903年7月14日中东铁路工程局将铁路整体移交给中东铁路管理局时，铁路管理局已经开设了办公室、法律处、商务部、医务处、材料处、工务处、运输处、机务处、财务处、民政部、军事部11个部门。显然，法律、商务、民政、军事，这四个部门的组合建制已经超出了一般铁路运输管理机构的常规设置结构（图5.1）。不仅如此，铁路管理局还增设了矿业部、航运处、地亩处、教育处、进款处、对华交涉部、电务处、经济调查局、恤金处等十几个部门，甚至成立了《哈尔滨日报》编辑部、寺院科、兽医处，成了一个系统完备的庞大"政府"机构。与如此高规格的建制匹配的办公场所是宏伟的铁路管理局新厦，这座大楼主体三层、有着优美的新艺术风格，坐落在哈尔滨新市街的重要地段。管理局权力高度集中、具有高效运转能力；大楼里的官员们掌控着中东铁路各项事业的发展计划和政令，严密维持着铁路附属地的封闭环境。到1918年，管理局机关设局长1人，副局长3人，并设有会计处、收入审查处、商业部、法律顾问部、办公厅、陆军部、民政部和铁路技术部等，成了一个名副其实的地方权力机关。

沙皇尼古拉二世着手进行的是一种殖民地建设的实验。俄国在1900年初已经提出野心勃勃的"黄俄罗斯"计划，目的是实现真正的"取代"，"把中国东北变成俄国的殖民地，或像'小俄罗斯'

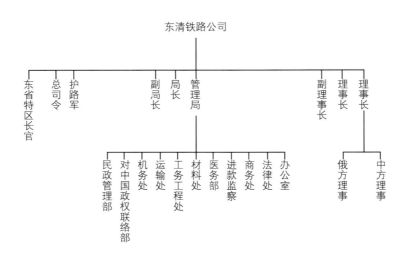

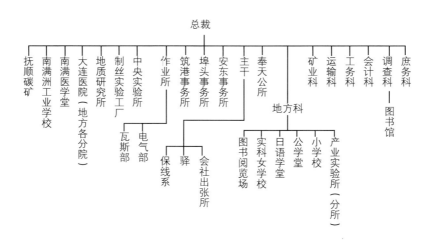

图5.1 东清铁路公司与南满铁道株式会社组织系统图

（乌克兰）、'白俄罗斯'一样，成为俄国领土的一部分。"为了让这个实验获得成功并产生更大的扩散效应，沙皇积极推动俄国国民向这片借来的土地迁移。"1903年6月，尼古拉二世批准《东省铁路用地内俄国人民移植条例》，规定俄移民在铁路用地内享有各种特权和优待。"[4]虽然清政府对这个条例未予承认，但是，越来越多的俄国人还是快速地涌入了这片被俄国人称为"远东"的中国土地。移民的涌入客观上起到了一种"换血"的作用，这是沙皇实施文化取代的重要步骤，也是保证文化覆盖整体效果的根本举措。

显然，铁路附属地已经成为一个独立王国。这个独立王国在空间范围上是连续的，铁道线及两侧数十米至百余米宽范围内的土地将大大小小的站点和铁路市镇联系起来，形成了一条生长在满洲土地上的巨大丁字形枝蔓。铁路经过的地方总是处于一种原始的自然环境状态，即使周边有已经成型的中国城市，铁路也会绕行几公里的距离另行开设站点和社区，如辽阳、铁岭、奉天、昂昂溪等地（图5.2）。这种做法虽然有清政府为了保护中国平民生活环境的考虑，但也满足了俄国人建造独立王国的意愿。正因如此，最早开设的站点的所有功能和设施都是致力于营造一种较为齐备的俄罗斯侨民的生活环境，无论是内容还是空间环境的形式。至于后来自发出现了中国人居住的建筑和街坊，则是出于劳动力、生活服务人力资源以及殖民文化传播的双重需要了。

由于合同文字上关于铁路用地的模糊规定，俄日两国常常自行扩展铁路和市街的用地范围，同时制定相关的税收政策。以1937年的南满铁路附属地为例，满铁附属地在税收政策上分成三类：人口稠密、经济发展水平较高的公共费用赋税区，如瓦房店、大石桥、辽阳、沈阳、公主岭、抚顺等26个地区；人口稀少、经济水平较低的暂缓征收公共费用区（又称中间区）13个；经济特区为大连1

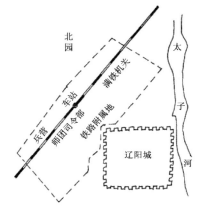

a 辽阳老城与铁路附属地

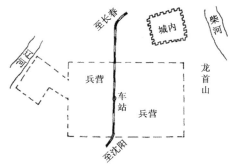

b 铁岭老城与铁路附属地

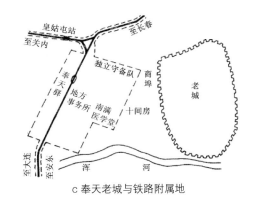

c 奉天老城与铁路附属地

图5.2 老城与铁路附属地关系

个，三区共计40个。因此，南满铁路附属地是一个由日本征收租税、基本上独立于中国行政系统和法律制度之外的独立王国。

可见，在这个独立王国里，代替俄国和日本行使管理权的中东铁路管理局和满铁株式会社都具有双重身份——表面是承担铁路管理和经营的私营企业，实质是俄日两国大搞国家垄断管理的行政工具。国中之国的独立性越来越强：中东铁路管理局和南满铁道株式会社都不向中国缴纳任何租金；俄日两国政府更是自行授权这两个代理机构在所占附属地内决定享有那些没有条约依据的特殊权利。日本毫不遮掩地说："满蒙为日本之特殊区域，务必竭力开发，以尽其最大之任务。""故吾人对于满洲紧要之问题甚多，其最要者即推广吾人支配权以及于满洲全境，以完成吾等之任务。"[40]整体来看，中东铁路附属地已经成为俄日火并、争夺中国东北土地和资源的、具有治外法权的特殊领地。在这个领地之内出现的移民建筑文化彻底取代了原有的本土建筑文化，使铁路沿线的广大地区都笼罩在异族文化主导的特殊环境氛围中。

（2）抗拒——技术对抗悠久传统、工匠比拼专业团队　作为文化涵化过程的重要环节之一，被异族文化取代之后的本土文化凭借其内在的影响力酝酿出一波剧烈的抗拒过程，这个抗拒过程不是采用文化对抗文化的形式，而是诉诸了暴力行动。中国人最初抗击外来文化的暴力行动主要是通过民间组织的义和团抗俄运动进行的，采取的方式主要是拆毁、焚毁铁路、桥梁设施、站舍及站区附属建筑及火车机车，结果是对已经建成的铁路设施造成了整体的破坏，同时激起了更新一波的铁路设施及建筑的建设高潮。这次行动失败之后，本土文化转入了一种对外来文化表面放任、实质低调抗衡的阶段，除了附属地内的中国人仍旧用中国民居的形式建造建筑之外，参与铁路建筑建设的中国工匠更是将中国建筑元素通过施工技术的方式在沙俄建筑上直接呈现出来。从本质上来看，本土力量对异族文化的抗击是中东铁路建筑文化演进过程中，华夏民族传统观念与外来文化及现代工业技术的较量、本土民意与殖民侵略的较量的综合表现。

从俄罗斯建筑文化的推行过程角度来看，中东铁路工程局精心搭配有经验的俄国建筑师推行其建筑文化的过程，也是一个调动专业技术力量抗拒中国本土文化影响的过程。虽然这个过程借助了带有俄中合成风格的隐蔽样式，但是其突出的技术表现和俄罗斯建筑文化的主体姿态仍然不容置疑。当时，由于俄国国内也在大规模修筑铁路，短时间召集阵容强大的建筑师队伍十分困难，铁路工程局为此采取了提高薪水的方式吸引人才。中东铁路的建筑师和工程师几乎全部来自圣彼得堡和莫斯科的建筑专业院校，其中更有一些人参加过西伯利亚大铁路的建设。最终，许多没有实际经验的专业人员在这场设计实践中得到了很好的锻炼，在整体水平上呈现逐渐成熟、全面提高的局面。对于俄国建筑师来讲，他们既怀着实现自身专业价值的梦想，也同样怀着在国际舞台上扩充疆土、展现实力的民族激情。因为处境不同，他们大概没有机会体会被殖民的中国人的内心感受，基本是在专业层面进行铁路附属地建设的配合，拿出来的是纯技术性的成果。

设计和施工的组织水平在中东铁路及附属地的建设中得到了检验。中东铁路工程局的技术部负责铁路附属地范围内一切民用和工业建筑的设计和施工,技术部的建筑师创造性地实现了在中国北方的环境条件下打造让俄罗斯人和中国人都能接受的建筑样式这一目标,而这种方式能很好地将俄罗斯民族的传统文化以一种低调的方式渗透到满洲的土地上。在整个过程中,建筑师既要从事建筑设计,还要预先进行中国本土建筑的调研分析研究,甚至亲自进行现场环境条件的野外测量。许多建筑师为此付出了巨大的努力,也同时展现了过人的才智,如建筑师阿列克塞·克列缅季耶夫·列夫捷耶夫、彼得·谢尔盖耶维奇·斯维里多夫、尤里·彼得洛维奇·日丹诺夫、阿列克塞·阿列克谢耶维奇·谢尔科夫等(图5.3)。

按照菲尔·赫恩(Fil Hearn)教授的观点,"建筑师是为塑造文明做出贡献的首要人员之一"。城市快速发展期的建筑师不仅有筑路初期留下来的那些著名建筑师,还有很多是在俄国两次革命期间流落到中东铁路附属地的建筑师,他们也为哈尔滨等铁路中心城市做出了巨大的贡献。第三代建筑师已经是俄侨的后裔,他们有许多是铁路附属地的技术院校自己培养出来的学生,哈尔滨许多著名的新建筑就是由哈尔滨中俄工业学校自己培养的毕业生设计建造的。许多大的工程承包商带有技术总监的角色,热衷于研究施工的新工艺、新技术,这股力量在抗衡中国本土建筑文化传统及施工技术的过程中起到了决定性的作用。

在日俄战争之后的满铁附属地,日本人在原有俄国人城市规划的基础上实施了大规模的城市规划实践。在这个过程中,城市规划与建筑设计的专业团队掌控整个城市建设的过程,使城市公共设施和市政环境配置的标准进一步提高。1935年之后,被日本人接手的中东铁路主线各大城市都有大规模的市政建设和城市改造活动。尤其在哈尔滨,充分体现着现代城市规划理念和务实精神的城市改造运动

a 列夫捷耶夫　　　　b 斯维里多夫　　　　c 日丹诺夫　　　　d 谢尔科夫

图5.3　中东铁路建筑师

扩展了城市的空间领域并加强了各区域间的便捷联系，同时在城市公共设施和市政环境设施建设及深化方面取得了巨大的进展。此外，专业技术人员还把精力投入到专业理论研究和城市规划的方案设想上，推出大量新城市规划的宏伟蓝图。在这个过程中，中国工匠在文化抗争上所起的作用就更显得微乎其微了。

综合上述情况看，附属地内部外来文化与中国本土文化之间抗衡的过程分别是中国工匠对抗外国专业技术团队、先进的工业技术对抗已经被国力拖得暮气沉沉的文化传统的过程，最终的胜负已经不言自明。

（3）没落——殖民文化大行其道、本土文化边缘衰落　　文化衍生中的没落是指"一方或双方在文化接触中逐渐丧失原有文化体系或其中的实质性部分"的文化现象。文化"取代"在中东铁路附属地范围之内的实现导致了以俄罗斯建筑文化为主体的异族建筑文化的大行其道，原本就处于不发达的中国传统文化边缘形态的东北本土建筑文化更加饱受排挤，成为点缀性和装饰化的元素，最终蜕变成一种处于没落境地的文化类型。造成这种情况的原因并非文化本身的水平问题，而是铁路附属地的权力属性、政治情势、文化政策和建设性质所决定的。殖民宗主国在借来的土地上进行国家建设才是铁路附属地内大规模建筑工程的性质，也是中国东北本土建筑文化没落的原因。

铁路附属地的主要部分包括市街、农场、工矿等，其内部的经济结构和文化事业都按照适应殖民统治需要的方式发展，具有时代先进性和发展结构不平衡性的双重特点。所有的发展最后都体现为完整的人工建筑环境，因为建筑和城市为这些事业提供了场所条件。在建设和改善这些站点、社区和城镇的环境上，俄国和日本的铁路管理者、规划师、建筑师甚至工匠们都形成了空前的合作关系。统领及管控这一切的，是俄国沙皇政府的直接决策以及得到授权的高级管理机构。作为俄国向远东扩张计划的重要步骤，中东铁路工程建设完全被定位在国家建设的高度上。

在占领远东的整体计划指挥下，中东铁路工程局在筑路工程一开始就花力气对铁路枢纽和一些大型的铁路站点进行城市规划。显然，这与当初中东铁路仅仅作为"借地"修筑、用来运输商品物资和军队的铁道线的身份并不吻合。规划越完善、建设越早的城市，其所在地的本土建筑文化被抽空得越为彻底。哈尔滨新城的规划就具有动手早、新市街城市结构完整、俄罗斯建筑风貌强烈的特点。即使在傅家店华人社区，家住的样式也充满了西洋韵味。1902年铁路未完工时，哈尔滨新市街就已经建成圣·尼古拉大教堂、外阿穆尔军区总司令部、华俄道胜银行、中东铁路中心医院、中东铁路中央图书馆、哈尔滨商务俱乐部、消防队等多座大型公共建筑。1903年又建成了中东铁路哈尔滨总工厂和中东铁路商务学堂等重要建筑，与此同时，铁路局官员、俄国商人的私人别墅、住宅及各类工商企业也在新市街、老哈尔滨、埠头等各区纷纷建立。

在沙俄眼中，中东铁路只是西伯利亚大铁路的一个有机组成部分。铁路配套设施的建设是打造中东铁路独立王国的最基本组成部分，除了站点及站区货场等交通运输工业区外，主要是行政管理和铁路职工住宅区的规划建设。虽然有西伯利亚大铁路的建设经验，但是，在中国领土上修筑铁路的环境条件更为复杂。由于建设量大、用地条件各异、文化背景特殊，因此铁路用地内的规划和建设都是一个庞大的系统工程。第一批建筑物的建成只是暂时满足铁路职工的基本工作和生产、生活用房需求，但是，这已经为如何在原本陌生的环境下打造良好社区积累了宝贵的经验。从老照片中我们可以想见，当年的中东铁路职工住宅区堪称尺度亲切、景色优美、空间构成模式充满田园风情，这一切，又和中国本土的自然与人文环境紧密地结合在了一起（图5.4）。

虽然工程设施和建筑设计由中东铁路工程局的技术部专门负责，但是，一些重要的项目仍旧由沙皇尼古拉二世亲自审定，如《旅顺要塞建筑方案》就是由尼古拉二世亲自审定的。所有的建筑完全按照工程局技术部的建筑师事先设计好的方案建造，从规划到单体建筑保证了很高的完成度。除了建筑

a 建设中的昂昂溪火车站

b 哈尔滨铁路住区花市

图5.4 第一批铁路建筑设施及后来形成的铁路生活区

材料偶尔出现短缺外，中间不存在大的困难。等级稍微高一点的站点和社区同时设有驻军建筑，反映了中东铁路半军事化的管理方式。

日本在铁路附属地内的建设也同样具有"国家建设"的定位，这是因为日本已经把中国东北当作了日本的"大陆生命线"，因此日本人以某种"责任感"和"主人"心态进行满铁附属地的经营，这从建筑的冠名方式就可以看出来。所有的火车站都更名为"驿"，宿舍为"寮"，连锁旅馆直接称"大和"。日本人对东北广阔沃土的占有渴望推动着一系列农业试验院所建筑群的建设，而"八大部"建筑集体选用日本帝冠建筑式样的做法更昭然揭示了伪满洲国作为日本在中国的傀儡政权的真实面目。此外，日本人对中国东北许多大城市的城市远景规划的研究构想、对满洲历史文化古迹的专业考察整理、对东北地域建筑技术的研究实践等，无不显露出其永久经营的决心和热情。正是在俄日两国反客为主地进行国家建设的情况下，中国本土建筑文化越发走到停滞的边缘，并最终被席卷而来的现代主义建筑风潮所彻底取代。

5.1.1.2　跨文化涵化的自由实验保障

（1）政策——门户开放驱动文化整合　整合是发生接触的不同族群之间的不同文化因子或因子丛相互混融而形成新的因子丛或制度的文化现象。中东铁路附属地内的文化传播促成了世界各族裔建筑文化的空前整合式呈现，是名副其实的多类型、多层面、多形式的跨文化传播，这种传播所涉及的文化类型之多、牵扯文化地理范围之广泛，已经使它成为一种真正意义上的"世界范围的多元文化的交叉传播"。尤其是促成国际建筑文化的全面进驻的"门户开放"政策更是客观上的一种文化混融的保障制度，在这一背景下，世界不同文化圈的文化因子通过丰富多元的建筑样式共同集结在中东铁路附属地这块特殊领地，形成一股带有折中主义趋势的崭新的殖民文化因子丛。

首先，除了铁路建设初期与俄罗斯建筑文化一同进入中国的欧洲新艺术建筑文化之外，多元国际建筑文化的自由实践倾向在1907年中国东北"门户开放"以后转变为全面的趋势，在铁路的中心城市尤为突出。以铁路枢纽城市哈尔滨为例，在最繁荣时期，法国、英国、德国、美国、意大利、葡萄牙、波兰、日本、捷克等20余个国家派驻大使进驻哈尔滨，各种各样的大使馆、各种民族风格的教堂陆续出现（图5.5）。这为中东铁路附属地带来空前活跃的建筑活动，各方势力直接通过建造活动和建筑样式进行自由而广泛的对话和交流，成为当时建筑文化的一大盛事。

"门户开放"政策的执行对于中东铁路附属地的建筑文化及城市建设来说意义非凡。在这个政策的引导下，越来越多的国外移民纷纷涌入中国东北，他们开办工商企业、参与文化娱乐与教育事业，同时带来他们各自的建筑风格和样式。不仅如此，一些俄国之外的欧洲国家的建筑师和设计师团队也进入哈尔滨等一些大城市，使中东铁路建筑文化的传播场面趋向于更全面的国际化和多元化。1936年11月，法国建筑设计师M.B.科德扎克建筑的事务所在哈尔滨开张营业。M.B.科德扎克是享有很高声誉的知名建筑师，曾在巴黎工作多年，他的第一项计划是在新城区的一处湿地上为哈尔滨设计一座先进

a 荷兰领事馆　　　　b 德国领事馆　　　　c 日本领事馆　　　　d 俄国领事馆

e 丹麦领事馆　　　　f 意大利领事馆　　　　g 英国领事馆　　　　h 捷克领事馆

图5.5　哈尔滨各国领事馆建筑

的国际工商贸易展览馆。另一位参与中东铁路城市建设的欧洲建筑师是德国建筑师.P.尤恩格亨德里。他在中东铁路附属地内的工作业绩包括大连的一座著名的宾馆、哈尔滨的孔氏洋行商贸大楼等。20世纪初，尤恩格亨德里被孔氏洋行从德国的汉堡专门邀请到了满洲，20世纪20年代在哈尔滨还登报纸为自己做广告："建筑师尤恩格亨德里承接各种建筑，如民用、商用和工业建筑的设计方案及图纸绘制，此外，还可进行各种建筑的工程监理"[14]。

中东铁路南线早期也建有大量独户式高级住宅。最典型的高级住宅区位于大连中东铁路附属地内今烟台街一带。当时，位于青泥洼的整个城市按照总体规划前后分两期进行建设。其中，胜利桥以北的行政区不仅建设了多座中东铁路管理机构的办公大楼，还建设有大量豪华的别墅式住宅，都是二、三层带庭院的小住宅，成为大连市内一片集中布置的高档住宅区。负责总体设计的总工程师萨哈罗夫"还聘请了两位德国建筑师，自然地引进了德国民间建筑形式与特色"[25]。有的建筑甚至使用了兼有德国和英国风格的建筑样式，外观与俄罗斯本土的建筑全然不同（图5.6）。截至1905年，新住宅的总建筑面积达到128 297平方米，数量达到1 446栋。当时，总工程师萨哈罗夫同时负责中东铁路大连港和城市建设。也正因为承担这项建设有功，他后来被沙皇尼古拉二世任命为大连（达里尼）首任市长。

在南满铁路时期，日本人大量引入近现代建筑风格样式，并且为了解决大规模的移民和驻兵的居住需求修建了数量众多的集合住宅（图5.7）。从来源上看，中国殖民地建筑中的外廊式样式是间接通过日本从英国的殖民建筑样式中学来的，因为"日本处于西方扩张两个方向上的终点，同时受到外

图5.6　沙俄时期大连行政官邸建筑

廊式和壁板式外墙式的影响，并出现许多两种样式特征结合的殖民地建筑"[9]。因此，外廊式建筑不仅在日本分布很广泛，后来还通过满铁附属地的建设实践扩展进了开埠城市。到日本势力全面掌控中东铁路之后，在原来的中东铁路主线许多站点也建有不少外廊式住宅，如富拉尔基站的联排式集合住宅等。

美国的建筑文化进入中国东北也是一个戏剧性的文化现象。当时，由于许多参与满洲建设的日本建筑师曾经师从现代建筑大师弗兰克·劳埃德·赖特（Frank Lloyd Wright），因此草原住宅建筑风格通过日本建筑师的创作在中国东北落地开花。这是一个具有特殊历史背景的文化现象，具有偶然性和不可复制性。这也可以说明中东铁路建筑文化的丰富和新潮。从某种意义上说，赖特的建筑样式进入中国也是一种赖特建筑理想在精神和实践上的回归现象，因为赖特有着深厚的东方情结，他的建筑不仅透着天人合一的禅味和自然气息，而且他本人就是老子的崇拜者。他的作品与中国意蕴的契合不是一种偶然现象，而是努力靠近的结果。

自由实验背景下建筑文化整合的内容同样包含满洲的中国平民模仿俄罗斯风格建筑和日本近现代建筑形式而进行的无设计建造。这种自发的建筑创作在任何有异族建筑文化混杂传播的地区都会存在。日本本土将这种仿洋式建筑称为"拟洋风"建筑。无论在近代前期的日本还是中国，仿洋式建筑的出现都"清楚地反映出东西方建筑形式在民间的碰撞和融合情况"。相对而言，中国的仿洋式建筑出现很晚，民间的探索只是"停留在拼贴西式建筑细部和引用简单样式的水平"[9]。在哈尔滨，这样的建筑在社会下等阶层的中国社区——傅家甸大量出现，这种建筑样式后来被戏称为"中华巴洛克"。

（2）机制——租售土地刺激城市建设　刺激城市建设的机制保证了中东铁路附属地内跨文化涵化的顺利进行。中东铁路管理局以拍卖的方式出租土地，除了赚钱外，这是吸引俄国人移民及加速城市化建设的最好方式。中东铁路管理局地亩处甚至成立了卖地科，专门从事通过圈占和地价强购的方式掠夺大批土地，

| a 沈阳铁路公寓 | b 铁路公寓外廊 | c 富拉尔基住宅 | d 富拉尔基住宅 |

图5.7 日式集合住宅

之后再高价出售以赚取暴利。以哈尔滨为例：仅在1901年6月一个月时间内，中东铁路公司就在哈尔滨非法拍卖255段共计9.3万平方沙绳（1沙绳约合2.13米）的土地，从中牟取暴利37万卢布之多。中东铁路管理局地亩处的档案记载了这一政策后来的实施情况："从1902年至1905年，哈尔滨铁路用地以拍卖方式出租土地1 060块，面积258 700平方沙绳。……自铁路修筑之日起至1921年为止，俄方在哈尔滨拍卖土地和出租土地所获近1亿卢布。"[4]甚至直到俄国十月革命后，失去大后方的中东铁路管理局依然没有停止租售土地的行动。

出租土地的政策大大推动了城市化的进程。为了使出租后的土地迅速形成城市环境，中东铁路管理局规定：获得长期租用地段的买主在两年内必须建造起价值5 000卢布的房屋，短期出租地段的买主一年内要建房。在最初几年中，为了刺激这种建房热，对俄侨甚至"只要象征性地交一点儿钱就可以得到一块地"，以至于连1900年爆发的义和团运动和日俄战争引发的经济萧条都没有影响哈尔滨的建房热潮。由于刺激建房的政策大获成功，铁路附属地内快速涌入大批的移民，城市住宅的数量与日俱增。这种变化甚至带来了一个预想不到的问题：私人建筑的房屋常常不顾及建筑结构和材料的相关规定，建筑的设计和施工标准十分混乱、良莠不齐。"最明显、最典型的是不遵守建筑法规，如楼与楼之间的距离不足、不遵守宅院建设规则、砖石结构房屋的外墙厚度不够及地基深度不够等。"[14]这种问题存在于绝大多数私建房屋中。

尽管如此，出租土地的政策还是成功地带动了整座城市的快速发展。尤其是随着人口的激增，城市公共服务行业快速兴起，文化、商业建筑不断出现，政府也陆续出台新的法律法规为建筑业开绿灯，如从1918年1月1日开始，铁路管理局对柱脚石料、毛石、砖、沙子、石灰、木料和水泥等建筑材料的运输实行了优惠的税收政策等。在这个过程中，与建筑业有关的建筑材料加工、制造业和运输业也都空前发展。哈尔滨不但拥有众多木材加工企业，在制砖业方面也有了迅猛发展。大型铁路制砖厂拥有德国最先进的霍夫曼烧砖炉，是规模巨大的现代化工厂。众多木材和石材经销商分别在铁路沿线开设林场、采石场、石材加工厂，这都为中东铁路城市建设提供了物资保障。

满铁附属地城市发展同样借助了出租土地的政策。仅就1936年满铁在原南满一线的出租土地记录，总出租合同件数就达16 663件，总出租面积75 876 422平方米，合计赚得租金1 656 173日元。其中，沈阳、新京分别成交3 128件和2 028件，出租面积分别为12 900 810平方米和3 022 025平方米[41]。整体看，无论在满铁附属地还是中东铁路附属地，20世纪初的这段时间都是一个飞速发展的阶段。城市化的加速发展带动了建筑行业的兴旺，而土地出租政策更是驱动了城市空间的整合形成和城市风貌的多元化。铁路附属地真正成为国际多元文化的自由试验区。

（3）策略——多元并举彰显文化中立　中东铁路附属地刚刚出现的时候，这里的建造活动就大大震惊了铁路沿线的中国平民。虽然铁路附属地内的许多建筑是俄国建筑师用俄罗斯传统建筑风格糅合中国传统建筑样式设计建造的，但更多建筑不仅与中国本土建筑样式存在巨大差异，而且不同功能类型的建筑样式之间也存在很大差异。这一切，无不让中国人感到一种被文化殖民的气氛。中国人原本习惯了高度统一的建筑环境：宗教庙宇、皇家宫殿、纪念建筑的坛庙、官署衙门，甚至大户人家的住宅都有着相似的形象。然而，在铁路附属地内，同是俄罗斯建筑师设计的建筑却有千差万别的外观（图5.8）。为避免过于强烈的文化殖民色彩激起民族抗争，中东铁路建设的决策者充分利用了俄罗

a 火车站

b 俄清银行

c 海军酒楼

d 市营旅馆

e 红十字医院

f 监狱

g 杂货店宿舍

图5.8　日俄战争前沙俄建造的各种风格的建筑

斯建筑本来带有的多元倾向，有意识地为俄罗斯民族文化降调。

最直接地彰显俄罗斯传统文化特色的是铁路沿线的教堂。由于隶属于东正教教派，这些教堂具有相似的建筑形象和装饰语言。中东铁路附属地的教堂以木质教堂和砖石砌筑的教堂为主，普遍带有洋葱头式的穹顶和优美丰富的装饰图案。不论是舒展的十字式小教堂还是高耸的集中式大教堂，其浓郁的民族风格和宗教色彩都给人一种标志性特征，成为殖民地以及移民文化的显著标志。

与俄罗斯传统建筑文化一同进入铁路附属地的还有欧洲的建筑文化。中东铁路一些特殊类型的建筑借用了欧洲古典主义、哥特风格等样式，而俄罗斯建筑本身也反映着曾经受到的欧洲文化因素的影响。此外，最重要的新潮建筑实验项目就是新艺术风格建筑的设计和落成。这种源自欧洲和法国、被称为新艺术的建筑风格占据了最重要级别的行政建筑和最高等级火车站的建筑形象。在主线起点站满洲里、终点站绥芬河、枢纽站哈尔滨、二等站博克图，站舍都是按照新艺术风格设计建造的，这在当时堪称新艺术建筑实践的一大盛事。

新艺术风格的导入是中东铁路附属地现代建筑实践的先声。新艺术运动是一场具有现代意识和特点的艺术实验运动，与传统、古典建筑文化、建筑样式有着根本的不同。从俄文的字面上翻译，"新艺术"被直接用"现代"来代替，这也说明人们认识和追逐新艺术风格时所寄托的艺术追求和价值定位。这种全新的风格在世界范围流行的趋势和俄国人想在中东铁路附属地打造中立的"国中之国"形象的愿望一拍即合，因此大行其道。这个过程因为有一批具有高水平设计能力的建筑师而得以锦上添花、硕果累累。这个国际流行风格的自由实验取得空前成功，它所带动的时尚潮流迅速被追逐效仿，以至于一些新艺术符号经常随机出现在某些建筑的立面上，造成了一段时间内新艺术符号与中东铁路市街建筑的建造活动如影随形，成了名副其实的"自由"实验。

与本土建筑进行样式整合实验的一项重要任务是营造带有亲和色彩的建筑环境和城市氛围，是外交姿态的需要。由于远离俄国本土的文化环境，建筑师获得了比在俄国更大的自由创作空间。因为国家建设的性质，建筑师面对的既有俄罗斯文化的传播展示任务，又有平衡政治争端压力和掩盖侵略意图的种种难题。最终，建筑师利用俄罗斯民族建筑文化中的"合成策略"巧妙地完成了这一使命：集俄罗斯传统风格与中国古典样式于一身的新形式。远远看起来，建筑的屋顶轮廓因为有了屋脊和龙、吻、坐兽等装饰构件而显得充满东方色彩。更突出的是，俄罗斯民族建筑风格的呈现方式非常巧妙：表面低调退让，实际态度坚定而强悍。国家建设的策略看起来获得了成功，因为高调表现的中国本土样式——屋顶、外檐装饰都是帽子和饰物，随时可以摘掉。身体是俄罗斯血统，这一点已经用砖石牢固地与大地砌筑在一起了。

与此同时，现代理性主义作品也在中东铁路附属地内找到了落脚之地。众多类型各异的工业设施，如大型面粉厂、油坊、桥梁、水塔等，都是采用了更具有时代特色和工业尺度的建筑样式。显然，这种风格的出现大大拉开了附属地内各种建筑样式之间的形象差距和时间跨度，为貌似文化中立、实则大举入侵的殖民建筑实践活动做了最好的注解。

5.1.2 规模宏大的快速近现代转型

中东铁路的建筑文化传播不仅是一场自由的跨文化传播实验，还在中国东北制造出一个快速近现代转型场面。这个转型场面规模浩大、模式独特、特点鲜明，因此构成了20世纪前半叶充满传奇色彩的一段发展历史。而这段历史的开篇，正是起始于人类一场数千年未有的大变革。

5.1.2.1 近现代转型的基础与契机

近现代转型场面的出现有着整个世界范围内工业时代的发展背景，同时也有中国和列强之间国力比拼的具体国情。全球大铁路交通工业时代的到来、俄国和日本的工业化与现代化风潮、中国南北海陆的被动开放与强国梦想的确立，都成为不可或缺的重要契机。

（1）汽笛声声——全球大铁路交通工业时代的呼啸来临　两个多世纪以来，世界上出现了三次大规模的现代工业技术发展过程，学术界将其称作三次工业革命（The Industrial Revolution）。按照史学界的时间界定，第一次工业革命大致发生在18世纪60年代到19世纪中叶，这一时期完成了人类由手工工业向大机器工业的过渡，同时人类开始进入蒸汽时代。第二次工业革命的时间段是从19世纪下半叶到20世纪初，这一阶段人类开始进入电气时代，并在信息革命方面达到前所未有的高度。第二次世界大战以后人类进入了第三次工业革命时期，也就是迈入了科技时代，生物技术、克隆技术、航天科技相继出现，生物科技与产业革命展现端倪。中东铁路建筑文化刚好处于前两次工业革命时期。第一次工业革命起到了扭转乾坤的决定作用，为后两次工业革命奠定了一个具有永续效应的基础。由于工业革命以机器取代人力，以大规模工厂化生产取代工场手工生产，因此这个时代也被视为机器时代。推动这一进程的是18世纪中叶英国人瓦特改良的蒸汽机，这之后的一系列技术革命彻底解放了人力，从此人类赖以发展的手工劳动让位给机器生产。

工业革命的发展借力于一系列生产实践的需求和相应的发明创造，通过为蒸汽机提供所需要的铁、钢和煤推动了采矿和冶金术的改进。随着产量的大幅增加，铁已经廉价到可以用于一般的建筑和工程设施的建设。这是一个巨大的飞跃，借助这个突破，人类一方面跨入蒸汽时代，一方面也跨入了钢铁时代。钢铁和矿石、煤炭的巨大产量急需快速、大容量的运输方式，运输工具的改进成为迫在眉睫的问题。1761年，一条长7英里的运河出现在工业革命的发源地——英国的曼彻斯特和沃斯利的煤矿之间。煤炭的价格随着运河的开通迅速下降，巨大的运输潜力及良好的经济效益带动了空前的运河开凿热潮。这个时期被后人称作运河时代。

更具有开创性的发明是18世纪中叶普遍使用的金属轨道——钢轨和铁轨。轨道负责将煤从矿井口运到水路或直接燃用的地方，同样的力量借助轨道可以拉动在普通道路上20余倍重量的货物。后来，聪明的发明者——采矿工程师乔治·斯蒂芬孙将早已使用的蒸汽机安装到了火车上，把数辆煤车从矿并成功地拉到泰恩河。1830年,"火箭号"机车花了两个多小时就完成了31英里的行程,把一列火车从利物浦拉到了曼彻斯特。19世纪30年代成了一个让世界刮目相看的时代,因为从那时起,公路和运河同时受到了轨道交通线——铁路的挑战。人们奔走相告,到处寻找和追逐火车恢弘的蒸汽烟柱和刺耳的汽笛声。由于速度快、成本低、容量大,短短数年内,铁路成了长途运输的绝对主力(图5.9)。到1870年,英国拥有的铁路线已经达到15 500英里。"铁路时代"大大赶超和替代了原本辉煌一时的"运河时代"和"汽船时代"。

随着铁路的发明,机械生产、建筑技术、城市风貌也陆续发生突破性的变化。正是有了钢铁成为建筑结构材料的历史性突破,西方社会开始出现工业化生产、预制、组装式的新结构和新空间类型。随着资本主义在世界范围内战胜封建主义的整体剧变,率先完成工业革命的西方国家掌握了对世界的控制权,世界的技术和军事实力结构也形成了西方先进、东方落后的局面。伴随着工业技术的不断成熟和欧美列强国家的对外扩张侵略,整个世界范围的文明类型短时间完成了整体的转换,其中包括远在东亚的中国。正是在这样的背景下,现代主义在全世界范围内逐渐形成席卷一切的趋势。

(2)俄日崛起——俄国和日本的工业化与现代化风潮 俄国和日本受到西方工业革命的冲击后,迅速开始主动跟进世界发展的大势。虽然工业建筑文化上的"泛源地"在19世纪中叶的英国,但中国东北境内的中东铁路所体现的工业文化却是从俄国和日本转道输入的。

俄国在19世纪50年代纺织行业中大规模地普及了大机器生产,这股工业先导力量在1861年带动了农奴制的解体,在主要工业部门实现了大机器生产的统治地位,并通过改革快速追赶西方工业革命的发展水平。大机器生产同时改写了手工业工场时期生产建筑的外观和技术形态,大跨度、超高度、大进深的厂房将钢铁框架结构以一种异常宏伟的气势展示在人们面前,高大的烟囱和恢弘的厂房也成为

a 候车大厅　　　　　　　　　　　　　　b 车站外观

图5.9　英国著名的伦敦国王十字车站

这一时代技术进步的最佳象征。

从20世纪60年代起,俄国紧跟世界范围修筑铁路的热潮,在自己的领土上开始大规模修筑铁路。由于俄国的疆土广阔,因此,最初的筑路工程都是集中在中西部人口比较密集的地区。到了80年代,随着沙皇俄国战略目标的转移和对东部领土掌控计划的制订,第一条连接东部的铁路——叶卡捷琳堡至秋明的铁路开始从俄国乌拉尔地区往东部西伯利亚地区修筑。更为浩大的筑路工程是10年后的西伯利亚大铁路工程,这条铁路横贯俄国东西两部,从莫斯科一直延伸到符拉迪沃斯托克,路线长达9 332千米,直到今天仍然是世界上最长的铁道线(图5.10)。1891年西伯利亚大铁路正式开工,从符拉迪沃斯托克和车里雅宾斯克同时开始相向施工,直到1916年,所有的筑路收尾工程才告竣。

大机器工业生产的实施和铁路工业的实践给俄国奠定了坚实的工业化基础,同时也积累了丰富的工程技术经验。随着工业技术实力的增强,沙皇的扩张野心也日益膨胀。由于西线战场的阻力和难度,侵略远东、打开欧亚大通道、获取太平洋出海口的计划逐渐成形。西伯利亚大铁路成了俄国实施"黄俄罗斯计划"的一种前奏和铺垫工程,而更直接的动作最终利用沙皇尼古拉二世加冕仪式的机会得到确认——向中国清政府"借地"修筑中东铁路。

在日本,欧化运动与现代风潮已经相继取得了大规模的成果,国力与工业化水平也在得到快速提升。明治维新的"富国强兵"和"文明开化"之后,全面西方化已经带来日本工业、科技、文化、经济、军事等各方实力大增的局面。高速发展的现代化工业越发暴露出日本岛国资源和空间的局限性,以天皇为代表的政治势力的生存危机和扩张野心也与日俱增,这一切的希望,都渐渐集中到"一望千里大沃野"的中国东北大陆上。

日本了解铁路是从两个分别叫作Евфимий Васильевич Путятин 和Mattyew Calbaith Parry(马修·卡尔伯莱斯·佩里)的人展示的铁路模型开始的。1869年,明治政府开始讨论修筑铁路的计划,1872年日本第一条铁路在新桥至横滨之间开通运营。由于战争导致的政府财政匮乏,除新桥至横滨铁路外,其他铁路建设利用了私有资本建设的投资方式,半官半民性质的日本铁道公司正式创立。日本东北本线的前身是从东京向群马县方向建设的铁路,1883年7月,第一条线路上野至熊谷开通,1884

a 筑路现场

b 铁路钢桥

c 铁路小站

图5.10 西伯利亚大铁路

年8月延长至前桥，1891年9月经大宫、仙台一直延伸到青森。

20世纪20年代，从欧洲留学归国的日本年轻建筑师崛口舍己、今井兼次、前川国男等人将最激进的现代主义氛围带回日本，使日本"呈现出现代主义思想高涨的局面"。同时，由于日本地处地震带，抗震结构技术成为日本建筑界的关注焦点，日本建筑界的主导权在关东大地震以后就转到了结构学者身上。结构派建筑师对推动功能主义和现代主义建筑的发展起到了重要作用。与此同时，"欧美不断出现的城市规划制度、技术和思想都及时传入日本……本土以外的殖民地城市成为日本近代城市规划的试验场"[9]。

在这个背景下，俄国和日本后来对中国东北地区的殖民过程同时也成为近现代工业革命成果输入的过程。他们通过修筑铁路、开采矿产、发展电力、金属冶炼、机械制造及加工制造业，将自己最先进的工业技术直接输出到中国本土，带动了这一地区工业生产和城市建设的跨越式发展。在中东铁路沿线（尤其是南满一线及支线）周边，集群状分布的厂房、烟囱、冶炼塔炉构成了壮观的近代工业景观，让开放的南部沿海口岸都感到震惊、赞叹。

（3）西技东渐——中国南北海陆的被动开放与强国之梦　　在工业技术力量崛起和强权国家联手争夺殖民地、商品倾销地和瓜分物质资源的国际大形势下，全面腐朽没落的清政府陷入内忧外患的长久困境中。清政府的怯懦不断招致西方列强变本加厉地欺压，而各国在对中国掠夺物资、争夺利益上更是互不相让。闭关锁国已经成了一条人人尽知的死路。中国被迫进入全球现代转型大潮。面对国力屡弱和科技落后的问题，"师夷长技以制夷"的洋务运动开始兴起。从19世纪60年代到90年代，洋务运动进行了整整30年时间，不仅确实增加了国家的科技和军事实力，而且形成了浩大的"近现代化大发展"场面：福州船政局，江南制造总局，上海轮船招商局，安庆内军械所、洋炮局，兰州织呢局，北京同文馆，开平矿务局，天津电报局，南洋、北洋和福建海军，唐山胥各庄铁路，旅顺船坞，威海卫军港，湖北织布局，汉阳炼铁厂、兵工厂，这些现代机构、工厂如雨后春笋，在各地纷纷开设。一时间烟囱林立、机械轰鸣，大工业景观在国力正衰的中华古国逆势展开。

在修筑铁路方面，中国最早的铁路——淞沪铁路（原吴淞铁路）是英国怡和洋行投资于1876年在上海修筑的，从天后宫北到江湾段通车营业。当时，铁路技术在英国乃至一些西方先进国家已经高度成熟，加之在中国通商口岸开放的大形势下新鲜事物不断涌现，因此中国民众对这种新事物也有了接受的基础。据称淞沪铁路通车时，看热闹的平民百姓"立如堵墙"，"乘者、观者一齐笑容可掬，啧啧称叹"（图5.11a）。铁路通车一周后，《申报》专门以《民乐火车开行》为题刊发报道，讲述上海市民争相乘坐的盛况，还详细描述了百姓沿途观看火车经过时"未有一人不面带喜色"。显然，这与半个世纪前火车首次在英国开通时，围观者被汽笛吼叫声吓得落荒而逃形成了鲜明对比。

此后的20年间，铁路在中国逐渐开始兴起。1881年唐胥铁路修筑完成，这是一条运煤线，从唐山开平矿务局到唐山胥各庄（图5.11b）。之后，铁路延长修筑到了天津，于是称为唐津铁路。1890

a 淞沪铁路通车　　　　　　　　　　　　　　　　　b 唐胥铁路开通仪式

图5.11　淞沪铁路和唐胥铁路开通景象

年，铁路另一端又从唐山展筑到了山海关，于是人们称之为"关内外铁路"。此前的1887年，中国台湾省巡抚刘铭传主持修筑了一条从台北到基隆的铁路，于1891年完成，后来又从台北展修到了新竹，共计百余公里。正是在这个背景下，有了官方和民众接受的基础，中东铁路的修筑才成为不久之后的现实。

西方的先进技术进入中国是通过两种途径实现的，洋务运动和国家层面的铁路建设是途径之一，这是中国政府主动吸收工业革命先进成果的具体方式；还有一条途径是被动接受的，这就是西方列强在中国通商口岸的租借地投资建设，淞沪铁路的修筑就是一例。第一次世界大战以后，以英法为代表的西方国家纷纷加大对华投资，在欧美、日本和中国民族资本的合力作用下，20世纪20~30年代的中国进入近代社会经济繁荣发展的时期。在上海、天津、青岛、广州等大城市，租借地遍布市区，各国势力在圈定的范围内展开了大规模的城市建设和投资办厂、商务经营活动。机器生产和日用品制造业不仅培养了一大批中国技术工人，同时也极大地驱动了民族工商业的兴起和发展。尤其是租借地雄伟浪漫的欧美风格建筑的落成、充满西洋情调的市井风貌的出现，都大大刺激了租借地之外仍旧在本土的凝滞气氛中生活劳作的中国人，打破了中国社会的原有平衡，主动寻求缩小差距的途径。

5.1.2.2　近现代转型的规模与特点

中东铁路附属地内的建筑活动和市街建设带来了城市风貌和品质的近现代转型，无论从规模还是速度上看，这场转型都是非常壮观的。在规模上，转型既体现为建筑风格及样式的变化——从古典到现代、从民族到国际化，又体现为大规模城市整体规划及改造、建设，包括城市规划新理念、公共空间、风景园林规划设计与建造等。在程度上，这个转型不但在建筑文化的表层展现，还同时在社会理念、行政制度和教育模式上全面展开。在速度上，短短几年时间实现国际新潮建筑设计思想在中国领土上的无时差对接，将中国与世界先进国家在工业技术、建筑材料、空间技术上的几十年差距迅速缩小为基本同步。

（1）整体规模——跨越古代近代、横贯满蒙全境、覆盖社会生活　坎尼斯·鲍威尔（Kenneth Powell）认为铁路"不仅仅是一种经济力量，同时也是一种文化和社会力量"，是"所有阶级的主要交通工具"。因此，他确信"铁路是19世纪唯一最伟大和深远的发明，它重塑了乡村城市的面貌并改变了社会"[42]。同样，"中东铁路的修筑，完全改变了黑龙江区域社会的自然历史进程"[43]，这场转型所带来的变化全面出现在时间、范围及社会生活等多个层面。可以说，中东铁路附属地内出现的近现代转型场面有一种全景覆盖的效果。

从时间上看，转型弥合了铁路沿线大部分地区社会发展水平与欧美先进国家的数十年差距，同时也将众多刚刚走出封禁状态的地区和处于原始农牧业文明时期的生产方式直接提升到近现代社会的工业、农业、牧业并举的生产方式，可谓跨越了古代和近代，直达现代。

从范围上看，转型的整体形势不但出现在枢纽城市哈尔滨及一些中心城市，也出现在边远城市和地区，如满洲里、海拉尔乃至横道河子、一面坡等各级站点和铁路小镇，可谓横贯满蒙全境，大大缩小了相对发达的辽东地区和不发达的黑龙江流域、呼伦贝尔草原的发展差距。

从内容上看，铁路附属地内的近现代转型覆盖了社会生活的方方面面。无论是城市发展和市政管理模式，还是文化、艺术、教育、娱乐、通信、交通、医疗卫生、科技、政治等各项社会文化形式，转型都给附属地及周边城镇带来一种全新的体验。

具有如此规模的突变转型是铁路工业的本质所决定的，铁路交通对传统交通模式本身就是一种颠覆。这种通过技术力量将不同人的自由交通行为整合为单一、高效模式的变化带有现代主义的典型特征——标准化、集约化、高效率。在整个过程中，现代技术的发展和创新起到了根本保障作用，而经济效益成为一个直观的衡量尺度。"1908年哈尔滨的进出口贸易总额还只有1 785万海关两，而到了1914年则达到7 049万两，短短的五年时间增长了三倍多。"[44]

除了铁路及附属桥梁、隧道、建筑设施一次性完成现代转型示范之外，铁路附属地内的大中城市也为整个附属地及周边地区做出了现代转型的最好表率。尤其是枢纽城市哈尔滨，几乎在铁路还没有建成的情况下，这里就已经出现了一座新城市的雏形。铁路建成不到10年，哈尔滨就变成了所有现代事物的汇集之地：带有景观绿化的宽阔大街、规模宏大的现代工厂、高低错落的水塔与烟囱、气派十足的银行大楼、豪华热闹的商场和电影院、优美的图书馆与学校、栉比鳞次的住宅，所有这一切都以一种神奇的速度持续扩展领地范围、增大规模。

更多的现代元素体现在建筑技术上，这种空间现代化与结构技术现代化的趋势具有实质意义，大大推动了中国东北地区原本落后的文化面貌，并缩短了这些地区与先进国家的距离。研究表明，中国的钢筋混凝土结构是与日本同期出现的，钢结构是20世纪10年代后期应用于建筑的，比日本稍晚。由于新技术传入的时期正赶上中国和日本在广泛地移植西方古典主义样式，因此，新建筑技术是与西方古典主义样式结合在一起出现的。

近现代转型是从一个社会体制、生活模式、文化构成等全方位的表现形式上铺展开来的。这是殖民者强行植入的新的社会管理模式。

其一，在铁路附属地内的社会行政管理层面，中东铁路用地的行政管理，主要是采取建立居民自治组织，而由铁路管理局进行领导与监督的形式。首先是成立民政处，下设民政、土地、中俄交涉、教育、寺院、卫生、兽医及新闻发行八个科。后来在铁路管理局内部成立了特别评议会和特别委员会，并在制定了《哈尔滨自治公议会章程草案》之后，于1908年3月11日正式成立哈尔滨自治公议会。在此前后，海拉尔、满洲里、昂昂溪、横道河子、博克图、绥芬河等地的市街也陆续建立了自治会。自治会的管理范围主要包括：商业事务、市政管理、城市设施、园林绿化、文化教育等公共事务。1909年5月10日中俄两国签订了强调中国主权的《东省铁路界内公议会大纲》，但是并没有得到真正的执行，此后的十余年间自治会仍然是铁路附属地内的主要管理机构。1920年3月中东铁路管理局局长霍尔瓦特下台后，东省特别区市政管理局成立，逐渐收拢自治会的管理权限和行政领导权，特别是在1926年9月市自治临时委员会改组，成立哈尔滨特别市自治会。直到日本占领中国东北，才逐渐取消了这些机构和建制。

满铁在日本人的统治下大概经历了三个管理时期。第一个阶段是从1904年5月到1905年5月，属于军事管制时期；第二个阶段为1905年6月至1919年4月，属于军政统治时期；第三个阶段为1919年4月至1945年8月，为民政统治时期。从第二个阶段的关东州民政署、关东总督府、关东都督府，到第三个阶段的关东厅、关东州厅，虽然有管辖制度的建制，但具体的管理实务仍由满铁具体实施，包括设置各地居留民会、地方部、地方事务所等。

其二，在关系到社会秩序的法治环境方面，中东铁路附属地和满铁附属地内部都实施了由俄日两国自行制定的警察机构和相关制度。《中东铁路公司章程》不仅擅自规定了铁路用地内民刑案件由中俄两国当地官署会同审判的制度，还以防护铁路界内秩序为借口，委派警察担任铁路界内警卫，后来又建立了铁路交涉机构来实施会审制度。在附属地内部设立行政警察，后来于1908年建立了四个警察局，大站设有警察署和宪兵队。除此之外，哈尔滨的边境法院设立审判厅和检察厅，在哈尔滨等五地设有监狱，整个司法系统隶属俄国枢密院。直到1920年3月霍尔瓦特下台以后，中方才逐渐收回了主权，使审判机关所审理的案件完全按照中国法律办理。由于清王朝已经覆灭，此时中国政府的司法制度也已经经过了初步的现代转型。日本同样在满铁也一直非法行使司法权和审判权。

其三，在附属地内民众的文化设施及教育模式方面，无论是中东铁路附属地还是满铁附属地都非常重视文化教育事业的建设。文化教育事业的大规模发展是因为附属地内有大量的俄国和日本的铁路机构各级官员、铁路职工及后来越来越多的侨商移民，他们的子女需要接受与各自国内同样的教育；另一方面，文化教育也是两个国家实施殖民统治的细致化工程的一部分。虽然大部分先进的文化设施和学校教育并不面向普通的中国平民，但是，在快速城市化进程中，中国本土的文化教育体制与机构也越来越受到影响和带动，从而出现较为根本的变化。

（2）具体模式——铁路城市伴行、形式技术联姻、中西借力转型　中东铁路的修筑大大加快了中国东北的工业发展和城市化进程。在铁路附属地内部，虽然城市化和现代化发展过程交织在一起，但其机制并不完全一致。按照刘松茯教授的研究，哈尔滨近代城市的发展是借助外力得以完成的，属于后发外生型发展模式。而就城市化这一过程来说并不只是"后发外生"的结果。筑路尚未开始时，铁路选线经过的地方就已经有一定数量和规模的城镇和城市，如海拉尔、齐齐哈尔、香坊、辽阳、奉天等，其中，海拉尔当时已经在内蒙古草原上声名远播，而辽阳和奉天更是辽东半岛上的著名古城。中东铁路的许多站点都直接开设在老城的周边，这种借力的方式使得这些站点的市街比其他站点发展更快，城市化水平更高。可见，单就城市化来说，其发展机制既有"先发内生"，又有"后发外生"，属于"混发混生"型城市化进程。

中东铁路附属地内的近现代转型有一个具体的模式，这个模式是铁路这种现代交通工业带来的。从发展过程的环节上看，铁路拉动了铁路城镇的出现和经济的发展，继而在附属地内形成了快速城市化的整体趋势；城市化过程中汇集了更加繁荣、多元的经济贸易形式，同时为多样化的现代技术和社会文化理念提供了展示和实践的平台；异族移民带来的完整并不断更新的现代文化带动中国民族经济和工商业及文化教育事业的全面发展，而东北附属地广阔空间、丰富的物质及廉价劳动力资源又给各项事业提供了根本的保证。从而，这个近现代转型形成了一种极具"合作"特点的模式：铁路与城市伴行、形式与技术联姻、中西双方相互借力实现转型。

现代交通模式是掀开近现代转型序幕的根本力量。中东铁路1903年的建成通车，驱动式地拉开了中国东北铁路沿线地区的经济发展序幕，开辟了黑龙江流域与蒙古东部草原贸易往来的畅通渠道，同时彻底结束了这些地区文化和生产技术长期停滞、落后的封闭局面。在此基础上，不但俄罗斯移民大量涌入附属地城市，中国中原地区的广大农民、商人和手工业者也纷纷沿铁路进入附属地，成为未来城市发展的重要人力资源。许多铁路沿线大中城市在短短的几年时间内从原本的落后地区一跃成为经济发达地区。中国东北地区自从拥有了国际交通大动脉以后，这一地区已经走上了不同寻常的迅猛发展轨道。

在城镇市街建设方面，附属地范围内的城市化运动几乎带动了整个东北地区的城市化进程。早在1898年末，中东铁路局就在沿线设置了近30处、三个等级的市街地，一级市街面积在5平方千米左右，如大连、哈尔滨、沈阳、公主岭铁路附属地；二级市街面积为3~4平方千米，如宽城子、奉天；三级市街面积为1~2平方千米，如铁岭、海拉尔、一面坡。因此在"中东铁路局建立之初，其城区市街预定总面积不少于120平方千米"[45]。满铁附属地内也大规模开展了城市化建设，这些新市街成为俄国及日本殖民者进行欧美近代城市规划实验的场所。当时中国东北地区主要的大城市几乎全部分布在中东铁路沿线。有些城市是由于铁路的修筑而扩大了规模，有的则完全是由于铁路的修筑得以成型。如牡丹江就是随着中东铁路的建设发展起来的，这个当年的四等小站由于铁路交通的便利条件，迅速发展成著名的东北大都市。

哈尔滨是铁路催生的城市中最成功的案例。在极短的时间内建起的这座现代化的城市，成为移植欧洲文化的活动中心。满铁附属地内也出现了卓有成效的城市建设，甚至连支线抚顺都展现出一派摩登的繁荣景象："市内繁华之市面，广阔之街道，巨大的建筑物及相当规模之大商店，以上海日侨区域之虹口比之，殆有小巫之别焉。"[46]像抚顺这样提供电灯、自来水等现代生活设施的满铁城市很多，到1925年，满铁附属地内有18座城镇已经具有自来水设施。

铁路附属地城市的发展和转型借助了两种相似的力量：一种是兼具古典和新潮表情的建筑艺术，一种是集合了传统手段和新兴形式的建筑技术。尽管一些新建筑还沿用古典韵味的建筑形象，但是，这种借用来的形式并不影响新风格的导入，并且在空间类型和功能内容转型上的速度远远超出了承载它们的外部形式，而这正是关键所在。形式和技术上的联姻和互相包容关系成为现代转型的优良工具，使转型能在扎实具体的城市环境中全面展开。

现代化的发展模式还来源于城市的发展规划和管理模式。与中国东北原有的一些城镇不同，俄国人开辟的新站点和城镇都有预先的规划，而且那些大的城市后来还成立了管理城市发展和市政公共事业的机构。比如在哈尔滨，管理城市房屋建设问题的机构就不止一家，包括：中东铁路管理局建筑协会、民用建筑管理处、城市建设总设计师及其下属单位等。而城市自治会不仅负责公共设施建设和监督工程质量，还为城市公共设施募集资金。他们出台的《城市街道和人行道铺设及资金保障的相关管理规定》大大推动了城市的深度建设，还在全市统一实行街道名称和建筑门牌号码的管理制度。

中东铁路工程的出现和实施带动了移民潮和城市建设潮，而在整个过程中，外民族文化力量和中国本土文化力量之间是一个互相借力、互相助力、共同发展、同步转型的双向过程。当时，"随着工程技术人员的到来，可以在新的大型工程中挣到大笔钱的传闻迅速传遍俄罗斯大地，他们的家属、富商、平民也都抱着挣大钱的希望陆续抵达松花江地区"[2]。类似的情况同时出现在中国，在中东铁路工程局的宣传招雇下，数以万计的中国农民和破产手工业者来到东北，参与到筑路与城市建设的工程中。这是铁路附属地城市最先也最主要的两股支撑力量，他们中的大部分人在筑路之后留在了铁路附属地内部，成为最早的一批市民。这样的情况在满铁附属地也同样存在。外国势力借助中国的土地和人力、市场，而中国借助殖民者的技术力量及先进理念，并最终彻底接收了这份近现代转型之后的物质与文化资源。

（3）总体特点——过程奔突折回、软硬两种遗产、现代地域特色　从前文我们已经知道了，中东铁路建筑文化的性质是由两部分内容构成的，分别是：自由的跨文化传播实验和规模宏大的快速近现代转型。这场文化传播和转型的总体过程有一个突出的特点，就是传播和转型同步交织在一起，具有奔突、折回的复杂与矛盾特征。"奔突"一词出自汉代班固的《西都赋》，是横冲直撞、纵情奔驰的意思，原文为："穷虎奔突，狂兕触蹶。""折回"的意思是半路返回，意指回旋进退的趋势。中东铁路建筑文化的传播和转型的过程兼具了这两种完全不同的发展趋势，因此形成了气势磅礴而又百转千回的文化景观。

众所周知，俄国建筑师为中东铁路建筑准备的标准样式是一种全新的风格，这种风格既不完全等同于俄罗斯传统建筑样式，又与中国东北的建筑形象有似是而非的关联。在短短的几年时间内，铁路连带附属建筑和生活社区次第铺展在中国东北绵延近五千华里的广阔土地上，以一种全景覆盖的方式彻底将原有以自然风光为主的沿线各站点景观塑造成以合成文化风貌为主的现代人文景观。就文化景观形成的速度和规模来说，用"奔突"来形容是非常准确的。奔突的气势一直延续到了铁路城市发展扩张的速度上。在短短二三十年的时间里，一些沿线城市的移民人口数次翻番增长，城市的市街不断扩展，店铺林立、房舍俨然，似乎这些城镇已经发展了数十年甚至超过百年。

然而，在这种堪称壮阔的城市景观中，近现代转型伴随着某种迂回婉转和高低错落的表现形式。有的建筑具有现代的功能类型，但是建筑形式却是西方古典主义或民族传统形式的，如银行、商业建筑、图书馆、交易所、住宅、医院等。其中，"银行往往采用古典主义样式，娱乐建筑和商业建筑多带有巴洛克特征，教堂多为哥特式，住宅多采用西方国家地域风格等"[9]。更多的新建筑类型直接采用全新的现代形式，如办公楼、火车站、旅馆、电报电话大楼使用新艺术风格或现代主义建筑形式。更多的建筑采用了折中的处理方法，外部形象是带有古典气质或民族风格的样式，而空间布局及尺度则根据功能完全采用新形式。这方面的典型实例是大型铁路机械工厂和铁路机车库。这些工业建筑的结构形式和空间尺度是全新的，而外表却常常用极具俄罗斯传统建筑韵味的砖砌图案装饰进行表现。这些文化理念上的自由组合也是近现代转型过程中一种必然的表现，成为戏剧化的人文场景。

对比俄国和日本两方力量在铁路附属地内的作为，我们可以看到在近现代社会文化和建筑文化转型上的对比效果。在整个中东铁路沿线的附属地内，俄国人通过火车和铁路这一近现代工业技术载体，以奔突之势强制拉动了中国东北地区近现代转型的第一步，也全面推进了社会体制、文化教育与公共事务方面的进步。然而，由于俄国仍属于具有深远传统的老牌帝国，加之涌入满洲的俄国移民大部分是富商、贵族及艺术家、知识分子，因此，中东铁路附属地这个"国中之国"成了为老牌帝国上流社会人士开创的一块域外乐土。在这里，虽然有了种种新鲜的现代技术和建筑类型，但是，无论管理者还是使用者都有更多的主流社会生活模式和审美习惯，这些因素理所当然地反映为传统形式上的表现。这就是中东铁路附属地城市"现代与传统"特色交织的原因所在，也是中东铁路附属地建筑文化转型折回过程的集中表现。

奔突、折回的传播及转型特点虽然彰显了中东铁路建筑文化的复杂性与矛盾性，但是，这个特点同时又是一个优点，就是将城镇发展应有的时间因素和文化积淀大大浓缩，避免了因建筑文化直接选取现代主义风格而可能带来的单调和苍白。由于特殊的发展模式和参与文化的类型构成，中东铁路建筑文化具有多元、包容的开放性特征，这个特征本身就是现代意识的产物。这也就是附属地可以同时包容俄罗斯民族建筑文化的折回发展、欧美国家传统及近现代多元建筑的自由展示，乃至日本建筑文化的现代主义一统天下局面的原因。

与之相比，做更彻底现代转型示范的却是日本的现代主义建筑实践运动。这是因为，操纵满洲铁路管理事务的日本人已经完成了明治维新的全面近代变革，也曾经走过"欧化运动"的一切向欧洲学习那种冲动但发展迅速的阶段。当日本天皇决定开拓疆土、掠夺日本海对岸的中国东北土地时，日本的近现代进程正好走到了真正选择现代主义的阶段。从这个意义上来讲，日本给中国东北带来的是更纯粹的现代事物。中国东北地区的城市规划及建筑设计实践是日本近代城市与建筑发展的重要组成部分。日本在满洲的后期建筑实践及市街建设都带有某种功能至上的指导思想，事实上后来中国东北近代城市与建筑的发展受日本的影响也非常巨大。这都是奔突折回之后的最终走向。

建筑文化传播和转型为铁路附属地乃至整个中国东北地区留下了一份丰厚的近现代转型遗产，它直观地体现在建筑风格和空间等实质内容上。对于任何一个初次进入铁路附属地的中国平民来说，最先冲击他们视觉和思维的是火车运输的速度和随处可见的俄侨们的生活方式。这是闭关锁国的中国极度陌生的新事物，其中既有充满现代气息的工业技术，又有富含异族情调的俄罗斯传统文化。前者包括火车、火车站、铁路工厂、大型仓储建筑及机车库、高大的烟囱及水塔、气势恢宏的铁路大桥；后者包括俄罗斯侨民、东正教教堂、俄罗斯传统风格的建筑、宗教活动、西方上流社会的艺术形式。在初期基本生活设施形成后，铁路附属地内人口激增，更多、更新的公共设施和建筑类型陆续出现：银行、洋行、俱乐部、图书馆、学校、医院、百货商店、领事馆、交涉局、交易所、邮局、电话大楼、体育馆、电影院、跑马厅、餐厅、旅馆、疗养院，以及各种为普通城市市民提供服务的建筑类型。

从类型上看，这份现代建筑文化转型的成果包括两部分，一是看得见的文化转型遗产，包括：建筑物、城市街区、建筑样式、空间类型、建筑技术等；二是指那些看不见，但却在过程中发挥关键作用的文化转型遗产，包括：建筑文化理念、制度规则、伦理规范、发展机制、历史情节等。

文化转型的另外一个特色是转型的地域特色，这种地域特色体现为亦俄亦中的"中立"风格，目的是掩盖俄罗斯建筑文化的入侵色彩。当时，重要等级的建筑采用新艺术风格也是基于这个目的，以便打造出铁路附属地的现代、开放的文化氛围。与此同时，现代化中所有的先进材料和结构技术在中东铁路都能得到完全意义上的实现，而这些技术深深地"长"在了铁路沿线各式各样的地貌环境中，与中国东北的自然景观融为一体。如兴安岭隧道、第一、第二松花江大桥、嫩江大桥等，此外还有那些朴实无华的石制、木制小建筑。现代化的一个特征是自由合成的操作方式，而中东铁路沿线的建筑风格本身就是自由合成与多元文化并置的方式。

文化转型的地域特色可以称作"附属地特色"。在当时的环境下，中东铁路许多站点和铁路城镇的居民点都具有某种准军事特征。除了两次不可预料的战争——义和团抗俄毁路和日俄战争外，俄国永久占领满洲的野心也是可能招致战争的因素之一。因此，在居民点的设计中常常出现军事设施，如兵营、弹药库、马厩甚至高级军事将领的宅邸。而这一切，在一个正常的文化转型过程中是不需要存在的。

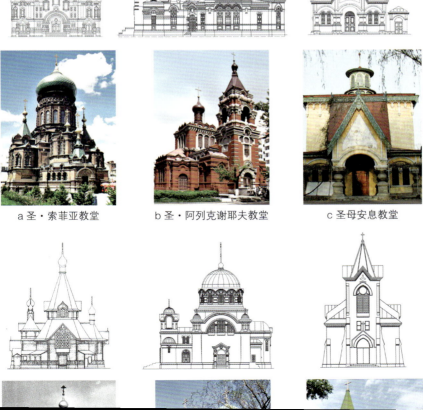

a 圣·索菲亚教堂　　　b 圣·阿列克谢耶夫教堂　　　c 圣母安息教堂

子、一面坡、免渡河、新南沟、兴安岭站、伊列克德、扎赉诺尔、满洲里等地的俄式木住宅等（图5.13）。

中东铁路附属地内汇集了为数众多的外来民族风格，除了俄罗斯民族风格的建筑样式之外，数量较多的有日本传统建筑风格、日本近代建筑风格、犹太建筑风格、伊斯兰建筑风格等，甚至还有少量英伦建筑风格、德国建筑风格、美国建筑风格、意大利建筑风格、地中海建筑风格。后者有的呈现为独立的风格样式，有的则以折中或混搭的方式表现，数量有限，只是零散地点缀在中东铁路城市环境中。

数量更为巨大的风格是折中主义。在中东铁路附属地，这几乎是一个万能的风格类型。事实上，折中不仅被视作一种风格，更大程度上被当作一种创作的手段和态度。除了要归因于俄国建筑历史中多元风格借鉴合成的历史发展文脉之外，还需要看到，俄国在"借地筑路"的敏感时期需要用难以确指的建筑风格来渲染一种国际化和自由中立的态度。

中东铁路附属地内的折中风格类型非常多元，在样式的形式搭配上，俄国建筑师倾向于选择一种更为自由的方式和更开放的态度。从建筑形象上仔细判断，许多建筑可能不仅局限于两种风格的混搭，甚至出现了多种民族符号拼贴的样式。还有一些建筑的形式感似乎并没有明确的风格来源，却给人鲜明的折中印象。也许，这正是折中的奥妙所在——不为任何一种固有的风格规则所约束，享受艺术上的自由。我们大致对带有折中倾向的现存建筑做了一个综合和概括（表5.1），实际情况也许还不止这些。

a 哈尔滨江畔餐厅

b 哈尔滨公园餐厅

c 游艇俱乐部

表5.1 中东铁路具有折中主义风格倾向的建筑实例

风格	俄罗斯风格为主的折中主义		
典型特征	建筑符号化语言的合成特征、门窗贴脸的典型做法、建筑外部线脚、利用砖砌工艺所形成的凹凸几何图案及充满韵律的光影效果等		
实际案例	绥芬河铁路交涉局 	昂昂溪俱乐部 	外阿穆尔军区司令部 
	老巴夺烟厂 	中东铁路中央医院内科 	中东铁路中央医院药剂师住宅 
	下城子火车站 	香坊火车站 	中东铁路哈尔滨总工厂俱乐部 
	伊林火车站 	北林火车站 	许公纪念实业学校 
	中东铁路安达俱乐部 	博克图警察署 	扎兰屯中东铁路避暑旅馆 

续表5.1

风格	巴洛克风格为主的折中主义		
典型特征	优雅的形体、丰富流畅的曲线、椭圆、曲面形式语言、华丽繁杂的装饰图案，内部极尽奢华的装修及空间趣味		
实际案例	满铁驻哈尔滨事务所 	松浦洋行 	吉黑邮务管理局 
风格	哥特风格为主的折中主义		
典型特征	尖拱窗、尖顶圆塔楼、竖长向的尖穹顶，整体形象强调竖向的方向感，厚重的墙身体现中世纪城堡的神秘感		
实际案例	契斯恰科夫茶庄 	中东铁路电话局 	铁路交涉局总办马忠骏公馆 
	阿什河制糖厂库房 	阿什河制糖厂住宅 	哈尔滨鼠疫研究所 
风格	浪漫主义为主的折中主义		
典型特征	强调个性，提倡自然主义，使用优美的装饰和鲜艳的彩色陶片装饰，追求超尘脱俗的趣味和异国情调		
实际案例	满洲里技工学校 	绥芬河俄侨学校 	中东铁路职员竞技会馆 

（2）风格大类之二——工业文明与时代风尚　　中东铁路建筑文化的第二个大的风格类别来自于一些新兴的建筑风格，包括近代工业建筑风格、新艺术风格、装饰主义风格、日本早期现代主义建筑风格、现代主义风格、美国草原住宅风格等。

第一种建筑风格是早期工业建筑风格。

早期工业建筑风格也被称作近代工业建筑风格。在工业革命带来的新技术与新材料彻底颠覆了传统意义上的空间尺度与品质之后，工业建筑成为一种数量巨大的建筑类型。虽然工业技术与工业化理念本身更支持功能主义和形象简单的建筑样式，但是，由于人类的审美有一种延续性和传统观念的力量，因此，早期的工业建筑在显示尺度和力量感的同时，仍然习惯性地表达一些文化上的感情。这类有着工业建筑尺度和经过简化后的传统形式的工业建筑被称为早期工业建筑（图5.14）。

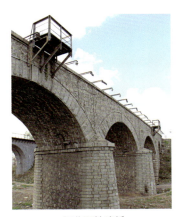
a 绥芬河铁路桥

b 满洲里仓库

c 完工水塔

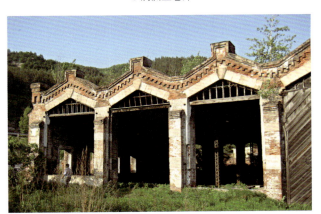
d 横道河子机车库

图5.14　早期工业建筑

中东铁路附属地内的大型工业建筑普遍具有早期工业建筑的形式特征。人们常常在一栋建筑上同时发现现代工业技术的理性逻辑和俄罗斯民族传统文化的浪漫表情（图5.15）。这是早期工业文明在现代转型过程中表现出的一种丰美的文化现象。这样的建筑作品数量很多，如铁路沿线随处可见的给水塔、大型机车库、各种类型的仓储建筑、大型铁路桥梁、建于1903年的哈尔滨苏沙林面粉联合企业的厂房等。这种风格甚至蔓延到其他公共服务性质的建筑类型上，如东线四等车站模式化的办事处就具有早期工业建筑的特点。

a 中东铁路印刷所细部

b 中东铁路印刷所

c 中东铁路哈尔滨总工厂锻造分厂烟囱

d 华英油坊

图5.15 早期工厂厂房

第二种，也是最引人瞩目的是浪漫的新艺术风格。

新艺术风格是中东铁路建筑的主要风格来源之一，是一种完全不同于所有古典及传统风格样式的、具有现代审美理念的崭新建筑风格。新艺术风格的出现来自于一场被称作"新艺术运动"的艺术新思潮实践活动，这是20世纪除现代主义之外范围最广泛的一场设计运动。在19世纪末，由于对古典艺术传统的禁锢和折中主义无原则的形式拼凑的不满，许多欧洲的艺术家都在积极探索一种新的、具有生命力和自然气息的艺术形式。当时已经出现在欧洲的工艺美术运动成为新艺术运动的前奏，而从19世纪80年代开始，新艺术运动开始逐渐成形，并受到越来越多的艺术家及建筑师的追捧。在法国巴黎和南斯市形成两个中心之后，新艺术风格迅速传遍整个欧洲，同时也快速传播到了俄国。

俄罗斯的新艺术风潮丝毫不比法国及欧洲国家逊色。在俄国，新艺术风格建筑呈现出两种不同的趋势，就是所谓"帝国新艺术"和"地方新艺术"或"木构新艺术"。前者包容了帝国风格所特有的和谐、精致的风格基础，强调帝国建筑的雍容气质；后者则充分发挥了俄罗斯木构建筑的特有韵味，使新风格不但呈现为舒展浪漫的曲线装饰，还同时兼具了俄罗斯民族原有的自然、淳朴的建筑文化气质。从中东铁路附属地各种各样的新艺术风格建筑来看，这两种倾向都同步传播到了中东铁路沿线的中国东北。可以说，俄罗斯新艺术已经全面充当了中东铁路新艺术实践的"意见领袖"，也是后者"最重要的创新信源"。

中东铁路建筑中有数量众多的新艺术风格作品，日本学者西泽泰彦曾撰文将哈尔滨称作"新艺术运动建筑城市"。铁路沿线城市拥有大量的大型公共建筑，如中东铁路管理局大楼、哈尔滨火车站、满洲里火车站、绥芬河火车站、中东铁路管理局宾馆、莫斯科商场等。这一点与欧洲不同，因为在欧洲，新艺术风格作品较多出现在规模较小的建筑上。小型建筑确实更容易通过新艺术风格来塑造形象，中东铁路附属地内就有大量这种设计的案例。其中不仅一些豪华的私人宅邸被设计成新艺术风格，连铁路管理局局长、高级职员以及普通铁路职员的住宅也都被设计成新艺术风格的样式。这些精美浪漫的小型住宅建筑已经成为散落在中东铁路沿线的艺术珍品（表5.2）。

中东铁路附属地内的新艺术建筑具有丰富的形象类型和表现方式，选取的建筑材料也十分广泛：铁路局大楼用的是砖加石材，哈尔滨商务学堂用的是红砖，哈尔滨火车站用的是红砖加水泥抹面，而联发街的小住宅则用了大量的实木装饰。所有大型公共建筑的女儿墙和阳台都装饰有优美的铸铁曲线，水泥抹面的做法大大强化了建筑自由曲线形式的表现力。

表5.2 中东铁路附属地内的新艺术风格住宅建筑

类型	面积/平方沙绳	立面	细部符号
中东铁路管理局长官邸	233.42		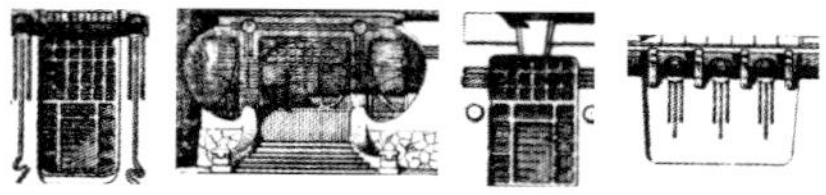
75/1型官员住宅	74.62	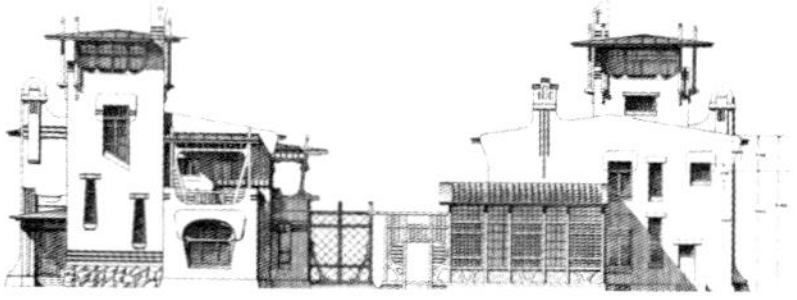	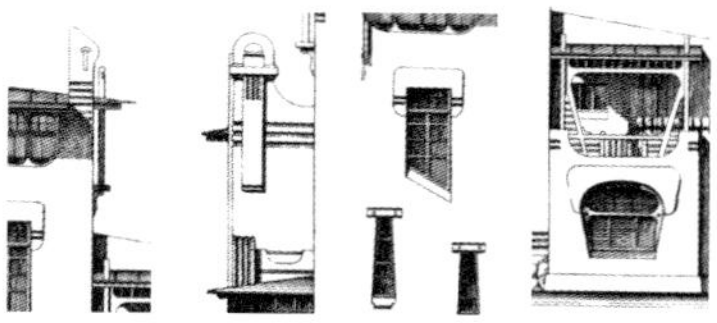
60/1型官员住宅	66.89	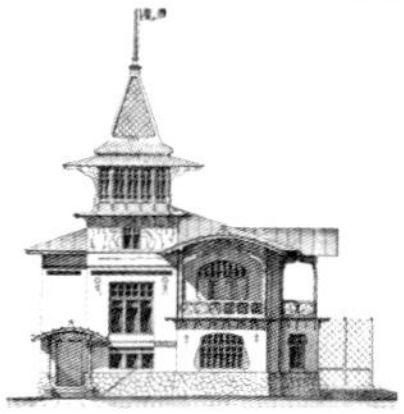	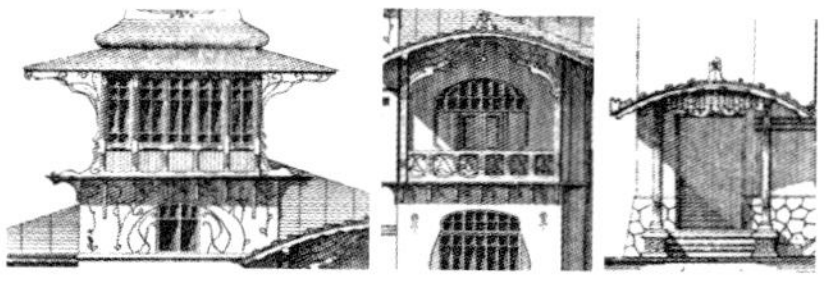
	65.96		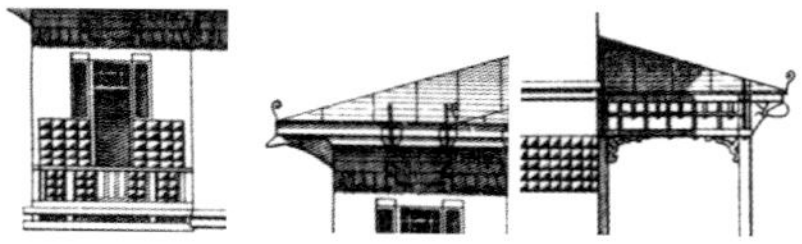
	57.76		
40/1型高级住宅	44.14		

续表5.2

类型	面积/平方沙绳	立面	细部符号
35/1型独宅	36.28		
40/1型独宅	42.86		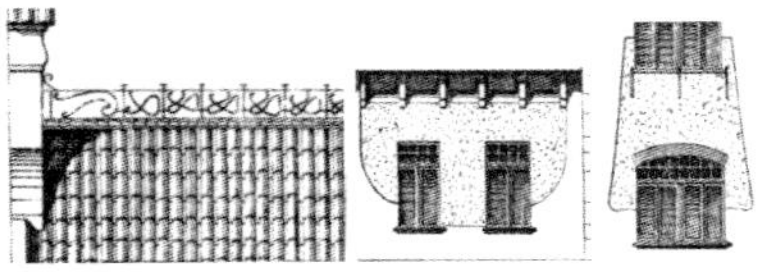
40/2型住宅	40（2户）	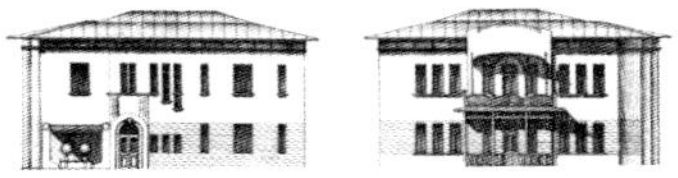	
	44.38（2户）		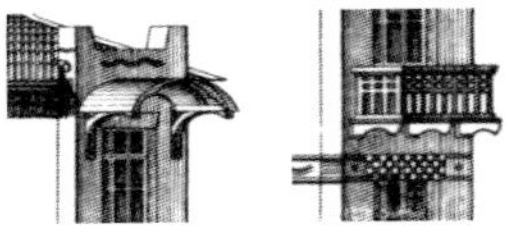
40/4型住宅	43.64（4户）	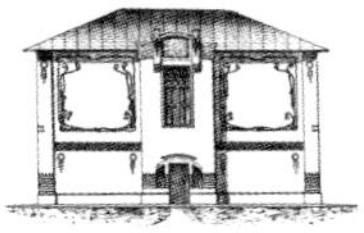	
60/4型住宅	60.30（4户）		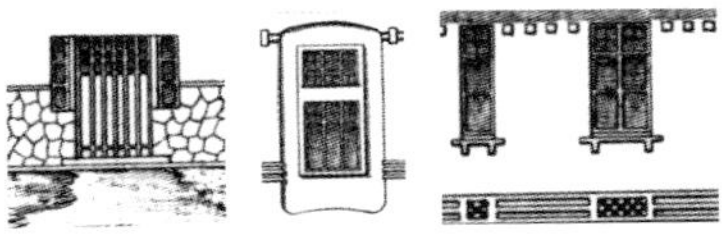
73/18型单身住宅	73.37（18间）		

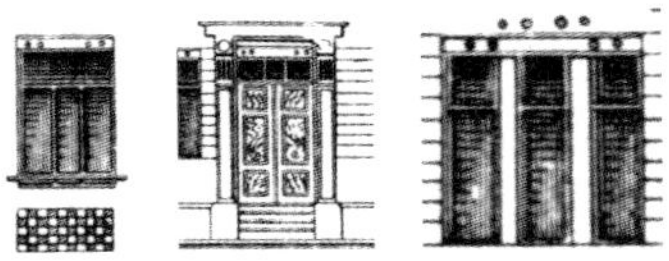

中东铁路附属地内的新艺术风格建筑具有高超的艺术水平，其中一个原因是这场出现在中国土地上的建筑实践开始于新艺术运动整个发展过程的第三个阶段（1900年到1914年），因此具有成熟的艺术发展宏观背景。新艺术风格建筑有着一整套完备的形式语言和细部做法，一些装饰性的符号由于反复出现和极具规律性的组合逻辑，已经明确成为建筑形式模件的一部分。最典型的形式元素就是装饰性凹线、圆环、椭圆窗、上收下放的竖向体量、抽象自植物藤蔓的铸铁装饰、抹圆弧角的窗套等。这些模件化的符号不仅仅组合成完整的新艺术风格建筑，还常常被当作点缀性的要素出现在一些形象普通的建筑上，可见其影响的程度之深远。

当新艺术风格的基本特征或典型样式并不占据绝对优势的时候，建筑就会呈现出一种带有折中主义倾向的模糊风格。虽然新艺术运动本身建立在对古典和传统样式的质疑和抛弃之上，但在折中之风大炽的中东铁路附属地，新艺术的模件化装饰仍旧没能逃脱折中主义的强大吸纳力，最终也成为自由选择的多种装饰样式中的一种。这样的典型实例也不少，如哈尔滨满铁俱乐部、阿城护路军队部、中东铁路昂昂溪俱乐部等。

第三种是现代主义与早期现代主义建筑风格。

现代主义是中东铁路附属地最后出现的一种建筑风格，这种风格强调功能和形式之间的直接逻辑关联，提倡用可以工业化复制的、具有机械感的、纯几何构成的形式进行建筑设计，将建筑塑造成一种极度简洁、抽象的形式，强调建筑的材料、技术与时代和社会需求之间的紧密联系。现代主义建筑在20世纪20年代末期就已经在西方出现，通过国际建筑界的各种交流和展示活动不断扩大影响，最终通过殖民文化的方式进入中国。

从20世纪30年代后期开始，现代主义风格开始成为新建筑的主导风格。由于20世纪的前30年是一个文化和艺术风格频繁更新转换的时代，因此，现代主义建筑进入中东铁路附属地的过程并不是突变式的，与之前的早期工业建筑风格、新艺术风格及装饰艺术风格有着千丝万缕的联系。甚至一些早期的现代主义风格作品同样被认定为过渡风格的作品，如满铁林业公司哈尔滨办事处也被认为属于装饰艺术风格，而满铁公主岭农事试验场则被认为是早期工业建筑风格等（图5.16）。

纯正的现代主义风格建筑是由日本人带进中东铁路附属地的，在此之前，日本人已经在南满铁路附属地大规模地进行了现代主义建筑的实践活动。大连站、开原站就是典型的现代主义风格的设计作品（图5.17）。满铁的早期现代主义建筑带有一定程度的装饰韵味，带有圆弧抹角的水平向装饰带成为一种典型建筑语言，具有符号化的特征。随着实践项目的增多和风格的发展成熟，现代主义风格被提炼得越来越纯熟，因此后期的现代主义风格建筑表现出简洁的特征，一些小型建筑的形象由原来的装饰型线条变成形体关系的组合特征，日控时期的牡丹江火车站、哈尔滨丸商店等建筑就是这样的案例。

装饰艺术风格也是当时的一种重要的建筑风格。

a 满铁林业公司哈尔滨办事处

b 满铁公主岭农事试验场

c 奉天北站

图5.16 简洁的近代建筑

a 大连站

b 开原站

图5.17 现代主义风格建筑

装饰艺术运动是继新艺术运动之后出现在欧洲艺术界的一种新的艺术流派，可以看作是新艺术向现代主义演变的一种过渡流派。这种流派的名称来源于在法国巴黎举办的一场同名展览，这场展览展示了新艺术运动之后装饰艺术的新走向及多方面成就。虽然装饰主义同新艺术一样反对古典和传统的范式及倡导全新的自由创造，但是，它摒弃了新艺术风格追求感性的浪漫曲线和东方文化图案的倾向，转而全面宣扬带有工业化色彩的机械美学，即某种规则的、几何化的装饰线条或装饰图案，以此为现代主义更简洁纯粹的几何美学的全面登场进行了必要的准备和铺垫。

装饰主义风格在建筑上的典型形式语言包括放射状阳光形式、摩天大楼层层收分的线条、象征机械与科技的几何图形、埃及及中美洲古老装饰图案、明亮对比的色彩等。在哈尔滨，由于新艺术风格持续的时间较长，因此装饰艺术风格进入铁路附属地的时间明显晚于欧洲的19世纪20年代，直到30年代中期才出现一些较为典型的作品。哈尔滨最著名的装饰主义代表作是新哈尔滨旅馆。这座建筑有着简洁的整体轮廓和窗墙形式，在外部装饰上使用了大量的竖向凸出墙面的线条装饰，同时在上下层的窗间墙上镶有带中美洲韵味的装饰图案嵌板。浅米黄色的色彩运用也是装饰主义风格的典型特点之一。这栋建筑最终给人一种简洁、流畅、优雅的印象（图5.18）。

a 新哈尔滨旅馆外观

b 满铁林业公司哈尔滨办事处

图5.18　装饰主义风格建筑

另一个典型作品是满铁林业公司哈尔滨办事处。这座建筑有着更为鲜明的黄色基调，墙身与女儿墙上的竖向条状装饰也格外突出，成为塑造形象的重要形式母题。二、三层窗被装饰线条圈定在一起，形成鲜明的竖向构图，窗间墙的嵌板或装饰城带有尖角凹凸的立体纹理，或者直接做成平整的装饰板。整座建筑的外观整体效果非常具有现代感。

（3）风格大类之三——本土文化与地域技术　仿照中国传统建筑的风格进行设计是中东铁路附属地内一个特殊的建筑现象。事实上，铁路开通以后，随着铁路城市的发展壮大，一些中国本土的宗教也随着关内移民的涌入传入东北地区，加上原有历史古镇中已有的寺庙建筑的示范作用，因此各地也陆续建成了一批新的坛庙寺观。但是，整体而言，这些属于中国民众自发的文化继承活动，与俄国人并没有文化交叉的部分。

本章提到的中东铁路建筑文化中的仿中国传统建筑做法，指的是具有跨文化传播交流意义的建造活动。具体而言，就是俄国建筑师选择中国古典建筑的样式完成附属地内建筑项目的设计和实施。前文已经谈过了几个典型的建筑实例——哈尔滨普育中学（图5.19）、阿什河火车站、双城堡火车站，虽然数量不多，但是这种类型出现的时机和意义是非常特殊而重大的，因为它记录了跨文化传播过程中双方力量的权重和相互作用的方式。

仿中国乡土民居形式是另一种典型的样式。中国乡土民居的建筑风格类型非常丰富。就中东铁路所经过的内蒙古地区和黑龙江流

图5.19　仿照中国传统建筑样式建造的哈尔滨普育中学

域、嫩江流域、松花江流域、辽河流域的广大地区而言，本土民居的建筑风格虽然没有大的差别，但是具体样式和技术也不尽相同。尤其因为这些地区少数民族众多，因此不同的民族有他们相应的建筑样式和建造习惯。

中东铁路建筑所仿效的，除了建筑的屋脊形式之外，还曾经直接借用东北农村传统的建造方式来建造一些特殊的建筑类型，如临时使用的兵营及为中国工人建造的住宅等（图5.20）。在这些建筑中出现了土坯、火炕、堂屋与正屋组合的空间模式，还出现了跨海烟囱这一典型的东北做法。其实，这些建筑样式本来不属于中东铁路的建筑风格，但是，由于直接借用的实际操作过程已经发生，而且中东铁路工程局技术部还将这些建筑收入建设图集，因此，也成为中东铁路建筑类型的一个重要组成部分。这类建筑只是本着实用的原则短时间地借用，使用寿命比较短，但是，从建筑材料、建造工艺、建筑样式来讲确实是名副其实的本土建筑，带有一种淳朴的乡野建筑的韵味。

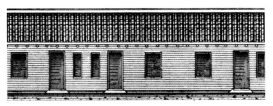

a 立面图一

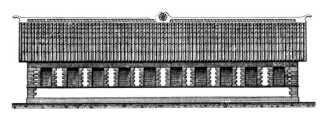

b 立面图二

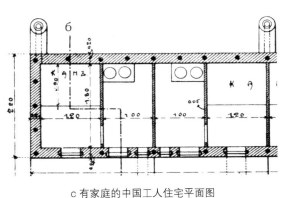

c 有家庭的中国工人住宅平面图

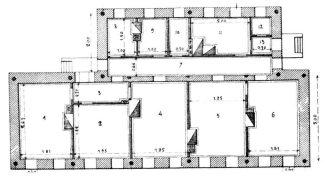

d 临时性住宅平面图

图5.20　仿照中国东北本土做法建造土坯住宅的设计图

数量最大的一种形式是俄中合成样式。

俄中合成建筑样式是中东铁路常用的一种样式，尤其在铁路建设期设计建造的站舍和住宅中更为普遍。由于掺杂了中国传统建筑的语言，因此，虽然还有很大程度的俄罗斯建筑形式内容，但是它已经完全属于附属地内部一种全新的语言，又被称为"中东铁路附属地方言风格"。对于这种风格类型前文已经有大量描述，这里从略。

5.2.1.2 包容品质的艺术意蕴

作为中东铁路建筑文化的艺术特色之一，包容不仅仅体现在建筑风格的多元构成上，还体现在它回应工业革命与现代转型交叠的巨变时期所表现出的气度上。正是这种气度成就了中东铁路建筑文化丰富的构成、多元的表现、历时性的情节、技艺兼备的水准，以及和而不同的艺术境界。

（1）动态展现　中东铁路建筑文化的形成和发展处在大变革的历史时期。这个时期的特点是：各种新理念、新技术、新风格、新事物层出不穷，人们的观念受到各种各样新鲜事物的冲击，一时间眼花缭乱、无所适从。虽然明确而稳定的价值取向一时难以确立，但是，这个时代给社会带来的积极因素却真正地占据了主导，这就是对新事物的乐观包容态度和积极尝试、不断学习的愿望。正因如此，出现在中东铁路附属地的建筑技术、文化、功能类型、风格样式呈现出空前繁荣的局面。

除了各种不同类型的独立风格外，包容品质还常常凝结成许多带有过程状态和"中间"特色的建筑样式。这些建筑样式忠实地记录了中东铁路建筑文化生成演变的点滴细节，同时将无形的文化过程呈现为有形的文化遗产。

首先是文化互动的瞬时凝结。这是一种表现"中间状态"的典型建筑样式，包含了中东铁路建筑中一定比例的建筑样式的来源。瞬时凝结指的是建筑文化原型在向某个地域传播，或与此地域的本土文化发生交流互动的过程中，随机产生的一些作品所呈现出的样式。由于尚处于互动的过程中，作品本身常常带有某种不成熟的特点，比如，两种风格或样式的组合还显得生硬和稚嫩，或文化原型之前已经在中介国经过了一轮传播过程，到中东铁路附属地时属于从中介国而来的第二轮传播（间接传播），因此不但带有文化原型的真正源地所具有的信息，而且带有中介国的信息。这就如向低处汇集的水流一般，发自最本源之处的水流在往下流的过程中，中间的各种支流都不断将自己的成分（如矿物质的构成、水的纯度等）向这个水流中注入，因此，流到最后的水流中已经兼有了各种成分的信息。那么在这股水流汇集中途的任何一个地点取水，人们都会发现水流的成分与来源之处已经有了微妙的变化。而且，这些中间过程中的成分相互之间也均有不同。

瞬时凝结的实例包括通过合成方式形成的新建筑样式，也包括当时的新型建筑风格从俄国及日本转道传入中国的建筑样式。前者的中间特征体现在俄中合成的草创期新建筑样式上，此时的建筑样式带有拼凑的形式感和表面装饰的特征。后者的中间特征体现在新艺术风格在中东铁路附属地内的建筑实例中，既可以找到新艺术原型的一般特征，也会发现其掺杂了俄罗斯传统建筑风格的样式。事实上，新艺术与现代风格的萌发来自于时代进程和全球范围内的科技、社会文化的共同发酵作用，理论、艺术实践和民族语言都可以起到承载或铺垫作用。从日本辗转传播进中国东北的现代主义建筑风格也是这样，带有典型日本本土建筑师的审美取向中惯用的语言及表达方式（图5.21）。

包容表现在过程状态上的另一种类型是中东铁路附属建筑的朴素样式。基于将朴素与包容和中间过程联系在一起的理由：这种朴素感来源于对俄罗斯传统建筑样式的符号语言和建筑构件合成系统的简化和提炼。这种简化和提炼往往处于某种不确定的状态，砖石砌筑和木材制作的成熟工艺和经验做法可以在任何程度上进行选择和中止，因此，"中间"状态保证了设计师与建造者可以根据建设的难度、精度要求及品类的定位采取不同的方案。

（2）技艺兼备　包容品质的另一种表现是，先进的工业建筑类型、新结构形式与带有传统色彩的样式之间形成一种互相包容、互相配合的关系，从而致使原本冷峻的工业建筑带上了一种具有文化意味的表情。其实，从工业革命发源地英国的工业建筑实践看，工业生产意识带动下的大机器生产和新材料、新技术的革新已经彻底改写了工业建筑的原始形象和空间尺度，以追求实用技术与生产效率为目标的建筑比以往任何一个时期都更注重实际功效，因此倾向于舍弃装饰。从工业建筑最早的原型——伦敦水晶宫来看，虽然钢框架的形式还沿用着巨大的拱形空间的外部形式，但是，这种传统样式更多是出于结构的考虑，拱形只是有一点传统的影子而已。然而，也许是俄罗斯民族更具有怀旧情调的缘故，中东铁路的大型工业厂房却表现出了对传统样式恋恋不舍的形象。从最早出现的中东铁路哈尔滨总工厂厂房到阿什河制糖厂厂房及大库房，乃至遍布沿线的大型机车库，都无一例外地展现了精美的传统砖工装饰效果，堪称达到了建筑的极高标准——技术与艺术的高度统一（图5.22）。建筑师在理解材料和尺度上发挥了惊人的天赋，而这一切又巧妙地融入了现代材料与结构技术——钢框架结构，使两者不仅在材料性能与结构作用上形成良好的合作关系，而且在形象上有张有弛、有进有退，堪称默契地配合：砖石和砌筑工艺形成的装饰打造主体形象，其效果是恢弘、优雅、自然、带有

　　a 俄罗斯新艺术风格官邸　　　　b 俄中合成样式的尚志火车站　　　c 带有日本传统装饰的现代民居

图5.21　几种带有中间过程特征的建筑风格

　　a 阿什河制糖厂　　　　　　　　b 中东铁路哈尔滨总工厂　　　　　　c 横道河子机车库

图5.22　中东铁路工业建筑艺术

文化感；钢框架及混凝土拱顶打造坚固的结构体系，其效果是空间通透而深远高大、构件轻盈而充满结构美感。

　　中东铁路工业建筑的美学表达方式给我们一种启示——新材料与技术和传统形式之间的一种相互的包容、适应甚至妥协、配合。传统的样式、优美的装饰可以委身去塑造一栋纯功能性的大机器生产车间或库房，而全新的钢铁材料也可以施展自身的柔性品质，甘心被扭曲成各种装饰风格的构件及铁路工程设施的骨架。即使是用作极具现代感的整体框架，如中东铁路大型桥梁，钢结构的具体样式仍然被充分地考虑到了结构合理性之外的形式美感。尤其是当它与支撑它的巨大石砌桥墩、高耸厚重的护桥碉堡组合在一起时，更是达到了一种历史的厚重感与现代的技术感相融合的效果。

　　类似的做法还有很多。在中东铁路沿线，"理性和浪漫交织"已经成为一种铁打、石砌的现实。那些穿越外兴安岭厚重山体的隧道，无论融入了多少最新的设计及建造技术，依然在新艺术风格的装点下显得底蕴深厚、浪漫异常。而站立在隧道前的高大、厚重的堡垒，虽然是用混凝土浇筑的纯功能性构筑物，却恰到好处地诠释了自身堡垒形象所自然具有的体积感、厚重感、历史感和苍劲气势，这不能不说是材料与形式之间的成功合作案例。

　　（3）和而不同　　多元特点表现的不仅是包容的品质，还显示出包容的能力。当多元性升华到文化并置、和睦共处的时候，包容已经达到了一种境界，用中国人的传统理念形容，叫作"和而不同"。

　　"和而不同"是中国儒家的一个理念，原文为："君子和而不同，小人同而不和。"在中国传统理念中，"和"是一种非常重要的核心概念，描述一种存在于整体之中的、不同事物之间的关系，即：多样与统一的高度和谐。"和"与"同"的差别是，"和"是表面不同下的大同，是高层次的协调；而"同"只是表面形式的一致，是一种低层次的协调。晏婴就曾说过："若以水济水，谁能食之？若琴瑟之专一，谁能听之？"可见，形式上的过度一致，虽然可以带来统一的效果，却毫无情趣可言。只有艺术上的"和而不同"才是一种更为成熟和理想的状态。

中东铁路建筑文化中的"和",是一种多元建筑文化共生和并置的状态,包括多元的建筑风格、多样的建筑形式、多类型的建筑功能等(图5.23)。这一切因素整合在一起,共同讲述一个生动、完整的故事。"统一性完全不同于一致性,它不是基于消除各种差别,而是使这些差别在一个和谐的整体中整合。"[48]由于铁路附属地建设之初确立的基调就是新生建筑文化的多元并举,因此,建筑文化的自由实践、平等展示就成了铁路附属地建筑风貌控制的基本原则。尽管这其中有俄罗斯本土建筑从欧洲建筑传统样式中自由借鉴、发展、创新的历史基础,有俄国刻意打造"开放、中性"形象的考虑,也有日本受明治维新欧化运动及现代风潮影响的现实因素,但无论如何,中东铁路附属地内的建筑景观与城市风情依旧堪称融贯中西、沟通今古的大场面,有一种吞吐一切、包容一切的大气度。

仅就建筑的品类与形制而言,中东铁路的建筑也具足了特别的丰富程度和众多的层级属性。"文化传播促成了文化分层。……文化作为社会的大系统,当然是存在一定的结构的。文化的结构是指组成文化系统的各个要素在时间和空间上的排列和组合。"[19]中东铁路建筑文化的形成时间虽然比较短,但是,由于这段特殊历史时期复杂的国际形势变化和政治风云的影响,仍然呈现出清晰的文化沉积层次。这是因为每一个历史阶段都有相应的建筑样式和主导风格,这些建筑物以不动产的物质文化形态真实存在,成为这段文化历史的见证。这是一个特殊的文化现象,不同时期的建筑将无形的文化凝结为如岩石的沉积层断面那样一目了然。图5.24展示的是东部线小站下城子站中东铁路时期历史建筑的现状照片。可以清晰地看到,小站汇集了折中主义、日本近代、西伯利亚地域俄式风格,甚至带有古典主义倾向的建筑风格。

在模件现象一节中,我们已经谈到了模件的系统性与层次性的问题。当模件体现在建筑层面时,带有模式化的建筑的等级模型、规模控制、阶层属性等因素都具有多层次、多类型的特征。等级上,从一等站、二等站一直到会让站标准站舍建筑模式的设定;规模上,从50人的兵营到100人的兵营、200人的兵营、到更多人兵营的定型设计控制;阶层上,从大型公共建筑到小巧的城市景观小品,从

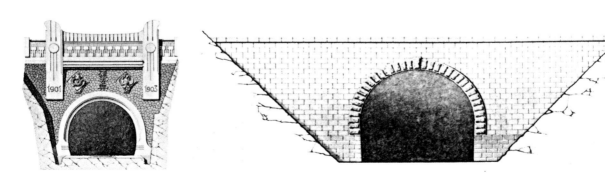

图5.23 具有新艺术风格的兴安岭隧道口和简洁的绥芬河三号道口

a 火车站

b 铁路住宅一

c 铁路管理用房一

d 铁路管理用房二

e 粮库

f 铁路住宅二

g 铁路日式住宅一

h 铁路日式住宅二

i 铁路住宅三

图5.24 下城子小站里的多元风格建筑

官署的"正式"表达到民宿的"杂式"呈现。尤其是针对筑路时期和城市发展时期的建设速度，多元的建造标准和艺术水准已经成为一个基本的现实。

　　铁路附属地"和而不同"的建筑文化风尚直接地反映了附属地内人群的多元构成特点。涌入铁路附属地的不仅有出身名门贵族的俄罗斯上流社会人群和富商、艺术家、知识分子，还有众多落魄的平民、被驱逐的犹太人、寻求生活机会的朝鲜人等。同样进入满洲的中国移民则汇集了五花八门的身份：商人、知识分子、手工业者、破产的农民、流浪者、寻找发展机会的年轻人。不同种族、不同阶层、不同信仰、不同行业的人通过各得其所、各司其职的方式构成了一个奇妙的组合，共同生息在那段颠簸动荡的岁月里。

和而不同还表现出了对所有外来文化及殖民地本土文化的尊重态度。有了这个态度，新建筑样式才能完成与中国东北本土建筑的对话；沙俄时期的附属地才能兼具了"新俄罗斯风、国际性、中国化"三位一体的文化结构（图5.25）。中东铁路合成建筑体系搭建了一个沟通俄罗斯民族与中国文化交流互动的桥梁，这个桥梁跨越了不同民族生活模式和文化类型的藩篱，同时也通过了西伯利亚和中国东北地区恶劣自然气候的挑战。在铁路沿线优美的自然景观中，建筑以它们充满本土气息和西洋轮廓的表情成为所在环境的最好点缀；而在大小站点和不同规模的城市中，无以计数的西洋、东洋、国际式和中国式建筑永久地定格在共生的状态中，展现着门户开放的大背景下的铁路独立王国里特有的区域建筑文化风情。

5.2.2 创新——艺术观念的特色

对任何一个文化的发展来说，创新都是灵魂。而对于刚好处在文化传播和转型同步进行中的中东铁路建筑文化来说，创新不但是统摄整个文化发展进程的灵魂，更成为这份特殊建筑文化的特色艺术观念。

5.2.2.1 创新特色的多元表现

中东铁路建设时期正是一个人类文明的大变革时期。在此之前，在世界范围内出现的工业革命进程已经形成了一股强劲的势头，这股势头席卷和冲击着一切传统和经典的文化及艺术形式，使现代主义处于呼之欲出的黎明时刻。由于中东铁路秉承了工业文明的实用逻辑，加之筑路工程所处的大时代背景，因此铁路附属地范围内的设计和建造活动都具备了一切新生事物的新锐特征，创新成为一种自发的意识和基本态度。

对于中国东北地区整个区域而言，由于原有建筑文化及一切文化的相对滞后，"创新"在这里既包含了真正意义上的原创，也包含了流行于欧美俄日等文化强势国家和地区的新技术、新风格、新样式的引入。中东铁路建筑文化的创新体现在两个大的方面：建筑设计及建造形式上的创新；城市规划理念与规划方法上的创新。建筑设计及建造形式上的创新有三个方面的表现，即技术创新、风格创新和空间创新。

（1）技术创新　近现代化的主要特征之一就是新技术的广泛应用。中东铁路筑路工程汇集了各种各样的工程技术，包括筑路技术、桥梁技术、隧道技术、机车制造技术、取水给水技术、采矿技术、建筑技术（结构、材料、工艺等）、城市规划技术等，是工程技术一个大的集成。面对如此众多的技术类型和复杂、多样的环境条件，引入新技术、改良传统技术和应对具体情况做技术的适度创新

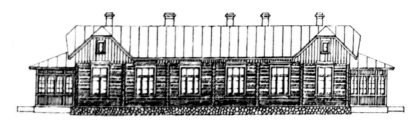
a 新俄罗斯风木屋

b 新艺术风格校舍

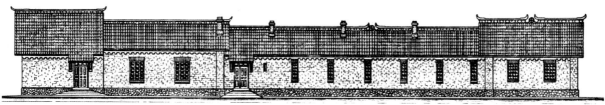
c 中俄合成风格的铁路建筑

图5.25 "新俄罗斯风、国际性、中国化"三位一体的建筑样式构成

应用，都大大推动了技术创新的意识和水平。

工业建筑上的建筑技术创新最为明显。在中国南部沿海城市的钢筋混凝土结构、钢结构在建筑上还处于新生事物时，中东铁路的一些大型厂房、大型机车库就开始大量运用这些技术了。大型机车库的连续拱形屋面、钢结构的立柱都是全新的形式。连续拱形屋面在中东铁路的建筑中是一种非常典型的做法，用来获得跨度较大的空间。这也是中东铁路技术应用和创新上的一个典型案例。

对传统结构形式的巧妙运用也是一种创新的重要类型。常规厂房利用传统材料和结构形式来获得大空间，如利用复杂的连续多组木制人字形屋架形成整体屋面结构等做法。实例有中东铁路总工厂、德惠铁路站区库房、哈尔滨华英油坊车间等。巧妙运用传统建筑结构形式来解决大跨度或高承载力等问题是中东铁路筑路工程中常见的做法，木构临时铁路桥就是这样的结构。另一个案例是活动式建筑结构，如军营厕所。这些木制可移动厕所除了基础部分安装了轮子之外，与固定的厕所基本相同。此外，厕所的粪便池被做成抽屉形式，可以随时拉出倾倒。整体可移动、局部可抽拉、工艺巧妙（图5.26）。

对新材料的掌握和创造性运用已经起到了示范性的作用，一些当初建筑师率先开创的设计方法和技术工艺直到今天还在被广泛应用。如在普育中学的结构设计中，设计者和建造者创造性地发明了利用混凝土柱代替中国传统建筑的圆木立柱的做法，同时利用外表装饰的纯粹中国主题达到还原中国建筑整体形象的效果。这个做法在后来的中苏友谊宫及更多类似的建筑中都得到了广泛应用。

通过技术创新，新材料的品种和类型不断增加，其中，哈尔滨伏尔加建筑公司的老板甚至在美国申请了一项建筑材料的发明专利——人造大理石。新建筑材料的范围不仅扩展到那些刚刚被发明或发现的材料上，还不可思议地扩展到了一些原本并非用作建筑材料的昂贵材料上，玉石就是其中的一种，没有人能想到：垫在华俄道胜银行建筑基础下的石材是蛇纹玉！除了昂贵材料，一些极度廉价的材料和原本属于食品原料的物资也被扩展进了建筑材料的范畴：前者如中国东北最原始的土坯技术，用于快速搭建日俄战争归来将士的兵营；后者如热豆油，用于涂抹厕所的屋面层以防止雨水的渗漏。中东铁路建筑的技术创新具有一种"无所不用"的胆量和智慧！

俄国和日本建筑师都在建筑技术方面有许多创新性的贡献。以哈尔滨为例，建筑师M.图斯塔诺夫斯基不但承接建筑设计和建设工程的任务，还倾力研究钢筋混凝土这种新的结构，甚至出版了相关的使用手册。他采用的拱形楼板结构成了一种非常具有结构抗震优势的新结构形式，得到日本工程师协会的高度肯定，称"拱门和椭圆形屋顶的加固方法开创了抗震建筑物的新时代"。

在桥梁、隧道的建设上，中东铁路汇集了当时最先进的技术手段。兴安岭隧道，松花江、第二松花江及嫩江上的大型桥梁无论设计和建造都堪称宏伟的工程。中东铁路松花江大桥的整体造型和钢结构的细部都显示出了成熟的技术水平。位于海拔973米的山脊，全长8 078米的中东铁路兴安岭隧道尤

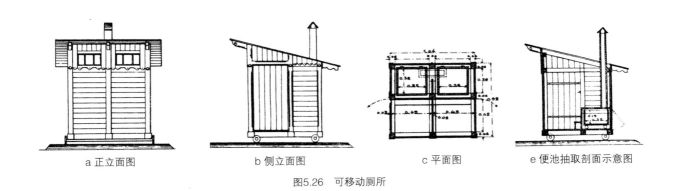

a 正立面图　　b 侧立面图　　c 平面图　　e 便池抽取剖面示意图

图5.26　可移动厕所

其如此。这座设计成复线的隧道不但内部难度系数大、工程技术复杂，单就修筑引道和竣工前的替代性通车方案就是重要的创新成果。当时，西侧岭顶表面平缓，东侧陡峭，设计师设计了2千米长、15%坡度的螺旋形展线将铁路抬升至隧道口。1903年中东铁路交付使用时，因为兴安岭隧道尚未开通，线路设计人员临时设计、修筑了"Z"字形越岭线，每列车每天进行3个折返，牵引5辆货车进行交通运输。这些都是充满胆量和智慧的伟大工程创举。

新技术与传统技术的组合运用也是中东铁路建筑技术创新的一种典型方式。在大型铁路机车库的结构形式上，就是采用钢结构立柱和砖石承重墙体以及连续的拱形屋面组合承重。在给水塔中，上部水塔的周边结构形式为金属框架结构，下部为砖石结构。甚至在铁路机车车厢的设计和制造上都充分体现了当时最先进的技术水平。作为介于建筑空间和机械设施之间的特殊空间装置，车厢的设计和建造技术同样面对空间和流线问题，甚至还要紧跟时代潮流、体现最新的艺术风格，并且要经受机械制造技术的考验。从实例中，我们可以看到当时设计师的投入、灵感和水平。

（2）风格创新　　建筑风格上的创新是另一种表现。中东铁路的修筑工程带动了建筑样式的一次发明创造竞赛，无论是俄国官方组织的专业设计队伍还是中国的平民百姓，都在这个异常活跃的时代发挥出了自己在建筑审美和形式创造方面的最大能力。

风格首先表现为具体的样式。样式上的创新突出地表现为一种不同民族建筑样式的合成做法上，对俄罗斯民族建筑样式和中国传统建筑样式的组合运用成为中东铁路建筑文化中最突出的文化现象之一（图5.27）。可以说，中东铁路修筑初期建成的一大批站舍就是样式创新的成果。这些做法和审美

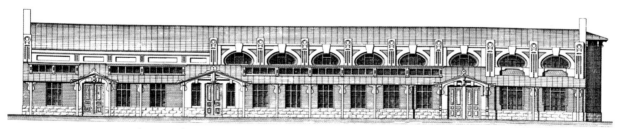

a 俄罗斯风格与新艺术风格

b 中国传统风格与俄罗斯风格

图5.27　合成风格的站舍设计图

情趣直接带动了两种民族文化交流互动的意识和热情，随后出现在中国平民阶层的"中华巴洛克"建筑样式成为又一轮建筑样式创新的大面积实践。

从文化的内在意蕴上讲，虽然两种做法都有相似的合成表现，但是传达的意义却有所不同。"中东铁路的国际性很大程度表现在社会政治方面。巩固在满洲的统治的必要性决定了在设计中出现了很多'中性'的表现形式，其实是为了掩盖俄罗斯建筑背景的入侵。"[13]显然，俄罗斯建筑师的合成设计是一种平衡国家关系和民族文化的手段；而中国平民和工匠们的合成实践则是没有背后的政治思维的，自发的设计只是一种对时尚样式、异族风格的"华贵、摩登"效应的感性追逐与对工艺手法的炫耀性展示而已，而其中表现的中国古典装饰的大量运用则恰恰是带有深厚基因的传统人文理念和本土情怀（图5.28）。

作为一种新潮的风格引入并通行于中东铁路建筑实践的是新艺术风格。由于有各个艺术门类同时介入、全面呈现的"运动"背景，新艺术风格得以快速形成、发展、传播、普及，并成功经由俄国全面进入中东铁路建筑设计和建造活动。在中东铁路沿线，新艺术之风盛行，不但占据了大量最高级别的公共建筑，还在大量的市井民用建筑中落地开花，呈现出繁荣的局面。

新艺术风格善于借用优美的植物曲线的做法使它天生就具有浪漫的艺术气质。这种气质既不同于中国传统建筑的沉静和深邃，又不同于俄罗斯传统建筑及任何西方古典建筑的丰富精美和文化姿态上的优越感、崇高感。正如它的名字那样，"新艺术"是一种新生艺术，是一种极具朝气和活力的艺术，也是一种正在不断发展演变中的过程艺术，甚至是一种高度自由的平民艺术。由于借用了大量优美的曲线形态及装饰做法，新艺术风格建筑会给欣赏者雅俗共赏的感受，装饰主题的抽象性和具象性娴熟调度成为新艺术建筑的共性特征。

a 原天丰源货店

b 南勋街317-323号

图5.28　中华巴洛克建筑

现代主义建筑和现代主义建筑风格影响下的简约古典主义作品都是创新风格的代表，前者在满铁附属地内俯拾即是，后来蔓延至日控时期的整个中东铁路附属地。后者实例也很多，无论满铁还是俄国人统治下的铁路站点和城市都建有这样的作品，如哈尔滨埠头区（现道里区）的一些著名的银行建筑。这些在各种程度上达到或趋近于现代主义的建筑作品慢慢使附属地城市的风貌发生了根本的改观。

（3）空间创新　　空间创新是中东铁路建筑创新的实质内容。中东铁路的空间创新实际上是一种传统空间的改良，俄罗斯传统建筑和中国传统建筑都是如此。由于功能的满足衡量着工业建筑和其他一切铁路附属建筑，因此根据功能需要而进行的空间组合就具有某种随机的常态特征。这与古典建筑的空间模式及各民族传统建筑空间构成都不同。根据功能需要进行"空间合成"成为空间创新的来源之一。"对于已经吸收了众多的异族影响的俄罗斯建筑来说，由于来源多种多样，因此在结构上合成呈现出更深入的特征。所以'俄罗斯化'可以作为合成空间结构的一种特殊方法。"[10]最具前瞻性的空间创新是火车站建筑的大面积玻璃墙做法，堪称今天玻璃幕墙的前身。尤其是在寒冷地带建筑通常形象极度封闭的情况下，这一大胆做法更是充满了想象力和创新精神。在这一点上，空间创新与风格创新奇妙地整合在了一起（图5.29）。

传统空间模式背景下的空间创新是建筑向现代理性主义过渡的重要环节。最好地表达这一点的就是工业建筑及工业设施，如哈尔滨松花江联合面粉厂房、铁路总工厂连续跨屋架结构形式等（图5.30）。现代转型的一个普遍表现是公共空间的尺度有了一个根本的变化，这来自于使用功能在这段时间内发生的密集变化。由于电影术的发明，电影放映厅和剧院、音乐厅一起成为重要的空间类型。类似地，铁路交通推动出现宽阔、高耸的候车大厅的大空间；大型机械生产推动出现大跨度、大进深的大型现代化工厂的出现，凡此种种，空间的类型和尺度、形态已经彻底发生变化。

在城市发展的高峰期，大型公共建筑的激增和城市服务行业的需求带动了一些具有现代意识的新空间模式的出现，在枢纽地哈尔滨，这样的建筑实验活动经常出现。在城市经过了低密度、独立式、联户式向高密度、低层联户式、联排式、单元式的发展模式之后，进入20世纪20年代的哈尔滨建筑界甚至出现了非常具有前卫意义的趋势——向高层发展。1923年，几位建筑师合作设计了即使在今天看来也毫不逊色的现代"楼中之楼"——一座配备有先进的生活服务设施的十层居民大楼，里面有500个客房的豪华宾馆。

在今天看来，这座高层建筑就是现代概念的商住综合体。除了500房间的宾馆外，大楼中还布置了各种各样的现代设施：600套2~7居室大小不等的住宅、两座可以举办音乐会的大型酒店、有2 000个座位的电影放映厅、剧院、30家带有开放式咖啡露台的商店和大型冷库等[14]。不仅如此，出于对生活服务内容的全面考虑，大楼里还配置了电话站、邮局、学校、医院、洗衣房、食品店，甚至两座完全按照德国样式设计的大型游泳池。这个今天听起来都像天方夜谭的"摩天大楼"方案，不但在当时

a 赫尔洪德火车站

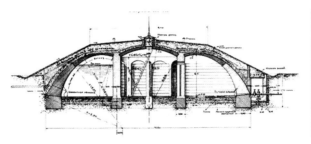

b 覆土建筑剖面图

c 覆土建筑施工现场

图5.29 火车站建筑中首次出现的早期玻璃幕墙与大型覆土建筑

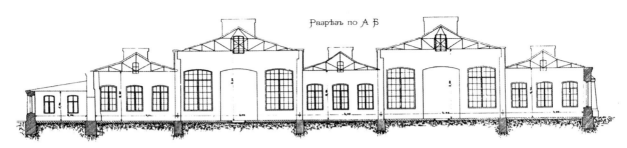

图5.30 中东铁路哈尔滨总工厂连续跨屋架结构形式

5 中东铁路建筑的文化特质解读 | 331

有了具体的设想，甚至还专门成立了股份公司，预算出了1 000万金卢布的总投资，并且制定了相应的工作准则。

虽然这个宏伟庞大的工程由于种种原因最终没有实现，但是，在铁路附属地这个高度城市化的特殊领地，一些具有集约化空间的大型公共建筑还是真正地被建成。1923年，中国建筑师设计了著名的东省特别行政区机关大楼，这座四层建筑占据了一个完整街坊，堪称办公建筑的楷模。大楼里集中了特别区所有的行政部门和执法部门，便于各部门之间的联系沟通，减轻了工作强度。

城市规划理念与方法上的创新是中东铁路建筑创新的另一方面表现。中东铁路火车站点的附属建筑群是最小规模的城市的雏形。随着铁路的运营和发展，铁路沿线聚集的人口越来越多，市街逐渐出现，并慢慢向城市过渡。铁路站点的居民点和站区建筑群都是伴随着铁路出现的新空间形式，与传统的居住区、小工业作坊式的建筑群有很大差异。在铁路沿线，功能性是指导一切建筑群体空间布局的基本原则，因此这种规划方法和理念都是一种新事物。尤其是中东铁路工程局技术部的建筑师和规划师具备了专业学习经历和西方国家在传统城市结构和空间理念上的双重素养，因此，中东铁路站点的市街建设从一开始就是以西方城市空间结构的形式进行的。"街道—广场"构成了城市的主体框架，"公园（河流、树林）"构成了城市公共性的开放空间和自然界面。

哈尔滨的城市规划具有十分突出的创新特征。这个城市的成长过程本身就具有突出的特点，包含了规划建设、自由生长以及两者的有机整合。作为新哈尔滨的南岗区是完整地依照经过反复推敲过的规划方案进行建设的市区。在这个规划方案中，现代化的规划原则得以体现，即通过广场和宽阔的街道共同构成的空间结构体系控制整个城市，同时体现带有巴黎星形放射状街道结构形式和人工与自然环境交融的设计美学。当时，哈尔滨人甚至将南岗区视为哈尔滨的天堂，将道里区视为哈尔滨的人间，将底层平民杂居的道外视为哈尔滨的地狱。"天堂、人间、地狱"在同一座城市里各得其所，成为一种特殊的人文景观。

哈尔滨的后期发展也表现出创新的特征，这就是日控时期由日本人主导进行的城市改造。从"大哈尔滨都邑"的计划案开始，日本城市规划专家就已经将哈尔滨原有注重街道网形式化的布局方式彻底结束，全部延续以全新的矩形网格的街道系统。另一个举措是本着按需所求、问题排序的原则改造城市中最混乱的区域，将整座城市整合为一个秩序井然的完整空间系统。从解决问题的意义上讲，这一时期的城市改造是真正意义上的创新，因为问题的解决丝毫不能建立在虚无和形式主义的层面上，任何一个决策都要真正经过审慎的考虑和周密的选择。

另一座具有创新特点的大城市是大连。大连是伴随中东铁路和海港同时发展起来的城市，它的建设和规划寄托了俄国沙皇政府获取深水不冻港、横贯欧亚大陆的深远企图。按照文献记载，彼得堡的设计师Г·К·Скалимовского具体承担了大连城市规划方案的制订，而这个成功的规划方案被誉为"体现了19—20世纪国内外城市建设创意的极高水准"。大连独特的地理位置赋予它难得的城市外部环境条件。规划方案很好地协调了城市的功能性和城市环境品质之间的关系，巧妙利用了自然环境条件赋予的机会。除了铁路站点与海岸线及港口之间的关系外，火车站选址和建筑设计的本身就是一个很好的创新实例。对地貌落差的平衡获得了从不同高度上进入火车站站舍的机会，而这种控制场地的方式最终形成了极富特色的人流组织模式和空间特色。

大连城市规划的创新之处还在于功能布局和美学效应的多样统一，这些方面分别体现在建筑形式的处理、移民的功能分区、街道和广场的分类上。大连早期的城市规划在一定意义上真正实现了西方"花园城市"的理想模式，非常注重作为人文环境要素的建筑景观和作为自然环境要素的自然景观之间的关联性。原始环境中的自然元素被敏感而智慧地连缀起来贯穿城市的始终，这些自然元素还成为具有市政意义的城市结构的一部分。这样的创新使用方式将城市环境中的自然和人工元素进行了充分整合，形成了一种稳定的关系。时至今日，那些当初由俄罗斯设计师设计的市中心区域还继续发挥着作用。

大连城市规划的一个重要创新点是中国城的建设。将城市化分为四部分（官邸区、行政区、欧洲区和中国区）的做法是一个创举，有可能创造不同文化圈民众的稳定、完整的社区环境。中国城是中东铁路当局对中国建筑文化做回应的一种态度，也是一次集中保护和恢复中国民居历史风貌的尝试。对于在同时涉及军港和中东铁路入海口结束点的双重敏感地段建造中国城，让人对"掩盖侵略"的说法有了更深刻的印象。当然，从城市未来发展的走向和预计上看，由于作为欧亚大陆桥和海上通道的共同结点，预先做出不同民族聚居区的做法也有其合理因素，因为两种交通焦点的城市一定会发展成开放、活跃的国际化城市。

5.2.2.2 创新特色的艺术意蕴

（1）技术集成与经验整合　中东铁路建筑文化的创新表现之一是技术创新，而构成技术创新的基本理念是理性选择建筑技术，根据实际情况和各类技术的优势恰到好处地处理建筑问题。正是因为有了这个指导原则，技术集成成为一个基本的操作方式，而经验也在选择与操作的过程中发挥了很大的作用。

经验是最好的技术。因为"适宜技术"是最好的技术，而经验正是经过实践检验的适宜技术。中东铁路建筑文化中汇集了数量众多的地方性建筑技术、传统建造技术、建筑构造的传统做法，堪称传统技术的一次空前汇集和与新技术的大规模组合使用。比如石材砌筑的工艺，中东铁路建筑0中有两个工种借助了成熟技术的施工人员，开凿、砌筑兴安岭隧道的意大利石匠和砌筑主线虎皮石墙体建筑的中国山东石匠。其结果是，兴安岭高质量地完成了具有世界先进水平的隧道修筑，而虎皮石墙体的特殊石材肌理与数千里之外的中国山东民居建筑取得了惊人相似的神情。再比如采暖的做法，中东铁路附属地内的许多建筑结合了俄罗斯和中国的传统技术：俄罗斯民族的壁炉、火墙；中国的火炕（图5.31）。将这两种技术结合在一起可以创造出一种全新的空间形式

a 中式火炕灶台和俄式火墙灶台构造

b 带有俄罗斯灶门的中式火炕灶台

图5.31 中东铁路建筑中的中式火炕灶台和俄式火墙灶台

和采暖保温技术。

从中东铁路建筑设计及施工过程的管控技术层面看,"模件"的运用是俄国在西伯利亚大铁路的设计建造过程中总结出来的高效做法,也是一种管理和设计策略。当筑路工程非常浩大时,一套统筹的设计和施工办法是极其必要的,借用"模件"快速衍生设计方案并进行标准化施工正是这样一种聪明的办法。

"合成现象"是俄国整个民族的建筑文化在几个世纪的发展传承过程中总结出来的最有效的办法——能快速发展出一套独立的建筑风格和形式。从根本上讲,"合成形式"对于古典或传统形式来说其实就是一种变异或转型之后的形式,在这个意义上,合成是一种接近现代观念的做法。现代化的特征之一就是利用合成原则建立基础形态,而这对于俄罗斯这个民族来说可谓顺手拈来:俄罗斯建筑已经吸收了众多异族的影响,所以"俄罗斯化"可以作为合成空间结构的一种特殊方法。

技术合成还表现在高难度工程技术问题的解决过程上。如当时的松花江大桥、兴安岭隧道等工程设计和施工过程都是不仅汇集了最新的技术,而且汇集了最高水平的设计与施工技术人员。大工程的施工队伍在世界范围内的招聘与组合、建筑材料在全世界范围内的采买与调集,无不显示出这条跨国铁路线的非凡实力与创新机会的珍贵程度。正是这种空前的阵容使得创新和个性成为中东铁路建筑文化的一个艺术品质。

（2）新潮观念与文脉意识　创新在铁路附属地能发展成一种风气和自发的意识，充分表明了在"国中之国"的特殊条件下，跨文化传播所具有的鲜活生气。这是跨文化自身的规律造成的，文化碰撞互动的区域总是会产生一些奇妙的文化现象，从而在各民族文化交往与对话的同时产生一种求新、求异的新潮走向。在铁路附属地，这种气氛和共同烘托出这个气氛的人、时代通过互动，将文化传播的演进引入一种良性循环：铁路交通驱动了文化和经济的快速发展，文化与经济的发展带动了移民的大批涌入，移民的涌入再次推动文化与经济事业的繁荣，文化与经济的繁荣吸引更多的移民。

以哈尔滨为例。由于移民中有大量的艺术家、学者、技术人员乃至曾经的达官显贵，因此，哈尔滨很早就形成了一种浓郁的上流社会文化风气。推动这一切发展的除了各种各样新兴的文化艺术活动外，高等院校的兴办也不断将文化和新思潮、新技术提升到一个既有活力又具有先锋思想的高度上去。当时，哈尔滨的一位俄国教授T.K.金斯曾经感叹："新思潮就这样在哈尔滨诞生了。"他发现，哈尔滨已经形成可以促进中、俄、日各民族文化艺术相互合作与和谐交融的有利条件。在20世纪30年代的时代背景下，社会、科学、文化活动家都积极推动多民族文化的繁荣共生。事实上，建筑文化在附属地内部的发展也正是走了这样一条路。多元文化的混搭结构塑造了丰富多样的场景，而其中任何一种来自于某一民族的建筑文化，对本民族而言是一种归属和荣耀，对其他民族来说是"新潮"的一部分构成元素。由于年轻的铁路附属地缺少深厚的文化根基，因此，身在其中的民族都想扩展自己的文化影响，从而在文化传播、接受与选择的过程中存留下来。这种主动弘扬文化的意识促成了多元文化共荣的局面，这种意识也是新潮观念出现和发展的重要推手。

建筑师对中东铁路建筑文化所起的作用也是非同一般的。由于中东铁路管理局施行城市建筑师制度，因此，建筑师的学术视野和观念就起到了关键作用。曾经设计哈尔滨火车站和莫斯科商场等大型公共建筑的建筑师K.K.伊奥基什就是这样一位具有新潮意识的建筑师。在规划哈尔滨的城市建设和一些重要公共建筑的设计定位时，他"博采众长，用各种手段鼓励和倡导各类设计人员和具体工程实施人员的创作性自由"。伊奥基什的思想火花同样呈现于哈尔滨的城市规划方案，其独特的情调与哈尔滨早期大型建筑的风范一同塑造了闻名遐迩的哈尔滨，也显示了建筑师和城市规划师的造诣。

在这个过程中，中国文化因素也起到举足轻重的作用，这种因素来自于铁路附属地所在的中国本土环境和渗透几千年的传统文化精神积淀。正是建筑文化自身拥有的高度成熟的风格样式和内在底蕴征服了异族的侨民，使他们产生强烈的好奇心和与这个古老文明对话的愿望。这个愿望通过中东铁路工程局和管理局建筑师的设计呈现为数量巨大的俄中合成风格建筑，偶尔也会以高度仿真的中国传统建筑样式出现。

（3）时代尺度与人文情趣　　新潮的文化意识受到了时代文化气氛的鼓励和推动。在中东铁路附属地形成和建设的年代，中国的南部城市已经出现大规模的现代转型和快速城市化进程。这些变化受到西方列强经营租借地的强力推动，也以清政府的洋务运动和民间民族资本工商业的兴起和发展为后续力量。中东铁路附属地的直接推动力量是俄国和日本，这两个国家的工业化进程已经非常深入，同时在近现代转型方面仍处在不间断的变化过程中。

从铁路附属地城市的建设策略看，俄国和日本在具体手法上走了不同的道路。俄国的城市建设者更具有浪漫气质和荣耀心理，因此，哈尔滨和大连短时间就被他们打造成了华美壮丽的城市。他们采用的是带有图案化美学的规划方式，在建筑的风格和样式上也格外用心。日本选择了更彻底的现代化道路，虽然长春等大城市也用日光式的放射状道路系统规划整个城市，但是，日本在许多方面的城市建设政策更侧重公共环境的完善和市政设施问题的解决。尤其在对大城市的改造方面，日本在附属地内做了许多具体而务实的建设。以哈尔滨为例，"自20世纪30年代开始，城市的规划创新行动就已经开始。当时的城区面貌已经大为改观，低矮的破旧民房已逐渐让位于高大宏伟的新型建筑；沼泽低洼的荒草甸子也逐渐被设施齐备的大型街区所代替"[14]。

时代尺度还反映在工业技术所带来的空间变化上。除了大跨度、大进深的高耸空间之外，许多面积庞大的综合类公共建筑开始出现，建筑综合体雏形也展现端倪。世纪初的中东铁路管理局大楼就是一个超大型办公建筑，封闭的内部环形道路系统四通八达。中国本土建筑师甚至设计出了东省特别行政区大楼那样的庞然大物。这座设计于1923年的四层建筑整整占据了完整的街区，而著名的南市场更是具有夸张的尺度，成为吸引市民的重要场所（图5.32）。

中东铁路时期的现代气息中包含着两种截然不同的人文情趣，一种是具有浪漫气质的新艺术、装饰主义和各种各样倾向的折中主义；另一种是简洁纯净的现代主义。正如在城市发展道路上选择不同风格一样，俄罗斯民族在铁路附属地内的实践倾向于具有浪漫情调的新艺术和折中主义，建筑形象也常带有主题化的装饰（图5.33）。而日本民族则更大程度上选择了现代主义。这种选择的结果是，附属地内汇集了各个时期、各种各样的建筑风格样式的作品。正是这种相互补充和配合，才使得铁路附属地的创新有了完整的全过程展现。

此外，人文情趣还产生自中东铁路的建造过程。来自中国山东、河北等中原地区的建筑工人在有限的实践机会中将他们的审美取向和才能通过建造房屋的机会巧妙施展，从而将中国本土的传统价值观和美学意匠与带有外民族建筑样式的建筑紧密地焊接在一起。中东铁路南支线一间堡车站铁路工区建筑的石砌墙面上清晰地出现多个细致打磨出的桃形图案，唯一的可能是建筑工人兴之所至、临时发挥的结果（图5.34）。类似的现象还有西线雅鲁的铁路住宅，在山墙顶部屋檐下的木构件出现石榴和桃子的形象，这些都是中原地区对"多子多福""安康长寿"理念追求的自然表露。

图5.32 大尺度的餐饮商业综合体与南市场

a 旅顺　　　　　　　b 哈尔滨一　　　　　　c 哈尔滨二

d 哈尔滨三　　　　　f 绥芬河　　　　　　　g 一面坡

图5.33 建筑的动物与人脸装饰主题

5 中东铁路建筑的文化特质解读

a 一间堡桃形石块墙面之一

b 一间堡桃形石块墙面之二

图5.34 糅合了中国传统民俗理念的石砌图案

5.3 俭省-因借——建筑文化的技术理念

中东铁路的建筑文化中蕴含着强烈的工业设计理念，这个理念包括现代工业所推崇的节俭、效率和标准化生产。与此同时，中东铁路筑路工程本身又是一个规模浩大、投资巨大的系统工程，无论时间进度还是资金投入上都需要尽可能地注重高效和节约。因此，"俭省"成为中东铁路建筑文化的重要技术理念之一。此外，在解决建筑材料及环境关系问题时，铁路工程局的建筑师和工程技术人员还总结出一整套巧于因借的解决办法，使建筑施工不但更为简单易行，还获得了与所在环境的良好契合关系。因此，"因借"也成为中东铁路建筑文化的重要技术理念之一。

5.3.1 俭省——理性的工业设计思维

"俭"是中东铁路建筑文化的技术理念之一，具体指代"节俭、简约、朴素、廉价"。尽管许多为人们所熟知的中东铁路著名建筑都是堪称华美的建筑艺术品，但是就占有更大比例的铁路附属建筑而言，俭省、朴素才是其典型表情。尤其是等级低的站舍和数量巨大的铁路职工住宅，形象大都十分朴素。这种简朴的气质甚至还出现在建筑内部空间的安排上，如许多火车站的候车室都没有设置公共卫生间，只在站区里设一个小公厕，连20世纪20年代新建成的哈尔滨香坊火车站都是如此。除了表面形象上的特征外，中东铁路建筑"俭"的特征集中表现在两个方面：其一，设计与建造过程中的低技术与灵活处理；其二，设计及使用过程中无处不在的"通用"现象。

5.3.1.1 "低技术"的设计与建造策略

中东铁路近代建筑技术是一种"低技术"。"低技术"往往表现为某种传统技术，这种技术有很好的综合效益，因此也是一种"适宜技术"。"低技术"还是一种降低技术难度的建筑设计方法，因为它可以大大降低建造的成本。

低技术首先包括了"传统工艺"与"传统做法"，以及就地取材的建筑材料获取方式。事实上，中东铁路建筑的传统技术中很多做法带有原生态、原创性的意味，很多工艺和技术是常规材料的反常规使用方式，如用热豆油作为防渗漏涂料在公共厕所墙壁上的使用等。这个技术除了需要豆油原料及加热过程之外，几乎没有任何技术难度。威廉·莫里斯（William Morris）说："与当前各种条件相联系的手工艺能够在劳动中创造出美与欢乐。"[49]

生土建筑也出现在中东铁路建筑的类型中（图5.35）。生土就是没有经过烧制的黏土，作为建筑的砌筑材料，生土一般需要先制作成土坯才能进行砌筑。土坯的制作非常简单，除了必要的木制模具外，建筑材料就是黏土、水和小麦的秸秆。土坯制作出来以后，一经晾晒干燥就可使用，通常与黏土砖的砌筑方式相同。土坯建筑的优点是取材简单、造价低廉、建设速度快，但缺点是不耐久，不耐潮湿。土坯建筑在中东铁路附属地内的用途是建造大量临时居住设施，包括临时的兵营、中国工人居住的住宅等（图5.36）。

生土建筑用于中国工人住宅的做法带有歧视中国人的因素，但是从标准设计的总图上看，虽然房屋用土坯建造，这些当时的工人住宅居然还都配置了各自的小院和菜园子。当时中国工人数量巨大，砖材在整个筑路过程和建设的早期还是一种紧俏的建筑材料，而土坯建筑当时对于中国人是非常熟悉和常用的建筑方式。在当时中国东北的自然村落中，除了殷富之家外，一般农民居住的都是这种土坯垒成的生土建筑。这种建筑类型在快速提供大面积居住空间上的优越性非常明显，中东铁路工程局借用这种建筑形式为日俄战争期间的3万余名俄国官兵建造了半地下的土坯房兵营。这些兵营后来住满了中国老百姓，哈尔滨和兴路附近的"兵营区"的称呼就是由此得来的。

设计者在使用传统建造技术时也表现出一定的灵活性。中东铁路近代建筑对传统技术的利用可以概括为：整体继承、适度创新。充分利用俄式木构建筑变化无穷的技巧：叠、垒、镶、雕、贴、

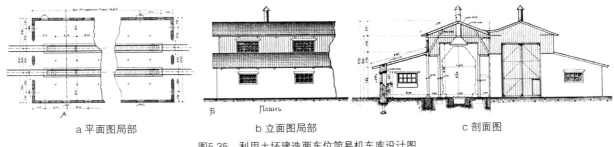

a 平面图局部　　　　b 立面图局部　　　　c 剖面图

图5.35　利用土坯建造两车位简易机车库设计图

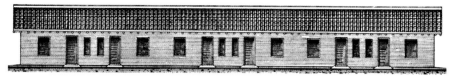

a 立面图　　　　　　　　　　　　　b 剖面图

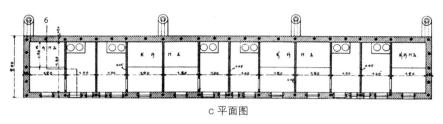

c 平面图

图5.36　有家庭的中国工人土坯住宅设计图

架、搭、铺、挂、挑、撑，同时对砖木建筑的常规做法也进行适度发挥，如火墙与承重墙平面布局的交替设置；火墙与楼梯间墙的合一、"砖包木"的建造方式等，无不表现出设计和建造者在传统技术创新上的智慧。在塑造建筑情感方面，对整体背景环境回应的做法也具有启发性，如建筑外部色彩的运用，无论红色黏土砖墙还是刷有黄色涂料的外饰面都极力营造一种温暖的气氛，这成了对寒冷和风雪灾害的一种具有公共意识的防范和缓解手段。

用设计代替技术来解决问题是中东铁路建筑文化的智慧表现之一。可以说，中东铁路建筑的"低技术"做法包含着通过建筑设计的手段解决建筑技术问题的巧妙处理方法。与今天专门增加设备设施的技术手段相比，在设计中一次性解决物理性能问题和创造良好的效益堪称最高明的办法。在中东铁路建筑的典型设计中，空间形式追随气候条件及使用模式而出现，如阳光室、门斗、地窖等空间的做法。

中东铁路建筑的屋顶形式选择是一种典型的低碳方案。中国东北地区建筑屋顶的积雪荷载以及雪水排放是关键难点，倾斜的屋面巧妙地分解了雪荷载对竖向承重墙体的压力，改善了整栋建筑的受力分布情况。屋面的铁皮压条自然地形成了竖向肌理，非常便于雨水和雪水的排放。另外一些做法包括：采用火墙火炕的方式进行采暖，技术廉价易行，但有很好的采暖效果；运用木质门斗解决入口防寒问题，配合以踏步内置做法，既防寒又避免室外踏步的积冰及滑倒隐患；利用建筑内部地窖廉价地创造出"生态冰箱"，以补充冬季储藏条件的不足等。设计师甚至还积极利用流传在民间的"覆土"建筑做法，建造大型的冰窖、蓄水池、蔬菜地窖库房。此外，建筑师对中国式屋面形式的借用也是设计上的一种技术处理方法。尤其是站舍的大屋面对排放雨水和创造檐下空间都提供了帮助。此外，扩大夏季乘凉、冬季纳阳的凉廊和阳光间都是中东铁路附属地重要的建筑设计手段，这些手段都带有技术考虑的因素。

"灵活处理"在设计阶段被解读成对简易标准的包容和认可。从标准化教堂学校的定型设计建造做法可以看出，在时间紧迫、任务繁重的情况下，中东铁路建筑文化充分展现了实用主义的魅力和"艺术降位"的高度策略性。简易标准导致的朴素感与建筑材料的缺乏有一定的关系。当时，铁路附属地内的砖材短缺，民间自发出现大量的小砖窑，这些砖大部分也成了中东铁路的建筑材料。由于私人小砖窑烧制的黏土砖规格、质量参差不齐，因此，常常出现同一栋建筑外墙砖不同规格和颜色混杂砌筑的现象。工匠们甚至发明了在木刻楞建筑外面加砌一层黏土砖的做法。在当时看来，用原木垒叠而成的建筑带有临时建筑和简易建筑的色彩，而砖砌建筑则具有更为正式的永久性建筑特征。在建筑设计及建造的问题上，铁路工程局的态度是"首先解决有无、其次解决好坏"，这成了一个考虑问题的基本排序原则。从中东铁路时期老哈尔滨（现香坊区）快速建造简易住宅的老照片中我们可以清晰地看到这一点（图5.37）。

中东铁路建筑的设计和施工都存在突出的灵活处理表现。首先，设计过程的灵活处理表现为功能对俄罗斯传统建筑经典样式的修正和突破。简易标准甚至直接颠覆了传统建筑样式对形式美法则严格遵守的规则，从而制定了某种临时建筑才有的随机样式。打破传统建筑的对称模式和立面构成的经典样式是经常出现的情况，这些牺牲被用来成全功能需求和基本建筑性能的满足。例如，人们常常发现中东铁路建筑形式中一些"奇怪"的关系，比如：山墙顶端的开窗与正中轴线位置做些微偏离。此外，施工过程中的灵活处理也比较普遍。除了中东铁路"定型设计"一套图纸派生无数种具体的建筑形式之外，在具体建造的过程中，工匠的个人发挥和建筑材料的随机选取都会给同样设计方案的建筑带来不同的外观效果（图5.38）。这两种因素产生的作用是，工匠也参与到建筑形象的塑造当中。

在俄罗斯民族传统砖石和木建筑中，装饰已经成为一种规范，越是精细、繁杂的样式，俄罗斯味道越浓（图5.39）。中东铁路建筑在装饰样式上没有走入繁文缛节的极端，而是保持在"适度"丰富的标准，将俄罗斯传统风格以尽量少的符号、尽量简单的方式"点到为止"。比如在最能彰显其俄罗斯传统建筑风格的山墙落影装饰上，大部分建筑的落影装饰图案比较简单，通过富有规律的凹凸层次完成；有的机械地重复简单的错位，甚至简化到将多个阶梯状的落影图案拉直成一条直线。即使是非常丰富细腻的木雕装饰也都具有符号类型上的统一性。考察俄罗斯建筑常见的砖砌和木雕装饰，我们可以清晰地感受到中东铁路沿线的建筑样式已经经过了良好的提炼和简化。

中东铁路沿线建筑给我们很多启示，其原始的生态技术和不张扬的设计手段再现了现代建筑名言"少就是多"。在这里，"少"体现为一种尊重自然的谦逊姿态和节俭克制的经营理念，"多"则是这种理念的回报，体现为经济上、环境上和审美上的综合效益。

a 树立支撑体系

b 土坯垒砌的墙面

c 快速完成的简易建筑

图5.37 1899年香坊临时住房建造工地

图5.38 石涵洞石块砌筑样式的随机控制

图5.39 俄罗斯建筑中常见的砖砌和木雕装饰

5.3.1.2 梯度控制与通用机制

俭省的另一个表现是：中东铁路建筑文化中存在着非常普遍的"梯度控制"现象与"通用机制"规则。

梯度是"依照一定次序分层次地"展开或"依照一定次序分出的层次"来配置建筑内容的方式。中东铁路建筑文化的塑造过程始自筑路期间铁路附属建筑的大规模工业化设计和建造实践，因此，工业化的效率意识、集约思维和模件化分级手段都起到了重要的作用。无论是中东铁路全线统一划分工区、相向施工同时作业的施工控制，还是配置严格的各级各类铁路附属建筑和站区、社区及市街形态，"梯度"都是其重要的特征。按照梯度原则进行标准设计及统一配置的做法贯穿全线，不但大大提高了设计和施工建设的速度，还成功地奠定了具有高度统一感的建筑风格。

设计和建造标准的强控制与弱控制也是梯度控制的具体表现。中东铁路建筑文化中既有建筑设计艺术的精品，也有缺少推敲的临时之作；既有豪华气派的大型设施，也有简约朴素的建筑小品。显然，建筑师和工程管理者、铁路城市的总设计师对不同的建筑有一个不同的掌控标准。尚在筑路工程开始期，高度的灵活性就成了中东铁路建筑设计的基本特征。这是几个方面的因素造成的：中东铁路筑路工程整体工期紧张，配套建筑工程只是整个工程的附属部分；中国东北地区比较苛刻的气候条件对施工期的影响和对建筑性能的要求；中东铁路工程局技术部招募的建筑师群体水平参差不齐，许多人员是刚刚毕业的学生；高寒地带建造活动的典型做法和技术经验对中东铁路建筑活动的特殊要求；等。而城市发展的高潮阶段，大型公共建筑对城市的文化品位和经济繁荣负有责任，因此不惜笔墨，名作辈出。在此背景下，中东铁路附属地内出现了层次异常丰富的建筑文化。

即使是级别很高的公共建筑，在条件尚不具备的特殊时期，建筑的标准也会被随机调整以适应当时的现实条件。人们大概想不到，第一座中东铁路建筑是实实在在的中国本土建筑。据资料记载："1898年5月5日，中东铁路工程局先遣队工程师希特洛夫斯基购买'田家烧锅'内的房屋作为中东铁路工程局的驻地，等待工程局机关的到来。"6月9日，中东铁路工程局机关人员抵达哈尔滨"田家烧锅"，铁路工程局开始办公。显然，中国本土建筑成为第一座中东铁路建筑，而且是级别很高的管理指挥中心建筑，这不是俄国建筑师的设计选择，而是中东铁路工程局的技术和管理人员解决现实问题的办法。"田家烧锅"这座在当时的老哈尔滨（现香坊区）堪称深宅大院的建筑群被中东铁路局一次性收买并直接用作办公地是一次成功的借用，它也开启了中东铁路整个工程的实质进程。

甚至在一栋建筑中，根据建筑的不同方向、形象的重要程度、对立面要求的不同，不同方向的立面处理所花的力量也出现了巨大差异。大连城市规划师住宅的形象塑造就是一个典型的案例（图5.40）。这座在中东铁路的新艺术风格建筑中名噪一时的作品，以其精美浪漫的主立面形象为人们所熟知，而它的侧立面和背立面则完全从功能主义出发做了最简单的处理，仅仅是从功能和结构性能的角度草草结束，似乎前面的精美立面是这座建筑戴的一副面具。这是梯度效应在一栋建筑上的反映，这种例子在中东铁路沿线非常多见。

通用机制是俭省理念的又一种具体表现。

哈尔滨车站街最早的二层建筑是一座宾馆建筑。至今，人们很难说清这座建筑曾经的身份到底应该如何定位，如：中东铁路管理局宾馆、俄军军官俱乐部"戈比旦"乐园、俄军红十字医院、俄国领事馆、中东铁路理事会办公厅、哈尔滨市行政决策中心、大和旅馆、东北铁路总局。直到1949年以后，这座建筑仍然不断转换角色：从中长铁路苏联专家楼、哈尔滨军事工程学院苏联军事顾问团专用宿舍、哈军事工程学院招待所，到哈尔滨铁路局医院、哈尔滨铁路局招待所、龙门大厦贵宾楼等，汇集了非常全面的使用功能。

中东铁路建筑被转换功能时的自由程度令人震惊，管理者几乎可以随机在完全不相干的功能类型之间自由切换，比如商业建筑和学校、宾馆和医院、会馆和学校、住宅和营部，甚至将浴池变成警备司令部等。建于1906年的莫斯科商场是由铁路系统管理经营的哈尔滨早期建造的大型商业建筑之一。建筑平面呈对称形式的折线形，根据商业活动的使用模式需求分成相对独立的17个单元，每个单元均设单独出入口。1922年10月，该建筑改变功能为东省文物研究会陈列所，第二年开馆。1923年，中东铁路普育中学在此创办。1935年，这座建筑又变身为伪满大陆科学院。

通用的智慧被充分体现在建筑功能的复合应用上，在这一点上，中东铁路建筑可谓充满创造性。最典型的一种做法就是铁路供水塔用作瞭望塔(图5.41)。在几乎所有的站点，给水塔都是最高的建筑。赋予水塔以瞭望塔和射击堡

图5.40　大连城市规划师住宅

垒功能基于两个原因：其一，水塔的位置紧邻铁道线，高度占有优势，是站点的制高点和门户，视野开阔，可以通观全局；其二，水塔为纯功能性建筑物，一般情况下没有人员在内活动，因此具有使用的潜在空间，不影响其他使用功能。而同样作为站点制高点之一的教堂则被赋予了另一种复合使用方式：教堂和学校。显然，在考虑综合使用时，教堂庄严的精神气质被充分尊重，除了祷告和上课之外不适合被赋予其他功能。因此，即使同样是制高点，教堂也不能被用作射击用的碉堡。可见，中东铁路建筑在通用性的设定上是非常理性的。

中东铁路建筑空间形态和建筑形象都具有通用特征。可以说，正是这种"通用性"才使得不同功能类型之间的借用成为可能。中东铁路建筑的空间结构和空间形态可以用"通用空间与专用空间的高效组合"来形容。其中，"通用"是绝对特征，"专用"是相对特征。就整体性的通用特征来讲，其外在表现是大部分常见类型的中东铁路建筑空间和形象具有一种"中性"特征，也就是说，这种空间和样式和不同功能之间是普适的。图5.42展示的医院、学校、住宅、候车室等多种建筑相似的外观证实了这一点。

通用的做法还体现为建筑设计的管控策略，具体做法是采用"标准设计"方案，表现了建筑工程上的一种统筹智慧。因为从技术层面看，标准设计表现出来的是一种设计与设计管理、建造管理的集约化理念。现代工业文明所崇尚的是效率思想和统筹观念，充分运用标准设计"模件"来进行高效的设计和建造，正是现代工业化建设的一种典型方式。

通用空间效应与中东铁路建筑常规空间的品质有关，这涉及常规空间所固有的基本平面形状、尺度、基本组合规律和物理性能。由于这个特点，除了建筑形象的普适性外，许多建筑在空间设计中也具备了突出的通用性特征，中东铁路中央医院化验室就是这样一座建筑。这座启用于1928年的砖木结构单层建筑初为医院职员住宅，由于其空间的通用性强，既可用作住宅，亦可用于小型办公室，因此

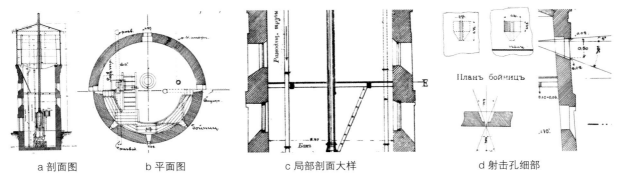

a 剖面图　　　b 平面图　　　c 局部剖面大样　　　d 射击孔细部

图5.41　水塔的瞭望及射击堡垒作用示意图

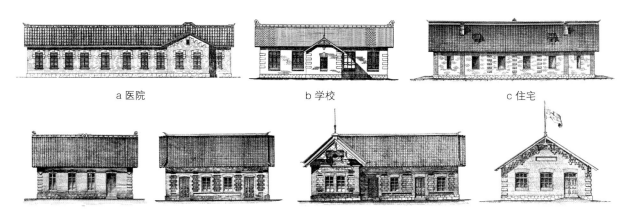

图5.42 不同功能类型建筑的通用特征

后来被改为中央医院化验室，拆毁前还被哈尔滨医科大学附属第四医院用作病案室。

5.3.2 因借——成熟的环境设计观念

中东铁路建筑文化具有一种突出的品质，就是成熟的环境观念。由于铁路站点和建筑群所处的自然环境与城市环境的不同，这种环境观念也表现为两种完全不同的处理方式和文化气质。从建筑气质和它所依托的环境场所观察，我们能发现一种清晰的相似性。这说明，建筑已经成为环境场所密不可分的一部分，带有了环境所特有的文化信息。环境和建筑合而为一的这种状态，是一种高度和谐的状态，我们可以借用科技界的概念将其描述为"全息"。

5.3.2.1 因材致用打造本土建筑

中东铁路建筑具有质朴、和谐的自然气质。无论从建筑空间表现的意匠，还是具体的原生态建筑技术，中东铁路建筑都有出色的表现，尤其是在材料、工艺、技术做法上更深具启发性。这些具体做法表明，中东铁路建筑的空间形式在有意识地追随气候条件及自然环境。

材料表现是中东铁路建筑的一个重要特征。对传统材料——木材和砖、石的运用体现出对地域材料的深刻理解和充分表达，很接近赖特"有机建筑"理论所描述的环境意象，表情与环境充分亲和。如中东铁路西线精美的木刻楞建筑再现了此路段内大兴安岭丰富的木材资源；而散落全线的"虎皮石"建筑则与周边山体的色彩和质感浑然一体。中东铁路沿线建筑的外部表情大多厚重、温暖，极具亲和力。严酷的气候与丰富的自然环境孕育了中东铁路建筑独特的风格与样式，其朴实优美的建筑语言是传统的地域建筑意象的忠实体现，因此可以说中东铁路建筑是一种名副其实的原生态建筑。

就地取材是中东铁路建筑典型的取材方式，《合办东省铁路公司合同》就有"于铁路附近开采沙土、石块、石灰等项所需之地"的相关说明。由于使用了取自站点周边自然环境中的建筑材料，因此，建筑的外观产生了和自然环境充分融合的特征。这是就地取材带来的奇妙效果，使建筑从建成开始就带有了所在环境的地域气质。材料与环境高度吻合的效应弥补了建筑风格本身带有的外民族色彩，大大化解了俄罗斯风格建筑作为"图"与所在的中国环境的"底"之间的对峙状态与陌生感，人文景观的整体感油然而生。从外观效果上看，许多中东铁路建筑可以被称作地域建筑或地方性建筑。按照今天新兴的低碳理念判断，中东铁路建筑是一种典型的"绿色建筑"（图5.43）。

因材致用的案例在中东铁路东线和西线都有很多，尤其是那些全木建筑和石砌建筑。例如新南沟和横道河子站的俄式住宅及教堂，俄罗斯传统木建筑韵味都十分浓郁。由于新南沟地处大兴安岭腹地，而横道河子处于张广才岭谷地，非常便于建设者就近选取周边丰富的木材资源修建这些木建筑。住宅采用俄罗斯常用的传统木构形式，人字木屋架、四坡顶铁皮屋面；而教堂则使用了井干式木刻楞结构，加之檐口、门楣与窗罩装饰的俄罗斯传统木雕纹样，使这些建筑被环境衬托得格外迷人（图5.44）。

扎赉诺尔的木刻楞住宅也是典型实例。建于1903年的俄罗斯传统木刻楞建筑是目前中东铁路仅存的大型原木建筑。俄国建筑师和工匠都善于设计和建造木刻楞住宅。相距不远的中东铁路起点站——满洲里车站也建有诸多木刻楞建筑。当时砖石材料制造、供应、运输都比较紧张，就地取材成了靠近林区的边境地区的一种主要做法。大多木屋在勒脚之下选用大块石料做基础，中间用粗长原木叠摞成墙壁，在房檐、门楣、窗楣上做重点装饰。这是由于木刻楞以木材为主，特殊的墙体无法进行装饰，因此工匠们就用木板制作出窗檐、门檐和屋檐这"三檐"并雕刻精美图案进行装饰。

中东铁路建筑的标准形象有一种感情色彩，这种色彩也许是俄国决策者和建筑师无意中打造的，就是"亲切感"。砖、瓦、石头、木头，这四种经典的传统建筑材料可以组合出最为亲切的表情，而坡屋顶、烟囱、门窗，则让传统材料建造的建筑说出一口纯正的乡音。中东铁路职工住宅至今仍保留着一簇簇巨大的坡顶，到了白雪皑皑的冬季，坡顶上盖满积雪，建筑只留下露着鲜艳颜色的门斗，冒

a 伊列克德住宅

b 山底浴池

c 中东铁路东线某工区建筑

图5.43 反映自然风貌和环境资源的原生态"绿色建筑"

a 横道河子教堂

b 新南沟俄式建筑

c 横道河子俄式木屋

d 横道河子铁路卫生所

图5.44 就地取材的"绿色建筑"

着炊烟的红砖烟囱，弥漫着灯光的雕花窗口……朴实的建筑语言构成了俄罗斯童话中不可缺少的场景要素。可以说，中东铁路建筑为漫长的铁路沿线孕育了浪漫的人文景观。

总之，黏土砖、原木等原生态材料不仅对保温有利，在塑造建筑情感方面也做出了积极贡献。朴素的乡土建筑做法再现了传统的"家居"意象，用最简单的代价为建筑物和使用者之间搭建了情感上的联系。而建筑外部暖色系色彩的运用在回应环境方面也非常成功，其营造出的温暖表情极富人性色彩。

借用现象还在建筑的材料选择上有所体现。在几乎所有残破或拆毁的中东铁路建筑身上，都可以看到被用作横梁的铁轨。这是当时铁路沿线建筑工程中常见的做法，铁轨不止用来铺筑铁路，还参与房屋建设。此外，中东铁路工程局还常常"借用"抢来的建筑材料进行建设。中东铁路建设的材料中，"也有一部分车辆和桥梁为1900年俄国参加八国联军时，从山海关一带中国铁路拆卸而来，用海船运到旅顺口"[4]。

5.3.2.2 因地制宜凝结地域风情

中东铁路建筑的技术观念可以概括为"因地制宜"。因地，充分考虑地貌及气候条件；制宜，用最适宜的材料和建造方式回应特殊地貌及气候条件。这是一种具有理性精神和经验智慧的建筑理念。中东铁路途经的地域有着丰富的地貌形态和自然景观，从中东铁路全线中可以看到铁路穿越了数个大的山脉和河流、湿地，火车可谓游历画中。从群体聚落的自然气质中，我们发现一些优秀的设计案例已经实现了将功能性的聚落空间提升为与自然亲和的人居场所的高度和水平。

"因地制宜"的技术观念突出体现在两种典型的建筑类型——全木结构建筑与砖木结构建筑上。中东铁路沿线现存的全木结构俄式建筑除了住宅外，还有一些重要的公共建筑，如教堂。正如上一个问题所述及的：就地取材就是一种最典型的因地制宜：横道河子镇约金斯克教堂就是就地开采石块修筑基础，建筑主体则使用附近山上的红松原木加工而成。俄式木屋的用材也大多是利用当地丰富的木材资源建造。在俄式砖木结构建筑中，与木材配合使用的砖石材料也是这种来源方式："当年俄国的筑路专家就看好了这里的石材，用于铁路的基石自不必说，就是这些俄式民居，也差不多完全是用石头砌起来的。"[50]显然，建筑风格是从俄罗斯本土移植过来的，而其所用材料则是地道的中国东北地产。这些材料非常好地回应了严寒气候的地域条件，无论从形象还是热工效应来说都达到了最佳效果，这也成为对"因地制宜"理念的奖赏。

中东铁路建筑在技术手段上采用"传统工艺"和"传统做法"。地域条件的一个重要内容是气候因素，对寒冷气候的回应是中东铁路建筑的一个突出特征，如住宅加设门斗和木质阳光室、火墙、火炕技术的普遍运用，全部采用利于疏导排放雨雪的坡屋面，烟囱顶口设置人字形雪遮等。阳光间是中东铁路建筑文化中的一大特色。"温室、玻璃房、暖房或冬日花园的象征，包含着人与自然，城市与乡村，室内与室外的矛盾统一关系。"朱迪·劳奇（Judi Loach）甚至提到了"与自然接触疗法"对于太阳房的重要性。再加上从历史文献记载看，中国工匠所用的工具及技术都是地道的原生态产品和纯正的传统地方技术。可以说，这些房子更准确地应该被称作"俄罗斯式中国东北建筑"！虽然样子有俄罗斯文化的遗传，但它的血肉里有着纯正的中国品质。

中东铁路建筑的群体空间聚落从选址到群体空间设计都极具特色。这其中不仅体现着俄国建筑师对自然环境的深刻理解，也表现出这些建筑师的空间意识和人文情趣。首先是对特殊地貌条件的运用，让设计顺依地势展开，让建筑从环境中生长出来。小规模的建筑聚落通常由一栋主体建筑和三两座附属建筑组合而成。例如磨刀石站老站舍，虽然空间布局依照通用定型设计来完成，但在地貌的巧妙配合上却十分出色。在主体建筑的分层上采用站内一层、站外两层的形式，两个立面形象分别保持了一定的完整度，并分别形成了尺度近人、平和亲切和尺度较大、形象性较强的不同效果（图5.45）。

四等小站伊列克德站员工住宅群是又一个经典的巧妙利用地势的案例（图5.46）。伊列克德是中东铁路西线一个规模不大的站点，站区背靠一个和缓的山坡。1904年落成的这几座木建筑依次在面对铁路的小山坡上延展开来，静静注视着从脚下穿流而过的铁道线和一座孑然而立的水塔。建筑师对坡地环境采取了谦卑的态度——顺应地势、强化环境特征。需要良好视野的住宅被分为上下两层，上层全木作，下层砖石墙体，上下层各有独立的出口与所在地面相连接，在外部空间场所上形成了鲜明的层次性和不同的空间领域。由于运用了完全不同的材质，建筑的表情充满戏剧性的对比效果。上层木建筑周身遍布木雕装饰，从山花墙板、檐口板、窗额罩、贴脸板到门斗，经典的俄罗斯雕花图案将整座建筑装点得像一位身着华丽民族服装的俄罗斯少女，从任何角度人们都可以一瞥这些建筑的风姿。参差的住宅、山坡下被大树紧紧抓裹的冰窖、舒展的铁道线、耸立在铁道线之间的水塔，以最佳的

a 火车站正面

b 火车站背面

c 公厕正面

d 公厕背面

图5.45 磨刀石火车站与公厕

方式将所在的地形地貌恰到好处地勾勒了出来。100多年来，这组建筑聚落成了大自然的优美点缀，给横穿兴安岭的旅途打造了一个温馨的歇息之地。

调动建筑的群体空间布局以取得与地貌的对话是中东铁路建筑群体空间设计的一大特点，这样的实例比比皆是，已经被遗弃的兴安岭老车站和工区建筑群是典型的案例（图5.47）。整个建筑群高低错落地散布在一个四面环山的平缓谷地，建筑与优美的自然景观融嵌在一起。在铁路沿线，由于地貌环境异常丰富，因此，像这样依山、傍水、丛林掩映的建筑及聚落非常常见。而中东铁路管理局对俄籍铁路职工疗养制度也充分推动了此类优美建筑聚落的大量出现。

在南北两山之间、蚂蚁河西岸的一面坡站，中东铁路管理局在此设有林场、各种铁路附属设施，如公园、医院和疗养院。由于四周风景优美、依山傍水，因此这里成为铁路职工休养的好去处，各种生活服务设施一应俱全。盛产木材的资源环境使得各种形式各异的优美木建筑鳞次栉比地落成，木刻楞住宅成为经典的建筑类型。可以说，整座一面坡站及居住社区本身就是一个优美的群体空间聚落。像这样堪称避暑胜地的铁路小镇还有很多，如大山深处的兴安岭站，雅鲁河畔的雅鲁，喇嘛山下的巴林，拥有山林、河川与湿地的扎兰屯，嫩江之滨的富拉尔基，南线的老少沟等。这些铁路站点不但成了疗养基地，而且还一度出现了繁荣的旅游观光业。即使是在相对平缓的平原或城市环境中，站点和社区空间的设计和规划也在着意强化带有地方性特征的呈现方式。

站点和社区空间的地方性表情是中东铁路沿线建筑聚落的另一种空间特色。在总体规划图纸中，我们可以发现设计师在利用基地的地貌条件和呼应自然环境上的一种自觉意识。即使社区的建筑密度和私家庭园面积有很高的标准，设计师仍然要为公共生活开创一块甚至更多的公共绿地或花园。这些

图5.46 伊列克得站员工住宅群整体轮廓

a 远眺兴安岭工区建筑群

b 透过堡垒远眺新南沟老车站

图5.47 新南沟兴安岭老站和被遗弃的工区建筑群

公共绿地系统常常形成一条纵向的开放空间带，将人们的视线一直引导向远处的山坡或无尽的绿野。同时，大多数铁路供水塔和储水、取水设备都靠近自然水源地而建，这样一来，一个经过工业设计过程形成的城镇聚落意外地出现了和原生地貌高度吻合的内在秩序，地方性由此自然形成。

从站点的名字上也可以看出中东铁路丰富的地貌环境类型，如苇河、大观岭、九江泡、山底等。苇河站在中东铁路时期叫苇沙河站，命名原因是两岸有沙石，河中芦苇丛生。大观岭站原来的名字是山顶站，站点位居老松岭山顶，周边环境优美，登山远眺尤显远景壮观，因此改取"大观"之名。九江泡站的命名则是因为周边有众多天然水潭。

中东铁路建筑不仅形象十分贴合自然环境的表情，而且铁路建筑在选址、建筑群体空间乃至整个城镇聚落的整体布局等方面也是与地貌环境极度匹配。中东铁路东线的横道河子镇就是一个经典的案例。横道河子位于中东铁路东部线完达山余脉深处，是一座优美宁静的铁路小镇。横道河子选址是两山之间的谷地，其间有河流穿越，是铁路咽喉要道和机车中转调配的枢纽。横道河子有数量众多的沙俄时期中东铁路建筑，包括：站舍、大型机车库、教堂、办公建筑、医院、公寓、住宅、学校、兵营、岗哨、桥涵等，因此形成了独特的自然与人文紧密交织的景观。下面我们从建筑聚落与地貌的结合上分析一下横道河子的空间结构和景观风貌。

横道河子小镇是"点线结合"的典型实例。横道在漫长的铁路线上是一个标准的"点"，但空间形态却是个不折不扣的线形。小镇最终展现给人的是一幅大山深处完整的异族图景，它以富有立体感的方式展现出来，为"点线面结合"的经典景观构成模式做了一个动人的注解。

"点"要素在横道河子景观中起了决定性的作用。从整个自然环境条件上看，环绕横道的山脉中有最高峰"佛手山"，而在小镇入口处则有一个独立的岛式小山包，成为周围连续山脉背景中十分有趣的"点"缀。横道的人工环境中，最著名的"点"几乎都是一些形象很别致的近代建筑，包括火车站、教堂、机车库、大白楼、俄式七号木屋等。尤其是占据高坡处的木质东正教堂和大白楼，在原本绵延起伏的单层坡屋面住宅聚落中显得尤为突出。

"线"在横道河子景观中也是一种很突出的特征。横道河子所处的地貌形态是一个四面环山的狭长山谷，两侧渐次收放的山脉形成小镇清晰的背景轮廓，横道河绕着优美的曲线从这个相对平缓的山谷坡地中蜿蜒流过，并随机形成几条小的支流。有了两山的收拢，有了铁道线和横道河的次第跟进式的切割划分，本来就很狭长的小镇就出现了几条连续的界面，包括河岸线、被国道切割后显现出来的沿路轮廓线、以山脉为背景的轮廓线等。小镇的功能划分也像它的空间形态一样呈线性分布。借着铁路运输的方便条件，铁路沿线都被一些大大小小的工厂和企业占据，最典型的是石材加工厂和木材加工厂。这些不同规模的工厂一条线式地串联起来，名副其实地成为横道河子的"工业走廊"。沿铁路展开的带状总平面布局延展了小镇的街道长度，而不断转折变化的走向也为横道河子的市井体验增加了某种纵深感。在宽宽窄窄的街道中，铁路北面的百年老街成为体验中东铁路历史和风土人情的最佳载体（图5.48）。

a 远眺火车站

b 火车站双塔

c 远眺大白楼

d 仰视教堂

e 俄罗斯老街

图5.48 横道河子景观

上述特征鲜明的"点"和"线"在相互映衬的同时，也共同构成了横道河子小镇景观总体的"面"。站在小镇周边山上朝小镇望去，一座浑然一体的原生态聚落随着地势起起伏伏地铺展开去，分不清哪座建筑是被称为"毛子房"的俄罗斯式建筑，哪座是老百姓自己建造的普通房子。如特意设计般统一的铁皮屋面、黄色的砖石墙面、黑色的木质"板障子"篱笆、宅前宅后的樱桃树和自家小菜园，使得人们很难把某一栋房子和它所存在的背景分离开。

203国道的下面有一个涵洞，居民可以从这里步行走上山坡。小镇在这里忽然像从平地上被慢慢掀起来，逐渐高过了人们的视线，开始呈现出错落的层次。开始是三栋分布集中、规模较大的公共建筑，而后则尺度渐渐变小、布局逐渐分散，与绿树和小路逐渐交叉融合起来。在这里，山脉与坐落其上的房子形成一种清晰的图底关系。背景的绿油油的山林农田，各色各样的坡顶小屋，渐渐稀疏地融入绿色山坡背景，直到被绿色完全吞没。

中东铁路建筑单体和聚落的设计都充满了亲和自然、顺应自然的逻辑理念。通过对横道的建筑布局的分析，我们会发现其高明之处在于充分利用了山水景观生态系统与盆地地貌。横道具备理想城镇空间模式的基础条件：小镇依附的山体南北两面分别与和它平行的山体形成两个带状山谷，北向的山谷就是中东铁路著名的木材基地之一——"七里地"林场，中东铁路原有的枕木用材有相当一部分开采自这里。南向的山谷就是今天的横道镇所在地。两条山谷间的山脉拥有"佛手山""大石门""一线天""人头峰""威虎山主峰"等众多天然景观。镇区坐拥群山、河流环绕、空气清幽、屋舍俨然，是典型的东北山地风光。中东铁路的技术人员和规划师、设计师本着职业敏感选择了这块地方，继而运用专业智慧将其打造成了中东铁路沿线一颗耀目的明珠。

5.4　有类-无界——建筑文化的伦理意蕴

"伦理"一词最早出现在中国古籍《乐纪》中，称："乐者，通伦理者也。"美国《韦氏大辞典》对于伦理的定义是："一门探讨什么是好什么是坏，以及讨论道德责任与义务的学科。"可见，伦理是一个道德和哲学领域的概念。本书所述及的"伦理"一词并非指代通常的意义，而是借用了美国学者卡斯腾·哈里斯的著作《建筑的伦理功能》一书中的含义。哈里斯说："'伦理的（ethical）'一词据我理解与希腊语ethos（精神特质）更相关，而不是我们通常所指的'ethics(伦理、道德)'。"[51]从精神特质的意义上看，中东铁路建筑文化的伦理精神具有"有类"和"无界"的双重特征。

5.4.1　有类——阶层的设计思维

"有类"的说法演绎自孔子的名言"有教无类"。《论语·卫灵公》中记录了这样一句话："子曰：'有教无类'。"意思是教育不能局限对象，除了有钱有势的皇室贵族外，所有平民百姓也都应该平等地拥有受教育的权利。因此，"无类"是指不分种族、人群、社会阶层同等对待。中东铁路建筑文化在区分服务对象上走了与此相反的道路。从最早的一批铁路附属建筑——火车站开始，不仅站舍有一等、二等至五等的等级差别，服务对象也已经被区分成外国人和华人两种顾客类型。此外，市街公共建筑的服务对象也大多服务于铁路职工及俄罗斯移民中的贵族。而铁路设施、工厂、兵营等纯功能性的建筑则采取相对简单的形式，造价也更为低廉。这些区别导致了中东铁路建筑文化时尚、奢华与简约、廉价的品质差别。正是这样一个充满矛盾性和复杂性的精神特质，最终塑造了一份独特的建筑文化，并成为中东铁路沿线地区近代文化发展演进的重要线索。

5.4.1.1 国家与民族界限的区分

对于沙俄来说，中东铁路筑路工程只是横跨亚欧大陆的西伯利亚大铁路的一部分，因此，沙皇内心已经将中东铁路的主权划归俄罗斯。但是，由于"黄俄罗斯计划"是一个长远侵略方案，因此，在中国境内的筑路及房建活动特别注意了风格样式的文化姿态和分寸把握问题，这与俄国本土内的建筑样式有很大不同，因为俄罗斯领土范围内的站舍建筑可以毫无顾忌地使用俄罗斯建筑样式（图5.49）。

沙俄在中东铁路附属地内的建设从一开始也是有意识地塑造"俄罗斯领域"的社会形态和文化氛围。但是，这种领域感和种族界限是以一种隐晦的方式展现的，从俄国本土西伯利亚铁路建筑和中东

图5.49 西伯利亚大铁路沿线火车站

铁路建筑的样式上可以看到这种实质的关联与微妙的差异。中国境内的站舍建筑或采用了充分揉入中国建筑要素、样式的更为简洁的建筑样式，或更趋近于国际式的折中风格建筑样式。这种处理力图客观上形成国家与民族界限的区别。

区分国家和民族的界限客观上形成了中东铁路建筑文化的另一种效应，即客观上保留了对中国本土文脉环境的尊重。中东铁路的修筑是"借地"，铁路的名称也是"中国东省铁路"或"大清东省铁路"。中东铁路铺设在中国的土地上，俄国的政治家和工程管理人员很清楚，"谨言慎行"和"入乡随俗"必须成为一个基本态度，何况当时的国际环境也不能容忍俄国过于暴露自己的殖民侵略行为。对中国人文环境的尊重首先表现在对现存人居环境的尊重上。在中东铁路公司合同中明确规定："第二条……惟勘定之路，所有庐墓、村庄、城市皆须设法绕越。"因此所有直接借用原有城镇名称的站点，其实都与原有城镇保持着一定的距离（图5.50）。

区分国家和民族界限还体现在附属地内施行"国中之国"的管理制度，以及在附属地范围之内及周边对华人社区严格限制范围和规模。为了区分华人作为"二等公民"的民族及阶层档次，中东铁路的许多火车站专门设有"华人候车室"，甚至有的五等小站还设有专门的小建筑用来提供华人候车空间。为各等级站点设计的标准站区图纸中，在铁路社区范围之外专门为华人社区圈定一个较小的范围，保证与俄国人住区之间的隔离。其实，早在铁路修筑时期，对华工和俄国工匠的居住待遇就有很大区别，中东铁路哈尔滨总工厂的三十六棚就见证了当年中国工人的恶劣居住条件。从中东铁路建

图5.50　中东铁路沿线村庄与坟墓场景

设图集中我们也可以看到这种区别对待的做法，中国工人的居住建筑往往直接用简易的土坯搭造（图5.51），而几乎所有的俄国工人和铁路职工的住宅都是砖石或木构建筑。哈尔滨的不同市区分别有不同的居住对象，挨近松花江码头的区域由于华人较多，后来其主要街道被中东铁路管理局专门命名为"中国大街"，以强调这个区域的民族属性。大连的城市规划直接就为华人规划出一个独立的城区，以保证其他区域侨民的纯粹构成。甚至连中东铁路工程局局长官邸里都专门设有华人访客的客厅，可见其国家民族分界之严格。

筑路工程正式开工仅一年，铁路工程局就在哈尔滨着手建设一座规模宏大的教堂。这座大教堂的建设直接授意于沙皇尼古拉二世，教堂的名字也选取了同名圣徒的名字，命名为"圣·尼古拉大教堂"。据称在当时，沙皇只亲自批准修建了两座大教堂，除了这座教堂之外，另一座修建在俄国本土的大城市莫斯科。当时的哈尔滨尚未形成大规模市街，在新城市的最高点建造这样一座精美、恢宏的宗教建筑是一个用意明显的决定。从沙俄的长

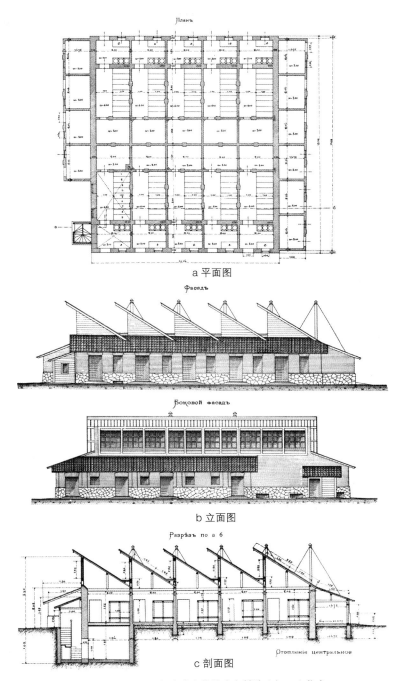

a 平面图

b 立面图

c 剖面图

图5.51 空间高度密集的中东铁路土坯工人住宅

5 中东铁路建筑的文化特质解读

久意图来讲，这是"国中之国"的一种鲜明象征；从城市设计的角度来看，大教堂在大规模城市建设到来之前预先确立起来，成为整个城市格局的绝对中心坐标和核心节点，起到提纲挈领的作用；甚至从中国的传统规划科学——风水理论角度上看，大教堂也是占据了整个城市的龙脉——东西大直街和火车站主轴线——车站街的高点，起到掌控全局、提魂摄魄的作用。

圣·尼古拉大教堂的建造及选址定位除了有铁路俄籍官员和铁路职工自身宗教活动的需要外，另一个重要意图是明确宣告民族属性和附属地城市的主权意识。这是世俗力量对超越世俗力量的一种利用，也是俄罗斯民族文化在传播扩散过程中的一种典型方式（图5.52）。

俄日两国的文化渗透具有高度的相似性。在日俄战争之后的几十年时间里，南满铁路附属地内的"东洋文化"也是靠日本传统建筑风格的神社建筑来宣扬，在重要的中心城市和大站都建有规模不等

图5.52　圣·尼古拉大教堂

的神社、武圣庙、鸟居等标志性建筑。后来当日本政府从苏联手中买下了中东铁路主线段和南线宽城子以北的部分后，北满许多大的站点和城市都相继修建起了武圣庙和神社。这些用于宗教和祭祀的日本传统建筑兼具了使用和象征两种功能。与大量建造的简约风格建筑相比，神社显然更能突显日本民族的殖民地位和建立民族标志。当然，就整个中东铁路建筑文化而言，日本传统建筑文化的影响力与俄罗斯传统建筑文化比起来，已经是微弱得很了。

注入民族文化的方式还包括"更名改姓"的做法，如：用中东铁路管理局官员或工程师的名字命名站点、街道或建筑。站名采用人名来命名是很普遍的做法：如王岗站取名"尤戈维奇"站，用以纪念中东铁路总工程师尤戈维奇的贡献；1900年开站的伊林站取中东铁路建站时俄籍工程师伊林斯基名字前两个音"伊林"为站名。这座20世纪初建造的折中主义风格建筑是中东铁路初期站舍建筑的杰作之一。与此相反，为了淡化站点原有中国名字及其所连带的历史记忆，哈尔滨站一度被更名为纯地理环境意义的"松花江站"。

满铁时期的日本殖民者也采用了同样的方法，为中东铁路站点、站舍及建筑、桥梁设施冠以日本名称，如将火车站称为"驿"、将大街称为"通"、将江河称为"川"、将宿舍称为"寮"等。在中东铁路南线的古城辽阳，一座满铁时期极为普通的小桥就被日本人按照一座日本城市的名字命名为"宇治"桥。正因为有了这个名字和它背后的故事，平淡的地方也有了场景的效应。

5.4.1.2 阶层与地方属性的控制

在铁路附属地的大城市，所有的城市中心都拥有环境优美的高档住宅区、气势恢弘的行政管理中心大楼、游人如织的商业中心、餐饮店、娱乐设施，还有高雅宁静的各级各类学校、图书馆等，堪称热闹繁华、时尚开放。这些高档社区和建筑的出现给附属地华洋合处的环境增添了一种花花世界、天堂地狱两重天的对比效果。

等级秩序是中东铁路附属地内部的一种典型秩序，火车站点的级别设置就是鲜明的实例。一等站的站舍采用宏大的规模和华丽的外表，哈尔滨站就是一件公认的艺术杰作。等级秩序在城市环境中表现得更为强烈。从精神层面看，宗教思想和教堂建筑占据着绝对的优势地位，因此最华丽的建筑形象和最重要的城市节点要让位给神的居所——教堂。从世俗的层面看，等级观念仍然是这个具有国际多元文化背景的社会环境的主要秩序：城市中心区的高规格建设；城市主要道路的绿化景观配置；重要等级的公共建筑的规模与档次，尤其是铁路管理局官员们按照等级设计建造的别墅和官邸，都清晰地见证着等级在这个"国中之国"里的支配地位。官员的住宅既豪华又时尚，以高超的设计和建造水准为典型特征；富商的住宅兼具奢华与新潮特点，以规模大、标准高的奢华见长。高级职员的住宅华丽和时尚相对低调，而普通职员的住宅则相对质朴、自然。即使在大型军事驻区，在简洁朴素的大型兵营之外，也有高级军官的别墅、条件设施完备的军官会议中心兼俱乐部。

不仅在铁路枢纽哈尔滨有以"满洲第一座旋转舞台"为代表的、豪华的现代文化娱乐设施，而且稍大规模的站点基本都设有豪华的俱乐部供铁路职工休息娱乐。在休闲活动之外，日常生活服务设施的配置也显示出一种规模和发展水平上的等级效果。以哈尔滨为例，与中国人社区傅家店脏乱的摊床相比，富商云集的埠头区巨大的现代商业空间——南市场、俄侨及官员集中的南岗大型商圈都成为更高等级的商业环境和现代购物中心。

造成这些社会环境与城市环境等级秩序的部分原因来自于外侨移民的构成。铁路附属地的俄罗斯移民大都是名门贵族、富商、艺术家及知识分子。犹太人也多是各种充满传奇经历的主流社会优秀人才。以哈尔滨为例："这里聚集了如此之多姓氏显赫的人物，其中也有姓氏普通，但名声显赫的人物，还有名门之后。这么多名人群聚哈尔滨，使得这座城市一时间声名鹊起。如果将这些姓氏一一列举的话，恐怕也要写满几页纸。世界上大概任何一座城市都不会聚集如此多显赫的人物。"[14]

显赫的人物虽然已经在自己的国家彻底失势，但是，作为曾经的主流社会成员，他们将完整的主流社会生活模式和文化情趣带到了远在异乡的中东铁路附属地，也同时带来了高超的艺术水准和各项技术。这场被西方比作"15世纪高素质移民涌入欧洲"式的大迁移，真的起到了跨文化传播的巨大作用。没有人能想到，一座光耀远东的文化、经济、政治中心会在曾经是荒凉小渔村的中东铁路枢纽地迅速崛起！

20世纪前30年内的哈尔滨已经汇集了一切被称作是新事物的文化娱乐形式和建筑样式。著名的马迭尔宾馆是一个拥有庞大规模和超豪华设施的综合体，集宾馆、餐厅、电影院、剧院及珠宝首饰店为一体。当年，马迭尔是哈尔滨上流社会社交的重要场所之一，这里不仅播放外国电影，还安排各种演出。老板经常去欧洲旅行参观，然后依照欧洲最新的式样改造装修这些室内空间。他甚至耗费巨资将750人座位的剧场扩大成1 200个座位的大型豪华剧场。1932年1月1日《霞光报》报道称："如果哪个人有幸去过远东的一些其他城市，他就会知道，装饰如此舒适豪华的剧院在整个远东地区也不曾有过。而且，剧院仍保留原有的优雅舒适格调，没有丝毫使观众不舒服的感觉。达到如此境界是由于H.A.卡斯普本人及其助手们孜孜以求的创作态度和富有创造性的劳动。我们可以看到，H.A.卡斯普一直下大力气研究设计图纸，并不断修改和完善。这项工作持续了不止几周、几个月，而是几年的时间。"

中东铁路沿线的站点之间、同一站点的不同社区之间、同一社区的不同建筑之间都存在着使用人群的阶层及由此产生的建筑文化阶层差异所带来的整体气质上的不同。对于中国内地闯关东来到铁路沿线的广大平民而言，除了个别经济冒险家成了富足的商人外，大部分中国人仍维持在小手工业者甚至开荒种地的农民角色。他们的文化是一种贫民所乐见的市井文化，具有文化和艺术水平平庸、形态杂糅而亲切的特征。哈尔滨的傅家店就曾是这样一个中国平民聚集的社区，至今那里仍然拥有华洋混搭所创造的市井文化。虽然与铁路市街俄罗斯贵族和上流社会人群的文化情趣、样貌各不相同，但是，仍然可以视作附属地建筑文化向外缘辐射的一种见证。

在一些有着传统文化历史的站点，站舍建筑会采用较为彻底的中国传统建筑样式进行设计和建造。中东铁路东线史称"金上京会宁府"的阿什河站（现阿城站）就受到特别的关注。由于尊重其历史古都的特殊文化地位，阿城老站舍采用了比较浓郁的中国传统建筑样式进行设计和建造。这座当时中东铁路东线较大的站舍外观优雅古朴，具有中国古典韵味。古都的文化地位使阿什河站成为东线最早与哈尔滨开通旅客运输业务的车站。南支线的双城堡从第一座火车站起就一直被充分重视，即使是第一座非常普通的站舍，建筑的屋脊两端也要用非常具象的龙头装点起来，以特别强调其中国传统韵味。在大连的城市规划中，中国城的建设成为这座城市具有特点的规划理念之一。这也是中东铁路附属地中唯一一次试图恢复中国民居历史风貌的尝试。

5.4.2 无界——自由的人文观念

中东铁路文化线路给所有文化提供了展示机会，包括世界各个民族、各个时代的建筑文化。传统和新潮的建筑样式在一个紧凑的历史阶段内共同呈现在这条铁路线上，不同民族的建筑样式更是跨越地理界限，在铁路附属地的城市中形成竞相展示的局面。中东铁路附属地内的建筑文化虽然很注重区分等级品类，但是却不限制风格与文化类型，这种自由的人文观念给建筑文化的构成奠定了一个非常好的基础。甚至在历史环境发展的特定时期、"国中之国"的特殊环境下，自由的人文观念使得原本严格分界的等级差别也模糊了。尤其是俄国国内政变使俄侨移民失去大后方的稳定依傍之后，失魂落魄的俄国人将中东铁路附属地当作了自己的第二故乡，这使得俄侨与华人的关系摆脱了原来高低贵贱等级的分别，从而趋于平等与合作。散文家朱自清在《西行通讯》中记录了这种华洋合处的场景："这里人大都会说俄国话，即使是卖扫帚的。……他们的外国化是生活自然的趋势，而不是奢侈的装饰，是'全民'的，不是少数'高等华人'的。"这种人文场景与所处的建筑文化环境一道，彻底塑造了漫无界限的自由场景。当然，这种杂糅的文化出现在特殊、混乱而短暂的历史条件下，因此带有一定程度的畸形特征，这也是不能忽视的。

5.4.2.1 广采博收的多元文化交织融合

（1）自由、博杂的多元文化表现　中东铁路建筑文化是一种跨文化交流融合的产物，具有强烈的多元性。特有的人文气质兼具了不同民族文化的不同特点，如俄罗斯民族的豪放、细腻以及东正教色彩；日本民族的简约、雅致以及以禅学为主的佛教色彩；汉民族的恢弘、宽厚以及以儒、释、道为代表的神传文化色彩；蒙古民族的豪迈、宽广、绚烂以及以原始图腾为代表的草原文化色彩等。有的时候，多民族共生的现状激发了建筑师和民间工匠的创作灵感和人文情结，出人意料地创作出许多样式奇特的建筑形象来。图5.53展示的就是沙俄时期的大连华人社区城市街景，建筑形象糅合了中国元素和西方建筑语言，使街道景观充满了奇异和浪漫的情调。这是中东铁路附属地特有的人文环境滋养出来的特有建筑文化，充分显示了广采博收的文化趣味。

在中东铁路建筑文化的人文气质中，最显而易见的就是与生俱来的俄罗斯血统所赋予的性格和强

图5.53　沙俄时期大连华人社区城市街景

烈印象性。也正因如此，中东铁路沿线的城市和小镇才相继拥有了"东方莫斯科""俄罗斯明珠"等美誉。从装饰艺术上说，俄罗斯民族是一个由精美的几何图案装点起来的民族，无论是建筑环境还是服饰、绘画都充满着图案化特征和一种与生俱来的装饰美感。也正因如此，俄罗斯民族的华美装饰像一波波连浪在中东铁路沿线扩散开来，并使整个中东铁路带上了某种浪漫的气质。

体现俄罗斯民族符号的首要标志是各式各样的东正教堂，这些建筑物从整座建筑的轮廓到任何一个经过装饰的建筑构件都洋溢着自己民族的自豪感。就连纯粹为功能服务的铁路供水塔都利用有限机会装点起来，由此也具备了某种俄罗斯传统建筑的文化韵味：堡垒般厚重的塔身、带有典型俄式贴脸的小竖窗、水塔上檐口木雕锯齿状装饰带、水箱下边缘图案装饰带以及阶梯状承托构件、鲜艳的色彩和俄罗斯谷仓般的上部轮廓，甚至在基座条石之间叠加一层不同形状的五彩小石拼图，不同材质搭配在一起，产生了耐人寻味的效果，在温和中体现着俄罗斯民族特有的风韵。类似的情况也出现在铁路厂房上。

蒙古民族曾经征服俄罗斯民族，也许是出于这个原因，俄罗斯和蒙古两个民族在文化情趣和特点上具有高度的相似性。这两个民族的服饰都是充满了横向排列的几何装饰图案和鲜艳的色彩，这些图案类似于一种线性边纹装饰，这种装饰风格和构成方式在建筑上也有直接的反映。俄罗斯砖砌建筑的檐口、腰线及山墙落影装饰；木建筑的三檐镂空雕刻图案装饰、蒙古人的蒙古包顶口、腰线图案及门窗洞口周边装饰，这些装饰与他们的服饰都有着惊人的相似性。甚至"马头"图案也是两个民族都十分喜爱的装饰主题。俄罗斯传统木建筑的屋脊马头、蒙古人的马头琴都是最有象征意义的图腾。了解了这个背景之后，我们就可以理解为什么中东铁路西部线内蒙古草原各站点的木构建筑要比其他线路木建筑的装饰更复杂精美了。

工业文化是中东铁路人文表情中的另一副面孔。中东铁路本身就是工业产业，铁道线成为联结近代工业的一条工业走廊，见证了中国东北地区半个世纪的兴衰起落、世事变迁。而这一切，都是附着在近代工业技术和城市化的突飞猛进发展之上的。哪怕只是坐火车看一看城市之外的中东铁路线，都会被无以计数的大型铁路桥梁和隧道所体现出来的气魄和技术所震撼。钢铁和宏大的尺度感可以用来概括中东铁路的工业文化气质，这一切，注定与铁路如影随形。

中东铁路许多站点的原始住区都是为俄国铁路职工建造的，是一个比较纯粹的外来民族定居点，因此，按照中东铁路合同规定，铁道线和站点的选择要远离原有的村落和城镇。然而，铁路大动脉将几乎中国人甚至更多民族人的身影带入中东铁路，"华洋合处"成了一道自发转型的文化风景。建筑聚落的形态形成了前所未有的人文景观，建筑样式的混杂、空间环境和人文气质的对比、生活模式的互相浸染，凡此种种，都缔造了独一无二的"地方性"特征。在更大规模的站点和城市，民族混杂的局面被有意识地规划控制，因此有了哈尔滨的"中国大街"和日俄战争前大连的华人社区。此外，建筑师在解决实际功能和技术问题的同时，也一定程度考虑本土环境的文化适应问题。俄国的建筑师努力设计出一种具有对话诚意的合成建筑样式，主动将典型的中国元素运用于创作，对中国传统文化原生氛围的尊重也成为一种普遍的原则和策略，尚志火车站的建筑形象就充满了中国传统韵味（图5.54）。即使在仓促建成通车的铁路初始建设期间，中东铁路的许多站舍和住宅也已经有了非常鲜明的中国味道。这种原则派生的建筑样式是俄中合成建筑，它们在中东铁路附属地内已经成为一种"方言"风格，南线三十里铺火车站就是一个例子（图5.55）。

在中东铁路用地，俄国人的生活习惯得以传播。沿线农民开始种植俄国人喜欢的西红柿和甘蓝，面包、啤酒、香肠等食品畅销，卢布成为硬通货被广泛使用。在满铁附属地，日本近代建筑以其巨大的数量和整体的风格形成了那一时期强烈的印记，尤其是那些普普通通的住宅建筑。这种印

a 依兰传统中式民居

b 尚志火车站

c 火车站立面设计图

图5.54　近代中国传统民居和模仿中国民居风格的火车站

图5.55　沙俄时期三十里铺火车站街景

记除了带有近代工业化和现代主义的影响外，还挥发着一种浓郁的日本味道：清淡、宁静、透着一种简洁朴素的味道。这样的小建筑群即使在中东铁路主线站也能发现，如东部线下城子车站就有多座日本时期的军官住宅。在中东铁路西部线的富拉尔基站，日本人建造的独立别墅区至今仍然十分完好。

在多元文化并置的大格局下，建筑有时也被用中国传统理念和诗文题对的方式描述和冠名，如哈尔滨铁路跨线桥"霁虹桥"由时任中东铁路公司理事、哈尔滨工业大学校长刘哲题写桥名，这个名字选取了杜牧《阿房宫赋》中"长桥卧波，未云何龙？复道行空，不霁何虹？"的含义。哈尔滨埠头区特别市公园"虹跨"桥，也是采用了中国古代匾额的古典诗文指引方式。

（2）新潮、时尚的审美情趣流露　　中东铁路建筑从一出现就注定与所处的时代及时代风尚紧紧地联系在了一起。铁路本身就是一个新鲜事物，中国东北具有挑战性的地质条件又促使筑路者拿出最先进的技术来应对。此外，借地筑路的敏感性质让俄国建筑师在选择任何带有强烈民族传统风格的做法时都十分慎重，因此，用流行于全世界的"国际性"时尚风格最为稳妥。所有这些，都促使中东铁路的建筑文化朝着一种新潮、时尚的方向快速发展起来。

这一切的实施和实现，很大程度上有赖于一大批优秀的建筑师、工程师和艺术家。欧洲最新的建筑思潮和流行时尚通过这些建筑师的设计及时传播进中东铁路附属地，中心城市更是如此。筑路工程刚刚开始的时候，一些等级高的站舍，如哈尔滨、大连、满洲里、绥芬河、博克图和一些重要的大型公共建筑，就已经使用了最流行的建筑样式，如新艺术风格的中东铁路管理局大楼、莫斯科商场、中东铁路管理局宾馆等高规格的公共建筑。这种艺术气息还一并蔓延到音乐和美术领域，哈尔滨当时成了远东文化和艺术的风向标。

在满铁附属地，新潮和时尚同样是一种基本的文化与艺术潮流。当日本建筑师来到中国东北时，他们迫不及待地将从现代建筑大师弗兰克·劳埃德·赖特手中学到的草原住宅设计手法付诸实践，使赖特特有的、出檐深远的缓坡顶和竖条窗、水平向铺展开的十字形平面在中国东北的土地上神奇般地耸立起来（图5.56）。当留学德国的日本建筑师认识到更为简洁的现代主义风格已经成为一种国际流行的趋势的时候，他们又将这种风格样式快速复制到难以计数的满铁附属地建筑案例

a 满洲中央银行副总裁官邸

b 某住宅

c 牡丹江后生会馆

图5.56　铁路附属地草原别墅风格建筑

中。可以说，铁路附属地成了俄国和日本建筑师追赶世界建筑风潮、实践建筑设计创想的广阔舞台。而这种实践活动最终汇集成的，就是一股强烈的新潮、时尚的审美情趣。

新潮的体现不仅局限于建筑的样式，还包括花样翻新的新建筑类型和新空间模式，集中承载这些变化的是各类与文化生活有关联的公共建筑——图书馆、电影院、马戏团、音乐厅、露天剧场、赛马场、豪华餐厅、咖啡厅、博物馆、各类会馆和俱乐部等，甚至还包括选美、拳击比赛等诸种上流社会的娱乐方式。而所有这些新的文化和娱乐类型都对应着一种或几种新的建筑类型。中东铁路附属地将这些丰富多彩的文化事业凝结成一座座石头砌筑的房子，难以磨灭地将文化传播的记忆保存了下来。

由于有众多高水平的建筑师、设计师和艺术家身先士卒地实践，以及汇集了众多高水平教师的职业学校的兴办，中东铁路附属地中心城市的文化和艺术时尚能始终在一个跟随世界文化主流、跟进专业水准的层面上不断演进。这也确保了像哈尔滨这样的铁路大城市新潮、时尚的审美情趣没有最终走入流俗，而真正呈现的是一场丰满的视觉艺术盛宴，打造出的是一个个具有欧洲艺术水平的、开放的国际化都市的场景。

5.4.2.2 隐喻再现的时空文脉回应技巧

自由隐喻是中东铁路建筑在表现"无界"特征时非常有效的一种技巧，这种技巧本身也带有"无界"的特征——在塑造不同形式和同一形式的不同个体之间所具有的高度灵活性。自由调动多民族的建筑语言已经造就了铁路附属地内部的文化杂糅局面，而每一种独特的语言本身就是一种隐喻：用有形的符号和无形的民族文化属性来建立一种场景，并由此塑造出可以被感知的文化领域感。这种用符号化的建筑语言自由界定空间领域的结果是：不同民族的生存环境可以通过这些隐喻手段得到移植和重塑，隐喻带来不同文化时空范围的扩展和再现最终获得了一种"穿越"效果，迎合了不同人群的文化归属需求。

以俄罗斯文化为例：俄罗斯文化的一个传输途径是打造"田园风光"。为了给远离家乡的俄侨提供一个熟悉的环境，中东铁路工程局在哈尔滨专门为铁路职工设计和建造了几十种套型的单层或二层联户住宅。这些住宅用俄罗斯传统的砌筑方式建造，墙面带有各种装饰线脚，屋檐下有葫芦状的巨大木梁，门斗则用精美的俄罗斯传统木雕镂空图案装饰得亲切而漂亮。房子不仅配备有面积很大的花园，有的还配有尺度宽阔的阳光间和凉廊。大部分房子有供冷藏蔬菜和家用物品的地窖，同时每一户都配有室外的木制仓房，有的甚至还配备了专供夏季使用的厨房。每户人家的院子与邻居的院子用优美的栅栏隔开并形成完整的边界，院子里是花草树木各种休憩用的设施，在城市公共环境中还建设了一定数量的俄罗斯风格建筑小品（图5.57）。这样的建筑和环境"为初来满洲地区的

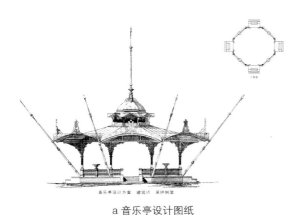

| a 音乐亭设计图纸 | b 历史照片 |

图5.57 充满俄罗斯韵味的城市公园音乐亭

俄国人的抑郁生活增添了些许亮色"[14]。事实上，熟悉而亲切的文化环境对困境中的人们有疗伤的作用，越来越多的俄侨把铁路附属地内的栖身之所当成了自己的第二故乡。

人类的思维中存在着"家"的原型，这个原型接近于儿童画中房子的形象：坡屋顶、方整的门窗、墙身轮廓、屋顶冒烟的烟囱。其实，无论是中国传统建筑还是俄罗斯传统建筑，民居的原生态形象都很相似。因此，当中东铁路附属地内的站舍和职工住宅陆续建成之后，无论是来自遥远西伯利亚的俄侨，还是来自中原地区的中国民众，都不约而同地看到了某种"家"的图景。家的表情最终定格在经典的色彩组合上：粉红色的屋瓦或者黝黑的瓦楞铁屋面、变得发旧了的红砖或红灰两色砖砌筑的墙身、鲜艳而明艳的涂过油漆的凉廊及门斗、涂以黄白墙漆的门窗贴脸装饰、饱满厚重的红砖烟囱。

集中体现俄罗斯民族文化气质的东正教教堂散布于铁路沿线的较大规模的站点，形式也有从斯拉夫风格的砖砌教堂到全木质教堂的多种类型。教堂建筑的建造往往比其他配套设施更早，这是因为对于一个有信仰的民族来说，精神归宿的建构要远远重要于物质环境的建设和完善，尤其当这些人远离家乡来到一个陌生的异国他乡时更是如此。

宗教建筑的文化领袖作用需要更多世俗建筑来衬托，这既是殖民者民族文化传播扩散的需要，也是传播的技巧。任何一座俄罗斯传统文化比较浓郁的铁路城镇或站点都是由众多各种类型的俄罗斯样式建筑共同形成的，而最常见的还是那些站舍建筑和数量众多的铁路职工住宅。中东铁路东线的横道河子就是这样一个调动形式语言塑造俄罗斯风韵的铁路小镇。在中东铁路建设及运营时期，横道河子一直享有"花园城镇"的美称。传统的俄罗斯田园风光图景所必备的几大要素，横道河子几乎全都具备：俄罗斯传统民居、精美的木制小教堂、围绕坡屋顶住宅的花园、高大的榆树、蜿蜒的河流、起伏的远山，近200处俄式建筑将这里装点得"俄味"十足。随着时间的推移，俄罗斯风格的建筑样式已经与周边环境融合得天衣无缝：散落在山坡上的俄罗斯田园住宅浪漫而质朴；圣母进堂教堂与石阶引道、教堂前繁茂的大树形成了崇高、神秘的气氛，让人产生无限遐想。

再现建筑活动所在的时代背景和社会差异是中东铁路建筑文化人文品质的又一个特点。中东铁路酝酿、修筑和运营的几十年是人类重大变革的几十年，人类的生存方式和原有纯粹封闭的民族文化已经逐渐处于解体之中，无视国际化潮流的任何民族都陆续受到强权的嘲笑和打击，因此全世界都在朝着一个方向——近代化、工业化、现代化而快速跟进。在这个背景下，"建筑广泛地点缀着文化景观，它的产生和发展与其所处的地理环境、社会环境（经济制度、政治制度、文化科技水平）和人的生活习惯、生活方式有着直接的关系"[52]。

当时，铁路工业使中东铁路附属地充满了工业技术色彩，横道河子就是一个典型的案例。工业文明气质构成横道河子个性精神的一部分。从总体布局上看，整座小镇以铁路和火车站为中心轴线，沿着铁路线平行的两侧向行进方向的两端线性延伸，铁路工业地带成为小镇空间聚落的绝对中心。在街道节点等开放空间，行人有各种机会以全然不同的视角看到穿行的铁道线、堆积如山的各种钢铁构件、铁路站舍的红屋顶、舒展的机车库乃至耸立于山腰上的工程师公寓"大白楼"，这些构成了横道河子的铁路系列景观。

工业化的重要实例是铁路沿线陆续出现的大型厂房甚至库房。此外还有数量众多、形态和结构形式各异的铁路桥梁等工程设施。这些建筑的形式感和细部虽然远没有纯正的民族风格那样华美，但其前所未有的空间尺度和结构形式依然产生了强烈的震撼效果和视觉冲击力，其影响也成为潜移默化的文化教育载体。从建筑形式上看，典型的建筑实例也非常众多，尤其是中东铁路后期建设的风格更简洁、平面布局和空间关系更新潮的近现代建筑都表明"国际化"已经成为一种趋势。

时代的因素直接体现为各种新潮的建筑风格，新艺术、装饰主义、各种各样组合的折中样式、早期现代主义、现代主义等，无一遗漏地在中东铁路附属地内有所体现。现代思潮还在技术上大大推动了铁路附属地内部的建筑工程质量和操作手段，一些大型的建筑机械被有实力的承包商引入工程实践，并从根本上保证了大型公共建筑的快速、高质量地建成。与此同时，新的技术还体现在对全新的空间模式和建筑规模的常识上，一些高层建筑的设计方案已经完成，大型综合体建筑的复杂程度也完全不亚于今天的同类建筑。

建于1910年的中东铁路高级职员住宅就是这样一个全新的住宅建筑类型（图5.58a）。这座集合式住宅通过公共楼梯和居住单元的竖向重复组合构成了现代单元住宅的典型平面布局，其新潮程度超过了南部沿海的开放城市。整栋住宅楼包含两个居住单元，采用了对称的立面形式，每单元的每层平面一梯两户。建于1928年的哈尔滨花园街中东铁路高级职员住宅是一处二层多户型公寓住宅，每层一梯两户，其最大特点是尽端带有木质凉厅，既活跃了建筑形象，又丰富了空间（图5.58b）。标准稍低的单元住宅可以做成一梯四户的平面，如俗称"大白楼"的横道河子中东铁路工程师住宅。这座建于1910年的建筑为砖木结构多户集合式住宅，最初有上下水设备，集中供暖，每户还有自己的室内贮藏间。这座建筑的公共部分为水磨石地面，居室内铺设木地板，设有阳台，室内楼梯可直达楼阁老虎窗（图5.58c）。这样的装修标准在当时的中东铁路附属地集合建筑中已经非常普遍，阿什河制糖厂的管理人员住宅楼也有优美的水磨石楼梯和现代单元住宅的布局方式。

对城市公共环境的关注、治理和完善是铁路附属地现代转型的重要标志之一，街道设施、公共景观园林、市政设施的健全，大型公共建筑的建成，成熟的现代教育体制与机构的建立，多元的文化娱乐生活方式的出现等，都从根本上改变着原本贫困落后的中国东北部地区。这些城市变革的成果定格成那些各类新功能、新风格、新样式的建筑作品，从而见证着大时代的进步给这块特殊的土地带来的发展和变化。各种各样的新建筑样式、新文化思潮不断涌现，大大激活了附属地内的文化气氛，从而形成了一种包容开放的文化氛围。

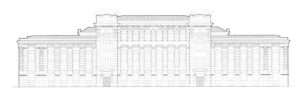 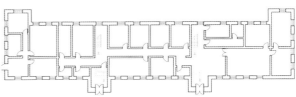

a 中东铁路高级职员住宅立面图与平面图（大直街）

 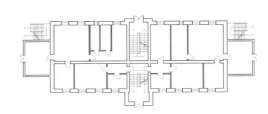

b 中东铁路高级职员住宅立面图与平面图（花园街）

 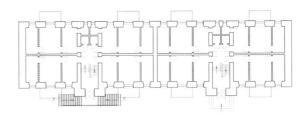

b 工程师住宅立面图与平面图（横道河子）

图5.58 中东铁路集合住宅

5 中东铁路建筑的文化特质解读

中东铁路建筑文化的"无界"还体现在对标准设计方案的自由演绎和适度创新上。图5.59展示了一个站内开水房和小商品店的标准设计被发挥成若干种风格样式的结果。从中可以看出，模件的理性王国和无界的自由王国之间其实只是一步之差，而后者所依托的除了材料、装饰语言的不同选择外，还在一定程度上借助了形象本身的隐喻意义，这是微妙的关系。

日本占领中东铁路后设计和建造了大量装饰主义和现代主义风格的建筑，大大强化了中东铁路建筑文化中的现代色彩和国际化趋势。成熟的现代主义建筑风格在中东铁路"北满"地带掀起一个现代建筑的风潮，这表明建筑国际化的趋势已经全面进驻中国东北。牡丹江火车站就是这种文化风潮的代表作品，后来又陆续出现绥阳火车站等与沙俄建造的火车站风格完全不同的建筑样式。

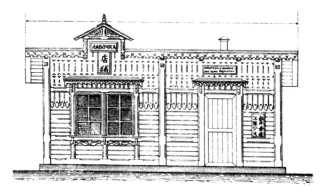 

图5.59　火车站开水房和小商品店标准设计图与实例

5.5　本章小结

中东铁路建筑文化到底是一种什么样的文化？这份文化具有哪些艺术特色？这份文化具有哪些技术理念？从中透显出的伦理精神是什么？本书在本章回答了这四个问题。

中东铁路建筑文化的构成性质可以概括为"涵化-转型"。铁路附属地实际上是游离于中国管辖权之外的"国中之国"，俄国和日本本着国家建设的野心进行专业规划建设，因此这场建筑文化传播带有强制性和取代性的推行色彩，是一场突如其来的跨文化涵化过程。伴随着这一过程的是建筑文化朝近现代的全面转型。这场转型建立在大铁路工业时代的全球文化背景下，是俄日两国现代转型的"延长线"，也是中国被动近现代转型的一部分。对于中国东北地区来说，这场现代转型跨越了古代和近代，横贯东北全境，也覆盖了社会生活的各个方面。转型的具体模式可以概括为：铁路拉动经济发展和城市化进程；城市承载着建筑文化的演进；文化演进包含着建筑风格与技术的联合作用机制；中西方文化势力最终实现相互借力、共同转型。从成果看，转型的特点是：地域特色强烈、文化遗产丰厚、软转型与硬转型同时发生。

中东铁路建筑文化的艺术特色可以概括为"包容-创新"。包容表现出的首先是风格的多元性，具体包括：表现移民文化与异族传统类，如"新俄罗斯风"、新古典主义、各种倾向的折中主义、日本大和、欧洲各民族风格等；表现工业文明与时代风尚类，如早期工业建筑风格、新艺术、装饰艺术、早期现代主义、现代主义风格等；表现本土文化与地域技术类，如中国传统风格、俄中合成、中华巴洛克风格等。从这些风格中我们可以解读出丰富的艺术意蕴，即：文化演进的动态展现、技术与艺术的兼收并蓄、文化气质的和而不同。创新是艺术特色的另一个重要方面，表现为技术创新、风格创新和空间创新。这些创新具有耐人寻味的深层机制和艺术意蕴，具体包括：新技术、传统技术的集成与经验的整合；新潮观念与文脉意识的兼顾与平衡；形式与空间的时代尺度及相应人文情趣的体现等。

中东铁路建筑文化的技术理念可以概括为"俭省-因借"。简省蕴含着现代工业设计观念，是一种理性的设计思维，包括节俭、效率和标准化生产。尽管一些中东铁路著名建筑具有豪华、精美的形象，但就占有更大比例的铁路附属建筑而言，"俭省、平实"才是其典型表情。"俭"指代简省、朴素、平实、廉价的原则及技术操作特点，具体化为设计与建造过程中的低技术选择与灵活处理、无处不在的借用与通用做法。而"因借"是建筑材料选择和建筑布局的策略，是环境观念成熟的表现。应对自然环境方面的表现很大程度上来自于特定条件下的技术选择，如：就地取材、因材致用打造出与环境浑然一体的本土建筑；因地制宜、积极适应凝结成独具特色的地域风情。

中东铁路建筑文化的伦理精神可以概括为"有类-无界"。有类强调建筑文化的国家、种族、等级、阶层差别，这些差别不但与殖民地文化环境的建筑属性有关，还表现在建筑的重要性及功能定位所呈现出的标准差别上，后者可以用"丰、俭"两种不同的标准来形容。其中，丰有丰盈、华美之意，是新潮、时尚的审美情趣和高档、奢华的品级观念；而"俭"则指代廉价、简易、平实。"无界"阐明了中东铁路建筑文化在具体塑造手段上不限制风格与文化类型、高度自由开放的人文特点。在人文气质方面，建筑文化不仅表现为多民族文化的交织融合，还成为特定时代、特定地域、特定社会环境的完整载体，实现了对时空文脉的双向回应。

6 结 论
Conclusion

中东铁路建筑文化是一个庞杂而富有挑战性的课题。横跨亚欧大陆的文化线路——中东铁路，是亚欧大陆桥的重要组成部分，是特定历史时期、国际形势和地理环境的产物，不仅有着错综复杂的传播缘起、跌宕起伏的传播过程和宏阔丰盈的成果表现，还形成了时间跨度长、空间跨度大、文化过程复杂、文化类型丰富、文化遗产众多等特点。现存于原中东铁路沿线的历史建筑是近代西方列强侵略中国的永久见证，也是中国东北地区一份珍贵、特殊的文化遗产。作者在遵循由整体到局部、由表及里、由外及内、层层深入的研究逻辑的前提下，做了大量的考证和分析工作。通过田野调查、文献研究、历史织补、档案归纳等方法，本书尽最大可能汇集了几乎所有类型建筑的建设图纸、早期建成照片、历史过程中的改扩建图纸及老照片、现状照片、现状测绘图纸及原始设计与现状的三维模型，准确、全面、系统地展示出建筑文化的详细构成情况。

本书突破了以往片断研究、个案研究、相关学科研究的局限性，运用新的方法、新的角度进行原创性的全面研究，逐渐廓清了这份文化的本质面貌，得到了以下五个方面的创新性研究成果。

（1）本书通过引入"文化线路"视角和文化传播理论，清晰地勾勒出中东铁路建筑文化传播演进的完整过程和核心线索。在建筑文化传播中扮演重要角色的外来文化直接或间接源自俄罗斯和日本，它们依仗各自民族文化与工业文化的强势姿态担当了中东铁路建筑文化传播的主要原型及直接或间接源地，并与中国本土建筑文化一起塑造了这场传播所特有的强烈的"跨文化"格局和面貌。本书考证并还原了中东铁路建筑文化传播的真实过程，准确地反映了中东铁路的跨文化传播作用和引发的文化传播结果，阐明了"传播与碰撞""接受与选择"的文化传播效应。前者包含了短暂、激烈的碰撞式文化适应过程和快速、平顺的覆盖式文化传播场面；后者包含了建筑文化图底关系覆盖、反转式的选择和文化意蕴的适应、阐释与接受。

（2）本书建立了中东铁路建筑文化所存在的连续、完整、立体的文化时空坐标系统，创造性地揭示了建筑文化"缘-核"模式的文化分布规律和"线-群"模式的文化分布结构。"缘-核"模式来自于建筑文化分布的纵向观察，表现为共时性的"空间结构"和历时性的"时间结构"，从而形成了中东铁路附属地特殊建筑文化圈——俄、中、日建筑文化圈，成为中东铁路建筑文化的一个大的载体。"线-群"模式的文化分布结构来自于建筑文化分布的横向观察，显示为建筑聚落的分布差异规律，可以分离出若干子文化圈，依此构成中东铁路建筑遗产聚落的基本分布格局。"线"

的展示不仅富于节奏感和空间韵律，而且每段的建筑特色和景观风貌也不尽相同，甚至有其独有的特点；"群"的展示方式则更富于叙事功能和感染力，而且具有强烈的文化场所感。

（3）本书全面廓清了中东铁路建筑文化载体的整体面貌，揭示了其四种基本形态：建筑的功能形态、空间形态、材料形态、技术形态。功能形态包括五种主要类型：铁路站舍与附属建筑、工业建筑及工程设施、护路军事及警署建筑、铁路社区居住建筑、市街公共建筑与综合服务，其特点可概括为工业文化特征、行业特点和移民文化特点，而功能类型从工业向社会生活的变化则凸显出文化线路的动态特征。建筑的空间形态包括单体建筑与建筑群体的空间形态及其组合规律，其中，常规空间和特殊空间的组合模式、普适性的空间形态和通用模式是铁路交通工业化的突出体现。建筑的材料形态包括材料的物理性能、使用方式、组合技巧与构成类型，时代、民族和地域因素塑造了中东铁路建筑材料运用的的综合品质。技术形态包括结构与构造的构成与表现，中东铁路建筑技术具有技术创新与高技术、低技术双管齐下的特点。文化载体的分析为建筑文化解读提供了充分的实证基础，也从另一个侧面揭示了中东铁路近代建筑的文化多样性，弥补了以往相关研究的不足。

（4）本书发现并解析了中东铁路三个重要的建筑文化现象：模件现象、合成现象、流变现象。"模件"现象是一种具有现代意识和铁路工业特点的建筑文化现象。建筑模件包括标准化和符号化的铁路站点、建筑单体、空间单元、建筑构件及工艺构造做法，模件通过话语母题和形式句法的方式得以自由表达，客观上实现了定型设计与订制设计的微妙平衡。"合成"现象也是中东铁路建筑特有的文化现象，"俄中合成风格"是为中东铁路量身定做的专用风格。合成的逻辑规则可以概括为形式整合与文化并置两种，最终产生了文化亲和与文化增殖的文化效应。"流变"现象指的是建筑风格、样式、文化品位等因素随时间和社会环境的变化而持续发生变化的现象，体现在建筑单体样式和文化整体风格两个层面上。达成流变的方式包括合璧混搭与拆璧提纯、整体覆盖与局部更新、自由折中与独立发展三种途径。总体看来，模件现象展现了设计操作的整体技巧；合成现象展示了文化碰撞与交融的铁路附属地"方言"成果；流变现象揭示出文化传播演进的总体趋势与客观进程。

（5）本书揭示了中东铁路建筑的文化特质，包括中东铁路建筑文化的构成性质、艺术特色、技术理念和伦理意蕴。中东铁路建筑文化的构成性质可以概括为"涵化"和"转型"。因为这场传播不是真正平等意义上的传播，而是带有强制性和取代性的推行，是一场突如其来的跨文化涵化实验，在此过程中发生了建筑文化的"取代、抗拒、没落、整合"等变迁。中东铁路建筑文化的艺术特色概括为"包容"与"创新"，体现在风格的多样性和技术、风格和空间的创新上。技术理念可以概括为"俭省"和"因借"。俭省蕴含着现代工业设计观念，包括节俭、效率和标准化生产；而因借是建筑材料的因材致用和建筑布局的因地制宜做法，充分表现出环境观念的成熟。中东铁路建筑文化的伦理精神可以用"有类"与"无界"来概括。"有类"强调建筑文化的国家、种族、等级、阶层差别，而"无界"则阐明其不限制风格与文化类型、高度自由开放的人文特点。

本书以建筑学为核心，建立了涵盖建筑、景观、城市规划、城市设计等多学科，宏观、中观、微观相结合的全景视野，全面、深入地展示和解读了这份特殊文化遗产的文化品质。本书形成了自己的研究特色，即：历史过程与典型事件结合、文化现象与典型案例结合、文化风貌与文化人物结合、时代背景与地域环境结合，再现了中东铁路建筑文化研究的全息画面，为未来的继续研究及价值评判、保护策略提供了充实的基础信息。

中东铁路建筑文化线路的研究包含了十分广泛的内容，本书只是抽取了主要部分进行研究，尚不能涵盖这份特殊文化遗产的全部问题。尤其是本书主要关注以中东铁路建筑为主要载体的文化现象及规律，因此对中东铁路城市规划专题和建筑技术专题所做的研究还远远不够，未来需要进行专项研究。此外，由于篇幅限制，本书中对建筑文化载体的多类型形态描述因过于追求全面而导致描述失于浅显，使深层机制的挖掘深度受限，这也是本书的不足之处，在后续的研究中同样需要给予分门别类的专项研究。本书中引用的大量实例也只是众多中东铁路建筑文化载体中有代表性的一部分，无法将调研整理的相关档案全部呈现。在继续深入研究的同时，希望有机会将这份珍贵建筑文化遗产的基础资料尽早呈现出来，以共享于所有有志于此项研究的学者和热心人。

参考文献
References

[1] 弗林克, 西恩斯. 绿道规划·设计·开发 [M]. 余青, 译. 北京: 中国建筑工业出版社, 2009.

[2] 郑长椿. 中东铁路历史编年 [M]. 哈尔滨: 黑龙江人民出版社, 1987.

[3] 李秀金, 李文莉. 几经变故的中东铁路名称 [J]. 中国地名, 2010(8):34-35.

[4] 程维荣. 近代东北铁路附属地 [M]. 上海: 上海社会科学院出版社, 2008.

[5] 许宁, 李成. 别样的白山黑水东北地域文化的边缘解读 [M]. 哈尔滨: 黑龙江人民出版社, 2005.

[6] 徐洪澎. 黑龙江省地域性的建筑文化生态系统研究 [D]. 哈尔滨: 哈尔滨工业大学, 2008.

[7] 纪凤辉. 哈尔滨寻根 [M]. 哈尔滨: 哈尔滨出版社, 1996.

[8] 哈尔滨市地方志编纂委员会. 哈尔滨市志·建筑业房产业 [M]. 哈尔滨: 黑龙江人民出版社, 1995.

[9] 沙永杰. "西化"的进程 [M]. 上海: 上海科学技术出版社, 2001.

[10] ТроицкаяТ.Ю. ОсобенностиархитектурыКитайско-Восточнойжелезнойдороги (конец XIX – перваятреть XX вв.) [D]// Автореф. дис. насоиск. учен. степ. канд. архитектуры.–Новосибирск, 1996.

[11] 黑龙江省档案馆. 档案史料汇编中东铁路（一）[A]. 哈尔滨: 黑龙江省档案馆, 1986.

[12] 戈利岑. 中东铁路护路队参加1900年满洲事件纪略 [M]. 李述笑, 田宣耕, 译. 北京: 商务印书馆, 1984.

[13] 陈海江. 三十六棚哈尔滨车辆工厂史 [M]. 哈尔滨: 黑龙江人民出版社, 1980.

[14] 克拉金. 哈尔滨——俄罗斯人心中的理想城市 [M]. 哈尔滨: 哈尔滨出版社, 2007.

[15] 何维民. 哈尔滨工业大学大事记 (1920—1999)[M]. 哈尔滨: 哈尔滨工业大学出版社, 2000.

[16] 伊豆井敬治. 满铁附属地经营沿革全史 [J]. 满洲日日新闻社, 1939（下）: 1052-1059.

[17] 董增刚. 从老式车马舟桥到新式交通工具 [M]. 成都: 四川人民出版社, 2003.

[18] 故宫博物院. 义和团档案史料 [M]. 北京: 中华书局, 1959.

[19] 庄晓东. 文化传播: 历史、理论与现实 [M]. 北京: 人民出版社, 2003.

[20] 陈世敏. 大众传播与文化变迁 [M]. 台北: 三民书局, 1992.

[21] 刘敏中. 文化学学·文化学及文化观念 [M]. 哈尔滨: 黑龙江人民出版社, 2000.

[22] 贡布里希. 秩序感——装饰艺术的心理学研究 [M]. 长沙：湖南科学技术出版社，2006.

[23] 周尚意. 文化地理学研究方法及学科影响 [J]. 中国科学院院刊，2011，26（4）：415-419.

[24] CARROLL L V. The railroad station: An architectural history [M].New Haven:Yale University Press，1956.

[25] 武国庆. 建筑艺术长廊——中东铁路老建筑寻踪 [M]. 哈尔滨：黑龙江人民出版社，2008.

[26] 王淑杰，张勇枝. 满洲之最的"中东铁路哈尔滨总工厂" [J]. 中国地名，2005（2）：56.

[27] 刘松茯. 哈尔滨城市建筑的现代转型与模式探析 [M]. 北京：中国建筑工业出版社，2003.

[28] 陈越. 砖砌体——以材料自然属性为分析基础的建构形式研究 [D]. 南京：东南大学，2017.

[29] 雷巧梅，徐美娥. 翻译与文化信息传播 [J]. 宜春学院学报 (社会科学)，2006（1）:146.

[30] 麦奎尔，温德尔. 大众传播模式论 [M]. 祝建华，武伟，译. 上海：上海译文出版社，1987.

[31] 雷德侯. 万物——中国艺术中的模件化和规模化生产 [M]. 张总，陈芳，赵州，等译. 北京：生活·读书·新知三联书店，2005.

[32] 贝奇曼. 整合建筑——建筑学的系统要素 [M]. 北京：机械工业出版社，2005.

[33] 蔡元培. 蔡元培美学文选 [M]// 奚传绩. 设计艺术经典论著选读. 南京：东南大学出版社，2002.

[34] 侯幼彬. 中国建筑美学 [M]. 哈尔滨：黑龙江科学技术出版社，1997.

[35] 汉宝德. 中国建筑文化讲座 [M]. 北京：生活·读书·新知三联书店，2006.

[36] 梁思成. 中国建筑的特征 [M]// 奚传绩. 设计艺术经典论著选读. 南京：东南大学出版社，2002.

[37] 弗兰姆普敦. 建构文化研究 [M]. 王骏阳，译. 北京：中国建筑工业出版社，2007.

[38] 维特. 维特伯爵回忆录 [M]. 北京：商务印书馆，1976.

[39] 张伯英. 黑龙江志稿 [M]. 哈尔滨：黑龙江人民出版社，1992.

[40] 谢东方. 满洲里站志 [M]. 北京：中国铁道出版社，2002.

[41] 越泽明. 中国东北都市计划史 [M]. 黄世孟，译. 台北：大佳出版社，1986.

[42] 鲍威尔. 铁路建筑的发展方向 [J]. 世界建筑，1995（3）:67.

[43] 石方. 黑龙江区域社会文明转型研究（1861—1911）[M]. 哈尔滨：黑龙江人民出版社，2006.

[44] 纪凤辉，段光达. 历史回眸：东方珍珠哈尔滨 (上)[M]. 哈尔滨：哈尔滨出版社，1998.

[45] 曲晓范. 近代东北城市的历史变迁 [M]. 长春：东北师范大学出版社，2001.

[46] 何西亚. 东北视察记 [M]. 北京：现代书局，1932.

[47] 博恰罗夫. 苏联建筑艺术（1917—1987）[M]. 王正夫，彩群，译. 哈尔滨：黑龙江科学技术出版社，

1989.

[48] 拉兹洛. 多种文化的星球联合国教科文组织国际专家小组的报告 [M]. 戴侃, 辛未, 译. 北京: 社会文献出版社, 2001.

[49] 莫里斯. 手工艺的复兴 [M]// 奚传绩. 设计艺术经典论著选读. 南京: 东南大学出版社, 2002.

[50] 徐景辉. 百年古镇——横道河子 [M]. 哈尔滨: 黑龙江人民出版社, 2008.

[51] 哈里斯. 建筑的伦理功能 [M]. 申嘉, 陈朝晖, 译. 北京: 华夏出版社, 2001.

[52] 王星, 孙慧民, 田克勤. 人类文化的空间组合 [M]. 上海: 上海人民出版社, 1990.

图片来源
Picture Credits

图 2.1a 来自于 http://bbs.big5.voc.com.cn/topic-5280443-1-1.html

图 2.1b 来自于 https://commons.wikimedia.org/wiki/File:Li_Hung-Chang_in_1896.tif 图 2.1c 来自于 https://zh.wikipedia.org/wiki/%E8%B0%A2%E5%B0%94%E7%9B%96%C2%B7%E7%BB%B4%E7%89%B9#/media/File:SergeiWitte01548v.jpg

图 2.1d 来自于 https://zh.wikipedia.org/wiki/%E7%BE%85%E6%8B%94%E8%AB%BE%E7%94%AB#/media/File:Lobanov.gif

图 2.2 来自于 https://zh.wikipedia.org/wiki/%E6%97%A5%E4%BF%84%E6%88%98%E4%BA%89#/media/File:Treaty_of_Portsmouth.jpg

图 2.4a 来自于 http://blog.fashion.ifeng.com/article/3212125.html

图 2.4b 来自于 http://api.baike.baidu.com/view/85904.htm?fromId=206827

图 2.4c 来自于 http://baike.soso.com/h2135958.htm?sp=l3979088

图 2.5a，图 2.22，图 4.30b 原载于《伪"满洲国"明信片研究》（李重. 吉林文史出版社，2005 年）

图 2.6a，图 2.19a，图 2.29a，图 2.32a，图 3.22f，图 4.33c 原载于《哈尔滨旧影》（李述笑. 人民美术出版社，2000 年）

图 2.6b 来自于 http://218.10.232.41/lzp/hshrb/0040.jpg

图 2.6c、d，图 2.7c，图 2.8a、b、c、d，图 2.16，图 2.18，图 2.20d、e、f，图 2.27 实例，图 2.28 实例，图 2.36b，82 页图，图 3.4e，图 3.7d、e，图 3.11d，图 3.12 历史照片，图 3.13b，图 3.16c、d，图 3.22f，图 3.23 实例，图 3.30 d、e，图 3.31a，图 3.40a，图 3.49c，图 3.87，图 4.4d，表 4.3 公主岭，图 4.8b，表 4.6 单坡平行廊后两幅，图 4.17b，图 4.18，图 4.24，图 4.44c，图 4.46a，图 4.48a，278 页图，图 5.4a，图 5.12d，图 5.29a，图 5.37，图 5.38，图 5.40，图 5.50，图 5.52，图 5.55，图 5.57b，图 5.59 实例原载于 *Альбом сооружения Китайско-восточной железной дороги*（1897—1903）

图 2.7a、b，图 2.23，图 4.38b 原载于《大连旧影》（人民美术出版社，2007 年）

图 2.7d，图 2.12c，图 4.20a，图 4.33b，图 5.32 原载于《伪满洲国旧影——纪念"九•一八"事变七十周年》（李重. 吉林美术出版社，2001 年）

前环衬图，文前 16 页图，图 2.8e，图 2.29b，图 3.1c，图 3.11a，图 3.17c，图 3.34c，图 3.41c，372 页图，原载于《百年前邮政明信片上的中国》（图尔莫夫. 哈尔滨工业大学出版社，2006 年）

图 2.9 来自于 http://www.techcn.com.cn/index.php?doc-view-156701.html

图 2.10a 来自于 http://news.163.com/05/1215/10/250N5L1900011247.html

图 2.10b、c 来自于 http://www.baike.com/wiki/%E6%97%A5%E6%9C%AC%E4%BA%A7%E4%B8%9A%E9%9D%A9%E5%91%BD

图 2.11 原载于《"西化"的历程》（沙永杰. 上海科学技术出版社，2001 年）

图 2.12a、b 来自于英国威尔逊教授收藏的明信片

图 2.17，图 5.2 原载于《近代东北铁路附属地》（程维荣. 上海社会科学院出版社，2008 年）

14 页图，图 2.19b，图 2.30，82 页，图 3.2e，图 3.15e，图 4.5b，图 4.20b、c，图 4.28a，图 4.44d，

图 4.45a、c，图 5.5d，后环衬图原载于 *Альбом видов китайской восточной жел. дор.*

图 2.20a、b、c，图 2.26，图 2.27 设计图，图 2.28 设计图，图 2.39 分布图，图 3.1a、b，图 3.2a、b、c、d，图 3.3 a、b、c、d，图 3.4 a、b、c、d，图 3.5a、b，图 3.7a、b，图 3.8a、e，图 3.10 设计图，图 3.12 设计图，图 3.13a，图 3.15a、b、c、d，图 3.16a、b，图 3.17a、b，图 3.19a、b、c、d，图 3.20a、b、c、d，图 3.21a、b，图 3.22a、b、c，图 3.23 设计图，图 3.24 设计图，图 3.25 设计图，图 3.28a、b，图 3.30a、b、c，图 3.32a，图 3.33a、b、c、d，图 3.36a、b、c、d，图 3.38 a、b、c、d，图 3.43a、b、c、d，图 3.45a、b，图 3.46a、b，表 3.2 平面图与剖面图，表 3.3 实例，表 3.4 实例，图 3.50，表 3.5 实例，表 3.6 实例，表 3.7 实例，图 3.51，图 3.52，图 3.53，图 3.54，图 3.55，图 3.56，图 3.57，表 3.8 实例，图 3.74a，图 3.82，图 3.83a、b，图 3.84，表 3.9 实例与结构节点，图 3.89a，表 3.13 设计图，图 3.92，图 3.93，图 3.95 设计图，图 3.96a、b、d，图 3.98，图 3.99，图 4.1，图 4.4a、b、c，图 4.5a，图 4.7，表 4.4，图 4.8a，图 4.9，图 4.10，图 4.11，图 4.12a，图 4.13，表 4.9 设计图，图 4.21，图 4.23，图 4.25a、b，图 4.26，图 4.39，图 4.42a，278 页图，图 5.12d 设计图，表 5.2 立面图，图 5.20，图 5.23，图 5.25b、c，图 5.26，图 5.27，图 5.29b，图 5.30，图 5.31a，图 5.35，图 5.36，图 5.41，图 5.42，图 5.51 原载于 *Альбом сооружений и типовых чертежей Китайской Восточной железной дороги*（1897—1903）

图 2.21a、b、c 来自于 http://www.panjiayuan.com/Mall/18356.html

图 2.24a、b，图 2.36a，图 4.46a，图 5.4b 原载于《哈尔滨•印象（上）》（中国建筑工业出版社，2005 年）

图 2.25a、b、c 来自于 http://sanqiao.0013.blog.163.com/blog/static/1121217842012112266225715/

图 2.29b 来自于 http://news.163.com/05/1215/10/250N5L1900011247.html

图 2.32b、c 来自于哈尔滨南岗博物馆

图 2.34a 来自于 http://xwb.my399.com/html/2010-12/05/content_5902235.htm

图 2.34b 来自于 http://pic.sogou.com/d?query=%B9%FE%B6%FB%B1%F5%C8%D5%B1%A8&mood=0&picformat=0&mode=1&di=2&p=40230504&dp=1&w=05009900&dr=1&_asf=pic.sogou.com&_ast=1378362309&did=1#did0

图 2.35 原载于 *ОсобенностиархитектурыКитайско-Восточной железной дороги*（Троицкая Т.Ю.）

图 3.4e，图 3.36h，图 4.28b、c、d，图 4.33a，图 4.38a，图 4.43，图 4.46b，图 5.25a，图 5.54c 原载于《建筑艺术长廊：中东铁路老建筑寻踪》（武国庆 . 黑龙江人民出版社，2008 年）

图 3.22d、e，图 4.36b 原载于《哈尔滨新艺术建筑》（刘大平，王岩 . 哈尔滨工业大学出版社，2015 年）

图 3.35a，图 5.5a 原载于《哈尔滨建筑艺术》（常怀生 . 黑龙江科学技术出版社，1990 年）

图 3.62b，图 4.36a，图 5.3 原载于《哈尔滨——俄罗斯人心中的理想城市》（Н.Н. 克拉金 . 哈尔滨出版社，2007 年）

196 页图原载于《百年满洲里》（王铁樵 . 内蒙古文化出版社，2011 年）

图 4.40 原载于 *Художники Дальнего Востока*（Н. П.Крадин. Редакционно-издательский отдел Хабаровской краевой типографии,2009 年）

图 4.17a 来自于 ahttp://bbs.memoryofchina.org/thread-3131-3-1.html

图 4.42b、c 原载于《哈尔滨工业大学早期建筑教育》（陈颖，刘德明 . 中国建筑工业出版社，2010 年）

图 5.5b、c、e、f、g、h 原载于《哈尔滨历史建筑(上)》（聂云凌 . 哈尔滨市城乡规划局，2005 年）

图 5.10 来自于 http://article.yeeyan.org/view/212040/269545

图 5.11 原载于《中国铁路百年老站》（武国庆 . 中国铁道出版社，2012 年）

图 5.49 来自于 http://article.yeeyan.org/view/212040/269545

图 5.54b 来自于中国东省铁路 QQ 群 81925338

图 5.56 原载于《满洲建筑协会杂志》（1924—1941 年卷）

图 5.57a 原载于《建筑小品与装饰》（林建群，战杜鹃，刘杰 . 哈尔滨工业大学出版社，2006 年）

后　记
Postscript

　　2010年暑期带学生去中东铁路沿线的横道河子镇进行历史建筑测绘，这是我们第一次在哈尔滨之外与中东铁路近代建筑的深入接触。当时是住在横道河子镇附近的七里铺，每天早晚要坐车往返于两地之间，中午也无处休息，非常辛苦。但是大家都被小镇优美、平静、悠闲的异国风情和景观氛围深深地打动着，完全沉浸在极具历史感的场所之中。面对随山就势、高低错落、功能多样、造型各异的站舍、机车库、教堂、住宅、公寓、卫生所等众多的历史建筑，我们的心情十分复杂，既为这些技艺精湛的历史建筑所感叹，又为这些历史建筑的状况而忧心。从那一刻起，我们就与中东铁路建筑结下了难以割舍的缘分。随着时间的推移，对这份极其珍贵的建筑遗产的感情日益在加深，以至无法忘怀。

　　2013年以此为研究对象申请的国家自然科学基金项目"文化线路视野下的中东铁路建筑文化特质与保护研究"（51278139）获得批准；其后于2016年又获批了中俄政府间科技合作项目"中国中东铁路与俄罗斯西伯利亚铁路（远东段）沿线建筑文化遗产特色及保护策略研究"（CR19-18）。这些都为全面开展对于中东铁路近代建筑的研究提供了动力和支持。此后连续数年，有诸多硕士与博士研究生投入到这个课题的研究之中，对整个中东铁路沿线的历史城镇与历史建筑进行了较为全面的实地考察。先后在哈尔滨、横道河子、扎兰屯、一面坡、安达、肇东、昂昂溪等地对近200栋典型历史建筑进行了测绘和调研，并普查了1400余栋的现存历史建筑，拍摄照片与行程路线之多已经无法统计。2013年底博士生李国友老师最先完成了《文化线路视野下中东铁路建筑文化解读》的博士论文，本书就是在此基础上，通过适当的加工整理后完成的。光阴似箭，一晃四年多的岁月已消失。

　　这期间陆续完成了《中东铁路站区建筑解读》（才军）、《中东铁路沿线东正教建筑研究》（赵庆超）、《中东铁路近代建筑模块化现象研究》（郭葳）、《中东铁路军事建筑解读》（周楠）、《一面坡近代城镇规划与建筑解读》（李琦）、《扎兰屯近代城镇规划与建筑解读》（曲蒙）、《横道河子近代城镇规划与建筑解读》（宗敏）、《中东铁路附属地砖石建筑的审美意匠》（刘桐）、《中东铁路建筑石材构筑形态特征研究》（王瑞婧）、《中东铁路附属地建筑金属构件研究》（赵阳）、《俄罗斯远东新艺术建筑的演变》（卡佳）、《中东铁路住宅建筑研究》（毛英丽）、《南满铁路附属地历史建筑研究》（雷家）、《中东铁路附属建筑木材构筑形态的表征与组合方式研究》（陈海娇）、《中东铁路建筑砖构筑形态研究》（杨舒驿）、《中东铁路建筑保温与采暖技术研究》（司道光）、《中东铁路建筑近代化探索》（石晓夏）、《中东铁路建筑墙体技术解析》（刘文卿）、《哈尔滨近代工业建筑研究》（张立娟）、《中东铁路建筑文化交融现象解析》（陈一鸣）、《中东铁路生活配套公共建筑研究》（刘方溪）、《中东铁路建筑遗产价值评价研究》（张军）等一批硕博论文，以及数十篇公开发表的学术论文。正是这些研究成果使我们顺利地完成了上述两项国家纵向科研课题，也为我们下一步的深入研究工作打下了坚实的基础。

这几年的研究历程使我们对中东铁路建筑遗产有了相对较为全面的认识，更能体会到这份遗产在中国近代建筑史上的价值。在与其深入接触的同时总能触动自己去思考诸多的问题。虽然整个前期的阶段性研究工作已经完成，但就该课题的研究而言，还是有很多想说的话。

其一，中东铁路的建设是世纪之交东北亚地缘政治下的产物，有其必然性。它在中国近代史发展进程中扮演了十分重要的角色。从初始建设到后期发展完善以及运营，都与中国近代史的发展密切相关。尤其对于中国东北地区的社会政治经济文化的发展影响是极其巨大的。对于它的研究不应该仅仅停留在建筑学的范畴之内，加强交叉学科的研究是十分有必要的。开展与政治学、社会学、历史学等多学科的广泛学术合作，促进研究视野的拓展和研究成果的深化，才能更加深入地挖掘这份遗产的真正历史价值。

其二，随着中东铁路建设而带来的这场建筑文化传播，受地缘政治变迁的影响，在其发展过程中日益变得更加复杂，从而促使其建筑文化的多样性表现得更为充分。其中蕴含的创新、宽容、与时俱进的建筑理念，对东北地区城市与建筑文化所产生的深远影响，直至今日仍然可以清晰地看到。正确地解读这种建筑文化多样性，把握其内在的建筑文化特质，是科学、合理、正确地保护这份遗产所不可缺少的。铁路沿线至今保留的大量历史建筑，既是当时城市与建筑历史的一种记忆，也是当今建筑创造实践可以借鉴和学习的最好案例。

其三，中东铁路是东北亚现代化转型期形成的建筑遗产，记录了20世纪初沿线城镇与建筑、铁路与桥梁等在规划设计以及施工组织等多方面的先进技术水平。同时这条铁路具有线性文化遗产的属性，其跨越了不同的地理环境区域，穿山越岭、跨越激流，克服了无数的困难，在那么短的时间内，完成如此壮举，这其中必定有许多值得去探究、去发现的技术成就。我们有必要和有义务继续去完成这项工作。这既是对历史的敬重，也是对人类技术进步的尊重。

此外，这本书的撰写和编辑出版，得到了诸多师长、同事、学生、朋友、亲人的热情无私帮助。首先要感谢侯幼彬先生为本书撰写了序言，并给予很高的评价。还有陪同李国友老师在撰写博士论文期间几乎跑遍了铁路沿线遗产地的宁永欣，既是司机又是调查的记录者，还是原始资料的整理者；为本书英文翻译提供支持的吴建梅老师；不厌其烦默默地为本书的图片编辑付出大量辛苦的李琦博士；为本书撰写提供过图片资料的武国庆先生；为本书的编辑出版呕心沥血的卞秉利老师；以及所有直接和间接帮助过本书写作和出版的人，没有你们就没有这本书的今天，你们的帮助我们将终生难忘。

刘大平　李国友

2018.5

图书在版编目(CIP)数据

文化线路视野下的中东铁路建筑文化解读/刘大平,李国友著.—哈尔滨：哈尔滨工业大学出版社，2018.6
（地域建筑文化遗产及城市与建筑可持续发展研究丛书）
ISBN 978-7-5603-5202-2

Ⅰ.①文… Ⅱ.①刘… ②李… Ⅲ.①铁路沿线—古建筑—文化研究—黑龙江省 Ⅳ.①K928.71

中国版本图书馆CIP数据核字(2018)第138082号

策划编辑	杨　桦
责任编辑	苗金英　佟　馨　陈　洁　鹿　峰
装帧设计	卞秉利
出版发行	哈尔滨工业大学出版社
社　　址	哈尔滨市南岗区复华四道街10号　邮编150006
传　　真	0451-86414749
网　　址	http://hitpress.hit.edu.cn
印　　刷	哈尔滨市石桥印务有限公司
开　　本	889mm×1194mm　1/16　印张25.5　字数569千字
版　　次	2018年6月第1版　2018年6月第1次印刷
书　　号	ISBN 978-7-5603-5202-2
定　　价	238.00元

(如因印刷质量问题影响阅读，我社负责调换)